X2™ 기술. 가장 먼저 도착하고,
안전하게 복귀합니다.
X2 기술은 기존의 속도, 항속거리, 그리고 민첩성을 뛰어넘는 성능으로 미래 임무에서 헬리콥터의 역할을 재정의합니다.
X2 기술이 탑재된 헬리콥터는 전통적인 헬리콥터에 비해 두 배의 속도와 항속거리, 그리고 저고도에서 탁월한 기동성을 갖추고 있습니다.
SIKORSKY
A LOCKHEED MARTIN COMPANY
©2026 Lockheed Martin Corporation. Approved for public release: distribution unlimited.

ICEYE
검증되고, 군집운용 중이며 적시 제공 가능한
대한민국을 위한 최적의 SAR 정보능력
PROVEN, OPERATIONAL, IMMEDIATELY AVAILABLE
BEST SAR SATELLITE CAPABILITIES FOR KOREA

TAURUS
IF PERFORMANCE MATTERS
FA-50
Coming Soon
www.taurus-systems.de
TAURUS
SYSTEMS GmbH

임무 완수를 위한
최적의 설계
검증된 성능, 더 넓은 작전반경, 합리적인 비용을 기반으로
오늘과 미래의 임무를 위해 설계된 CH-47F ER.
주야 악기상 조건에서도 병력과 물자를 적재적소에
수송할 수 있도록 설계된 최적의 솔루션.
boeing.com/chinook
BOEING

ROHDE&SCHWARZ
R&S
TRUE SPECTRUM
DOMINANCE
IN ALL DOMAINS
Achieving success of multi-domain operations
through true spectrum dominance
로데슈바르즈코리아(주) | www.rohde-schwarz.com/kr | Tel: 02-3485-1900 | E-mail: sales.korea@rohde-schwarz.com

Kia Special Vehicle
special.kia.com
미래 전장환경에 대비하는 차세대 전술차량
첨단 기술의 기아가 책임지겠습니다!
고성능 한국군 군용차량의 새로운 기준
대한민국의 국방선진화를 위한 힘찬 발걸음
기아가 차세대 전술차량으로 펼쳐나갑니다.
소형전술차량
5톤 방탄킷차량
중형표준차량
Movement that inspires

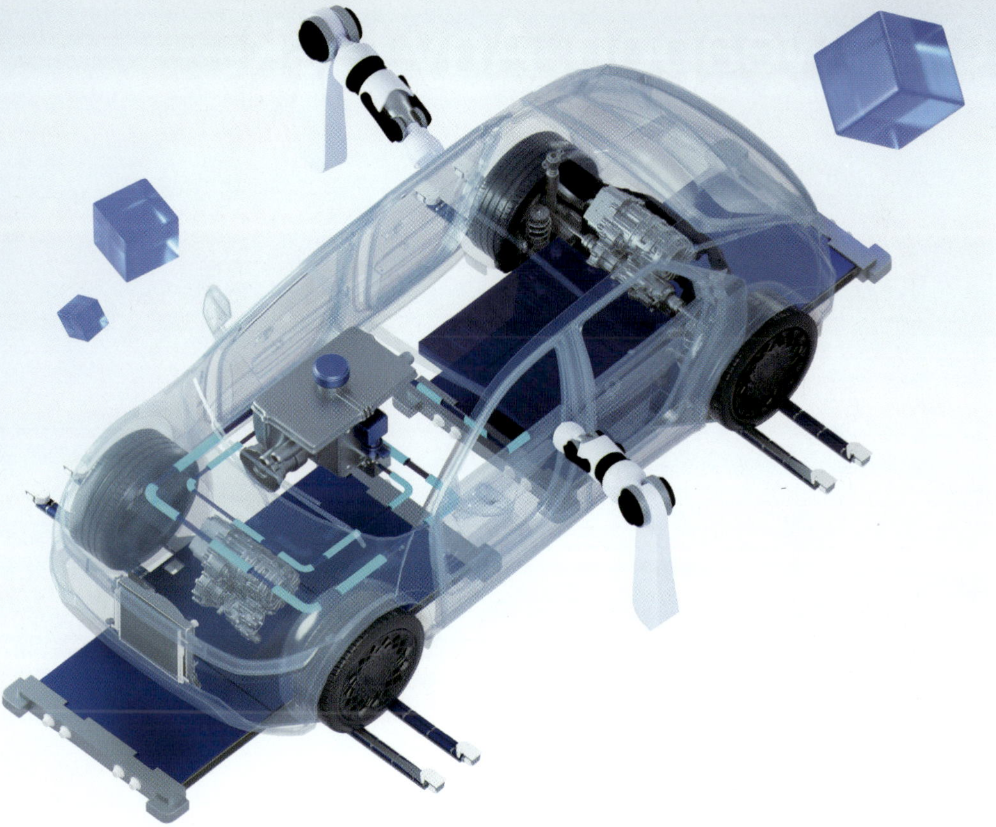

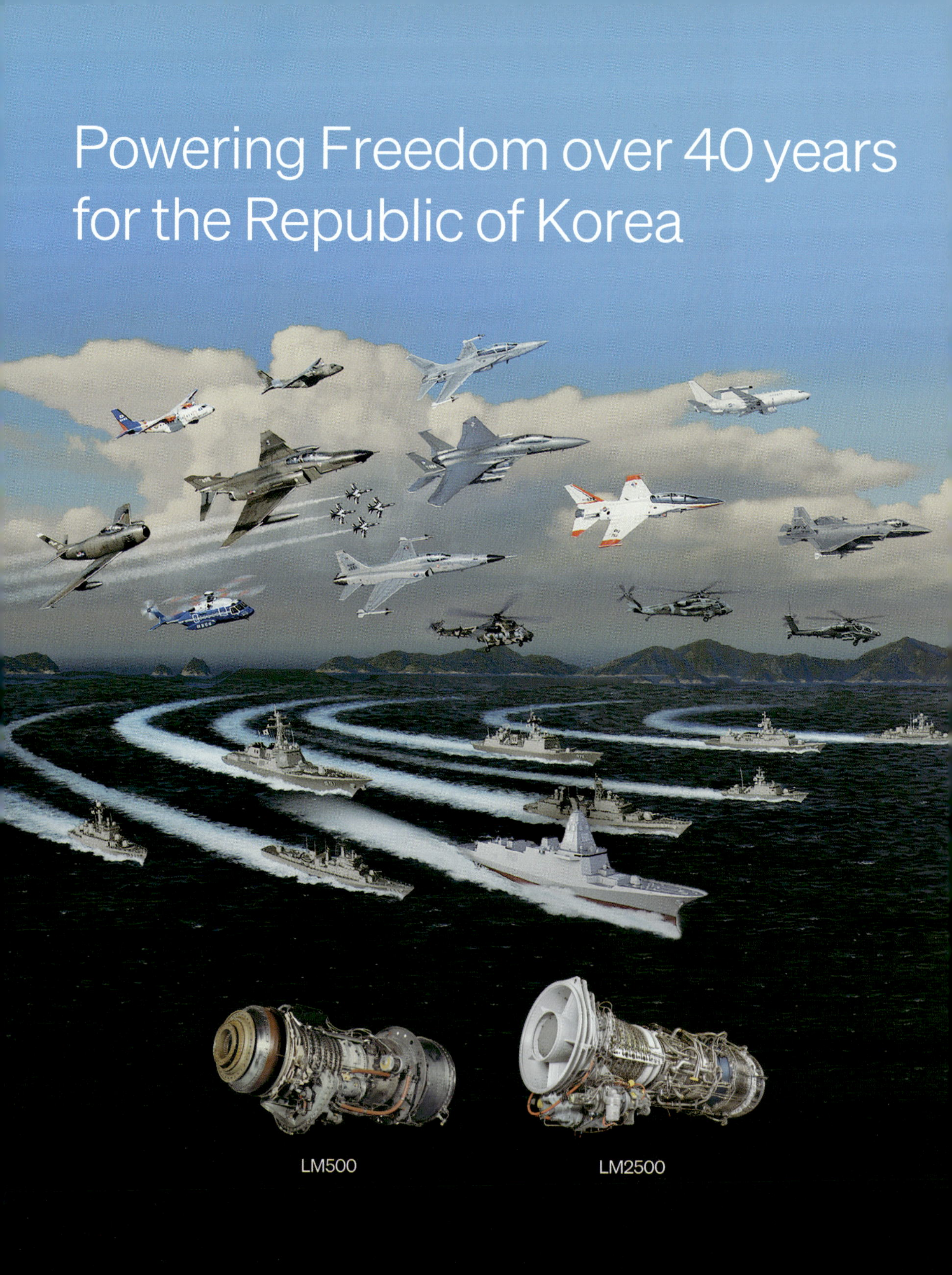
Powering Freedom over 40 years
for the Republic of Korea
LM500
LM2500

SAFRAN'S KEY SOLUTIONS
FOR KOREAN AIR PLATFORMS
LANDING GEARS*
HAS-ARRIEL 2L2*
MDR
FLIGHT CONTROL SYSTEM
EMERGENCY FLOTATION SYSTEM
OIL COOLING FAN
Integrated landing gear systems for the KAI T-50
*co-developed with Hyundai Wia
HAS- Arriel 2L2*, the engine of the KAI LAH helicopter
*co-developed with Hanwha Aerospace
A versatile airborne data recording system
From autopilot to electromechanical actuators and inertial sensors
Ensuring safe landing on water and providing high stability performance
Helicopter oil-cooling mechanical fan
SAFRAN

HD현대중공업의 기술로
K-해양방산을 선도합니다
미래 해군력의 새 지평을 여는 HD현대중공업.
대한민국 영해를 지키는 든든한 방패가 되겠습니다.
세계 최고의 함정 건조 기술로
바다 위에 자주국방의 가치를,
세계 속에 대한민국의 위상을 드높이겠습니다.
HD현대중공업

IAI
블루웨일 ASW 대잠전 방어체계
보장된 해양 안보
ELI-3325 블루웨일(BlueWhale)은 아틀라스 일렉트로닉(ATLAS Elektronik)사의 수동 및 바이스태틱 예인소나를 장착하고 있으며, 대서양, 인도양, 지중해, 발트해 등의 다양한 해양 환경에서 실시된 작전 훈련에서 잠수함을 성공적으로 탐지했다.
블루웨일은 스텔스 및 자율 작전 수행을 위해 설계된 대형 무인 잠수정이다. 추가적인 임무 수행 역량으로 정보·감시·정찰(ISR), 해저전, 기뢰대항전(MCM), 음향정보(ACINT), 신호정보(SIGINT) 수집 및 특수부대를 위한 실시간 영상 지원 등의 전방 정찰 임무가 포함된다.
IAI-ELTA
www.iai.co.il • market@elta.co.il

Huneed Technologies
TRX 800
Tactical Radio eXtreme
HUNEED TECHNOLOGIES | 87, Venture-ro Yeonsu-gu, Incheon, Korea 22013
TEL +82-32-457-6000 | www.huneed.com

해군
MQ-1C Gray Eagle STOL
활주로 독립형 다영역 작전 지원 상황 인식
■ 미 육군의 검증된 그레이 이글 플랫폼 기반으로 국제 공동 개발 및 비용 효율적 생산
■ 인도-태평양 지역 내 미군과 동맹국 간 방산 협력 확대를 통해 평화 및 안보 유지
Hanwha
ISR
24/7
Enabling Information Dominance
GENERAL ATOMICS
AERONAUTICAL

PHOTONIS
EXOSENS GROUP
5G
모든 야간 조건에서 탁월한 성능을 보이는 설계
향상된 성능, 타의 추종을 불허하는 FOM: 최소 2500
표준 증폭기 대비 높은 게인: +50%
모든 야간 수준에서 향상된 DRI 범위: +15%
exosens.com

좀 더 강하게
MACHINERY, INVESTMENT
CASTING AND TOOLS
보다 정밀하게
대한민국
완성 총
시장의
새 강자
도전정신으로 앞서가고
최고의 제품으로
사회에 기여합니다
www.da-san.co.kr
전라북도 완주군 봉동읍 테크노밸리 2로 17 • TEL 063-261-0411 FAX 063-261-0415
DASAN
MACHINERY, INVESTMENT CASTING AND TOOLS

KOREA DEFENSE INDUSTRY ASSOCIATION
KDIA

2026
한국군
무기연감

ROK Military Weapon Systems

일러두기

1. 《2026 한국군 무기연감》에 수록한 육·해·공·해병대 무기체계는 총 465종이다.
2. 2025년 11월 30일 현재 한국군에서 사용 중인 무기체계를 수록 기준으로 삼았고, 간행 후 6개월 이내에 배치될 무기체계들도 포함했다.
3. 육·해·공·해병대 편의 본문 화보는 각각 육·해·공·해병대 정훈실에서 제공받았으며, 별도의 출처 표기는 생략했다.

머리말

'핵추진 잠수함 시대' 여는 한국군… 2026년은 무기 대전환의 해

2025년 12월, 《한국군 무기연감》이 어느덧 출간 10번째를 맞이했습니다. 2010년 11월 23일, 북한의 연평도 포격 당일 인쇄된 《2011 한국군 무기연감》이 처음 세상에 나온 지 꼭 15년째를 맞습니다. 《한국군 무기연감》이 이제는 한국을 대표하는 무기연감을 넘어 자랑스러운 K-방산 무기체계의 '바이블'로 자리매김할 수 있었던 것은 전적으로 독자 여러분의 변함없는 관심과 성원 덕분입니다.

2026년 벽두에도 한반도의 안보 상황은 여전히 불안정합니다. 북한의 핵미사일 전력고도화는 물론이고, 지난 20년간의 대테러전쟁에 이어 우크라이나 전쟁과 이스라엘·팔레스타인 하마스 간 전쟁, 가자지구 공세가 겹치면서 전장 양상이 다영역·고강도 장기전에 맞춰 재편되고 있습니다. 이에 따라 무기체계 운용 트렌드도 정밀타격, 무인전력, 장거리 타격 능력을 중심으로 급격히 이동하고 있습니다.

이러한 변화는 전작권 전환 준비, 미·중 전략 경쟁, 북핵·미사일 위협 고도화 속에서 우리 군의 전력소요와 작전 개념에도 그대로 반영되고 있으며, 무기연감 편집진은 국제 분쟁이 촉발한 무기체계의 거대한 변화를 한국군 무기체계 구조와 운용 개념에 충실히 반영해 이번 판을 제작했습니다.

특히 트럼프 대통령이 동맹 차원의 해양력 증강을 위해 한국의 함정 건조 능력에 각별한 관심을 보이고, 2025년 11월 한미 정상회담 공동 팩트시트에서 미국 백악관은 "한국이 핵추진 공격잠수함을 건조하는 것을 승인했다"며 "한국과 긴밀하게 협력할 것"이라고 밝힘으로써 30년 숙원이던 원자력 추잠 건조가 현실화되는 길이 열렸습니다.

동시에 K-방산은 우크라이나 전쟁 이후 검증된 탄약·지상장비, 장거리 포병, 탄도·순항미사일, 그리고 경공격기·고정익·회전익 항공기까지 세계 각국으로부터 '러브콜'을 받으며, 수출액과 수주 잔량 모두에서 사상 최고 수준을 경신하고 있습니다. 따라서 이번 무기연감은 한국군 전력 구조와 더불어 K-방산이 이끄는 새로운 글로벌 전략 환경을 입체적으로 조망하는 이정표가 될 것입니다.

《2026 한국군 무기연감》은 2025년 11월 30일 현재 우리 군이 보유하고 있는 총 465개의 무기체계를 545장의 컬러사진과 함께 수록했습니다. 《2025 한국군 무기연감》에 수록한 무기체계가 419

개였으니, 오히려 신규 무기체계가 40여개나 늘어난 셈입니다. 하지만 우리 군은 2026년 한 해에 많은 무기체계들이 역사의 뒤안길로 사라집니다.

해군 잠수함 시대를 연 209급 1번함 장보고함은 1993년 취역 이후 34년간 독자 잠수함 전력의 상징으로 운용돼 왔으며, 2025년 11월 19일 마지막 항해를 마치고 퇴역했습니다. 공군에서는 한국 최초 국산 전투기인 KF-5 제공호가 KF-21 보라매도입에 맞춰 2028년까지 단계적으로 퇴역하며, 육군도 M48A5K 전차를 예비전력으로 돌리고 K2 흑표로 주력 전력을 교체하고 있습니다.

해군 수상 전력에서는 1980년대 연안 초계의 상징이었던 포항급 초계함 광명함을 비롯한 잔여 2척이 2026년까지 FFG-III 충남급호위함으로 대체되고, 1978년부터 단일급 고속정으로 북한 해군의 다양한 연안 함정을 최일선에서 대응해 온 PKM 참수리급 고속정 30척 가운데 4척이 퇴역을 시작했습니다. 또 대잠전의 '날개' 역할을 해온 링스 Mk.99 해상작전헬기 역시 35년 임무를 마치고 2026년에 11대가 퇴역하면서 MH-60R 시호크로 세대교체가 진행 중입니다.

육군편은 약 222개 무기체계를 소총부터 미사일까지 정리했고, 그중 가장 눈에 띄는 전력은 '괴물 미사일' 현무-5입니다. 현무-4(탄두 2t)의 뒤를 잇는 현무-5는 탄두 중량이 8t을 넘는 것으로 알려져 북한 지휘부 갱도와 두꺼운 강화 콘크리트 벙커를 직접 관통·파괴하는 대보복용 탄도미사일입니다. 한국형 3축 체계의 '대량 응징보복(KMPR)' 핵심 전력으로 양산·배치가 추진되고 있습니다.

육군이 '우레'라 명명한 전술지대지유도무기(KTSSM)는 북한 장사정포·방사포 진지를 정밀 타격하는 수단으로, 사거리 120㎞급 KTSSM-Ⅰ이 2024~2025년 전방 군단에 순차 배치되고, 300㎞급 KTSSM-Ⅱ는 2027년 개발 완료를 목표로 하고 있습니다. 이와 함께 L-SAM, M-SAM-Ⅲ 등과 연동해 공격·방어 양면에서 입체적인 화력·방공망을 구축 중입니다.

항공 전력에서는 소형무장헬기 LAH-1 미르온이 새로 합류했습니다. 2024년 말 양산 1호기 인도를 시작한 미르온은 대전차미사일과 공대지유도탄(천검등)을 탑재해 전차저지·공중강습부대 엄호·위력수색 임무를 수행합니다. 또 AH-64E 아파치 가디언과 고·저가 조합, 드론과의 유·무인 복합운용을 통해 육군의 입체 기동·타격 능력을 한 단계 끌어올릴 전력으로 평가됩니다.

해군 편은 109개 무기체계를 중심으로, 북한의 핵·미사일 고도화에 대응하는 '해상기반 한국형 3축 체계'와 '수중 킬체인'구축 흐름을 일목요연하게 보여줍니다. 첫 번째 축은 이지스 구축함과 차기호위함 전력입니다. '광개토-Ⅲ'Batch-Ⅱ의 첫 이지스구축함인 정조대왕함(8200t급)은 2024년 12월 취역해 1년간 전력화 과정을 거친 뒤 기동함대 작전에 투입됐습니다. 같은급 3척 체제가 완성되면, 해군의 탄도미사일 탐지·추적·요격 능력은 한층 강화됩니다. 여기에 FFXBatch-Ⅲ차기호위함 충남급1번함이 2024년 12월 인도·취역하며, 2028년까지 6척이 순차 배치돼 노후 초계함·구형 호위함을 대체하는 '미니 이지스' 역할을 맡게 됩니다.

두 번째 축은 '잠수함 킬러' 전력입니다. 해군은 2024년 7월까지 미 해군과 동일 사양의 P-8A 포세이돈6대를 모두 인수했고, 전력화 훈련을 거쳐 작전에 투입했습니다. 여기에 2025년부터 미 록히드마틴의 MH-60R 시호크해상작전헬기 12대가 세종대왕급·정조대왕급 이지스함 등에 순차 도입돼, 1년여 전력화 후 2026년 상반기부터 실전배치될 예정입니다. P-8A와 시호크의 연동운용은 원거리 탐지-근거리 추적/타격으로 이어지는 '입체 대잠망'을 구성해, 북한 잠수함의 핵·미사일 위협을 조기 포착·차단하는 '수중 킬체인'의 실질적 골격이 됩니다.

세 번째 축은 잠수함발사탄도미사일(SLBM)을 중심으로 한 '수중 보복전력'입니다. 3000톤급 장보고-IIIBatch-I잠수함 3척 체계는 6문의 수직발사관에 현무-4-4SLBM을 탑재해, 유사시 은밀한 잠대지 타격을 수행할 수 있는 능력을 이미 확보했습니다. 뒤이어 건조 중인 장보고-IIIBatch-II는 배수량을 3600톤급으로 키우고 SLBM 발사관을 10문으로 늘려, 북한 전략표적에 대한 잠수함 발사탄도·순항미사일 운용 능력을 대폭 증강할 계획입니다.

정조대왕급 이지스함, 충남급호위함, P-8A 포세이돈, MH-60R 시호크, 장보고-III급이 유기적으로 결합하면, 해군은 한반도 주변 해역에서 탐지-추적-요격-보복을 모두 수행하는 완결형 '해상 기반 3축 체계'를 갖추게 된다는 평가가 나올 것입니다.

해병대 편에는 K1A2 전차, 해병대 상륙공격헬기, 다연장로켓 천무, '전차 킬러' 현궁대전차미사일 등 최근 보강된 32개 핵심 무기체계가 포함돼 있습니다. K1A2는 K1A1 전차를 디지털·네트워크화한 개량형으로 해병대 배치가 진행 중입니다. 특히 2028년부터는 K2 흑표 전차까지 합류해 상륙·지상기동전의 주력 전력이 될 전망입니다. 서북도서방위사령부 예하 부대에는 천무와 K9 자주포, 스파이크 대전차 미사일이 배치돼 백령도·연평도에서 7년 만에 대규모 해상 사격훈련을 재개하는 등 북 도발 억제용 화력이 크게 강화됐다는 평가입니다.

상륙·기동 능력을 위한 KAAV-II 차기상륙돌격장갑차와 해병대 전용 상륙공격헬기 사업도 병행됩니다. KAAV-II는 2028년부터 양산해 기존 KAAV-7A1을 순차적으로 대체할 예정이며, 상륙공격헬기는 마린온기반에 무장·항전 장비를 보강한 국산 헬기로, 2026년 하반기 개발 완료 후 상륙기동헬기 엄호와 근접항공지원 임무를 맡게 됩니다. 해병대는 이들 전력과 K1A2/K2 전차를 결합해 '입체 고속 상륙작전' 수행 능력을 끌어올리는 것을 목표로 하고 있습니다.

도서 방어와 미래전 대비 전력은 AI·무인체계 중심으로 재편 중이다. 서북 도서에는 UAV와 AI 기반 과학화 경계체계를 도입해 병력 투입을 줄이면서 24시간 감시·정찰 능력을 강화하고 있습니다. 또 현궁대전차미사일은 북한 전차의 반응장갑까지 관통 가능한 중거리 체계로, 노후 TOW와 무반동총을 대체해 '보병용 전차 킬러' 역할을 수행하고 있습니다.

공군 편에는 총 102개 무기체계를 실었습니다. 공군은 F-X 2차 사업으로 스텔스 전투기 F-35A 20대를 추가 도입해 2027년부터 전력화합니다. 기존 40대와 합쳐 60대 규모의 '스텔스 제공·타격 전력'을 갖추게 됩니다. 여기에 상위급 전력인 F-15K 슬램 이글 59대를 능동전자식 위상배열(AESA) 레이더(AN/APG-82)와 통합전자전체계 EPAWSS등으로 개량하는 사업이 2024~2037년 4조원대 예산으로 진행 중입니다. 이 두 사업이 완료되면, 공군은 유사시 한반도 제공권을 장악한 직후 북한의 핵·미사일 발사대·지휘소·장사정포 등 잔여 표적을 정밀 타격할 수 있는 '3종 전투기 세트(F-35A·F-15K·KF-16)' 체계를 완비하게 됩니다.

탄도미사일 방어능력도 크게 강화되고 있습니다. '한국형 사드'로 불리는 L-SAM은 2024년 체계개발을 마치고 2025년부터 양산에 들어가, 2027~2028년 실전배치를 목표로 하고 있습니다. L-SAM은 고도 40~70㎞에서 북한 탄도미사일을 요격하는 상층 요격체계로, 현재 운용 중인 패트리엇(고도 15~40㎞)과 천궁-II(고도 15~30㎞), 주한미군 사드(고도 40~150㎞)와 결합되면 KAMD는 2020년대 후반 사실상 완성 단계에 들어가게 됩니다. 이른바 'F-35A·F-15K 킬체인+L-SAM·패트리엇·천궁-II 미사일방어' 구조를 통해, 공군은 이스라엘이 F-16·F-15·F-35와 아이언돔으로 보여준 것과 유사한 입체 제공·방공·정밀타격 체계를 한국형으로 구축하는 셈입니다.

정찰·지휘통제 전력도 한 단계 업그레이드되고 있습니다. 공군이 2011년부터 운용해 온 E-7 피스아이조기경보통제기 4대에 더해, 미국 국무부가 2024년 11월 한국에 E-7 4대 추가 판매를 승인하면서 공군은 8대 체제 구성이 가능해졌습니다. 추가 도입분이 2030년 전후로 모두 인도되면, 한반도 전역과 동북아 주변 공역에서의 상시 조기경보·전장 상황 인식·공중 지휘통제 능력이 크게 향상되고, F-35A·F-15K·KF-21 보라매등과의 연동을 통해 '하늘 위 지휘소' 역할을 한층 공고히 하게 됩니다.

《한국군 무기연감》이 통권 10권 발간에 이르기까지 물심양면으로 성원해 주신 국방부와 산하 기관 관계자 여러분, 한국방위산업진흥회, 그리고 국내외 방위산업체 관계자들께 깊이 감사드립니다. 이 연감이 독자 여러분께 급변하는 우리 군 전력을 입체적으로 이해하고, 향후 전력 발전 방향을 가늠하는 데 유용한 지침서가 되기를 바랍니다.

2025년 12월 5일

오동룡 뉴스핌 군사방산전문기자
안승범 디펜스타임즈 대표

목차

2026 한국군 무기연감

ROK Military Weapon Systems

대한민국 육군
Republic of Korea Army

北 핵·미사일 고도화에 맞서 '전략사령부 시대' 개막… 3축 체계 중심 미래전 대응 본격화

목차

대한민국 해군
Republic of Korea Navy

세계 5위 입체전력 완성…
이지스·스텔스·핵잠으로 북핵·미사일 거점 무력화

목차

목차

화력

야포

대전차무기·중거리 보병유도무기

대공무기

해병대 미래 상륙작전 유무인체계 6대 중점 전력

대한민국 공군
Republic of Korea Airforce

KF-21 보라매 전투기 실전배치하는 공군

항공기

전투기

수송기

훈련기

2026
한국군
무기연감
ROK Military
Weapon
Systems

대한민국 육군
Republic of Korea Army

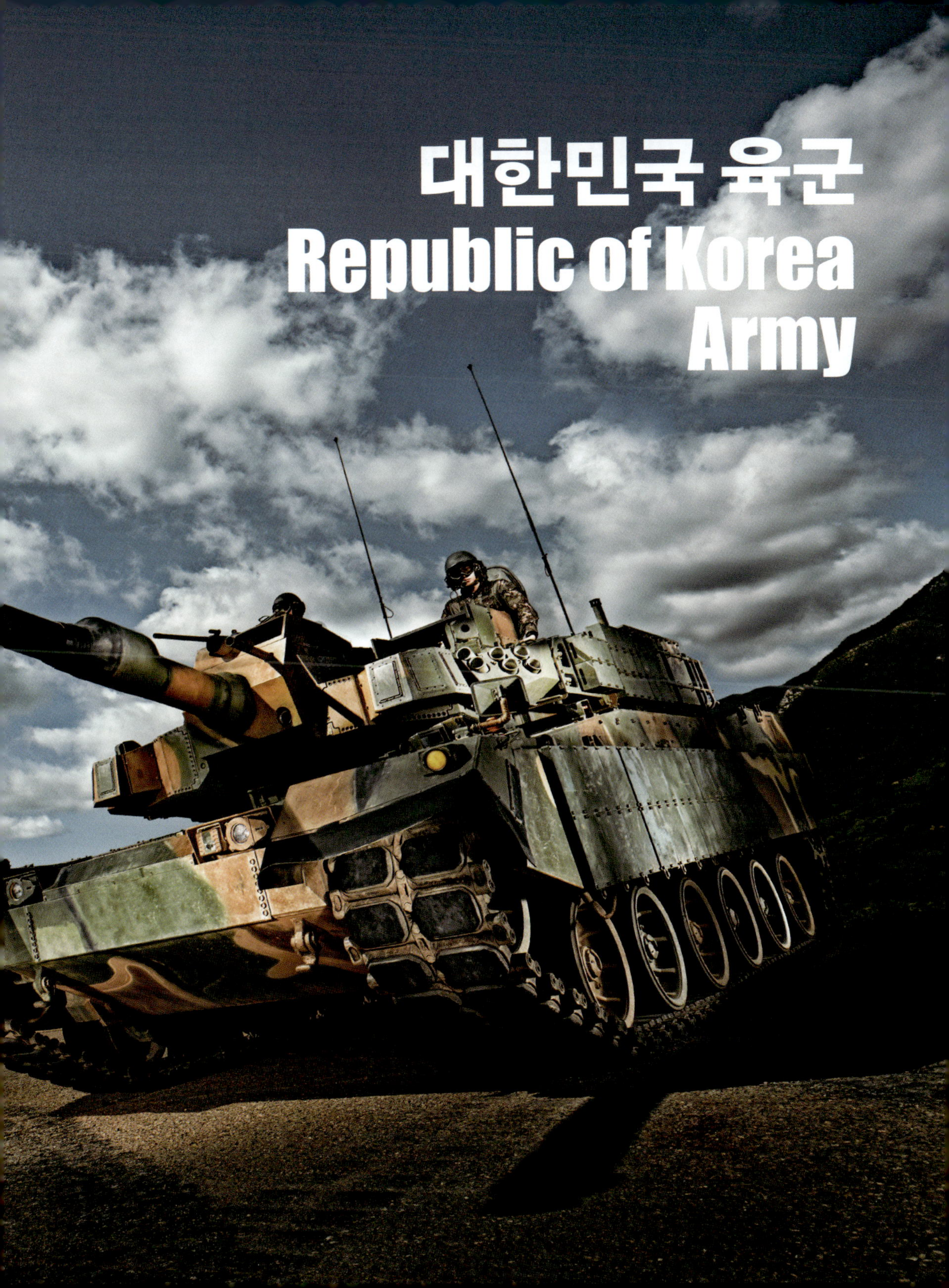

北 핵·미사일 고도화에 맞서 '전략사령부 시대' 개막… 3축 체계 중심 미래전 대응 본격화

국방부는 고도화되는 북한의 핵·미사일 위협에 효과적으로 대응하고 관련된 전력 발전을 주도하기 위해 2024년 10월 1일 전략사령부를 창설했다. 전략사령부 휘하 핵·WMD대응본부는 북한의 핵·미사일 등 다양한 위협에 대한 억제 대응능력과 태세를 획기적으로 강화했다. 2024년 창설 이후 전략사령부는 한미 동맹 확장억제 협력체계까지 실질적 임무 범위를 넓혔으며, 실질 운용 단계에서 공군 중장을 초대 사령관으로 임명한 것이 최신 공식 자료에서 확인된다. 새로 확대된 '북핵·WMD 대응센터'가 전략사령부 예하로 편성됐고, 공군 준장 책임 아래 복수의 전문 과(課) 조직이 개편·운영 중이다.

전략사령부는 우리 군이 보유한 초정밀·고위력 타격 능력과 우주·사이버·전자기 스펙트럼 등 다영역 능력을 통합 운용해 북한의 핵·미사일 위협을 억제하고, 관련 역량에 관한 체계적인 전력 발전을 주도한다. 특히 2025년 현재 우주전략사령부 신설까지 협력체계 논의가 시작되는 등 임무가 확대되는 흐름이다. 이를 위해 미사일·사이버 전력과 우주·전자기스펙트럼 전력 확충에 집중하고 있다.

전략사령부는 킬체인(Kill Chain), 한국형 미사일방어체계(KAMD), 대량응징보복(KMPR)으로 구성된 한국형 3축 체계를 총괄한다. 현무 계열 탄도미사일과 스텔스 전투기, 3,000t급 잠수함 등 전략 자산의 작전을 지휘하며, 이를 위해 전략사령부 예하에 각 자산 운용 부대를 두고 있다. 2025년 기준, 현무5 탄도미사일 등 차세대 무기 실전배치가 실제 개시됐고, 장거리·초정밀 타격 역량이 확대됐다. 합참은 우주·사이버를 포함한 전 전장 영역에서의 전구 작전 지휘체계와 합동작전 개념 기반의 작전 수행능력을 발전시키고 있다.

육군 33사단 체제'…드론·전자전까지 무장한 첨단 입체군으로 진화

육군은 육군본부와 2개의 작전사령부, 군단 6개, 사단 33개로 편성돼 있다(2025년 12월 말 현재). 국방부 직할 사령부로는 수도방위사령부, 특수전사령부, 항공사령부, 미사일전략사령부, 드론작전사령부, 동원전력사령부, 기타 지원부대로 구성된다. 2025년 기준 해병대의 준4군체제 및 각 군종 균형 조정 논의가 공식화됐고 특수전 관련 무인기·기동헬기 사업이 진행 중이다.

전방을 맡는 지상작전사령부는 작전지역 내 모든 작전요소를 통합해 다양한 지상작전을 수행하고, 후방을 담당하는 제2작전사령부는 민·관·군·경·소방 통합 방위작전으로 합동 후방지역의 안정과 전쟁 지속능력을 유지한다.

수도방위사령부는 수도 서울의 기능 유지를 위해 중요 시설과 도시 기반시설을 방호하며, 특수전사령부는 전시 특수작전과 평시 평화지원작전을 수행한다. 항공사령부는 항공작전을 맡고, 미사일전략사령부는 전략적·작전적 표적 타격을 담당한다. 동원전력사령부는 동원사단·동원지원단 등 동원전력의 평시 전투준비 태세 완비를 관장하고, 그 외 사령부는 인사·군수 지원과 교육훈련 임무를 맡고 있다.

드론작전사령부는 국방부 직할 부대로 합참의장이 지휘·감독하는 조직이며, 육·해·공군과 해병대가 함께 편성된 첫 합동 전투부대다. 북한 무인기 침투, 도발 위협 증대 등 안보 환경 변화와 미래전에서의 드론 무기체계 활용 확대에 대응하기 위해 국방부가 2023년 9월 창설했다. 드론을 주 작전 수단으로 유사시 적 무인기 및 핵·WMD 등 비대칭 위협에 대한 억제, 방어, 공격임무뿐 아니라 전략·작전 수준의 감시·정찰, 타격, 심리전, 전자전 임무를 수행한다. 최근 드론사령부의 전·후방 통합 운용체계를 확립하는 움직임이 뚜렷이 나타났다.

육군은 현존 전력인 K2 전차 4차 양산, LAH 한국형 경공격헬기, 다연장로켓 획득 등을 통해 기동 및 타격 능력을 지속 강화하고 있다. 특히 유·무인 복합 전투체계 기반의 아미타이거(Army TIGER) 4.0과 정찰·공격·전자전 드론을 활용한 드론봇 전투체계를 연계해 부대 및 전력구조를 발전시키고 있다.

육군 주력 전투장비는 전차 2000여 대, 장갑차 2900여 대, 야포·다연장 5500여 문, 자주대공포 300여 문, 헬기 600여 대, UAV·드론 600여 대로 구성돼 있다. 2024~2028년 국방중기계획에 따라 신규 전력 예산은 전술지대지 유도무기 III 600억 원, 성층권 장기체공 드론 13억 원, 소형전자기전 장비 50억 원, 전자기 스펙트럼체계 250억 원, 지능형 전술전자전 장비 650억 원, 안티드론 통합체계 339억 원, 접적지역 대드론 통합체계 446억 원, 중요지역 대드론 통합체계 438억 원, 휴대용 드론건 29억 원, 고출력 전자기파 대공 무기 500억 원 등이다. 2025년 국방예산에서는 미사일방어·전자전·드론 관련 전략사령부 예산이 추가 증액된 것이 확인됐다.

국산 육군 기동헬기(KUH-1) 수리온이 2025년 3월 11일 경기도 파주 무건리훈련장에서 진행된 한미 연합 공중강습 훈련 중에 착륙지대(LZ)로 접근하고 있다.

초정밀·AI 육군으로 변신…3축 체계·무인·위성 전력 대폭 강화

육군의 국방혁신 4.0 9개 과제 중 '한국형 3축 체계 능력 보강'과 '부대 개편에 따른 현존 전력 극대화', '유무인 복합 첨단 전력 단계적 구축'이 무기체계 발전과 연계돼 추진 중이다.

'한국형 3축 체계'는 킬체인, 한국형 미사일 방어(KAMD), 대량 응징보복(KMPR)으로 구성돼 있으며, 우리 군은 이 핵심전력을 확보해 북한 핵·미사일 대응능력을 강화하고 작전개념·계획 발전을 포함한 즉응 작전태세를 완비하기 위해 노력하고 있다.

특히 '동맹의 포괄적 미사일 대응(4D) 전략'과 연계해 북한의 핵·미사일 체계를 발사 전·후 신속 교란·파괴할 수 있는 작전 수행체계를 발전시켜 나가고 있다. 현재 육군은 킬체인 전력으로 전술지대지 유도무기, 전술지대지 유도무기 II · III, 현무5 등 중거리·준중거리 탄도미사일(IRBM·MRBM)급 전력 확보에 나서고 있다.

고도화되는 북한 핵·미사일 위협에 효과적 억제·대응을 위해서는 핵무기 사용 징후 조기 파악이 중요하다. 육군은 북한 핵심표적에 대한 상시 감시와 정찰능력 강화를 위해 감시정찰 및 우주무기체계 확충, 영상·신호정보 획득 역량 및 정보융합 능력 발전에 집중하고 있다.

북한 전역 핵심표적 영상정보 상시 확보를 위해 425 정찰위성과 초소형 위성체계 전력화를 추진하고 있다. 지상·해양·공중 기반 신호정보 수집체계를 활용해 미사일 발사 징후를 탐지하고 있으며, 조기 탐지 강화를 위해 SIGINT 체계 고도화 사업을 병행 중이다. 위성·항공정찰 자산으로 획득한 영상정보를 AI 기반 다출처 융합체계로 신속 분석해 실시간 전쟁지도부 의사결정 지원이 가능하도록 개발을 진행 중이다.

북한이 이동식 발사대 운용과 플랫폼 다변화로 미사일 생존성과 은밀성을 높이는 데 대응해, 군은 지상·해양·공중 타격수단 다양화와 고정·이동 표적 정밀 타격 능력 강화에 나서고 있다. 고정 표적의 경우 전술지대지 유도무기 및 고위력 미사일로 타격능력을 강화한다.

군은 물리적 타격 수단 외에도 정전탄·전자기펄스탄 등 비물리적(non-kinetic) 공격수단을 확보하고, 사이버·우주·전자기스펙트럼 영역 교란·파괴 능력 강화에 나서고 있다.

보병용중거리유도무기 '현궁'.

소형전술차량 '현마'.

충남 대천사격장에서 중·저고도용 단거리 지대공 유도무기 천마 유도탄이 화염을 내뿜으며 표적을 향해 솟구치고 있다.

'한국형 아이언돔' LAMD, 北 동시다발 포격 맞설 최첨단 복합방어망 구축

한국형 미사일 방어(KAMD)는 발사 미사일을 조기 탐지·요격하고 피해 최소화를 위해 경보를 전파하는 복합 다층 방어망이다. 킬체인과 함께 '거부적 억제' 개념을 구현한다. 군은 수직(고도) 중심의 기존 방어개념을 수평(거리) 차원으로 확장하고 조기 탐지 및 다층 요격체계 확보에 나섰다. LAMD 저고도 방어체계인 '한국형 아이언돔' 예산투입과 기술개발이 2025년 추가로 진행되어 수도권 복합 다층 방어망 구축이 가속화되고 있다.

북한은 활공·공력 비행 등 기존 탄도미사일과 다른 변칙기동 미사일을 개발하며, 다종 혼합사격으로 우리 방어체계에 혼란을 유발하려 하고 있다. 군은 이에 맞서 수평적 방어 범위를 늘려 원거리 순차 방어로 요격확률 향상을 추진한다.

저고도 미사일 탐지와 발사 원점 식별을 위해 우주기반 조기경보위성 체계 개발에 착수했다. 또한 탄도탄 작전통제소 성능개량을 추진해 탐지·방어체계 간 유기적 연동을 강화한다.

육군은 미사일·장사정포 혼합공격에 대비한 수도권 복합방어 체계 LAMD(Low Altitude Missile Defense)를 발전시키고 있다. 일명 '한국형 아이언돔'으로 불리는 LAMD는 저고도 방어체계로, 북한 미사일·방사포 혼합사격 동시대응능력 확보를 위해 조기 전력화 추진 중이다. 국내 기술을 기반으로 한 이 복합 다층 방어체계는 독자적 방어능력 확충과 동시에 주한미군 미사일방어체계와의 상호운용성을 높여 한미동맹 전체의 대응능력 강화에 기여할 전망이다.

현무5·스텔스·특임여단' 투입…北 지도부 응징하는 KMPR 전력

'대량응징보복(KMPR)'은 북한이 핵·WMD를 사용할 경우 고위력·초정밀 타격능력으로 전쟁지도부·핵심시설을 응징보복하는 체계다. 군은 이를 통해 '응징적 억제' 개념을 구현하고 있다. 육군은 특수작전용 정찰 UAV·로봇, 다목적 발사기, 중·대형 기동헬기 확보를 본격 추진 중이다. 특임여단·특수부대 전력보강사업 역시 2026년까지 계속된다.

군은 장거리·고위력 현무4·5 개발로 '전지역 응징타격' 능력을 확충하고 있다. 증대된 파괴력의 미사일 전력화를 통해 작전 효율성과 융통성을 강화하며, 북한 전역 타격이 가능한 지상·해양·공중 고위력 미사일 추가 확보도 병행한다.

갱도·지하 목표물 파괴를 위한 정밀타격 능력도 지속 강화한다. 북한 핵 사용 시 전쟁지도부 제거를 위한 생존성 높은 침투·탈출 능력 확보가 요구되고 있으며, 이를 위해 특수작전용 대형헬기 도입과 전력화를 추진한다. 특임여단 능력 강화로 특수전 부대의 전천후 침투 및 타격능력을 지속 확충할 방침이다.

한국형 3축 체계의 과제도 남았다. 발사 전 단계에서 북한 이동식 발사대·지휘통제시설 제거가 우선으로, 타격수단의 질·양적 향상이 핵심 과제로 지목된다. 순항미사일·방사포·장사정포 요격을 위한 다층 방어체계 구축도 시급하다. 응징수단 강화를 위해 고위력·초정밀 유도무기 추가 확보와 특임여단 작전능력 향상이 요구된다. 이를 위해 2026년까지 특임여단 전력보강 후속사업이 진행되며, 24대 UH-60P 블랙호크 헬기 성능개량과 특수작전용 대형기동헬기 기종 선정이 예정돼 있다.

K600 장애물개척전차 '코뿔소'.

230mm급다련장 '천무'.

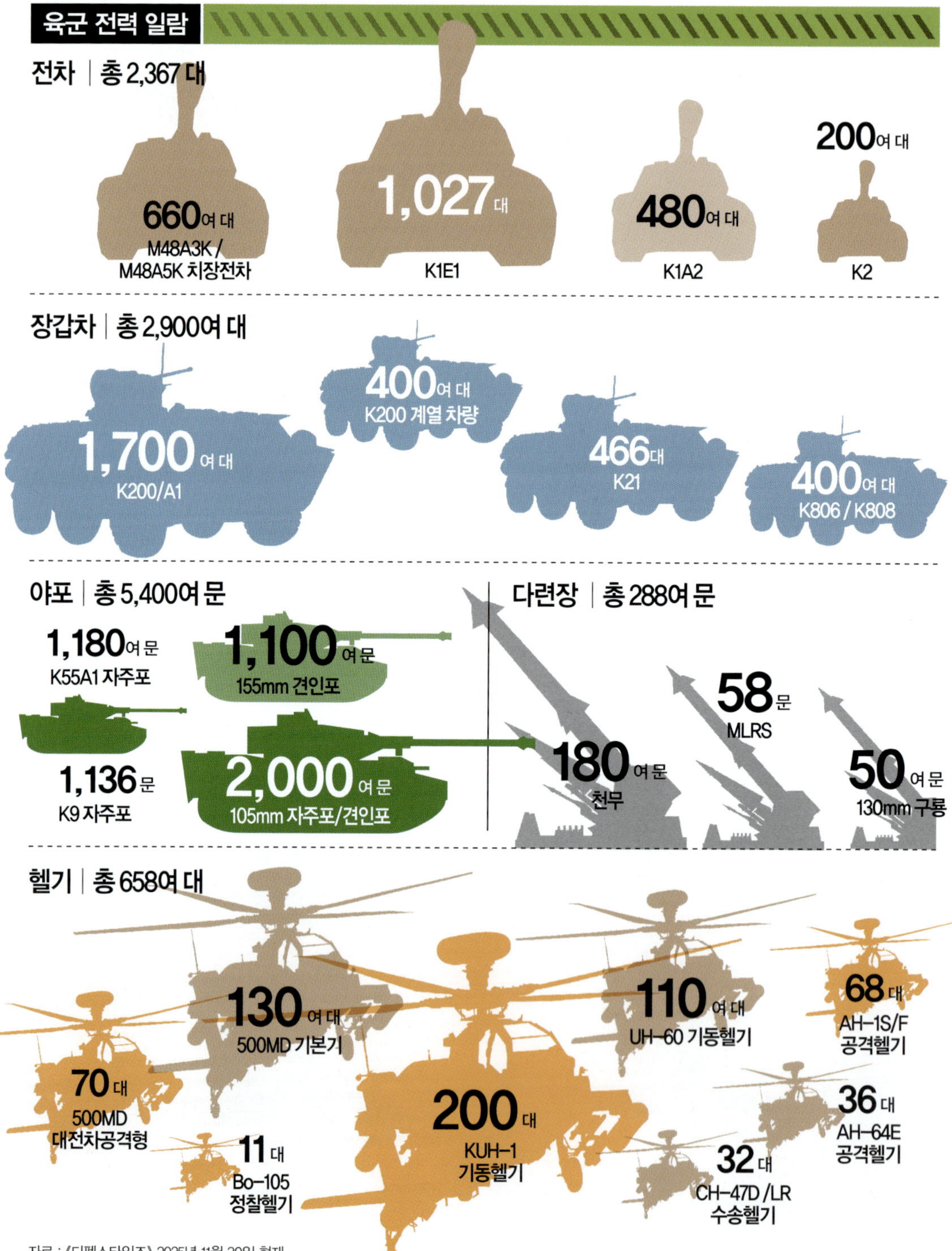

자료 : 《디펜스타임즈》 2025년 11월 30일 현재

기동

Maneuver Weapon System

K2 전차

K2 Black Panther Main Battle Tank

대한민국 방위산업의 결정체이자 차세대 주력전차로 평가받는 K2 '흑표'(Black Panther)는 국방과학연구소(ADD)가 주도해 1995년 개발에 착수했다. 2007년 첫 시제 차량이 공개됐으며, 2014년부터 육군에 실전 배치됐다. K1 시리즈의 뒤를 잇는 완전 국산화 전차로, 세계 3.5세대 주력전차(MBT)의 새로운 기준을 확립했다.

K2 개발의 목표는 한국 지형에 최적화된 고기동 · 고방호 전차였다. 1500마력급 엔진과 독립현수장치, 자동장전포, AI 기반 사격통제체계를 하나로 결합한 복합 플랫폼이다. 실전 운용 기준에서 K1A2보다 30% 향상된 전투 효율성을 확보했다.

K2의 주무장은 55구경장 120mm 활강포로, 독일 라인메탈사의 L55 포신 기술을 기반으로 했다. 기존 K1 시리즈에 사용된 44구경장보다 포신이 1.1m 길어, 관통력과 명중률이 세계 최상위권에 속한다. 자동장전장치(Autoloader)가 한국 전차 최초로 도입되면서 발사 간격이 5초 이내로 단축됐다. 최대 사거리는 4km로, 포탄 종류에 따라 적 전차의 전면 장갑을 정면 돌파할 수 있다.

K2는 4세대급 사격통제시스템(FCS)을 탑재했다. 이 시스템은 자동 표적 탐지 및 추적(AI 기반), 자동 탄도계산 및 보정, 레이저 거리측정, 그리고 자동 록온 기능을 통합한다. 포수는 조준만 하면, 발사까지의 전 과정을 전자식으로 처리한다.

포탑 상부에는 동적 포구 감지기가 장착돼 있다. 이 센서는 열변형에 의한 포신 휘어짐을 실시간 보정해, 극한의 기온에서도 안정적인 명중률을 유지한다. 여기에 적외선 열상조준기, 레이저 경보 수신기, 적외선 방해기(jammer)가 결합돼 야간 및 악천후 작전 능력을 극대화했다. 2025년 ADD는 '지능형 표적 식별 AI 모듈'을 K2용으로 공인시험 중이라고 밝혔다. 이는 추가 인공지능 처리를 통해 적 전차, 차량, 인원을 자동 분류 · 우선 타격하는 차세대 전장 알고리즘으로, 2026년 양산분부터 K2A2 개량형에 탑재될 예정이다.

초기 양산분은 독일제 MTU 883 V12 디젤엔진(1500마력)과 RENK 자동변속기를 조합했다. 이후 4차 양산분부터 국산 두산 신형 파워팩이 적용되며, 고지대 기동성이 25% 향상됐다.

K2의 반능동형 유기압 현수장치(ISU)는 궤도 좌우 개별 높이 조절이 가능해, 험준한 지형에서도 차체를 수평으로 유지하며 사격한다. 이 시스템 덕분에 도섭능력은 수심 4.1m(심도도하장비 사용 시)로, 전차 중 유례없는 수준이다. 보기륜에는 지형 감지 센서가 내장돼 있어 충격 흡수 품질이 개선됐다. 이 기술은 K2A2부터 실전 배치되어 내구수명은 기존 대비 20% 늘어났다.

제원	
승무원	3명
전투중량	55t
최대속도	시속 70km(포장도로), 50km(비포장)
항속거리	450km
잠수도하	4.1m
엔진	1,500마력 디젤
톤당마력	27.3hp/t
현수장치	ISU
주포	120mm 55구경장 활강포, 자동장전
탄약	40발 적재
부무장	12.7mm/7.62mm 기관총
제작사	현대로템

K2는 모듈식 복합장갑 구조를 채택했다. 복합소재 장갑 모듈은 전면, 측면, 포탑 등에 세분화돼 있으며, 손상 시 현장 교체가 가능하다. 필요에 따라 폭발반응장갑(ERA)을 추가로 장착할 수 있어 다중 방호체계를 구축한다. K1A2 대비 방어력은 1.85배 이상 향상된 것으로 평가된다. 뿐만 아니라, K2는 밀리파 레이더, 적외선 경보 및 대응체계, 능동형 연막탄 발사기, 스텔스 설계(레이더 · IR 신호 저감)를 도입했다. 향후에는 한국형 하드킬 능동방호 시스템(KAPS)을 통합할 예정이며, 현재 시범 장착 차량이 군 시험평가 중이다.

K2는 음성 · 데이터 통합형 전술통신망, 위성항법장치, 지휘통제체계(C4I) 등을 완비했다. 같은 편 전차 간 전투상황을 실시간 공유하고, 지휘소의 타격명령을 즉시 반영할 수 있다. 이를 통해 전장 운용 효율성이 NATO 표준 수준으로 향상됐다.

K2의 우수한 전투력은 해외 시장에서도 입증됐다. 2025년 기준, 폴란드 국방부에 2차 수출분까지 총 180대(약 9조 원) 계약이 체결됐으며, 폴란드 현지 공장에서 라이선스 생산이 진행 중이다. NATO 합동훈련에서 K2는 미군 M1A2, 독일 레오파드 2A7을 압도하는 기동 · 사격 정확도를 보였다. 최근 페루 육군이 150대 도입계획을 공식화하며 남미 시장 진입이 본격화됐다. 이외에도 노르웨이, 루마니아, 사우디아라비아 등과의 협의가 이어지고 있다.

국내에서는 2026년부터 차세대 K2A2 개량형 양산이 시작된다. 새로운 열상 표적추적기, 자동화 원격 무장체계(RCWS), 복합장갑 강화판, 그리고 신형 KAPS 탑재가 예정돼 있다.

기동 중인 K2 흑표전차.

7233

2023년 6월 7일 경기 포천시 승진과학화 훈련에서 열린 '2023 연합 · 합동 화력 격멸훈련'에서 K2전차가 사격 시범을 보이고 있다.

K2A1 전차

K2/A1 Main Battle Tank

K2 흑표 전차는 2014년부터 실전 배치하기 시작해 2025년 만 10년을 맞이했다. 현재 4차 양산을 준비하고 있으며, 3차 양산을 진행하는 단계에서 폴란드 수출 계약이 성사됐다. 폴란드 수출을 앞두고 수출뿐만 아니라 군에서 K2 전차의 개량 요구가 나오기 시작했다. 현재 알려진 개량형은 K2A1 사양이다. 감시 및 타격체계 개선에 초점을 모으고 있다. 우선, 가시선 수단으로 360도 상황 인식 체계는 EO/IR 장착이 요구되며, 레이저경보기 LWS, 적외선 능동방호체계 센서 개선 등이 있다. 비가시성 시계 밖 수단으로는 탑재형 정찰 드론, 탑재형 전자전 체계, 능동형 체계 센서 등이 있다. 타격 수단으로는 가시선 수단 기준으로 12.7/7.62mm RCWS 기관총 장착, 전차포 다기능 고폭탄 HE-MP, 탑재형 자폭 드론, 탑재형 전자전 체계가 있다. K2A1의 성능개량이 등장한 배경에는 2022년 2월 발발한 우크라이나 전쟁이 직접적인 요인으로 작용했다. 이 때문에 개량의 초점은 드론, 전자전기 전투 등의 비가시선 대응책이 최우선으로 요구되고 있다. K2A1 전차의 성능과 제원은 K2 전차와 동일하다.

K1A2 전차

K1A2 Main Battle Tank

제원	
전투중량	53.2t
승무원	4명
전장	9.71m
전폭	3.59m
전고	2.25m
엔진출력	1,200hp
톤당마력	23.5hp/t
무장	120mm 활강포(M256), K6 12.7mm 기관총, M60E2-1, M60D 7.62mm 기관총
최고속도	65km/h
주행거리	500km
제작사	현대로템

K1A2 전차는 K1 전차의 발전형이다. 우리 군은 주포를 전 세계 제3세대 전차와 어깨를 나란히 하는 120mm 활강포로 교체했다. 북한군 전차의 전력을 볼 때, K1 전차의 105mm 포로도 크게 모자랄 것은 없지만, 제3세대 전차로서 기본적으로 공격력이 떨어지는 점은 계속 지적돼 왔었다.

미군의 M1 시리즈와는 달리 K1A1 전차는 당초부터 120mm 포로의 강화를 전제로 설계된 것이 아니기 때문에 포 방패를 비롯한 포탑의 많은 부분을 재설계했다. 주포인 120mm 활강포는 독일 라인메탈제 Rh120 120mm 활강포를 라이선스해서 생산했다. K1A1 전차의 120mm 활강포는 미군의 M1A1, 독일의 레오파트 II, 일본의 90식 전차와 동일형이다.

오리지널보다 가벼워졌고, 성능엔 차이가 없다. 주포의 최대 사정거리는 7~9.3km, 유효 사정거리는 3.5km다. 발사속도는 분당 6발이지만 탄약수의 숙련도에 따라 10~12발까지 사격할 수 있다. 포탄은 32발을 탑재한다. 다른 3세대 전차보다 탑재량 면에서는 적은 편이다.

포탄은 다른 활강포와 마찬가지로 국산 APFSDS탄과 HEAT탄 2종을 사용한다. 탄약의 성능은 미군과 동급이다. 하지만 미군은 열화우라늄을 철갑탄 재질로 사용하는 반면, 한국은 텅스텐 합금을 재질로 사용한다는 점이 다르다.

K1E1 전차

K1E1 Main Battle Tank

K1E1전차는 한국 육군의 주력 전차다. 1987년부터 실전배치한 K1E1 전차는 미국의 크라이슬러(현 제너럴다이내믹스)사가 설계를 담당했다. 우리나라 지형과 운용 여건에 맞게 제작한 한국형 전차다. 1990년대 중반까지 현대정공에서 1000여 대를 생산했다. K1E1 전차는 미군의 M1 에이브람스 전차의 축소판이라는 말도 있으나, 외관에서 풍기는 인상일 뿐이다.

K1E1 전차는 제3세대 전차로서의 성능을 갖추고 있고, M1 전차와는 다른 특징들이 많다. K1E1 전차는 주포로 105mm 라이플포(KM68A1)를 장착해 화력 면에서는 빈약한 감이 없지 않지만, 북한의 주력 전차인 T55/62, T62 전차 개량형도 격파할 수 있다.

APFSDS탄(날개안정 분리철갑탄)과 HEAT탄(대전차 고폭탄)을 중심으로 사용한다. 하지만 라이플포이기 때문에 다른 탄종도 다양하게 쓸 수 있다는 장점이 있다. 부무장으로 전차장용 기관총인 K6 12.7mm 중기관총 1정(탑재탄수 3400발), 포수용 동축기관총 M60E21, 탄약수용 기관총 M60D 7.62mm 2정(탑재탄수 7200발)을 장착하고 있다. 포탄은 47발을 탑재하는데, 외국 전차에 비해 기관총 탄약 적재량이 많은 편이다. K1E1 전차의 사격통제 장치는 제3세대 전차 규격이다. 사격통제 장치를 구성하는 포수 주조준경(GPS)은 레 이저 거리측정기, 2축으로 안정된 열영상 장비와 주간관측경으로 구성돼 있다. 덕분에 포수가 주야간 또는 악천후를 불문하고 표적을 식별해 추적할 수 있다.

제원	
전투중량	51.1t
승무원	4명
전장	9.67m
전폭	3.59m
전고	2.25m
엔진출력	1,200hp
톤당마력	23.5hp/t
무장	105mm 라이플포(km68A1), K6 12.7mm 기관총, M60E2-1, M60D 7.62mm 기관총
최고속도	65km/h
주행거리	500km
제작사	현대로템

K1E1은 개발 당시 M1 전차에는 없는 기능인 '헌터킬러' 기능을 보유하고 있다. 헌터킬러는 포수가 1차 목표물과 교전 중일 때도 전차장은 전차장 전동식 손잡이를 이용해 제2차 목표물을 조준 · 사격할 수 있고, 2차 목표물을 포수에게 연계시키는 동시에 전차장 자신은 제3의 목표물을 추적하는 기능을 말한다.

K1의 초기 생산형은 전면 장갑이 공간장갑이었다. 후에 복합장갑을 밀봉 상태로 공급해 장착했다. 현대로템은 복합장갑을 독자적으로 개발했다. 자동 소화기구나 탄약 배치, 공간장갑의 빈 부분에 디젤 연료탱크 배치 등 생존성을 세심하게 배려했다. 메르카바1 전차와 견줄 만한 생존성을 갖고 있다.

K1A2 전차가 기동을 하고 있다.

K21 보병전투 장갑차

K21 Infantry Fighting Vehicle(IFV)

K21은 육군의 차세대 보병전투 장갑차로, 노후화된 K200 시리즈를 대체하는 최첨단 플랫폼이다. K21 장갑차의 개발은 1990년대 초 국방과학연구소(ADD)가 주도해 시작됐으며, 연구 단계에서 CV-90(스웨덴)과 M2 브래들리(미국) 등 주요 서방 계열 IFV를 벤치마킹했다. 2005년 5월, ADD는 시제차량 NIFV(Next Infantry Fighting Vehicle)를 공개했고, 이후 'K21'이라는 공식 명칭이 부여돼 실전 배치가 이뤄졌다.

K21은 40mm 보포스 기관포(스웨덴산 CV90와 동일 계열)를 주무장으로 장착해, 동급 IFV 중에서도 강력한 화력을 제공한다. 탄약은 국내에서 자체 개발된 APFSDS탄(철갑재)과 복합기능탄을 사용하며, 7.62mm 동축기관총과 포탑 우측면의 한국형 차세대 대전차 미사일 2기도 탑재가 가능하다. 40mm 기관포의 높은 파괴력 덕분에 실전에서 탄약 소비가 적어 경제적 운용이 돋보인다.

생존성을 강조한 방호체계가 특징이다. K21은 러시아제 30mm 기관포탄을 막을 수 있도록 복합적층 장갑구조(플라스틱 수지+강화섬유, 복합재+세라믹 타일)를 도입했다. 현수장치 지지 프레임에는 2515 알루미늄 합금이 사용됐고, 전면은 30mm탄, 측면 · 후면은 14.7mm탄, 상부는 152mm 탄의 공중작렬에 대응할 수 있다. 레이저 위협 경보기와 자외선 미사일 경보 시스템 등 첨단 능동 방어 시스템이 적용돼 다양한 위협에 빠른 대응이 가능하다.

K21에는 제3세대 전차보다 우수한 사격통제장치와 네트워크 중심전(NCW)을 지원하는 전장관리시스템(BMS)이 장착됐다. 최신 대대급 전투 네트워크에 연결돼 실시간 정보 공유와 전장 상황 파악, 효과적인 부대 운용이 가능하다. 25톤 경량 차체에 740마력 MAN D2840LXE 엔진을 얹어, 톤당 27마력의 강력한 출력비를 확보한다. 현수장치는 서스펜션 암을 내장한 유기압 현수장치를 채택해 험지 기동성이 탁월하다. 도하(수상주행) 능력은 중량 절감과 설계 효율화를 통해 시속 4~6km 궤도주행식 방식으로 구현됐다.

2025년 기준, K21에 AI 기반 자동 표적 인식과 스마트 전장관리 시스템 등이 추가 도입됐으며, 북한 무인기 위협 대응을 위한 즉응 대공체계 업그레이드가 이뤄졌다는 국방부 발표가 있었다. 또한, K21 플랫폼을 활용한 무인 · 원격 조종 전투차량 개발도 진행 중이다.

제원	
전투중량	25t
승무원	3+9명
전장	6.9m
전폭	3.4m
전고	2.55m
엔진출력	740마력
톤당마력	27마력/t
무장	40mm 기관포 1문, 7.62mm 기관총 1정, 2연장 대전차미사일 발사기
최고속도	70km/h
주행거리	480km
제작사	한화에어로스페이스

K200A1 보병전투장갑차

K200A1 Armored Personal Carrier

K200A1 보병전투 장갑차는 육군의 노후한 M113 병력수송 장갑차를 완전 대체하기 위해 개발한 장갑차다. K200A1은 국방과학연구소(ADD)와 대우의 공동개발로 시작됐다. 대우는 미군 장갑차의 창정비를 하면서 기술력을 확보했다. K200A1 보병전투차는 미국의 AIFV와 유사하다는 평가를 받고 있다. K200A10이 M113 시리즈의 차체 외관과 비슷한 모습을 하고 있기 때문이다.

그러나 K200A1은 내부적으로는 AIFV와 상당한 차이가 있고, 20mm 기관포와 같은 대구경 화기를 장착하고 있지 않다. K200A1의 차체는 알루미늄 합금의 용접구조로 수상 주행이 가능하도록 완전 밀폐식으로 제작됐다. 기본 차체는 5083 알루미늄 강판이지만, 측면과 전면은 방어력 강화를 위해 공간장갑 형식의 2중구조로 돼 있다. 전면과 측면은 12.7mm 탄에도 뚫리지 않을 정도의 방어력을 갖췄다. 공간장갑이므로 소형 총류탄에 대해서도 충분한 방어력을 갖고 있다.

승무원은 차장, 조종수, 부조종수 등 3명 외에 전투병력 7명이 탑승할 수 있다. 차체에는 필요 시 차내에서 사격할 수 있도록 차체 측면과 후부에 각각 2개소의 '건 포트'와 잠망경을 설치했다. K200A1의 개발 이후 엔진을 개선한 K200A10이 등장했다. K200A1형은 기존 엔진에 터보 차저를 장착하고, 완전자동 변속기 도입, 연막탄 발사기, 탐조등 설치, M60 사수용 방패설치, 조종수용 백미러, 방향지시등 설치 등 세부적인 개량을 실시했다.

K200A1 무장으로 12.7mm K6 중기관총 1정과 M60 7.62mm 기관총 2정을 장착한다. K200A1 장갑차는 기본형인 병력수송 · 보병전투차 형식만으로도 2000대 이상이 생산됐다. 여기에 계열차량까지 있다. 화력이나 방어력 면에서 부족한 면도 있지만, K200A1은 우수한 차체에 합리적인 조달가격으로 비용 대 효과 면에서 우수한 차량으로 평가받고 있다. 말레이시아에 111대를 수출했고, 보스니아 내전에서도 실전에 투입됐다.

제원	
전투중량	13t
승무원	3+7명
전장	5.5m
전폭	2.4m
전고	2.5m
엔진출력	280마력
톤당마력	21.4마력/t
무장	M2 12.7mm 기관총 1정, M60 7.62mm 기관총 1~3정
최고속도	74km/h
주행거리	480km
제작사	한화에어로스페이스

K277 지휘장갑차

K277 Armored Command Vehicle(ACV)

K277 지휘장갑차는 작전지휘 임무를 위한 차량이다. 지휘관이 서서 작전회의와 지휘임무를 수행할 수 있도록 작전지휘용 테이블에다 기본형 차량의 높이를 540mm 정도를 높였다.

제원	
전투중량	13.2t
승무원	4명
길이	5.37m
높이	2.92m
엔진출력	350마력
무장	K6 기관총
최고속도	70km/h
항속거리	480km
제작사	한화에어로스페이스

레드백 차세대 보병 전투 장갑차

Redback Infantry Fighting Vehicle

레드백은 호주 육군의 요구 성능에 맞춰 설계 · 개발된 차세대 보병전투장갑차로, 한화디펜스의 검증된 기동 · 화력체계 개발 역량과 호주와 이스라엘, 캐나다, 미국 등의 방산 기술이 접목된 결정체다. 가장 큰 강점은 방호력과 기동성으로 꼽힌다. 이스라엘 방호 전문 업체인 플라산과의 기술 협력을 통해, 세계 최고 수준의 특수 방호 설계 및 강화 구조가 적용됐다.

또한, 차량 하부 공간을 차지하던 '토션바' 형식의 완충장치 대신 '암 내장식 유기압 현수장치(ISU)'를 사용하면서 생긴 여유 공간에 특수 설계된 폭발충격 완화장치를 추가로 장착했다. ISU 탑재는 기동성 및 차량의 무게를 가볍게 해줄 뿐 아니라, 지면 상태에 따라 능동적으로 충격을 흡수해 승차감을 향상시켜준다. 여기에 복합소재 고무궤도를 장착하면서 주행성능과 내구성이 크게 향상되고, 진동과 소음은 대폭 줄이는 효과를 가져왔다.

전투기에 적용되는 최첨단 센서가 탑재된 것도 특징이다. 차량 내부에서 특수 헬멧을 쓰면 고글 화면을 통해 전차 외부 360도 전 방향을 감시할 수 있는 '아이언 비전(Iron Vision)' 헬멧전시 기능, 첨단 전투기 레이더로 쓰이는 능동위상배열레이더(AESA)을 이용해 장갑차로 접근하는 적 대전차 미사일 등을 사전에 포착해 요격하는 '아이언 피스트(Iron Fist)' 능동방어 기술 등이 대표적이다. 포탑은 이스라엘 엘빗(Elbit)의 기술을 바탕으로 호주 EOS사의 원격무장, 광학장치, 사격통제장치 등이 결합된 호주 버전의 T2000 모델이 탑재될 예정이다. 주요 무장으로는 30mm 주포와 7.62mm 기관포 등이 장착된다.

제원	
전투중량	42t
승무원	11명(승무원 3, 보병 8명)
엔진출력	500hp
무장	30mm 주포, 대전차미사일, 12.7mm 원격사격통제체계(RCWS)
최고속도	65km/h
항속거리	500km 이상
기동성능	1,000 마력급 K9 파워팩(엔진+변속기) 적용 / 암 내장형 유기업 현수장치(ISU) 사용을 통한 기동성 증대 및 소음 감소 / 고무궤도(CRT) 적용으로 소음 · 진동 감소 및 내구성 강화
탐지 및 상황인식	아이언 비전(Iron Vision) 헬멧전시기 장착 / 원격사격통제시스템(RCWS) 적용 / 한화시스템 개발 상황인식 카메라 부착
능동방호	아이언 피스트(Iron Fist) 능동방어시스템 탑재
제작사	한화에어로스페이스

K806 / K808 차륜형 장갑차

K806/ K808 wheeled Armoured vehicle(8×8,6×6)

K806과 K808 차륜형 장갑차는 기동성과 방호력을 동반한 차륜형 장갑차다. K806/K808은 국산 최초의 대규모 차륜형 장갑차이며, 부품 국산화율이 95%를 초과한다는 점에서 국내 방위산업의 의미 있는 진전을 상징한다. 그동안 궤도형 장갑차 위주의 한국군 장비 체계에서 소외됐던 '차륜형'이 현장에서 본격적으로 전력화되면서, 현대전장에 걸맞은 신속대응과 시가지 작전의 강점을 갖추었다는 평가를 받고 있다.

육군은 2012년 현대로템을 우선협상대상자로 선정하며 600여 대 규모의 차륜형 장갑차 개발에 착수했다. 이후 2016년 전투용 적합 판정을 받고 본격적인 전력화가 이뤄지고 있다. 보병수송용 6×6 K806은 주로 수도방위사령부 및 후방 지역에, 보병전투용 8×8 K808은 전방 및 상비사단에 우선 배치된다. 2024년 기준, 전체 전력화 사업의 90% 이상이 완료된 것으로 알려졌다.

K806/K808 모두 현대파워텍 디젤엔진(400마력/420마력)과 7단 자동변속기(현대다이모스)를 탑재했다. K200A1 대비 월등한 출력과 도로에서 시속 100km, 정지 상태에서 6초 만에 시속 32km까지 가속하는 민첩성을 갖췄다. 차량에는 유기압식 독립 서스펜션을 장착하여 종경사 60%, 횡경사 30% 등판, 50cm 수직 장애물 극복과 1.5m(K806)/2m(K808) 참호 도하가 가능하다. CTIS(중앙 타이어 공기압 조절장치)와 런플랫 타이어 덕분에 험지 주행 시에도 기동성을 유지한다.

K806/K808은 상용차량에 적용되는 AOH(Air over Hydraulic) 브레이크, ABS, 공압식 주차브레이크, 리타더(Retarder) 브레이크 등 다양한 첨단 시스템을 적용해 60% 종경사에서도 안정적 제동 및 주차가 가능하다. K808은 워터제트와 전방 파도막이 등 수상주행장비를 기본 탑재하여 하천도하 임무에서도 탁월하다(최대 8km/h). K806도 장비 장착

이 가능한 구조이나, 실전 배치는 K808이 우선이다.

K806은 주로 후방 운용을 고려해 12.7mm 탄두 방호, K808은 전방 배치를 감안해 14.5mm 탄두와 대인지뢰, 소형 IED에도 견딜 수 있게 모듈형 부가장갑판 및 하부 방호를 강화했다. 두 차량 모두 화생방 양압장치(난방/냉방 통합), 자동 소화기, 강화 개별시트 등을 통한 승무원 보호에 주력했다. 기본형 K806은 K12 7.62mm 기관총, K808은 K6 12.7mm 기관총 또는 K4 40mm 고속유탄기관총을 기본화기로 탑재한다. 차기형에는 무인화총탑(RCWS) 장비 가능성도 열려 있으나, 2024년 기준 예산 문제로 아직 적용되지 않았다.

K806은 기존 KM900 장갑차를 대체하며, 수도방위사 · 향토사단 · 공군기지 등 후방에서 주요시설 방호 및 기동타격 임무에 투입된다. K808은 주로 전방 사단에서 신속전개, 수색정찰, 타격 임무에 투입되며, 해병대용 변형도 일부 운용 중이다. 17.5t 내외의 전투중량은 C-130H/J 수송기로도 공중수송 가능해 기동작전에서 신속성을 기할 수 있다.

운전석은 상용 트럭과 구조가 유사하고, 조종수용 모니터와 열상 잠망경 등으로 임무 편의성이 높다. BMS(전장관리체계)이 탑재된 단차장석과, 조종수 보조장치, 냉 · 난방 일체형 화생방 양압 등이 인력 피로도와 안전성을 대폭 향상시켰다. K808은 30mm 차륜형 대공포, 차기 지휘용 장갑차로도 운용될 예정이며, K806 기반 장갑형 앰뷸런스도 개발 중이다.

2024년 기준, 시범 운용 단계에서 각종 일선 부대의 실전 평가를 받고 있으며, 일부 전력화 장비는 야지 및 도심 시범 운용에서 기대 이상의 성능을 보였다는 평가다. 기존 K200A1 등 궤도형 장갑차 대비 험지 돌파력, 기동전 투입 속도, 하천 도하 등 전술적 운용성에 있어 '명확한 우위'를 확인했다. 일각에서는 원격사격체계(RCWS)의 빠진 점, 8×8형 차대의 비용 문제, 부품 표준화 등 '개선 과제'도 지적한다.

K806 장갑차

K808 장갑차

제원

	기본형 (6×6)	보병전투용 (8×8)
전장	6.6m	7.2m
전고	2.1m	
전폭	2.7m	
엔진	400마력	420마력
전투중량	16t	17.5t
최대속도	100km/h(지상)8km/h(수상)	
등판능력	종경사 60% 횡경사 30%	
탑승인원	2+9명	2+10명
무장	K4 고속유탄기관총7.62mm 기관총	
제작사	현대로템	

2024년 3월 8일 부산항 부산 연안여객터미널 부두에서 열린 부산항통합방호훈련에서 53사단 차륜형 장갑차가 야외 전술훈련을 펼치고 있다.

K877 차륜형 지휘소 장갑차

Wheeled Armored Command Vehicle(ACV)

차륜형 지휘소용 차량은 현대로템이 우리 육군 보병부대를 진두지휘할 차륜형 지휘소용 차량의 체계개발을 맡는다. 현대로템의 차륜형 지휘소용차량 체계개발비는 154억 원이다. 현대로템이 개발할 차륜형 지휘소용 차량은 네트워크 중심의 작전 환경으로 급속도로 변화 중인 현대 전장 환경에 맞는 무기체계다. 이 차량은 네트워크 기반의 전투지휘체계 운용 능력을 갖춰 신속하고 효율적인 부대 지휘가 가능한 것이 특징이다. 또한 설치 및 해체에 한 시간 이상 걸리던 기존의 고정식 야전 지휘소를 대체할 수 있는 이동식 전투지휘 차량으로, 즉각적인 기동이 가능해 방호력과 생존성이 크게 향상된다.

기동지원장비

Military Engineer Mobile Support Equipment

K600 장애물개척전차

K600 Combat Engineer Vehicle

한국형 장애물개척전차인 K600 장애물개척전차가 최초로 소요 제기된 시기는 1994년으로 지금으로부터 22년 전이다. 당시에도 전투장비 보강에 주력하던 군 당국은 지원 장비 보강을 도외시했고, 그로부터 14년이나 지난 2008년 제30회 방위사업추진위원회에서 개발에 착수하기로 결정을 내렸다. 하지만 부실한 사업 계획으로 사업 계획을 재검토하게 되면서 사업 추진이 중단됐고, 2011년 말 실시한 2012년도 예산안 심사에서 예산이 전액 삭감되기도 했다. 그러나 사업 자체는 취소되지 않았고, 2013~2017 국방 중기계획에 포함되며 기사회생했다.

마침내 2014년 9월 제83회 방위사업추진위원회에서 현대로템이 '한국형 장애물 개척전차' 사업 우선협상대상 업체로 선정돼 본격적인 체계 개발에 착수했다. 2018년 6월까지 체계 개발을 마치고 2019년부터 이용한다.

K600 장애물개척전차의 베이스 차체는 K1 전차의 차체를 이용할 예정이다. 그러나 실제 형상은 K1 구난전차를 닮은 형태로, 1200마력 파워팩을 탑재하며 전면부에는 지뢰 제거 쟁기와 자기감응지뢰를 무력화하는 장비를 장착한다. 지뢰 제거 쟁기는 폭 3.8m 이상, 깊이 0.3m 이상에 매설된 대인·대전차 지뢰를 제거할 수 있고, 자기감응지뢰 무력화 장비는 자기 신호를 복제하는 방식의 장비가 장착될 것으로 예상된다. 두 가지 장비 모두 국외에서 기술 도입, 생산할 것으로 보인다.

전면부 우측(K1 구난전차에서 크레인 붐이 장착되는 부분)에는 굴삭팔이 장착되며, 이 굴삭팔은 일반적인 굴삭기와 같이 버킷, 브레이커, 집게 등 다양한 부속장비(Attachment)를 장착할 수 있다. 지뢰 및 장애물 지대 개척 후 안전한 통로임을 표시하는 통로 표식장비를 장착하며, 선제 지뢰지대 개척용으로 MICLIC(Mine-clearing line charge)도 탑재하게 된다. 무장은 K6 50구경 기관총과 연막탄 발사기를 장착한다. 추가적인 전력 소요와 승무원 편의에 대응하기 위한 보조전원장치(APU; Auxiliary Power Unit)와 냉난방장치(양압장치와 결합한 종합식 보호장치가 될 것으로 예상) 역시 장착한다.

제원	
전투중량	55t
크기	13.8×3.6×2.9m(쟁기 미장착 시 9.6×3.6×2.9(m))
승 무 원	2명(필요시 보조승무원석 운용)
최고속도	60km/h
엔진출력	1200마력 디젤엔진
무장	K6 50구경 기관총
제작사	현대로템

장착장비	
굴삭팔	버킷 용량 : 0.7m³
인양 능력	2.5t(파괴기 교체 장착 가능)
지뢰 제거 쟁기	제거 폭 3.8m 이상제거 깊이 0.3m 이상(대인/대전차지뢰 제거 가능)
자기감응지뢰	무력화장비 있음
통로 표식장비	있음
보조전원장치	있음

K1 교량전차

K1 Armored Vehicle Launched Bridge

제원	
전투중량	53.5t
최대속도	시속 65km
항속거리	500km
엔진	1,200마력 디젤
변속기	자동변속, 전진 4단, 후진 2단
교량형식	가위형
통과하중	60t
교량길이	22m
가설/회수시간	3분/10분
교량	내구성 8,000회 이상 통과 가능
제작사	현대로템

K1 교량전차(KAVLB)는 기계화사단과 공병단에 배치한 차량이다. 전차가 넘을 수 없는 험지를 통과할 수 있도록 소형 교량을 갖췄다. 우리나라와 같이 산지가 많아 지형의 기복이 심한 곳은 전차가 통과할 수 없다. 때문에 교량전차의 필요성은 절대적이다. K1 교량전차는 K1전차의 차체 위에 가위형 교량을 탑재하고 있다. 이 교량은 영국 비커스(Vickers)사의 기술지원을 받아 현대로템에서 제작했다.

교량전차는 실린더, 가설 프레임, 가설 패드, 가설 암과 연결봉으로 구성된 교량 가설장치를 통해 교량을 만든다. 교량은 폭 4m, 길이 22m로 60t 차량까지 통과가 가능하다. 한쪽에서 교량을 부설한 뒤 반대편에서 교량을 회수할 수도 있다.

K1 구난전차

KI Tank Recovery Vehicle

K1 구난전차(KARV)는 구난(救難)이라는 말처럼 '전차 회수차'로 불린다. K1 전차는 뛰어난 야지 기동성을 갖고 있다. 그러나 무리한 기동으로 고장이 나거나 험한 지형에서 좌초하는 경우, 적에 피탄을 당해 작동불능이 되는 경우도 있다. 이런 전차들을 견인해 회수하는 차량은 전장에서 필수적이다.

제원	
전투중량	51.1t
최대속도	시속 65km
항속거리	600km
엔진	1,200마력 디젤
변속기	자동변속, 전진 4단, 후진 2단
인양능력	25t
견인능력	35t(활차 사용 시 70t)
도징능력	시간당 170㎥
제작사	현대로템

K21 경구난 장갑차

K21 Armoured Recovery Vehicle

K21 경구난 장갑차는 2008년부터 두산DST(현 한화디펜스)가 개발한 차량으로 2011년까지 120억 원의 개발비를 투입했다. 차량 중량은 26t이며 승무원 4명이 탑승해 운용한다. 각종 장갑차와 자주포를 구난·견인한다. 2014년부터 2016년까지 20사단과 수도기계화사단에 우선 배치해 K21 보병전투차를 우선적으로 지원하게 된다.

K288A1 구난차량

K288A1 Recovery Vehicle

K288A1 구난차량은 K200의 기본 차체에 3.5t 용량의 크레인과 20t 견인능력의 윈치를 탑재한 구난차량이다. K288A1 구난차량은 기존의 트럭을 이용한 크레인 견인이 안전성과 기동성 면에서 취약하기 때문이다. 이 차량의 주임무는 K200 차량의 정비 지원, 고장 시의 회수다. 간단한 고장이나 파손을 수리하기 위한 기본 공구도 구비돼 있어 전장에서 상당히 유효한 시스템이다.

제원	
전투중량	13.2t
승무원	4명
길이	5.37m
높이	2.92m
엔진출력	350마력
무장	K-6 기관총, 최고속도 시속 70km
항속거리	480km
제작사	한화에어로스페이스

KM9ACE 공병장갑차

KM9 Armored Combat Earthmover

KM9 에이스 공병장갑차는 미 육군이 사용 중인 M9 에이스를 삼성테크윈에서 면허생산한 공병차량이다. 차체 전체를 알루미늄으로 만들었고, 길이 6.2m, 높이 3.2m, 전투중량 24.4t이다. 에이스의 용도는 장애물 제거와 전투 기동로 개척, 보조 활주로의 건설과 도하 지점의 진출입로 개척 등이다. 전투장비의 구난임무를 위한 성능도 보유하고 있다. KM9은 차체 장갑 방어력이 취약해 전투가 벌어졌을 때, 피탄을 당해 작동불능이 될 위험성이 크다. 미국형인 M9 에이스는 걸프전에 투입돼 이라크군이 사막지대에 설치한 각종 장애물과 호(壕)를 처리했을 뿐만 아니라, 아군을 위한 참호망 개척과 이동로 개척에 큰 전과를 거뒀다. KM9은 방어력이 부족하다는 단점으로 인해 걸프전이 끝난 후 장갑을 강화한 개량형이 등장했다.

제원	
전투중량	24.4t
승무원	3명
도하능력	있음
호통과 능력	1.6m
등판능력	60도
엔진출력	295마력
최고속도	45km/h
주행거리	322km
제작사	한화에어로스페이스

리본부교

Ribbon Bridge System

리본부교로 통하는 RBS(Ribbon Bridge System)는 미국의 BMY사가 제작한 것을 두산중공업에서 면허생산했다. 리본부교 규격은 한국과 미군이 동일하다. 하천이나 강이 많은 한반도에서 필수적인 도하장비로, K2280 트럭에 탑재해 운반한다. RBS 부교는 육군 도하단이 대량으로 보유하고 있다. 을지훈련·독수리훈련 등 주요 훈련 때 도하장비로 등장하고 있어 일반인들에게도 익숙한 장비다.

제원	
부교길이	213m
폭	8.1m
통과하중	60t
가설시간	1시간 30분
제작사	두산중공업

문교와 부교

Raft and Floating Bridge

전투 중 넓고 깊은 강을 만날 경우 기갑부대가 통과하기 위해서는 교량이 필요하다. 통상 전차는 수심이 2.2m를 넘어서면 강을 건널 수 없다. 따라서 상대편 상륙지점을 확보한 경우 다리(부교)와 뗏목(문교)을 이용해 교량을 가설하고 신속하게 진격하게 된다. 문교와 부교는 도하 표준장비로, 차량으로 옮겨 설치한다. 이때 사용하는 작업용 모터보트를 BEB(Bridge Erection Boat: 교량가설단정)라고 하며, 뗏목처럼 나누어진 교량구간을 문교(몇 개의 부주를 연결한 뗏목 형태)와 이를 연결한 부교(부주에 의해 지지되는 차도가 있는 교량)로 도하용 임시 교량이 만들어져 강위에 놓이게 된다.

우리 군의 경우 문교는 보통 교절(RBS: Ribon Bridge System)을 다섯 개 정도 이어서 만든다. 5교절로 이루어진 문교는 75t의 하중을 견딜 수 있으며 문교 양쪽에 결합된 212마력을 내는 엔진 두 개를 장착한 BEB를 이용해 수상에서 이동할 수도 있다. 문교를 만들어 BEB를 이용해 강 건너편으로 이동하기까지 보통 10~15분이 소요된다. 부교는 22개의 교절로 약 160m 폭의 하천이나 강을 건널 수 있도록 한다. 이 정도 규모의 부교 가설에는 1시간에서 1시간 30분 정도의 시간이 필요하다. 완성된 부교를 통해 시간당 200대의 전차가 이동할 수 있다. 그러나 부교는 흐르는 강위에 임시로 가설한 교량이라 물살에 떠내려가지 않도록 BEB를 통해 일직선을 유지하도록 공병대는 끊임없이 BEB를 조작한다.

제원	
중량	85kg
운용인원	2명
살상반경	10m /저판관통
살포거리	30~40m
살포속도	시간당 360~720rds
지뢰장전	5발 rds
기폭방법	인계선/자기감응
제작사	SNT다이내믹스

KM138 한국형 지뢰살포기

KM138 Korean Mine Dispenser

KM138 한국형 지뢰살포기는 장갑 전투도저, 차량 등에 장착해 대인 및 대전차 지뢰를 신속히 살포하는 장비다. 2000년 배치를 시작해 현재 공병중대에서 운용한다. 지뢰를 매설할 때, 소요시간 과다나 동계 매설 등의 제한 사항들을 극복할 수 있다. 단자폭 4~5일, 장자폭 12~15일로 구분해 사용할 수 있다. 적 전차 저판관통이나 승무원 격멸이 가능하다.

원격 무선폭파세트

Remote Control Demolition Kit

신형 원격 무선폭파세트는 휴니드테크놀러지스 주관으로 연구개발 끝에 2014년 개발에 성공했다. 원격무선폭파세트는 방위사업청이 2017년 12월 말 '신형 원격 무선폭파세트' 전력화 완료를 발표하면서 알려졌다. 이후 방사청은 양산에 착수해 전력화 일정에 차질 없이 육군 특전사와 공병부대, 해군 · 해병대 특수전부대 등에 전력화를 성공적으로 마쳤다.

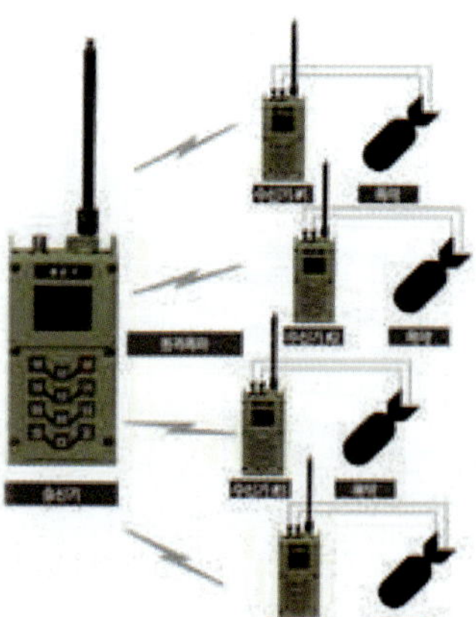

신형 원격 무선폭파세트는 우리 군이 적지 깊숙이 침투해 적의 지휘소 및 중요시설을 파괴하고, 공병부대의 기동지원을 위한 장비다. 이번에 전력화한 신형 장비는 기존의 장비보다 통신 방식이 개선됐고, 크기와 무게를 줄여 일선 부대에서 보다 효과적인 작전 임무수행이 가능해졌다는 평가다.

특징으로는 ▲송 · 수신기와 양방향 통신으로 장비를 제어하는 방식을 적용해 폭발물과 이격된 지점에서 원격으로 폭파를 수행하고 ▲정상적으로 폭파되었는지 여부까지 확인할 수 있어 운용자의 생존성도 향상됐고 ▲기존 장비보다 크기와 무게를 대폭 줄여 휴대성을 높였고 ▲송 · 수신기 키패드에 발광기능을 적용해 야간작전 시 편의성도 향상됐다.

신형 원격 무선폭파세트를 전력화함으로써 적지 종심작전 부대의 작전능력을 한 단계 높일 수 있을 뿐만 아니라 2010년 체계개발부터 2017년 전력화까지 까다로운 시험 평가 절차를 거친 우수한 장비로 향후 수출시장 개척도 가능할 것으로 보인다.

수상운용

육상운용

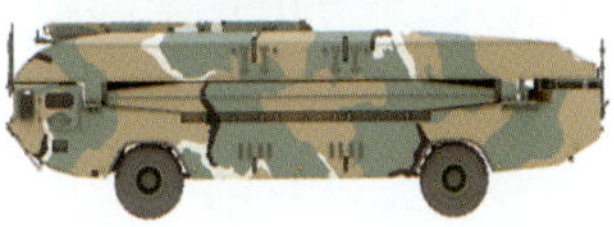

옆면

KM3 자주도하 장비 수룡

KM3 Amphibious bridging and ferrying, Amphibious Vehicle

KM3 자주도하 장비는 2023년 도하장비 분야 원천기술을 보유한 독일 GDELS(General Dynamics European Land Systems)사의 기술 제휴로 '한국형 자주도하 장비 KM3'로 국내에서 생산해 전력화할 계획이다. M3 자주도하 장비는 이라크전에서 실전 경험을 쌓은 것을 시작으로 북유럽의 혹독한 추 위와 싱가포르의 고온 다습한 기후에서 운용한 적이 있는 전천후 자주도하 장비다. 현재 북대서양조약기구(NATO) 연합훈련 등 다양한 환경에서 운용하고 있다. 1996년 독일과 영국을 시작으로 1998년 대만, 2006년 싱가포르, 2019년 인도네시아에서 20년 이상 운용하고 있다. M3 자주도하 장비는 28톤의 경량화 구조로 설계했고, 23.5R25 규격의 대형 타이어를 장착해 동급 최고의 육상 기동성을 자랑한다. 수상도하 능력과 연약지반 진출 · 입 극복 능력을 보유하고 있다.

제원	
중량	28톤
기동속도	육상 : 80km/h / 수상 : 10km/h (MLC70 적재 상태)
허용유속	3.0m/s
등판능력	60%(종경사), 30%(횡경사)
선회반경	12m
항속거리	약 750km
탑재하중	MLC 70(63.5톤)
구축시간	문교(2대) : 10분 이내, 부교(8대) : 20분 이내
부수기능	타이어 입력조절, 차축 높이 조절, 화생방 방호, 자동소화, 승무원실 냉 · 난방, 리본부교(RBS) 연동 운용
※MLC(Military Load Classification) : 군용 하중 급수분류법	
제작사	한화에어로스페이스

회로지령탄

Circuit Bomb

회로지령탄은 GOP 및 DMZ에서 적 보병침투를 저지하기 위해 개발된 장비다. 2014년부터 전력화됐으며, 기존의 재래식 지뢰를 대체할 수 있는 무기체계로 꼽힌다. 적의 침투가 확인되면 운용자가 기폭명령을 내려 폭발시킨다. 장비의 구성은 원격조종기와 무선중계기, 탐지살상장치로 구성돼 있다.

KM180 액체폭약 도로대화구

KM180 Liquid Explosive Road Crater

KM180 액체폭약 도로대화구는 적 예상 기동로상의 우회가 제한되는 애로지역을 선정해 설치한다. 파이프를 매설해 위장하며, 적 진출상황에 따른 폭파로 기습효과를 달성한다. 야전에서 보병부대에 액체폭약 도로대화구를 관리·폭파하는 임무를 부여한다. 액체폭약 도로대화구는 충격이나 마찰에 둔감하며 취급이 용이하다. 지상·지하·수중에서도 사용이 가능하다.

제원	
구성	니트로메탄 단일 성분
저장기간	25년, 첨가제 혼합시
	영하 44℃.9까지 저장 가능
액체폭약	기폭제 컴포지션 2.5파운드 사용
화구형성효과	화구폭 6m, 화구길이 2.5m,
경사각	35~45도
제작사	한 화

제원	
저장 및 운용온도	영하 40℃~영상 50℃
철판 절단능력	KM481-최대 8mm, KM482-최대 10mm
제작사	한화

KM481/ KM482 테이프형 폭약

KM481/KM482 Tape Shape Explosive

KM481, KM482 테이프형 폭약은 강판, 강봉이나 각종 케이블, 목재, 콘크리트 구조물을 절단할 때 사용한다. 적 지휘통제 통신시설과 전투근무 지원시설, 주요장비나 핵심시설을 폭파하기 위해 특전사 등 특수부대가 애용하는 품목이다. 폭파기구 세트의 다목적 칼과 일반용 칼로 손쉽게 절단할 수 있다. 내부에 A자 공간을 형성해 폭발력을 집중시킬 수 있다. 습기, 물, 결빙, 먼지 등을 제거한 철판, 콘크리트, 목재의 표면에 부착하며, 굴곡면에도 자유자재로 접착이 가능한 것이 장점이다.

파괴통

Bangalore Torpedo

파괴통은 공병부대에서 철조망과 지뢰지대 통로개척용으로 사용한다. 차량기동이 불가능한 지역의 적 장애물을 극복하기 위해 사용한다. 철조망과 지뢰지대의 소규모 통로 개척을 위해 보병부대에 편제하고 있는 장비다. 연결은 탄두관-모의파괴통-연결관-파괴통-전기뇌관-도전선-점화기 순서다.

제원	
길이	1.5m
직경	5.5㎝
중량	7.1kg(15.6파운드)
구성품	파괴통 10발, 연결관 10개, 탄두관 1개
적 장애물 극복능력	지뢰지대 1~2m, 철조망 지대 3~4m
제작사	한화

2024년 6월 12일 한국형 자주도하장비 KM3 수룡의 전력화 행사 모습. KM3는 독일의 자주도하장비 M3를 업그레이드하고 국산화한 장비다. 자주도하장비 2대를 연결해 구성된 문교가 1대의 K2 전차를 싣고 도하하고 있다.

차량

Tactical Vehicle

소형전술차량

Small Tactical Vehicle

소형전술차량은 2014년 12월 최종 전투용 적합 판정을 받았다. 2015년 규격화를 완료 했으며, 2018년 1월부터 본격 전력화를 하고 있다.

소형전술차는 K15x 계열의 단축형 버전과 K35x 계열의 장축형 버전이 있다. 현재 전력화가 확정된 계열차량으로는 K151 4인승 지휘차, K152 8인승 지휘차, K153 기갑수색차 및 현궁탑재차(이상 방탄), K154 관측반차(비방탄), K351 정비차량, 통신쉘터차, 화생방정찰차가 있다.

소형전술차는 225마력의 6기통 터보 인터쿨러 디젤엔진을 채택해 출력이 1¼ t K311A1(130마력)의 약 1.7배에 달한다. 전자제어 8단 자동변속기와 ABS 브레이크, 전자식 파트타임 중간변속기, 냉·난방장치, 내비게이션, 후방 카메라 등을 적용해 기존 표준차량 대비 운용 편의성 향상을 꾀했다.

또한 전 · 후륜 독립형 서스펜션과 후차축 차동 잠금장치(NSD)를 적용하고, 기존 1¼t K311A1(254mm) 대비 높은 최저지상고(400mm)를 확보해 야지 기동성을 강화하고 다양한 지형을 돌파하기 쉽도록 했다.

선택사양인 방탄 차체와 런플랫타이어를 적용하면 소화기탄 등에 대한 방호와 함께 타이어 피탄 시에도 48km/h 속도로 48km를 달릴 수 있다.

표준차량의 작전요구성능(ROC)에 상용차량 수준의 운용 편의성을 갖춘 소형전술차의 전력화는 우리 군 기동차량의 일대 혁신을 이룩할 것이 확실시되지만, 모듈화한 차체를 바탕으로 더욱 다양한 계열차량을 개발, 전력화할 필요가 있다.

2016 대한민국 방위산업전(DX Korea 2016)에서 기아자동차는 소형전술차를 베이스로 한 2인승/4인승 카고 차량을 선보였다. 이는 기존 1¼ t 표준차량의 좋은 대안이 될 수 있을 것으로 보인다. 또한 야전용 앰뷸런스, 통신 가설차량 등 기존 1¼t 급 계열차량들의 대체용으로도 충분히 활용할 수 있을 것이므로, 이에 따른 계열차량 연구개발 및 전력화가 절실하다.

제원

	기본형 (K15x)	장축형(K35x)
전장	5m	6m
전고	2m	
전폭	2.2m	
최저지상고	400mm	300mm
엔진	현대 S2 V6 (225마력)	
총중량	5.7t	7t
최대속도	130km/h	
항속거리	600km	
등판능력	종경사 60%횡경사 30%	
제작사	기아자동차	

제원	
크기	전장 7.9m, 전폭 2.5m, 전고3.15m
무게	16톤
최대속도	포장 100km/h
등판능력	60%/31도
탑승인원	18명
엔진출력	330HP
변속기	8단 자동변속기
도섭능력	0.76m
무장	K15 경기관총,K16중기관총 장착가능

중형전술차량

Medium Size Tactical Vehicle

기아의 중형전술차량(KMTV)은 2020년 3월 31일 육군과 공동개발 계약을 맺고 2024년 개발을 완료해 양산에 돌입했다. 아군 확보지역 내 보병부대의 기동력과 생존성 강화를 목표로 하며, 2.5톤 · 5톤 두 모델이 있다. 각각 280마력 · 330마력 디젤엔진과 8단 자동변속기를 갖추고, 최대토크는 125kgf · m 이상이다.

6x6 구동, 차동잠금장치, 런플랫 타이어, 전자파 차폐, 영하 32도 냉시동 등 극한 환경 대응 능력을 확보했다. 최대 25명 탑승, 10톤급 화물적재, 1m 하천 도섭, 60% 종경사 등 강력한 기동성을 보인다. 기본 방탄 성능 외에 강화형 방탄 패널 부착 모델도 운용 중이다. 어라운드뷰 · 에어서스펜션 시트 등 상용차 수준의 편의장비를 갖췄으며, 기아는 국내 배치와 함께 수출도 추진하고 있다.

통제차량

Command and Control Vehicle(C2V)

군용 무인수색차량은 민간용 무인차량과 달리 도로 등의 기반 시설이 없거나 야지나 험지 등의 사전 정보가 없는 지역에서도 무인 또는 원격으로 기동할 수 있는 자율주행 기술로서 한 단계 진화된 기술이다. 보병용 다목적 무인차량은 1.5t 이하의 경량화한 플랫폼으로 감시정찰, 근접전투 및 전투지원 등 다양한 임무가 가능하도록 모듈화로 설계될 예정이다.

전투모드 시에는 탑재된 감시장비와 센서, 무인기 등을 활용해 다양한 작전지형에서 적 위치 및 규모 등의 정보를 수집하고 장착된 화기의 원격통제 등으로 근접전투 임무를 수행한다. 지원모드 시에는 일부 장비를 탈거하고 물자나 환자 운반을 위한 공간을 확보해 보병 기동로 물자 수송이나 구급차 접근이 가능한 지역까지 환자 운반 임무를 수행한다. 통제차량은 이러한 무인수색차량의 임무 계획, 실행, 원격운용, 통제를 담당한다. 국방과학연구소와 한화탈레스가 2011년 11월부터 2016년 10월까지 시험 개발을 거쳐 생산한 통제차량은 K511A1 2½t 표준차량을 기반으로 한다. C4i 체계와 연동해 디지털지도 기반의 전장 · 표적정보를 전시할 수 있고, 주 · 야간 감시 및 원격주행 영상 전시, 실시간 대용량 고속 데이터통신을 이용한 통신 중계도 가능하다.

소형전술차의 계열차량

Family of Small Tactical Vehicle

소형전술차 계열차량들은 2012년부터 본격 개발에 착수해 2016년 말 양산을 시작했다. 소형전술차량은 2017년 초부터 초도차량의 야전운용시험을 거쳐 개선점을 보완한 후 본격 전력화를 하고 있다. 소형전술차는 모듈화 설계로 다양한 계열차량을 만들 수 있고, 초도분부터 여러 가지 계열차량을 전력화하고 있다.

K151 4인승 지휘차

K151 4인승 지휘차는 중대급 부대 지휘용으로 방탄 버전이다. 중대장 및 중대본부 주요 구성원이 탑승하고 무전기 및 개인군장, 보급품을 탑재할 수 있다. 이 차량의 도입으로 우리 군은 창군 이래 최초로 보병 중대급 부대까지 전투용 차량을 배치하게 됐다. 보병, 포병, 기갑 중대급 부대 지휘용으로 도입한다.

K152 8인승 지휘차

K152 8인승 지휘차는 대대급 이상 부대 지휘용으로 역시 방탄 버전이다. 지휘관 및 참모요원이 탑승할 목적으로 4인승 지휘차 후방에 인원 탑승 공간을 증설했다. 세부 사양은 4인승 지휘차와 대동소이하며 보병, 포병, 기갑부대의 대대급 이상 부대 지휘용으로 도입하고 있다.

K153 기갑수색차

K153 기갑수색차는 적정을 수색정찰하거나 기계화 부대의 통로개척 등의 임무에 사용되는 차량이다. 방탄 버전으로 제작했으며, 기존 기갑수색대대에서 운용하던 기관총 탑재 K131 ¼t 표준차량을 대체할 예정이다. 5인승이며 본래는 8인승 지휘차량과 같이 후방 상부가 높게 설계되고 총탑이 좌/우 110도씩 220도 회전만 가능했다. 그러나 2017년 초 야전 적합성평가 이후 후방사격이 제한된다는 문제점이 지적돼 총탑을 360도 회전 가능하도록 함과 동시에 총탑 측면에 방탄판을 증설하고 상부 높이를 동일하게 맞췄다. 기갑수색대대당 6대씩 전력화하고 있다.

K154 관측반차

K154 관측반차는 K9 자주포 대대의 관측반이 표적관측 및 화력유도용 장비를 탑재하고 작전을 수행할 수 있도록 개발한 버전이다. 비방탄 7인승이다. K9 대대 관측반당 1대씩 전력화하고 있다.

K153C1 현궁탑재차

K153C1 현궁탑재차는 현궁 보병용 대전차미사일의 운용을 위해 K153 기갑수색차를 기반으로 개발한 버전이다. 방탄장비를 갖춘 4인승이며, 후방에 4발의 미사일 예비탄을 적재할 수 있다. 사단 토우중대 및 연대급 직사화기 소대의 토우미사일 및 106mm 무반동총을 대체하고 있다.

K351 정비차량

K351 정비차량은 비방탄 장축형(전장 6m)으로 기존의 K313/K313A1 1¼t 이동정비차량을 대체할 목적으로 개발했다. 각 군 지원사령부 및 사단이나 여단급 정비대대의 근접정비반 임무를 담당한다. 전방 윈치와 각종 정비장비들을 탑재하고 장비 운용용으로 10kw급 발전기를 갖추고 있기 때문에 발전 트레일러를 견인할 필요가 없어졌다. 정비중대당 2대씩 전력화 하고 있다.

K351C1~C3 쉘터차량

K351C 쉘터차는 스파이더(SPIDER) 전술통신체계를 대체하는 전술정보통신체계(TICN, Tactical Information Communication Network) 장비를 탑재하는 버전으로 1¼톤 쉘터카고를 대체할 목적으로 개발했다. 루프 캐리어와 10kw급 발전기를 장착한 K351C1과 루프 캐리어가 없고 발전기만 장착한 K351C2, 둘 모두 장착하지 않은 K351C3로 나뉜다. 각각 대용량 전술전송체계와 전술이동통신체계, 발전기 탑재용으로 도입하고 있다.

전술지휘통제차량

Tactical Command and Control Vehicle

국군 지휘 차량은 통상적인 주행 성능과 안전성은 물론 새로운 군 지휘 차량에 요구되는 통신 운용을 위한 전원공급 능력 및 기동 지휘소로서 역할 등 다방면에 걸친 야전 적합성 평가를 통과해야 한다. KG모빌리티(쌍용자동차)의 뉴렉스턴 스포츠는 2019년 우리 군의 지휘차량으로 선정돼 각급 부대에 실전 배치되고 있다. 2022년 10월 200여 대를 시작으로 2022까지 약 700대를 공급했다. 뉴렉스턴 스포츠는 8단 변속기를 적용했고, 내비게이션, 차동잠금 장치, 전술 타이어, 전자파 차폐 장치 등 첨단 차량기술 및 군용 특수 사양이 적용됐다.

제원	
엔진	e-XDi220 LET 4기통
배기량	2,157cc
구동방식	후륜구동- 파트타임 4WD
공차중량(kg)	1,990~2,100
제조사	KG모빌리티

K532 전술지원차량

K532 Tactical Support Vehicle

K532 전술지원차량은 1994년 초부터 일선부대에 공급되기 시작한 전투수송 차량이다. K532는 스웨덴 헤글랜드사가 개발해 전 세계적으로 히트한 궤도차량 Bv206이 원형이다. 육군은 험지로 알려진 동부전선이나 전차 기동로가 많은 서부전선의 야지에서 탄약이나 보급물자 수송을 목적으로 개발했다. K532 전술지원차량은 기아자동차가 400대를 면허 생산했다. 육군은 107mm 박격포 탑재 차량과 기본형을 운용하고 있고, 야전용 레이더 탑재 차량이나 전술통신 장비 탑재 차량도 도입했다.

제원	
전투중량	4.3t
승무원	5명
전장	6.7m
엔진	메르세데스 벤츠
엔진출력	136마력
최고속도	62km/h
주행거리	300km
페이로드	2.25t
제작사	기아자동차

화력

Fire Power

소화기

Small Arms

K1A 기관단총

K1A 5.56mm Submachine Gun

제원	
구경	5.56×45mm NATO탄 (KM193)
전장	810~865mm
총신	263mm, 6조 우선
중량	2.97kg
장탄수	20발/30발
발사속도	700~900발/분
제작사	SNT모티브

우리 군은 K1 기관단총을 신형 소총의 단축형 모델로 개발했다. 과거 군은 이러한 용도로 제2차 세계대전 중 미군이 사용한 M3 기관단총(속칭 그리스건)을 사용했지만, 5.56mm K2 소총과 같이 단축형 모델로 개발함으로써 M3 기관단총을 대체했다. K1 기관단총은 '총구 들림' 현상을 억제할 수 있는 소염기, 3점사 기구를 채택한 개량형 K1A로 업그레이드됐다. 실제 K1A는 K2 소총보다 더 빨리 완성됐고, 대한민국 최초의 독자개발 개인화기로 이름을 올렸다. 길이가 짧은 호신용 화기이기 때문에 K1A를 기관단총으로 분류하기도 한다. 유효사거리는 250m. 하지만 총열이 12인치, 1회전 강선이라 예전의 M16 또는 M16A1용으로 사용하던 KM193탄만 쓸 수 있다는 점이 단점으로 지적된다. K1A를 설계할 때, 신형탄에 대한 소요가 없었기 때문이라고 한다. 트리튬 야광기를 조종기로 채용하고 있기 때문에 야간사격에도 탁월한 정확도를 발휘한다. 개머리판은 두 개의 강철선인 슬라이드식으로 돼 있어 휴대 또는 기동에 매우 편리하다. K1A는 육군 특수전사령부, 특별경비대, 경찰특공대, 장교와 부사관, 전투차량 승무원 등의 개인화기로 사용한다.

K13 기관단총

K13 5.56 mm Submachine Gun

대테러나 시가전 등의 특수작전을 위한 특수부대용 소총이다. 모듈화 개념을 도입하였고 군 요구사항을 맞추는 것은 물론, 작전환경에 따라 운용성과 편의성, 신뢰성, 정비성 등을 향상시키기 위해 부품개선 및 형상 변경을 통해 성능을 업그레이드 했다. 특히 좌/우수 사수를 고려해서 양손을 다 사용할 수 있도록 편의성을 개선했다. 시가전과 공수낙하 등 특수작전 시 무게와 총열 길이가 짧아야 되는 점을 고려했고, 도트사이트, 후레쉬, 레이저표적지시기 등 다양한 부수기재를 장착할 수 있도록 제작했다. 또한 가스피스톤(Gas Piston) 방식의 쇼트 스트로크(Short Stroke) 방식을 채택해 각 부품들의 수명을 향상시키고, 개머리에 완충기 방식을 적용해 사수의 피로도는 줄이고 정확도는 향상시켰다. 냉간단조기술을 적용하여 총열의 내구도 및 정확성을 향상시켰다. 2023년 4월 전투력적합판정을 받아 2023년 12월 전력화됐으며, K13 기관단총으로 명칭이 확정됐다.

제원	
구경	5.56 X 45mm NATO탄
전장	750~810mm
총열	265mm(10.5") / 292mm(11.5") / 368mm(14.5"), 6조우선
중량	3KG ± 10%
작동방식	가스피스톤식(Gas Piston, Short Stroke)
장탄수	20발/30발
발사속도	700~900발/분
제작사	SNT모티브

TACTICALIST

K2 소총

K2 5.56mm Assault Rifle

K2 소총은 대한민국 국군의 주력 제식(制式)소총이다. 5.56×45mm NATO탄을 사용하는 돌격소총으로, 국방과학연구소(ADD)에서 개발했고, SNT모티브에서 생산한다. K2 소총은 대우정밀에서 면허생산하던 M16A1을 대체하기 위해 ADD에서 개발했다. 1972년 박정희 대통령의 지시에 따라 'XB소총 개발계획'을 ADD 주관으로 진행했고, 1977년부터 XB1 소총에서부터 XB6까지 모두 6가지의 시험용 소총을 설계했다.

최종안인 XB6를 양산형으로 결정했고, 개량을 거쳐 최초의 독자개발 소화기인 K1 기관단총에 이어 K2로 명명했다. K2를 1984년부터 생산하기 시작해 전방 전투부대에 우선적으로 보급했다. 1990년대 이후엔 후방을 제외한 대부분의 부대에 보급돼 우리 군의 주력 제식 소총 반열에 올랐다.

6·25전쟁 이후 미군이 쓰던 무거운 M1 소총을 사용하다 베트남전을 거치면서 전 세계적으로 돌격소총이 보급되기 시작했다. 우리 군은 1970년대 중반부터 M16 소총을 라이선스 생산하기 시작했다. 정부는 '모든 장병의 기본화기인 소총은 독자적인 모델을 보유해야 한다'는 방침을 세우고 1977년부터 신형 소총의 설계를 시작해 마침내 우리 손으로 우리의 제식소총을 개발한 것이다.

K2 소총은 M16과 공동으로 탄약을 사용할 수 있지만, 외형과 기능을 보면 러시아의 AK-47 소총이나 이스라엘의 갈릴 소총에 가깝다. K2 소총은 크게 2가지 타입, 즉 기본형(라이플형)인 K2 소총과 단축형(카빈형)인 K1으로 나뉜다. K2 소총은 60만 정 이상이 생산됐고, 1984년부터 군에 보급되면서 신속하게 M16 소총을 대체했다. 1990년에 들어서기 전 이미 일선 부대에 보급이 완료됐다.

K2 소총은 가스피스톤 방식과 고정차개의 전통적인 설계 방식을 채택해 M16 소총의 작동상의 문제점을 개선했다. 소염기(消焰器 · 총구에 설치된 우산이나 원판 모양의 쇠붙이)는 상반부 쪽에만 구멍을 내 연발사격을 할 때 총구가 들리는 현상을 막으며 명중률을 높였다. 또한 단발, 자동사격과 함께 3점사도 가능해 탄약의 낭비를 줄일 수 있도록 했다. 총열은 7.3인치, 1회전 강선(腔線 · 총신 내부에 나사 모양으로 판 홈)으로 돼 있어 미군의 M16A2 소총에 사용되는 SS109(K100)탄을 사용할 수 있고, 기존 M16용으로 사용하는 KM193탄도 사용이 가능하다. 개머리판은 접을 수 있는 접절식으로 돼 있어 승차나 이동할 때 편리하다.

제원	
구경	5.56×45mm NATO탄(K100)
전장	730~980mm
총신	310mm 6조 우선
중량	3.4kg±5%
작동방식	가스피스톤식
유효사거리	600m(K100)
장탄수	20발/30발
제작사	SNT모티브

K2C1 소총

K2C1 5.56mm Assault Rifle

K2 소총은 1985년 최초 전력화한 이래 30년이 넘도록 우리 군의 제식 소총 자리를 지켜 오고 있지만, 오래된 설계와 노후화로 인해 현대전 수행에 제한 요소가 많은 총기가 돼 가고 있다. 그리하여 군 당국은 K2 소총의 성능을 개량한 모델인 K2C1 소총을 2016년부터 보급하고 있으나, 개량 요소로 인해 우여곡절을 겪었다.

1985년 최초 전력화한 K2 소총은 현재도 우리 군의 제식 소총으로 활약하고 있다. 하지만 최초 전력화 이후 30여 년이 지난 근래까지 별다른 사양 변화 없이 그대로 도입, 운용돼 장병들의 체격 변화를 따라가지 못하고 있었다. 게다가 광학 조준경 등 부수 기재를 장착하기 어려운 데다 총기 자체의 노후화까지 겹쳐 변화의 필요성이 제기됐다.

그리하여 개발사인 SNT모티브는 이러한 당면 문제들에 대응하기 위해 수축식 개머리판과 피카티니 레일, 접이식 가늠쇠, 탈부착식 가늠자를 장착한 개량형 K2 소총(가칭 K2A)을 제안했다. 그러나 군 당국은 2012년 9월 개머리판만 수축식으로 변경하는 것으로 소요를 제기했다가 후에 접이식 가늠쇠를 제외한 모든 제안 사항을 수용했다.

이어 2014년 5월에는 초기 제안 사항인 M4 카빈소총 형태의 수축식 개머리판을 내구성 문제로 맥풀(Magpul)사제 형태의 모델로 교체했고, 이후 야전 적합성 시험을 거쳐 2015년 7월 K2 소총의 국방규격을 개정, K2C1이라는 제식명을 부여하고 2016년 3월부터 야전에 초도 보급을 시작해 2017년 말 현재 6만5000여 정을 보급했다.

제원	
구경	5.56×45mm NATO탄(K100)
전장	730mm/940~1,014mm
총신	310mm 6조 우선
중량	3.5kg±5%
작동방식	가스피스톤식
유효사거리	600m(K100)
장탄수	20발/30발
제작사	SNT모티브

K16C1 (전차 공축용, 개발 당시 K12C1)	
구경	7.62mm x 51mm
중량	11.0kg
길이	1,010mm
총열길이	559mm
강선	4조 우선(12인치당 1회전)
유효사거리	800m(점표적)/1,200m(지역표적)
작동방식	오픈 볼트 가스피스톤식(솔레노이드 방아쇠)
발사속도	650~950발/분
사용탄약	7.62mm×51mm NATO 링크탄
제작사	SNT모티브

K16E 기관총(공축형)

K16E 7.62mm Machine Gun

K16 7.62mm 기관총의 기갑차량 전차 공축기관총 버전이다. 이제까지 우리 군은 M60E2-1 기관총을 M 계열 및 K 계열 전차와 K21 보병전투장갑차의 공축기관총으로 운용해 왔다. 그러나 M60 계열 기관총은 K3 기관총 전력화 이후 생산을 중단했고, 수리 부품만 보급되는 노후 총기여서 K16 기관총이 뒤늦게나마 개발·양산되는 것은 다행스런 일이다. 동축기관총 버전인 K16C1은 기갑차량에 장착하기 때문에 전기식(솔레노이드식) 방아쇠를 적용했고, 가늠자와 가늠쇠를 생략하는 대신, 신속한 총열 교환을 위한 손잡이를 부착했다. 전기식 방아쇠가 작동하지 않는 경우를 대비해 수동식 방아쇠도 채택했다.

K16C2 (보병용, 개발 당시 K12C2)	
구경	7.62mm x 51mm
중량	10.4kg(조준경 미포함)/11.09kg(조준경 포함)
길이	1,195~1,255mm
총열길이	559mm
강선	4조 우선(12인치당 1회전)
유효사거리	800m(점표적)/1,200m(지역표적)
작동방식	오픈 볼트 가스피스톤식
발사속도	650~950발/분
사용탄약	7.62mm×51mm NATO 링크탄
제작사	SNT모티브

K16 기관총(기본형)

K16 7.62mm Machine Gun

K16 기관총의 보병용 버전인 K16 기관총(기본형)은 공축용인 K16E와 함께 2022년부터 양산에 들어갔다. K16C2는 군 요구사항인 중량 10.4kg 이내를 맞추기 위해 개발 과정에서 심혈을 기울였다. 이 모델에 대응하는 주·야간 조준경 역시 동시에 전력화할 예정이다. 보병부대에 K16 기관총(기본형)을 전력화할 경우, 5.56mm 기관총인 K3의 부족한 화력을 보강할 수 있게 된다.

K16C3 (헬기 승무원용, 구 K12/개발당시 K12C3)	
구경	7.62mm x 51mm
중량	12kg(조준경 미포함)/13.05kg(조준경 포함)
길이	1,110mm
총열길이	559mm
강선	4조 우선(12인치당 1회전)
유효사거리	800m(점표적)/1,200m(지역표적)
작동방식	오픈 볼트 가스피스톤식
발사속도	650~950발/분
사용탄약	7.62mm×51mm NATO 링크탄
제작사	SNT모티브

K16D 기관총(승무원형)

K16D 7.62mm Machine Gun

KUH-1 수리온 기동헬기의 도어건으로 처음 전력화한 K16D 기관총(승무원형)은 2022년부터 양산에 착수해 노후화한 M60D 기관총을 대체한다. 그립형 방아쇠는 탈착이 가능하고, 탈거 후 개머리판을 후방으로 빼면 보병용으로도 운용할 수 있다.

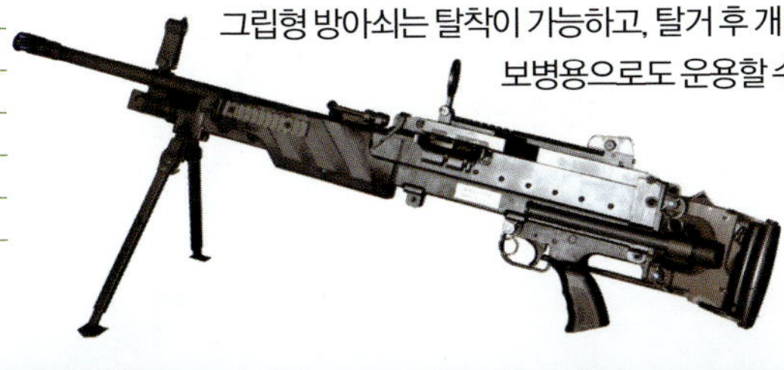

K3 경기관총

K3 5.56mm Light Machine Gun

베트남전 종전 후, 돌격소총과 같은 탄약을 사용하는 새로운 분대 지원화기의 필요성이 대두됐다. 미군은 벨기에 FN사의 미니미(Minimi) 기관총을 M249라는 명칭으로 채용했다. 미군뿐만 아니라 5.56mm 소총을 사용하는 세계 각국은 미니미 기관총을 광범위하게 채용했고, 우리 군도 미니미를 기본으로 한 한국형 분대 지원화기로 K3 경기관총을 개발했다.

K3는 기본적으로 미군의 미니미와 유사하지만, 개머리판과 방열(放熱) 덮개, 총신, 권총 손잡이 등 세세한 부분에서 차이가 난다. 1989년부터 보급을 시작한 K3 기관총은 기존의 M60 기관총을 대체했다. 탄약은 200발 탄띠를 총 본체 윗부분에 장착한다. 유사시에는 M16이나 K2 소총의 30발 탄창을 측면으로 꽂아 사용할 수 있다. 탄종(彈種)으로는 NATO의 신형탄에 준하는 K100탄을 사용한다. K3의 유효사거리는 800m, 무게는 6.85kg이다. 병사 1명이 거뜬히 조작할 수 있을 정도다. 현대전에서 분대 지원화기인 K3는 필수불가결한 존재다. 통상적으로 군사 전문가들은 분대 지원화기 1정의 위력이 돌격소총 20정에 맞먹는 것으로 추산하고 있다.

제원	
구경	5.56×45mm NATO탄
전장	1,046mm
총신	533mm, 6조 우선
중량	6.85kg
장탄수	30발 탄창, 벨트급탄 200발 탄통 공용
발사속도	700~1,000발/분
제작사	SNT모티브

K15 기관총

K15 5.56mm Machine Gun

차기 5.56mm 경기관총(LMG-Ⅱ)은 2016년부터 SNT모티브가 개발에 착수해 2017년부터 2년간 개발 및 운용시험 평가를 거쳐 2018년 9월 전투용 적합 판정을 받았다. 이후 K15라는 제식명을 부여받은 K15 차기 기관총은 2020년부터 본격 양산에 들어간다.

최근에 개발된 총기답게 개방형 소염기를 적용해 야간사격 시 총구 화염발생을 최소화했다. 총열은 측면에 골을 파서 사격 시 빠른 냉각 효과를 노렸다. 기온과 습도 등을 고려해 가스압을 조절할 수 있는 가스조절기를 장착했고, 광학조준경 운용을 감안해 접이식 가늠쇠를 채택했다.

측면 피카티니 레일을 적용해 다양한 부수기재를 활용할 수 있도록 했고, 운반손잡이는 전작인 K3 기관총과 유사하게 사격 시 옆으로 접을 수 있고, 운용 편의성을 고려해 약간 경사진 형태를 채택했다. 총열교환 시에도 사용하며 총열 고정부는 기존의 레버 형태에서 버튼 형태로 변경했다.

전술 상황에 따라 수직손잡이와 총열덮개를 모두 활용할 수 있도록 한 것을 확인할 수 있다. K15 기관총은 K3 기관총과 마찬가지로 병사 1인 운용이 가능하나 탄약 및 예비총열 운반 문제 등으로 실제 야전에서는 정 · 부사수 체제로 운용할 것으로 보인다.

K15 경기관총

급탄덮개 상부에 장착된 피카티니 레일에는 함께 개발된 PAS-18K 광학 조준경을 장착한다. 한화시스템이 개발한 PAS-18K는 주 · 야간 열상조준경으로 야간에도 1km를 탐지할 수 있다. 사격시 충격을 계산해 조준점을 자동 보정하는 기능이 있다. 또한 열상조준경이므로 사격시 화염으로 인한 백화현상(White out)이 발생하지 않는다.

개머리판은 사수의 체형에 따라 조절할 수 있는 수축식 개머리판이며, 이는 기존의 K3와 큰 차이점이다. 방아틀뭉치는 총기손질이 용이하도록 쉽게 분해할 수 있는 구조로 되어 있고 권총손잡이는 인체공학적으로 설계했다. 급탄은 링크탄과 STANAG 탄창 모두 가능하며 기존의 200발들이 플라스틱 탄통 외에도 포제 탄주머니 역시 사용할 수 있다. 조정간과 방아쇠는 K3와 거의 같다.

1990년대에 M249 미니미 경기관총을 참고하여 개발한 K3 기관총은 초도품에서 발생한 여러 문제점과 일선에서 개선부품의 군수관리 미비 등으로 많은 시행착오를 겪어야 했다. K15 기관총은 이러한 시행착오를 딛고 탄생한 결과물이다.

제원	
구경	5.56×45mm
길이	개머리판 확장시: 1,070mm
	개머리판 수축시: 990mm
무게	7.2kg/8.4kg(PAS-18K 조준경 장착시)
유효사거리	800m
작동방식	가스작동식(오픈 볼트)
발사속도	700~1000발/분
사격정밀도	2.2MOA (100야드, 91.44m 거리에서 2.16인치 원 안에 탄착군 형성)
탄약	K100/K100L(링크탄)/KM193
급탄방식	200발 링크탄(플라스틱제/포제 탄통)/STANAG 탄창
제작사	SNT모티브

K4 고속 유탄기관총

K4 40mm Automatic Grenade Launcher

제원	
구경	40×53mm (NATO)
전장	1,072mm
총신	412mm, 24조 우선
중량(본체)	34.4kg (Gun) 29.5kg(Mount)
장탄수	탄띠 급탄방식
발사속도	325~375발/분(최대) 60발/분(연사), 40발/분(지속사)
제작사	SNT모티브

K4 고속유탄 기관총은 보병지원용 40mm 유탄(榴彈)을 유효사거리 1500m, 분당 350여 발의 속도로 적에 퍼부을 수 있는 가공할 파괴력을 지닌 무기다. K4 고속유탄 기관총은 미군이 Mk19와 같은 무기체계를 획득함에 따라, 우리 군도 1985년 유사한 차재화기(車載火器)의 개발을 요구해 1986년부터 1990년까지 5년간 국방과학연구소(ADD) 주도로 개발했다.

K4는 기본적으로 차량탑재를 기반으로 하지만, M2(K6) 중기관총의 3각대를 이용해 지상에서도 사용이 가능하다. 비록 구경은 같지만, K201 유탄발사기에 사용하는 탄과는 완전히 다른 탄을 사용한다. 이는 40mm 유탄의 자동발사를 위한 블로백(blow back)을 돕도록 가스압력이 높아야 하기 때문이다.

탄약은 세 가지를 사용한다. 인마(人馬) 살상용의 KM383(HE) 고폭탄은 살상반경 5m, 위험반경 15m 정도로 수류탄보다는 위력이 약하지만, 연발사격 시의 위력은 대단하다. KM433(HEDP)탄은 적의 차량이나 장갑차 등을 파괴할 수 있는 2중목적의 성형작약탄이고, KM385 훈련탄도 사용한다. 모든 탄은 발사 후 30~40m를 비행한 뒤, 신관이 작동하도록 돼 있다. K4 고속유탄 기관총 1정의 화력은 기존 보병 1개 중대의 화력과 맞먹는다. K4 고속유 탄 기관총은 현재 각 중대에 2정이 배치돼 있다.

K201 유탄발사기

K201 40mm Grenade Launcher

M16 소총에 40mm 구경의 M203 유탄발사기를 단다면, K2 소총에는 40mm 유탄발사기 K201을 장착한다. K201 유탄발사기는 K2 소총의 총열 아래 장착해 단발식으로 간단한 조준기구를 이용해 발사한다. K201 유탄발사기는 간단한 훈련만으로도 정확한 사격이 가능한 것이 강점이다. 기본구조는 M203과 거의 비슷하다. 하지만 내구성 면에서 K201이 훨씬 뛰어나다. 유효사거리는 약 400m, 살상 반경은 10m 정도다. 지원화기로 분대당 1~2정이 지급되고, 소총이 주요 장비인 특수전 부대에는 없어서는 안 될 지원장비다.

제원	
구경	40mm 유탄 (M406 HE, M407 TP, M443 HEDP, M397, M576 MP)
전장	382mm
총신	305mm, 6조 우선
중량	1.65kg
제작사	SNT모티브

K5 권총

K5 9mm Pistol

육군은 1984년 3월 새로운 권총 도입을 결정했다. 1984년 6월부터 1988년 5월까지 대우정밀은 신형 권총 개발을 추진했다. 이렇게 탄생한 권총이 K5 자동권총이다. K5는 NATO의 표준 권총탄인 9mm 파라블럼탄을 채택, 탄약 휴대량을 늘림과 동시에 권총의 경량화에 성공했다.
무엇보다 한국인의 체형에 적합한 탄환을 사용할 수 있도록 해 명중률도 크게 높였다. K5 권총은 특히 패스트 액션(fast action)이라는 격발방식을 채용해 초탄 발사의 신속성과 명중률을 높였다. 패스트 액션이란 해머를 코킹했다가 디코킹 상태로 놓으면, 첫발 격발 시 코킹 상태의 가벼운 방아쇠 압력으로 발사될 수 있도록 하는 메커니즘을 말한다.
총의 기본구조는 다른 권총들과 크게 다를 것이 없다. 탄창은 13발까지 확인할 수 있는 구멍이 있어 사용이 편리하고, 간단히 5개 파트로 분리돼 정비도 편리하다. 군은 K5 권총을 1989년부터 양산 · 보급하기 시작해 현재 전군의 제식권총으로 자리 잡았다.

제원	
구경	9×19mm NATO탄
전장	191mm
총신	105mm, 6조 우선
중량	728g±5%
장탄수	13+1발
제작사	SNT모티브

K6 중기관총

K6 12.7mm Heavy Machine Gun

K6 중기관총은 M2 중기관총을 세부적으로 개량한 모델이다. 제2차 세계대전 이래 미군이 지금까지 사용 중인 12.7mm M2 중기관총은 K6 중기관총의 모체로 앞으로도 수십 년 동안, 개발 후 100년 이상 사용될 것으로 예상되는 우수한 총기다.

처음에는 대전차용으로 개발했지만, 제2차 세계대전 이후 주로 차량에 탑재돼 대공화기 또는 거점제압 화기로 능력을 발휘했다. 1978년 미군은 사코 디펜스사가 내놓은 신형 모델 QCB(Quick Change Barrel)형을 채용했다. 우리 군도 M2 중기관총을 개량해 신속한 총열 교환이 가능한 신형 기관총을 필요로 하게 됐다.

우리 군은 1986년 10월 소요를 제기해 이듬해 개발에 들어갔고, 불과 1년 반 만에 K6란 제식명칭을 부여한 신형 중기관총을 탄생시켰다. K6는 상당 부분 미국제 M2 중기관총을 참고로 만든 것이다. 신속한 총열 교환을 위해 기존의 M2가 채용한 나사 회전식의 교환 방식에서 잠금턱 방식을 채용해 5초 만에 교환이 가능토록 했다. 뿐만 아니라 두격 방식도 M2의 조정식에서 확정식으로 바꿔 총기의 안정성을 확보했다. K6 중기관총은 1989년부터 전군에 보급되기 시작해 주력 차재화기로 사용되고 있다.

제원	
구경	12.7×99mm (NATO)
전장	1,654mm
총신	1,143mm, 6조 우선
중량	38kg (Gun)
장탄수	탄띠 급탄 방식
발사속도	450~600발/분
제작사	SNT 다이내믹스

K7 소음기관단총

K7 9mm Silenced Sub-Machine Gun

K7 소음기관단총은 적 경계병을 은밀히 제거하는 인마살상용 총기다. 소음기를 장착하기 때문에 총격 소음(80~120데시벨 이하)이 낮아 특수임무 수행에 적합하다. 탄알집 장전식, 반동식, 어깨 받침쇠 신축식인 K7 소음기관단총은 단발·연발·점사 사격이 용이하며 공랭식으로 설계됐다.

제원	
구경	9 x 19mm
무게	3.1kg ± 5%
총열장	134mm (6조 우선)
탄창	30발
발사속도	1,050~1,250발 / 분
사거리	1.2km
전장	606~788mm
제작사	SNT모티브

K12 기관총

K12 7.62mm Machine Gun

7.62mm K12 기관총은 M60 기관총을 대체하는 기관총이다. M60 기관총이 노후화하고 송탄불량 등 운용 성능에 문제가 지속되고 있어, SNT모티브가 개발한 차기 화기다. 현재 KUH-1 수리온 기동헬기 전력화 배치와 함께 헬기 거치용 화기로 양산·배치되고 있다.

제원	
구경	7.62 X 51mm
중량	12kg ± 5%
전장	1,200mm
사격방식	가스작동, 오픈 볼트
사격속도	분당 650 ~ 950발
제작사	SNT 모티브

K14 저격용 소총

K14 7.62mm Sniper Rifle

K14 저격용 소총은 2011년 3월부터 본격 설계에 들어가 2년여 만에 개발을 완료한 국산 저격용 소총이다. K14 저격용 소총은 800m의 유효사거리 내에서 일발필살의 성능을 발휘하는 소총이다. 특히 대테러전뿐만 아니라 현대전에서 필수적인 전투장비다. 그동안 특전사와 해병대 등 일부 특수부대에서 운용하는 저격용 소총은 전량 해외 수입에 의존했다. 그러나 우리나라 지형과 우리 군의 특수성을 감안한 저격용 소총의 개발이 요구됨에 따라 방위사업청이 한국군의 규격(ROC)에 맞도록 민간 주도의 국산화 개발을 적극 지원하면서 SNT모티브가 개발했다.

SNT모티브는 K14 저격용 소총 개발을 계기로 세계에서도 유례가 드문 권총, 돌격소총, 기관총, 고속유탄기관총, 저격용 소총에 이르는 소화기 분야의 풀라인업(Full Line-up) 기술을 확보하게 됐다. 개발 후 정부 주도로 실시된 내구성과 신뢰성 등 엄격한 군 요구 성능 평가에서 도 '기준충족'의 합격점을 받아 요르단에 첫 수출하는 성과도 올렸다. K14의 성능은 100야드(91.4m)에서 1인치(2.54cm) 원 안의 표적을 정확하게 명중시킬 수 있다. 주간 3~12배율, 야간 최대 4배율까지 관측할 수 있고, 주·야간 조준경 및 정확도가 높은 탄약으로 구성돼 있다.

제원	
종류	스나이퍼 라이플(Sniper Rifle)
탄약	구경 7.62 x 51mm(308Win NATO탄)
	중량 7.0kg(주야간 조준경 및 탄창 매거진 포함)
작동방식	볼트액션
전장	전체 길이 1,150mm(XK-14기준)
총열	609.6mm(24inch) XK-14기준
유효사거리	800m
탄창	매거진 5발 / 10발 매거진 선택사항
제작사	SNT모티브

FNH SCAR-L 소총

FNH SCAR-L Rifle

FN SCAR는 미군의 SCAR(Special Operations Forces Combat Assault Rifle) 프로그램 사양에 맞춘 돌격소총, 전투소총, 저격총 시스템이다. FN SCAR은 벨기에의 파브리크 나시오날 드 에르스탈사가 미군용으로 개발했다. FNH SCAR-L(mK.16 Mod.0) CQC 소총은 707특임단의 주무장으로, 2012년부터 도입해 현재 운용하고 있다. 모듈식 구조로 총열 길이에 따른 단축형(CQC), 연장형(LB, Long Barrel) 등이 있으며, SCAR-L은 휴대성을 극대화한 자기보호형(PDW)이다.

제원	
탄약	5.56×45mm NATO (SCAR-L)
작동방식	쇼트 스트로크 가스 피스톤 방식
탄창	20/30발들이 STANAG 탄창(SCAR-L)
총열	
숏배럴	253mm(9.96 inch)
미들배럴(기본형)	351mm(13.82 inch)
롱배럴	457mm(18 inch)
전장	540mm/724mm~788mm(SCAR-L CQC)
무게	3.3kg(SCAR-L CQC)
유효사거리	400m(SCAR-L CQC)
제작사	FN Herstal

M107A1 대물 저격용 소총

M107A1 Sniper Rifle

M107A1은 바렛 사에서 개발된 M82A1M을 기반으로 하는 저격소총으로, 특수전사령부와 해병대가 운영하는 제식 대물 저격 소총이다. 2023년 12월 말 방위사업청은 M107A1 대물용 저격 소총 전력화를 국방 매체를 통해 공개했다. M107A1은 M107 대물 저격용 소총을 2010년 생산을 종료한 이후 다시 개량사업을 통해 2014년 공개한 소총이다. M107A1 저격용 소총은 항공 우주 및 방위 산업에서 주로 사용하는 알루미늄강 레일을 채용해 내구성을 높였고, 중량은 약 4파운드를 감소시켰다. 또 소염기의 형상을 바꿔 신속장착형 소음기를 운용할 수 있도록 개선했다. M107A1은 저격병들의 부담을 크게 줄이는 게 중점을 둬 제작했다. 현재 특수전사령부, 해병대에서 운영하고 있으며, 2023년 9월 서울수복행사 때 일반에 공개했다. 현재는 전방 사단들로 운영을 확대하고 있다. 르폴드(Leupold)사의 조준경을 장착했으며, 탄창에는 12.7mm×99mm 탄을 10발 장전할 수 있다.

제원	
구경	12.7x99mm
작동방식	단주퇴 반동작동식
총열수명	1,000발
중량	12.7kg
유효사거리	1,800m
제작사	바렛

M110 SASS 저격소총

M110 SASS Sniper Rifle

M110 SASS(Semi Automatic Sniper System) 저격소총은 미 해군 네이비실과 해병대가 도입한 Mk.11(7.62mm) 소총을 미 육군이 자군 사양을 적용해 도입한 저격소총이다. 특전사 707특임대에서 대테러용으로 운용 중이다.

제원	
구경	7.62×51mm NATO탄
전장	1,118mm
총신	508mm 5조 우선
중량	4.88kg
작동방식	가스직동식 반자동
유효사거리	800m
장탄수	20발
제작사	Knight's Armament

92FS 베레타 권총

92FS Beretta Pistol

이탈리아산 베레타 모델 92FS는 9mm 대용량 권총 시대를 연 선두주자다. 모델 92SBF가 미 육군의 XM9 제식권총 사업에서 M9 권총으로 선정됨에 따라 인기를 끌었다. 베레타 모델 92FS는 미군용 모델인 92F형의 총신을 단축한 것으로, 현재 육군 특전사 707특임대 등 대테러팀에서 사용 중이다. 특히 707특임대는 1980년대 초 92SB 권총을 수입해 사용한 적이 있다. 또한 707특임대는 창설 초기 M459 스미스앤웨슨 자동권총을 채용한 적도 있다.

제원	
구경	9×19mm NATO탄
전장	217mm
총열	125mm, 6조 우선
중량	0.96kg
장탄수	15발
제작사	베레타

AW50 저격소총

AW50 Sniper Rifle

AW50 저격소총은 영국의 애큐러시 인터내셔널사가 개발한 12.7mm의 대구경 총이다. 현재 육군 특전사 707특임대, 경찰특공대 등에서 사용 중이다. 도주차량의 엔진 등을 파괴할 수 있는 능력도 있어 활용 범위가 넓다.

제원	
구경	12.7mm NATO탄
전장	1,092mm
총신	610mm, 5조 우선
무게	5.49kg
장탄수	6발
제작사	애큐러시 인터내셔널

예비군용 총기

Reservist Firearm

M16A1 소총

M16A1 5.56mm Rifle

1964년 베트남전 파병을 계기로 우리 군은 미군이 사용하고 있는 M16 소총을 도입했다. 처음으로 우리 군은 M16 개량형인 M16A1 소총 약 2만7000정을 미국으로부터 군사원조로 받았고, M16A1 소총을 육군의 제식소총으로 결정했다. 우리 군은 1974년부터 M16A1 소총을 라이선스 생산해 전군에 보급했다. 1985년까지 부산조병창은 60만 정 이상의 M16A1 소총의 라이선스 생산을 계속했다. 그러나 K2 소총의 급속한 보급으로 실제로 일선 부대의 제식소총으로 자리를 잡았던 기간은 길지 않았다. 우리 군은 현재 M16A1 소총을 동원예비군의 제식소총으로 전환했고, 필요 시 사용할 수 있도록 관리하고 있다. 일부 후방 부대에서도 M16A1 소총을 볼 수 있다. 한편, M203 유탄발사기를 장착한 M16A1 소총을 1990년대 말까지 특수전사령부가 사용했으나 현재는 모두 K201로 교체했다.

제원	
구경	5.56×45mm NATO탄
전장	990mm
총신	533mm, 6조 우선
중량	3.18kg(탄창 제외)
장탄수	20발, 30발
제작사	콜트

M1911A1 콜트 거버먼트 권총

M1911A1 Colt Government Pistol

M1911A1 콜트 거버먼트 권총은 미군이 제1차 세계대전 때부터 베트남전에 이르기까지 사용한 제식권총이다. 우리 군은 미국으로부터 이 권총을 대량 공여받았다. 미국은 0.45 구경탄을 사용하는 콜트 거버먼트 권총을 제2차 세계대전 기간 중에 190만 정이나 생산했고, 장탄수가 적다는 결점에도 불구하고 우리 군에서도 호평 받았다.

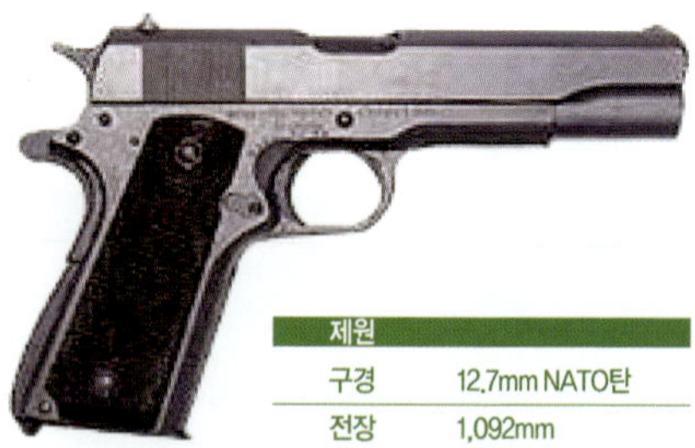

제원	
구경	12.7mm NATO탄
전장	1,092mm
총신	610mm, 5조 우선
무게	5.49kg
장탄수	6발
제작사	애큐러시 인터내셔널

38 스페셜 리볼버 권총

38 Special Revolver Pistol

우리 군은 몇 가지 종류의 리볼버(revolver · 탄창이 회전식인 권총)를 사용하고 있다. 장군 이상의 지휘관은 스미스앤웨슨(S&W)의 M10 리볼버 밀리터리&폴리스 모델을 지급받는다. 2인치의 소형 리볼버로 휴대하기 매우 간편한 것이 특징이다. 이 모델은 공군 조종사들에게 자위 무기로 지급하기도 했다. 우리 군이 사용하는 또 하나의 리볼버는 스미스앤웨슨의 M19 컴뱃리볼버(4인치 총열)로 헌병대 특경대에서 사용했다.

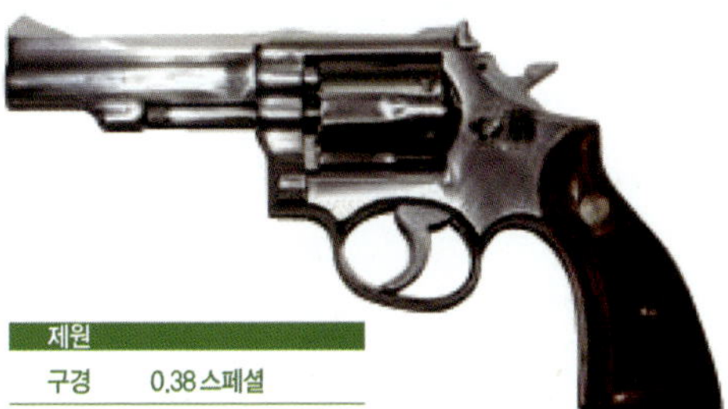

제원	
구경	0.38 스페셜
전장	235mm
총신	102mm
중량	0.865kg
장탄수	6발
제작사	스미스앤웨슨

M60 기관총

M60 Machine Gun

M60 기관총은 미군이 제2차 세계대전 중 독일군의 MG42 다용도 기관총의 위력을 실감하고 종전 후 개발한 다용도 기관총이다. M60 기관총은 베트남전에서 주력 기관총으로 활약했고, 우리 군도 M16 소총과 함께 도입해 사용했다. M60 기관총은 경기관총, 중기관총, 차재기관총 등 여러 용도로 사용이 가능한 만능 기관총이다. M60 기관총은 총신 교환에 의해 상당 기간 지속사격 능력도 갖춘 다용도 기관총이다. M60 기관총은 주요 부품의 수명이 짧다는 단점도 있었으나 제2차 세계대전 후 1980년대에 이르기까지 M60은 미군을 지탱해 온 명실상부한 주력화기였다.

우리 군도 M60 기관총을 대우정밀에서 라이선스 생산했다. 돌격소총과 탄약을 공유하는 분대 지원화기인 K3 기관총의 등장에 따라, M60은 주력 분대 지원화기로서의 지위를 상실했다. 하지만 지금도 M60은 K3의 수량 부족을 메우기 위해 상당수 실전에서 사용하고 있고, 7.62mm 대구경 화기의 위력과 사정거리의 이점 때문에 유효한 무기체계라는 평가를 받고 있다.

특히 2003년 이라크전에서 5.56mm 분대 지원화기의 위력 부족 문제가 대두되자, M60은 다용도 기관총의 유효성을 재평가하게 만들었다. 한편, M60 기관총의 각종 변형 모델도 실전에서 활약하고 있다. 헬기의 도어 건(door gun)이나 차량 탑재용 건 등으로 사용되는 M60D, M48 전차 등의 동축 기관총(coaxial machine gun)으로 사용되는 M60E2-1 등이 있다.

제원	
구경	7.62×51mm NATO탄
전장	1,105mm
총신	508mm, 6조 우선
중량	10.43kg
장탄수	탄띠 급탄방식
발사속도	500~650발/분
제작사	사코디펜스, 대우정밀

KM181 60mm 박격포

KM181 60mm Mortar

KM181 60mm 박격포는 국방과학연구소가 1980년대 중반 개발해 1986~1988년 전방 부대에 실전 배치한 국군 표준 경량 화력지원 화기다. 현대위아가 양산한 60mm 구경 · 총중량 약 19kg급 곡사화기 체계로, 최대 사거리는 3,590m다. 분당 최대 30발 · 지속 18발 수준의 고속 사격 능력과 3~4인 운용 편제를 바탕으로 GOP · 중동부 전선 보병중대의 '즉응 화력 우산' 역할을 맡았다. 그러나 2010년대 중 · 후반부터 81mm KM187 등 신형 중대지원화기 도입과 함께 전방에서 점차 후방 · 예비 전력용으로 후퇴했다. 현재는 해병대 · 특수전 · 도서부대 등에서만 경량 기동화기로 운용되고 있다.

제원	
구경	60mm
포열	1m
중량	19.5kg
고저	800~1,511밀스
선회	250밀스
사정거리	최대 3,950m
제작사	현대위아

KM187 81mm 박격포

KM187 81mm Mortar

KM187 81mm 박격포는 미군이 현재 사용 중인 M29 박격포를 국산화한 것이다. 장비는 M29A1 총열부, M23A3 마운트, M53A1 조준기와 M3 알루미늄 플레이트 등으로 구성된다.

제원	
구경	81mm
중량	42.5kg
사거리	최대 6.3km/최소 78m
발사속도	최대 분당 30발/최소 분당 10발
강선	활강포
냉각방식	공랭식
장전방식	포구 장전식
제작사	현대위아

KM114 81mm 박격포-II

KM114 81mm Mortar

2018년 전력화할 개량형 81mm박격포 체계개발 사업은 현대위아 및 한화가 담당했다. 현재 군에서 운용하고 있는 박격포는 무겁고 수동식 사격기재를 활용해 왔으나, 81mm 개량형 박격포는 경량화 및 자동화한 사격체계를 구축하고 장병들의 편의성이 향상돼 신속하고 정확한 임무 수행이 가능해진다.

특히 박격포 경량화는 운용 장병의 전투피로를 감소시키고 작전 지속성을 향상시키는 데 크게 기여한다. 또한 과거에는 겨냥대와 겨냥틀을 활용해 사격임무를 수행했으나, 군 최초로 디지털가늠자를 적용했다. 디지털가늠자는 각종 센서를 활용해 정북을 지향하도록 설계돼 보다 신속하고 정확한 사격임무 수행이 가능하다. 개량형 81mm박격포가 2018년 군에 전력화되면 보병대대급의 주요 화력으로서 '창끝 전투력 강화'에 직접적으로 기여할 수 있는 무기체계다.

KM30 4.2인치 박격포

KM30 4.2inch(107mm) Mortar

우리 군이 보유한 기존 60mm의 M2/19, 81mm의 M1/29A1/29, M30형 107mm 박격포는 미국산이거나 미국 포를 기반으로 국산화한 것들이다. 따라서 외형과 성능은 미국산과 차이가 없다. 박격포 제작에서 모델이 됐던 미국산 박격포들은 미 육군과 해병대에서 사라진 지 오래다. 기존의 국산화한 60mm, 81mm 박격포는 사거리 연장이나 경량화가 제대로 이뤄지지 않았다. 특히 60mm 박격포는 새로 개발한 KM181 박격포로 교체됐다. 현재 보유 중인 박격포 가운데 가장 구경이 큰 M30 107mm 박격포는 기계화부대와 보병부대의 중화기 중대에서 운용하고 있으나 사거리가 짧은 단점이 있다.

제원	
중량	319파운드
최대사거리	7.2km
최소사거리	200m
최대 발사속도	분당 16발
평균 발사속도	분당 4발
사용탄약	M933 고폭탄, M929 연막탄, M930/983 조명탄, M931 훈련탄
제작사	기아중공업

K242A1/K281A1 박격포 탑재 장갑차

K242A1/K281A1 Mortar-mounted Armored Vehicle

K242A1은 K200의 병력실에 107mm 박격포를 탑재한 차량이다. 기계화 보병사단과 여단에 배치하고 있고, K281A1은 같은 차체에 81mm 박격포를 탑재한 차량이다. 두 차량은 근접화력 지원용으로 전차와 장갑차의 생존성을 높여주는 데 없어서는 안 될 존재다.

제원	
전투중량	13.2t
승무원	4명
길이	5.37m
높이	2.92m
엔진출력	350마력
무장	K6 기관총
최고속도	70km/h
항속거리	480km
제작사	한화에어로스페이스

120mm 자주박격포 비격

120mm Self Propelled Mortar

기존 육군 보병연대급과 기계화보병대대급 화력지원용으로 운용하고 있는 KM30 4.2인치 박격포는 장기간(27~43년) 운용으로 노후화가 심각했다. 게다가 사거리가 5.65km에 불과해 KM187 신형 81mm 박격포의 6.4km보다도 짧아 운용상의 한계에 봉착했다. 이에 군 당국은 보병연대급과 기계화보병대대급의 모든 4.2인치 박격포를 120mm 박격포로 대체하려 했으나 예산 등 문제로 보병연대급의 4.2인치 박격포는 105mm 차륜형 자주포로, 기계화보병대대급은 120mm 자주박격포로 대체하기로 했다. 2014년 3월 박격포차량 체계는 두산DST(현 한화에어로스페이스), 박격포 체계는 S&T중공업을 우선협상대상 업체로 선정해 120mm 자주박격포 사업을 본격적으로 착수했다.

120mm 박격포의 사거리는 최대 12km, 발사속도는 분당 최대 8발/지속 3발이며, 탑재차량은 K200A1 장갑차를 기반으로 개발했다. 전투중량 14t, 승무원은 조종수 포함 4명이다. 사격통제장치는 GPS/INS 복합항법장치를 적용했으며, 관측을 통해 획득한 표적 좌표를 제공하면 사격통제장치가 미리 입력된 풍향·풍속 등 기상 데이터와 조합해 자동으로 사격 제원을 산출, 포를 방열한다. 기존 박격포 부대의 핵심 보직이었던 계산병이 필요 없게 됐다. 강선식이므로 활강포인 미군의 120mm 박격포와는 탄약이 호환되지 않는다.

제원	
전투중량	14t
승무원	4명
포신	120mm 강선포
최대사거리	12km
최대발사속도	8발/분
지속발사속도	3발/분
사격통제장치	자동
장전 방식	반자동
제작사	SNT다이내믹스(박격포)/한화에어로스페이스(장갑차)

81mm 박격포-II는 21사단 등 전방 보병사단에서 야전 시범운용을 마친 뒤 2024~2025년 사이에 중 · 동부 전선을 중심으로 단계적으로 전력화됐다. 고강도 알루미늄 합금과 티타늄 합금을 적용해 기존보다 약 20% 가벼워졌으며, 관측 · 계산 · 사격 제원을 디지털 장비와 컴퓨터가 자동 처리해 탄약수가 겨냥대를 일일이 맞추는 수동 조작은 크게 줄었다.

야 포

Field Gun (Howitzer)

K9A1 155mm 자주포

K9A1 155mm Self-Propelled Howitzer

K9A1 개량형 자주포는 K9 자주포의 성능을 개량한 모델이다. K9A1 개량형 자주포의 특징은 첫 번째로 운영체제(OS) 교체다. 그동안 K9 자주포의 화력통제장치는 시대착오적이게도 DOS 기반 운영체제를 사용하고 있었다. K9 개량 프로그램을 통해 K9의 화력통제체제 OS가 DOS에서 윈도우 기반 운영체제로 교체된다. 두 번째로 APU(Auxiliary Power Unit)의 도입이다. 그리고 그동안 K9에 없던 적외선영상시스템(IIR), 즉 FLIR가 K9 개량형에 도입된다. 여기에 더해서 후방감시카메라의 도입 또한 K9 개량형에 포함돼 있다.

K9 개량형에는 해치가 개방된 상태에서 포탑이 회전하는 것을 막기 위해 조종수 자동안전장치가 도입됐다. 그밖에도 기존의 관성항법장치에 GPS가 추가되면서 위치확인 장치와 운용제원 수집장치의 신뢰성이 강화되고 정밀도가 더욱 향상됐다.

미군은 M109 계열 자주포 전력화 이후 지속적이고 단계적인 성능 개량을 진행해 M109A6를 개발하기에 이르렀다. 2015년에는 브래들리(Bradley) 장갑차의 차체에 M109A6의 포탑을 결합하고 사통체계를 자동화한 M109A7을 선보였다. 반면 우리 육군은 M109A2를 면허생산해 K-55라는 제식명칭으로 1985년부터 전력화한 후 무려 26년이 지난 2011년에 성능 개량형인 K-55A1을 개발 완료해 배치하기 전까지 거의 성능 개량을 하지 않았다.

이는 K9 프로그램에도 시사하는 바가 적지 않다. 수출 시장에서 경쟁력을 유지하기 위해서도 품질과 성능을 개선해야 하지만, 군수품의 성능 개선은 우리 안보 역량을 유지 또는 강화하는 것이 1차적이고 근본적인 목적이기 때문이다. 변화하는 전술 여건 등에 능동적으로 대응하고 우리 군의 작전 능력을 향상시키기 위한 K9 성능 개량을 위해서는 현장에서 직접 K9을 운용한 경험을 바탕으로 도출된 성능 개선 소요 제기, 그리고 직면하고 있는 위협과 우리 군의 현실에 대한 전문적인 연구에서 도출된 성능 개선 요구가 적극적으로 반영돼야 할 것이다.

공군 기지는 전시 초기에 언제든지 화학탄두 등을 탑재한 탄도미사일의 공격을 받을 수 있다. 이 때문에 육군은 36대의 AH-64E를 전력화하고 LAH를 2020년대에 도입함으로써 독자적인 근접항공지원(CAS: Close Air Support), 근접전투공격(CCA:Close Combat Attack) 항공세력을 확보하려 하면

제원	
전투중량	47t
승무원	5명
전장	12.00m
전폭	3.50m
전고	3.28m
엔진출력	1,000마력
무장	155mm(52 구경장) 12.7mm 기관총
최고속도	60km/h
주행거리	360km
제작사	한화에어로스페이스

서 K9 자주포와 같은 화력지원 수단을 증강하고 있다.

이와 같은 현실 때문에 K9, 천무 등 장거리 화력지원 수단은 중요하다. 북한의 대규모 화력 수단에 대한 대화력전을 위해 포병의 반응 속도가 더욱 증가돼야 한다. 이는 K9의 성능 개선 방안에 발사 속도 증대가 포함되어야 하는 이유다.

중장기적으로 병력규모가 줄어들면서 부대감편에 따라 각 제대의 작전지역이 확대되고 있다. 이미 보유한 화력수단으로 더욱 넓은 작전지역을 커버해야 한다. K9 자주포의 기동성 증대와 발사속도 증대가 요구되는 대목이다.

북한은 전방에 전개된 각종 포를 후사면의 유개화 진지에 배치해 사격을 할 때만 후사면의 갱도 바깥으로 꺼내서 포격하고, 사격이 끝나면 다시 갱도로 넣는 식으로 운용하려 하고 있다. 이 때문에 사격에서 갱도 내부로 복귀하는 시간이 매우 짧다. 이 짧은 시간 안에 표적을 탐지해 타격해야 한다는 점 또한 발사 속도 증대를 차후 K9 개량형 이후에 추가적인 성능 개선을 통해 반드시 달성해야 하는 중요한 이유라고 할 수 있다.

발사 속도 증대 방법으로는 자동화한 사격통제장치의 도입과 함께 레이저 격발장치의 채용 등이 거론됐다. 그리고 기동성의 증대는 주로 경량화를 통해 달성된다.

현재 자주포들의 타격 목표는 주로 전장에서 우군 부대와 근접한 적의 제1제대를 우선적으로 타격하며, 적의 제1제대의 연장선으로서의 제2제대도 타격 대상에 포함시키고 있다. 아군 제대에 대한 화력지원 수단으로서 자주포는 중요한 위치를 차지한다. 특히 대화력전과 함께 전선 후방에서 전장으로 기동하는 핵심적인 작전적 제2제대에 대한 차단 공격 등에서 육군이 가장 신뢰할 수 있는 공격 수단이 자주포와 다연장 로켓 등이다. 이 때문에 K9 자주포의 장기적인 성능 개선 프로그램에는 사거리의 연장을 통한 장거리 타격력 확보가 포함될 예정이다.

K9 자주포는 호주에서 시험 평가 시에 장거리 정밀 타격용 엑스칼리버(Excalibur)탄의 사격 테스트에서 요구 성능을 충족했으며, 스웨덴에서는 공동탄도양해각서(JBMoU) 규격 장사정탄인 고폭사거리연장탄(HEER: High Explosive Extended Range) 발사 테스트를 거친 바 있다. 장차 경량화 요구에 함께 부응하기 위해 휴행탄수를 감소시킬 때 작전 지속 능력을 보존하기 위한 정밀 타격력 확보가 장거리 타격력 확보와 병행돼야 한다.

이를 위해 K9 자주포에서 운용할 목적으로 활공유도폭탄(GGAM: Gliding Guide Artillery Munition) 개발이 진행 중이다. GGAM은 큰 활공비를 갖는 날개를 핀으로 보유한 탄이 고각 발사 후 하강하면서 얻은 높은 속도와 큰 활공비를 이용해 장거리(최대사거리 100km) 표적에 정밀하게 명중하도록 개발된 155mm탄이다. 이와 같은 장거리 정밀타격 체계가 효과적으로 운용되기 위해서는 장거리 정찰·표적 획득 수단과의 원활한 연계를 위해 K9 자주포를 네트워크 중심 작전에 걸맞은 무기체계로 발전시켜 나가야 할 것이다.

K9A1 개량형 자주포는 K9 자주포의 성능을 개량한 모델이다. 우선, K9A1 개량형 자주포의 특징은 운영체제(OS)의 교체다. 그동안 K9 자주포의 화력 통제 장치는 낡은 DOS 기반 운영체제를 사용하고 있었다. K9 개량 프로그램을 통해 K9의 화력 통제체제 OS가 DOS에서 윈도 기반 운영체제다.

두 번째로 K9A1 개량형 자주포는 APU(Auxiliary Power Unit)를 도입했다. 그동안 K9에 없던 적외선 영상시스템(IIR), 즉 FLIR가 K9 개량형에 적용됐다. 게다가 K9 개량형에는 후방감시카메라를 채용하고 있다. K9 개량형은 해치가 개방된 상태에서 포탑이 회전하는 것을 막기 위해 조종수 자동안전장치를 도입했다. 그밖에도 기존의 관성항법장치에 GPS가 추가되면서 위치확인 장치와 운용 제원 수집장치의 신뢰성이 강화되고 정밀도가 향상됐다.

K9A2 155mm 자주포

K9A2 155mm Self-Propelled Howitzer

K9A2는 완전 자동화된 탄약 및 장약 장전 시스템을 탑재해 분당 9발 이상의 고속 사격이 가능하다. 기존 철제 궤도를 대체하는 캐나다 Soucy Defense사의 복합소재 고무 궤도는 진동과 소음을 대폭 줄여 장거리 주행 안정성을 높였으며, 궤도 무게 감소로 추가 장갑 장착 등의 페이로드 증대 효과도 있다.

K9A1 대비 차량 총중량은 약 1.5톤 증가했고, 운용 인원은 5명에서 3명으로 줄어 효율성이 높아졌다. 사격 시 표적 좌표 등 데이터만 입력하면 포탄과 장약을 자동 선별하며, 표준화된 단위장약은 사거리별로 필요한 수량만큼 투입하면 된다. 새로 적용된 단위장약은 충격에 둔감한 불감성 화약으로 폭발 사고 위험이 크게 감소했다.

전기식 포탑 구동 시스템과 원격 조종 무장 시스템(RCWS), 자동 화재 진압 시스템, 향상된 대지뢰 장갑이 적용돼 생존성과 작전 효율이 강화됐다. 최신형 K9A2는 2027년 초도군 배치가 예상되며, 2034년까지 전력화 완료가 목표다. 또한 155mm 58구경장 장총을 탑재한 K9A2 바퀴형 모델이 개발 중이며, 최대 사거리는 70km 이상으로 연장됐다.

제원	
자주포 운용	3명
최대사거리	60km(풍산 사거리연장탄 적용)
최대발사속도	9발/분
무장	155mm 52구경장, RCWS
전력화 예정	2027년
제작사	한화에어로스페이스

K9A3 자주포

K9A3 155mm Self-Propelled Howitzer

K9A3 자주포는 유무인 복합 자주포로, 1대의 유인 자주포와 5대의 무인 자주포로 구성된다. 유무인 복합 주행 기능 적용으로, 무인 자주포에 AI(인공지능)를 탑재해 효율성과 안전성을 높일 것이다. K9A3 자주포는 자체방호 원격사격통제체계(RCWS)를 탑재해 최근의 공격 · 무장으로 활용되는 드론의 공격에 대비한다. 58구경장으로 개량한 포신으로, K9A1 기준 사거리 60km를 달성한 신형 RAP탄, 미 육군의 엑스칼리버 유도포탄을 발사한다. K9A3는 80km 넘는 이들 포탄의 사거리로 적 후방의 지휘소와 탄약고 등 중요 표적을 정밀하게 포격을 할 수 있게 됐다.

K55A1 155mm 자주포

K55A1 155mm Self-Propelled Howitzer

K55 자주포는 전차의 국산화와 함께 포병 자주화(自走化)의 일환으로 도입한 차량이다. 미국산 M109 자주포를 원형으로 만든 K55 자주포는 기본적으로 M109A2에 견줄 만하다. 하지만 화생방(NBC) 시스템 등 일부 M109A3/A4형의 사양이 적용됐고, K55A2형에 비해 10여 개 부분만 개량이 이뤄졌다. 1994년 이후 창정비를 거치면서 무전기와 야시경 등이 추가됐다. 미국산 M109 자주포는 실전배치 이후 40여 년 동안 1만여 대의 차량이 생산됐고, 지금도 세계 20여 개국에서 주력 자주포의 지위를 갖고 있는 '베스트셀러' 자주포다.

우리 군은 자주포의 독자개발을 추진했으나 기술부족으로 기술제휴를 통한 생산을 추진했다. 미국의 M109A2 자주포를 미국의 UDLP사와 라이선스 계약을 통해 K55란 명칭으로 삼성테크윈(현 한화지상방산)에서 M109 자주포를 생산했다. 삼성테크윈은 1985년부터 양산을 시작해 1997년까지 4차 생산을 거치면서 총 1000여 대를 육군에 공급했다. 이로써 우리 군은 미국 다음으로 많은 수량의 M109를 운용하는 국가가 됐다.

제원	
전투중량	25t
승무원	6명
전장	9.12m
전폭	3.15m
전고	3.28m
엔진출력	405마력
무장	155mm(39구경장), 12.7mm 기관총 1정
최고속도	56.3km/h
주행거리	360km
제작사	한화에어로스페이스

수도군단 예하 17보병사단의 K55A1 자주포가 포탄사격을 하고 있다.

K105A1 105mm 차륜형 자주포

K105A1 105mm Wheeled Self-Propelled Howitzer

2017년 6월 27일, 방위사업청은 기존 105mm 견인곡사포에 자동화 사격통제체계와 복합항법장치를 결합해 차량 탑재형 자주곡사포로 개량한 105mm 자주곡사포 개발에 성공했다. 이 사업은 2015년 7월 한화디펜스를 연구개발 주관기관으로 선정해 착수했으며, 2017년 실시된 시험평가에서 군의 요구성능을 모두 충족해 '전투용 적합' 판정을 받았다.

차체는 5톤 군용 트럭(K-711)에 기존의 105mm 견인곡사포 화포 부문을 탑재했으며, 자동 사격통제장치와 복합항법장치를 적용해 기동 중 실시간 표적획득과 사격, 신속한 진지이탈(Shoot & Scoot)이 가능하다. 이에 화력지원 능력이 대폭 향상돼 보병여단의 독자적 작전 수행 능력과 전투원의 생존성이 크게 개선된 것으로 평가받는다. 기존 9명으로 운용되던 견인곡사포에 비해 자동화 시스템 덕분에 5명으로 운용 인원이 크게 줄었고, 105mm 견인포용 탄약을 그대로 재활용해 획득 및 운용 비용을 절감했다. 2018년부터 양산에 돌입해 현재까지 약 850여 대가 일선 부대에 배치됐으며, 2차 및 3차 양산 계약도 진행 중이다. 2023년 12월 기준 3차 양산은 2026년 완공을 목표로 하고 있다.

전투중량 17.8톤, 최대 사거리 약 11km이며, 1분당 최대 10발의 발사 속도를 자랑한다. 가격은 1문당 약 6억 원 선으로 저비용 고효율 자주포로 평가받는다. 또한, UH-60 헬기 등으로 수송 가능해 기동성도 확보했다.

105mm 자주곡사포는 노후 4.2인치 박격포 및 기존 105mm 견인포를 대체하는 동시에 보병부대의 화력 지원을 강화하는 방산 주력 사업으로 자리잡고 있다. 최근에는 베트남, 필리핀 등 해외 수출도 이루어지고 있다. 이 개량 사업은 기존 105mm 견인곡사포의 한계를 극복해 자동화와 기동성을 대폭 향상시킨 점에서 의미가 크며, 국산 무기의 운용 효율성 및 전투력을 향상시킨 대표 사례로 평가된다.

제원	
전투중량	19톤
크기	전장 7.79m x 전폭 2.8m x 전고 3.6m
운용인원	포 운영 3, 운전병 1, 기관총 사수 1, 총 5명 (4명 감소)
사거리	최대 11.3km / 최소 1.1km
발사속도	최대 10발/분, 지속 3발/분
격발장치	수동/자동
탄 적재량	60발
포방열 소요시간	차량 정지 후 30초
정확도	±1.0 밀(2배 정확)
초탄발사	1분(4분 감소)
이동준비	30초(9분 30초 감소)
차대	K721 5톤 신형제독차량
주무장	M2 / M101 계열 105mm 곡사포
부무장	K6 중기관총
방어력	5.56×45mm NATO탄 방호 / 파편 방호
제작사	한화에어로스페이스

KH179 155mm 곡사포

KH179 155mm Towed Howitzer

KH179 견인포는 미국의 M198 155mm 견인포 수준의 성능을 목표로 개발한 국산 야포다. KH179는 기존의 미국제 M114를 완전히 대체할 수 있는 성능을 갖췄다. 우리 군은 1979년부터 이 포를 개발, 1982년 개발을 완료했다. 육군은 KH179를 1983년부터 실전에 배치했고, 현재 155mm K55 자주포와 함께 야전포병의 주력으로 활용하고 있다. KH179 야포는 사실상 미국제 M114A1의 발달형으로, 새로운 39구경 장포신과 머즐 브레이크(Muzzle Break · 포구제동기)를 채용했다. 견인은 5t 카고트럭을 이용하지만, 포의 경량화(전투중량 약 6.9t) 덕분에 CH-47 헬기, C-130 수송기로도 실어 나를 수 있다. KH179는 NATO(북대서양조약기구)의 155mm탄을 사용할 수 있고, 신형탄 사격도 가능하다. 간접사격은 좌측에 장착된 4배율의 파노라마식 조준경을 사용하며, 직접사격의 경우 3.5배율의 엘보 조준경을 이용하며 1500m의 유효사거리를 자랑한다. 사정거리는 보통탄의 경우 22km, 사거리 연장탄은 30km이다. 발사속도는 지속사격 시 분당 2발, 최대 발사속도는 분당 4발이다.

제원	
구경	155mm
길이	10,389m(이동 시)
포신길이	7,013m
총중량	6,890kg
좌우사각	좌 23.5도, 우 25.2도
발사속도	2발/분(지속 시), 4발/분(최대)
사정거리	22km(보통탄)/30km(최대)
제작사	현대위아

지상작전사령부 겸 지상구성군사령부(지구사)가 호국훈련의 일환으로 2023년 10월 23일부터 대화력전 야외기동훈련(FTX)를 실시하는 가운데, K9 자주포들이 불을 뿜고 있다. 사진=정승익, 윤대진 사진작가

K10 탄약운반장갑차

K10 Ammunition Resupply Vehicle

1998년 11월부터 개념연구를 시작으로 개발에 들어가 2005년 6월 합참의 전투사용 판정을 받고 2007년부터 실전부대에 배치하기 시작했다. K10 탄약 운반차는 컨베이어 내장 탄약 이송 장치를 사용한다. 차내의 104발의 각종 포탄과 504개의 모듈 장약을 K9 자주포에 이송해 신속한 사격을 할 수 있게 해 준다. 사격을 위해서 분당 최대 12발의 급탄(給彈)이 가능하다. 사격이 끝난 뒤 재사격을 위한 포탄과 장약의 보급 소요시간은 28분, 포탄과 장약을 차량에 재입고하는 데 걸리는 시간은 37분이다. K10 탄약 운반차는 K9 자주포 2대당 1대를 배치한다.

제원	
승무원	3명
전투중량	47t
최대속도	시속 67km
주행거리	360km
엔진출력	1000마력
탄약적재	104발
장약적재	504개
제작사	한화에어로스페이스

M101 105mm 곡사포

M101 105mm Towed Howitzer

한국 육군의 105mm 견인포는 미국제 M2A1형과 M101/A1형이다. 105mm 견인포는 6·25전쟁 중 부산 교두보 전에서 M2 105mm 포를 지원받은 것을 계기로 1952년부터 활발한 증강을 시작했다. 이후 미군으로부터 M2A1, M101, M101A1 등의 105mm 견인포를 지급받았고, 당초 도입된 수량은 3000문 이상이었던 것으로 전해진다. 한국군이 보유한 105mm 견인포는 M101A1, M101, M2A1 3종류다.

제원	
구경	105mm
길이	5.991m(이동 시)
포신길이	3.657m
총중량	2,030kg
부앙각	+66도, -5도
발사속도	최대 10발/분당, 통상 3발
사정거리	11.2km(최대)
제작사	사코디펜스, 대우정밀

등판시험
SLOPE TEST

제원	
중량	27톤
가격	19억 원
탄약 이송능력	1분당 10발
탄약 적재량	포탄 85발, 장약 90발
제작사	한화에어로스페이스

K56 탄약운반장갑차

K56 Ammunition Resupply Vehicle

K55A1 자주포에 적용될 K56 탄약운반장갑차의 개발이 완료돼 양산 단계에 이르렀다. K55A1을 효과적으로 운용하기 위해서는 신속한 탄약 보급이 가능한 탄약운반 차량이 필요하다. 현재 운용 중인 K10 탄약운반장갑차는 K9 자주포에만 탄약 지원이 가능하므로 신규 개발이 필요했다. 이에 군 당국은 K9과 K55A1 모두 탄약 지원이 가능한 K56 탄약운반장갑차를 개발해 양산한다는 계획이다. K10과 같은 비율로 할 경우 350대가량이 배치될 것으로 보인다.

K77 사격지휘장갑차

K77 Fire Direction Center Vehicle

K55를 비롯한 자주포의 운용을 위해 목표에 대한 정확한 정보를 제공하고 자주포의 사격을 통제하는 포병사격 지휘차가 필요하다. 육군은 이를 위해 K55 자주포 차체를 이용한 K77 포병사격 지휘차를 운용하고 있다. K77 포병사격 지휘차는 K55 자주포의 정확한 사격을 위해 사격제원 데이터의 계산 · 사격지시를 위해 개발한 차량이다. K77은 각종 사격 계산용 컴퓨터, 지시용 무전기, 유선통신 시스템 등을 갖추고 있다. 육군은 K77을 지속적으로 배치해 각 포대에 1대씩 투입하는 것을 목표로 하고 있다.

제원	
전투중량	19.8t
승무원	4명
전장	7.04m
전폭	3.15m
전고	3.46m
엔진출력	405마력
무장	7.62mm 기관총 1정
최고속도	56.3km/h
주행거리	360km
제작사	한화에어로스페이스

대포병 탐지레이더2 천경

Counterbattery Target Detection Radar2

제원	
안테나 방식	능동위상배열 레이더
최대 탐지거리	60km 이상
연속운용시간	약 8시간(최대 18시간)
제조사	LIG넥스원

국산 대포병 탐지레이더-Ⅱ '천경(天鏡)'은 2011년 개발사업이 시작돼 2017년 4월 전투용 적합 판정을 받은 후 2018년부터 군에 실전 배치된 첨단 무기체계다. 이 장비는 적의 포탄 · 로켓 발사체를 실시간으로 탐지하고, 경로를 역산하여 도발 위치를 추적함으로써 적 포병의 좌표를 신속히 아군 포병부대에 전달한다. 특히 수도권을 위협하는 북한의 장사정포에 대응하기 위한 대화력전 전력의 중추적 역할을 맡고 있다.

기존 스웨덴산 '아처K'에 비해 탐지범위와 작전지속 능력이 30~40% 향상돼, 실전 운용에서 한층 강화된 기민성과 신뢰성을 입증했다는 평가다. 국산화율은 95%에 달해 군수지원이 빠르고 부품 조달이 용이하며, 유지보수 비용을 줄임과 동시에 외화 절감 효과도 뚜렷하다. 최근에는 북한의 포격 위협이 고도화되는 가운데, 천경 레이더가 통합화력지휘체계(AFCC)에 연동돼 타군 · 타부대와의 정보 실시간 공유 능력이 한층 개선된 것으로 확인됐다. 현재 대포병 탐지레이더-Ⅱ는 야전에서 운용 성과와 기술 발전 사례로 언급되며, 방위산업 수출 가능성도 모색되고 있다.

AN/TPQ-36/37 대포병 레이더

AN/TPQ-36/37 Counterbattery Target Detection Radar

1993년 북한이 '서울불바다' 위협을 한 데 이어, 1994년 여름부터 NPT(핵확산금지조약)를 탈퇴하면서 핵개발을 본격화하고 한반도 긴장을 고조시키자, 북한군의 각종 야포와 방사포의 위협 문제도 함께 대두되기 시작했다. 한국군은 1996년부터 전장감시 장비로 대박격포 또는 대포병 레이더인 AN/TPQ-36/37 15대를 서둘러 도입했다.

AN/TPQ-36/37은 3차원 방식으로 목표물을 탐지해 추적하는 레이더로, 적이 발사한 포탄의 탄도를 역으로 추적해 포의 발사 위치를 파악한다. 이를 토대로 아군 포병은 적의 포대에 즉각적으로 대응사격을 할 수 있는 것이다. AN/TPQ-36/37은 대포병뿐만 아니라 저공으로 침투 비행하는 항공기나 헬기의 탐지와 추적도 가능하다. 따라서 북한의 저고도 침투기인 AN-2, 500MD 헬기 탐지도 유용하다. AN/TPQ-36/37의 탐지 오차는 100m, 최대 50km 밖의 거리에서 발사한 포탄인 저고도 비행체를 탐지한다. 한국군은 AN/TPQ-36/37 시스템을 주로 서부전선에 집중 배치해 평상시에도 휴전선 근방에서 훈련사격을 실시하는 북한의 포병부대를 추적하고 있다.

제원	
탐지각	90도
탐지반경	360도
전개	15분
가동준비	5분
MTBF	93시간
제작사	미국 레이시온

아처 대포병 레이더

Archer Counterbattery Target Detection Radar

아처(Arthur) 대포병 레이더는 대화력전 수행능력 향상을 위해 종심 지역에 대한 적 포병 사격을 탐지할 수 있는 대포병 탐지 레이더다. 2010년 전력화한 아처 대포병 탐지 레이더는 5t 국산 차량에 일체형 레이더를 탑재한다. 제작사인 스웨덴 사브사에서 직구매해 LIG넥스원에서 통신 연동장치를 개발했다. 2003년 이라크전 당시 영국군이 사용했으며, 이라크 기계화 부대가 움직이는 속도로 2000km를 추적해 1500개 이상의 표적을 획득해 처리했다. 1일 평균 23시간 동안 지속적으로 운용하는 기록을 세웠다. 이라크전에서 처음으로 대포병 표적을 획득해 타격부대에 전송·처리했다.

제원	
탐지거리	박격포-55km,야포-31km,로 켓-60km
정확도	120mm 박격포- 45m, 155mm 야포- 90m, 227mm 로켓탄-130m C4I/BTCS 연동/전자전
화생방전	연동/보호가능
표적처리능력	분당 100개 이상 처리가능
자동측지장비	INS+VMS+GPS 내장
획득능력	동시에 8개
탑재차량	5t 표준 트럭
방위각	탐지능력 90도
통신장비	무선,유선 각각 2개
운용인원	1명(설치 1분,철수 1분)
제작사	스웨덴 사브

TAS-1K 포병관측장비

TAS-1K Artillery Observation Equipment

TAS-1K 포병관측장비는 삼성탈레스가 개발에 성공, 2008년 초도생산을 거쳐 전력화한 장비다. 포병의 타격능력을 크게 향상시킨 전투체계로 평가받는다. 기존 포병부대가 사용하던 GAS-1K(거리와 방위각만 측정 가능한 레이저 거리측정기)의 개량형 장비인 TAS-1은 전방관측과 동시에 표적의 위치정보 획득이 가능하다. 또 주야간 관측용으로 GPS가 내장돼 관측자의 위치를 결정하며 포병사격지휘시스템인 BTCS A1과 연결해 표적지시 후 포병사격장비를 즉각 사격할 수 있게 해 준다.

TAS-1K 장비의 구성은 야간이나 연무에도 표적을 육안으로 관측할 수 있는 열상관측기, 표적까지의 거리를 측정할 수 있는 레이저 거리측정기, 방위각과 수직각을 측정해 표적의 좌표를 자동으로 산출하는 전자식 측각기, 등 3종의 장비로 구성돼 있다. 각각의 장비들은 분리해 단독으로 운용이 가능하다. 제작은 한화시스템에서 담당하며 대당 1억2000만 원이다.

레이저 거리측정기

Laser Ranger

레이저 거리측정기는 GAS-1K로 불리는 장비로 관측반 및 화력지원반이 사용하는 망원렌즈다. 표적식별 및 방위각과 거리측정이 가능하다. 한화시스템에서 제작하며 측정거리는 200m부터 9.9km까지다.

사격제원계산기

Fire Data Computer

사격제원계산기는 PYK-80으로 불린다. 포병의 사격지휘체계 장비다. 한화시스템에서 만들었으며 기억용량은 8KB다. 중앙처리장치 CPU는 인텔 마이크로프로세서 칩을 사용한다.

이동형 기상관측장비

Mobile Meteorological Observation Equipment

KW12AF로 분류되는 이동형 기상관측장비다. 포병사격을 위한 이동형 지상기상관측 장비로 차량에 탑재해 운용한다. 풍향, 풍속, 온도, 습도, 강우, 기압 등 모든 기상을 측정해 준다.

동부지역 전자전 장비

Eastern Area General Utility Countermeasures Special Purpose

북한군의 통신을 도청, 위치추적, 전파방해를 하기 위해 1990년대 중반 프랑스 탈레스사로부터 도입한 전자전 장비다. K-532 차량에 탑재돼 운용 중이다. 장비는 TRC-274 전파방해 시스템과 TRC-641 전파탐지 시스템으로 나뉜다. 전자재밍 시스템은 HF/VHF/UHF 주파수 전체 대역을 대상으로 한다. 신호수집은 HF/ VHF/UHF 주파수 전체 대역을 도청 녹음하며, 주파수의 특징과 발신원 위치, 거리 등을 추적해 전자재밍 시스템을 뒷받침한다.

제원	
전투중량	13.2t
승무원	4명
길이	5.37m
높이	2.92m
엔진출력	350마력
무장	K6 기관총
최고속도	70km/h
항속거리	480km
제작사	한화에어로스페이스

로켓

Rocket Arms

육군 1군단은 2024년 10월 17일 저녁, 강원도 고성 일대에서 동해상 표적지(육지에서 17km 이격)를 향해 130mm 로켓탄 천무 실사격을 실시했다. 천무는 적의 장사정포 등 도발 원점을 타격할 수 있는 무기체계다. 최대 80km의 속도로 발사장소로 기동 가능하며, 장소 도착 후 7분 만에 초탄을 발사할 수 있는 신속 대응능력을 갖추고 있다. 이번에 사격한 130mm 로켓탄은 36km의 최대사거리를 갖추고 있고, 1회 최대 12발을 발사 가능하다.

K239 다연장 로켓 천무

K239 230mm class Multiple Rocket Launcher Chunmoo

천무 다연장로켓(K239)은 2006년 4월 4일 K136 구룡 다연장로켓을 대체하기 위한 긴급 소요제로 개발이 착수됐다. 2009년부터 약 1300억 원의 예산으로 개발을 시작해 2013년 말에 개발을 완료했다. 2017년 12월 현재 군단급 예하 부대에 초도 배치를 마쳤으며, 이후 추가 양산 절차에 들어갔다.

천무는 한 플랫폼에서 유도 로켓과 무유도 로켓을 함께 발사할 수 있는 다기능 체계로, 8×8 전술차량에 장착된 발사대와 별도의 탄약운반 차량으로 구성된다. 사용 탄약은 130mm, 227mm, 그리고 230mm GPS/IMU 유도탄이 있으며, 130mm는 40발, 227mm와 230mm는 각각 12발을 탑재한다. 특히 230mm 유도탄은 M101급 자탄을 사용하며 최대 사거리는 약 80km에 이른다.

차량은 적의 소화기탄을 방호할 수 있는 기본 방탄능력을 갖추고, HD현대인프라코어 450마력 디젤 엔진을 탑재했다. 한화가 체계종합과 로켓 개발, 발사대 및 탄약운반 차량 생산을 전담하며, 국방부는 천무를 북방한계선(NLL)과 군사분계선(MDL) 일대에 배치해 북한의 장사정포 위협에 대응하고 있다. 최근에는 천무의 개량형으로 사거리 200~400km급 400mm 및 600mm 대구경 다연장로켓이 개발 중이며, 한화는 영국 BAE 시스템즈와 협력해 항재밍 GPS 유도체계도 적용해 전자전 대응력을 강화했다.

천무는 미국산 하이마스(HIMARS) 대비 더 많은 로켓탄을 동시에 발사할 수 있어 대량 화력 투사 능력이 우수하다. 또한 폴란드, 아랍에미리트, 사우디아라비아, 에스토니아 등에 수출되어 해외에서도 성능을 인정받는 등 한국형 핵심 화력자산으로 자리매김했다. 2025년 ADEX 전시회에서 경량화 버전인 다목적 상륙형 다연장로켓도 공개됐다.

화력 제원	
발사관수	230mm/6발(1포드)×2, 130mm/20발(1포드)×2
발사속도	6발/30초
재장전 시간	7분
최대 방위각	±194°
최대고각	60°
일반 제원	
전투중량	31톤
엔진	450마력(6기통, V형, 과급기, 공기냉각기)
변속기	전자동
기동성능	
최대 주행속도	80km/hr
항속거리	450km
	종/횡 경사로 60%/20%
제작사	체계종합, 발사대, 탄약운반 차 한화에어로스페이스

M270 / M270A1 다연장 로켓 발사 시스템

M270 / M270A1 Multiple Launch Rocket System

국군은 미국의 M270 MLRS(Multiple Launch Rocket System)를 대응 무기체계로 결정하고 1998년 미국 정부의 대외군사판매(FMS) 방식으로 1차 29문을 도입했고, 2004년에 2차분 29문(M270A1 10문 포함)을 도입했다. 북한은 1990년대 초반부터 사거리 43km/65km의 M-1985/M-1991 240mm 방사포를 300문 이상 운용해 왔다.

M270 MLRS는 M2 브래들리 보병전투장갑차의 차대(M993)에 자동화된 다연장 로켓 발사대에 227mm 포드화 로켓탄뿐 아니라 전술 지대지미사일(Army TACtical Missile Systems; ATACMS)도 발사할 수 있으며, 전술 종심 표적이나 적 기계화 부대를 신속하게 타격할 수 있다. 궤도식 차량은 1문당 3명의 인원으로 운용하며, 경장갑 캡을 적용하여 소화기탄, 포탄 파편 및 화생방 상황 방호가 가능하다.

탄약은 600여 개의 자탄을 내장한 최대 45km 사거리의 KM26A2 이중목적 개량 고폭탄(DPICM, M26A2 로켓탄의 국내 라이선스 버전) 포드를 주로 운용하며, 발사대 케이지 상단에 내장된 크레인을 이용하여 사격 후 5분 이내(M270A1은 3분 이내)에 재장전이 가능하다.

MLRS는 긴 사거리와 정밀 타격에 목적을 두고 있다. ATACMS 전술 지대지미사일은 관성 유도방식의 블록 I (사거리 165km급)과 관성 유도와 GPS 유도가 모두 가능한 블록 I A(사거리 300km급)를 도입했으며, 이후 추가 도입 여부는 알려진 것이 없다. M270으로도 블록 I A를 발사할 수 없는 것은 아니지만, 정밀 타격이 가능한 GPS 유도 기능을 사용하려면 GPS 유도장치를 탑재한 개량형인 M270A1을 운용해야 하므로 MLRS 2차 도입 때 일부 차량을 M270A1으로 도입했으며, 우리 군이 도입한 M270A1은 GPS 안테나 외에 M270과 외관상 차이가 거의 없다.

M270 MLRS는 1차와 2차 도입분 모두 미군이 운용하던 중고품을, M270A1 10문은 신품을 도입했다. 대화력전 임무의 핵심 무기체계로서 M270은 서부/중부전선 군단 포병여단이, M270A1은 지상작전사령부 직할 화력여단이 운용하고 있다. 예비탄 수송용인 M985 8×8 탄약운반차와 FDC용인 M577A2 지휘장갑차, 구난용인 M88A1 구난전차를 함께 도입했으나, 현재 M577A2 지휘장갑차는 K77 사격지휘장갑차로, M88A1 구난전차는 K1 구난전차로 각각 대체했다. M985 탄약운반차는 계속 운용 중이지만, 차량 노후화로 인해 K239T 천무 탄약운반차로의 대체가 필요하다.

KTSSM I 전술 지대지 유도무기

Korean Tactical Surface to Surface Missile I

KTSSM(한국형 전술지대지탄도탄)은 한국의 단거리 전술지대지 미사일로, 미국의 에이태킴스(ATACMS)를 벤치마킹해 개발됐다. 2010년 11월 연평도 포격 도발 직후 긴급 대응 사업인 '번개사업'으로 시작됐으며, 북한 장사정포 및 갱도 내 미사일 발사 기지 등 핵심 목표를 정밀 타격할 수 있는 '장사정포 킬러'로 불린다.

KTSSM은 개전 초 수도권에 즉각적이고 결정적인 대응능력을 제공하며, 북한의 170mm 자주포, 240mm 방사포, 300mm 방사포, 고정 · 이동식 스커드 미사일 기지 등을 정밀 타격하는 데 최적화됐다. 고정형 발사대와 이동형 발사대로 구분되며, 2022년 말부터 육군에 실전 배치되어 운용 중이다.

최근에는 GPS 유도 기반의 초정밀 타격 능력을 갖춰 수미터 내 명중률을 확보하고 있으며, 열압력 탄두를 탑재해 갱도나 강화된 콘크리트 1.5m 두께까지 관통 가능하다. KTSSM은 현무2, 가칭 현무4와 함께 우리 군 전략무기 3종 세트의 중추 역할을 하며, 최대 사거리는 약 120~180km 수준이다.

2025년 4월에는 고정식 발사대가 공개돼 신속한 반응과 방어망 통합 능력이 크게 향상됐다. 국방과학연구소는 2017년 10월 국회 국방위원 현장점검 당시 수십 km 떨어진 목표를 수미터 반경 내 명중한 시험발사 성공을 공개한 바 있다. 현재 KTSSM은 대한민국의 독자적인 국방 역량을 상징하는 무기로, 북한의 장사정포 위협에 맞서 24시간 대비태세와 신속 대응 전략의 핵심 수단으로 자리매김했다.

제원	
구경	600mm
사거리	180km
탄두	열압력탄
발사 플랫폼	견인형 고정 포드
제작사	한화에어로스페이스

KTSSMII

Korean Tactical Surface to Surface Missile II

KTSSM 한국형 전술지대지유도무기의 후속 개선형인 KTSSM-II(블록 1)는 K239 '천무' 이동식 발사차량을 기반으로 사거리 300km급으로 개발되고 있다. 2023년 9월, 방위사업청은 2027년 12월까지 약 2,900억 원을 투입해 KTSSM-II 개발사업을 본격 추진한다고 밝혔다.

이 사업은 북한의 방호진지, 갱도, 장사정포 등 원거리 주요 표적을 정밀 타격할 목표로 한다. 이동식 TEL 차량에 장착해 생존성과 작전기동성을 높였고, 실전배치 시 미국산 에이태킴스(ATACMS)를 상당 부분 대체할 전망이다. 즉, 국내용은 사거리 300km 이상, 수출용 버전은 MTCR(미사일기술통제체제) 규정에 따라 300km 미만으로 조정해 공급할 계획이 구체화되고 있다.

K239 천무를 운영하는 해외 국가들은 KTSSM-II 도입을 강력히 요구하고 있으며, 폴란드와 영국 등 일부 국가는 신속한 도입 일정을 제시한 것으로 알려졌다.

제원	
구경	600mm
사거리	300km 이상
탄두	고폭탄
발사 플랫폼	K239 천무
제작사	한화에어로스페이스

발사대

유도탄

KTSSM III

Korean Tactical Surface to Surface Missile III

KTSSM-III(한국형전술지대지유도무기-III) 사업은 육군이 2024~2028 국방중기계획에 따라 본격적으로 추진 중이며, 600억 원의 예산이 배정된 상태다. 본 사업은 북한의 장사정포와 대형 탄도미사일 발사대를 선제 파괴하기 위한 전력증강의 일환으로, 최근 군 내부의 소요 제기에 따라 관계기관 간 체계 및 개발 방향에 대한 논의가 활발하게 이어지고 있다.

KTSSM-III는 사거리가 기존 300km급에서 500km 이상으로 대폭 확대될 전망이며, 지하관통력을 강화한 신형 탄두의 채용이 예정돼 있다. 운반 차량은 기존 천무(MLRS) 기반 탑재에서 탈피, 현무2C 및 현무3 운용에 쓰이는 K501 계열의 10×10 신형 TEL(이동식 미사일발사차량)에 2발을 탑재하는 방식으로 변경될 예정이다. TEL은 전략자산 운용에 적합한 방탄 · 화생방(NBC) 방호처리가 완료된 대형 플랫폼으로, 안정성과 기동성을 대폭 높인 것이 특징이다.

또한, 유도 장치의 정밀도가 크게 향상될 것으로 예상되며, 북한 GPS 기만에 대응 가능한 신형 위성항법시스템이 적용될 전망이다. 이에 따라 목표 타격의 정확도가 현무2를 상회할 것으로 보인다.

발사대

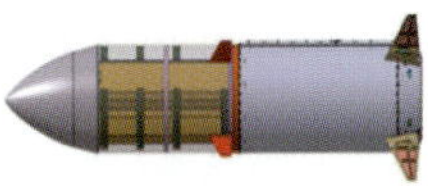

유도탄

제원	
구경	600mm
사거리	500km 이상
탄두	정해지지 않음
발사 플랫폼	10×10 전술 차량
제작사	한화에어로스페이스

대전차무기 중거리 보병유도무기

Antitank Weapons & Medium-Range Infantry Guided Missile System

중거리 보병용 유도무기 현궁

Raybolt medium-range anti-tank guided missile(ATGM) system Hyungung

현궁미사일은 2017년 말부터 군에 전력화를 시작했다. 현궁 미사일은 노후한 90 · 106mm 무반동총과 TOW미사일을 대체하는 보병대대급 운용 대전차 유도무기로 국방과학연구소(ADD)가 주관하여 개발하였다. 대전차 유도무기로는 국내 최초로 개발된 무기체계다. 주 · 야간 사격이 가능하고 유효사거리, 관통력 등 성능이 뛰어나며, 개인 휴대 또는 소형전술차량에 탑재해 적 전차의 취약한 상부 혹은 정면 공격이 가능하다.

또한 발사 후 망각형(Fire&Forget) 방식의 최신 대전차 유도무기로 사수의 생존성과 명중률을 크게 높였다. 반응장갑을 파괴하고 주장갑을 관통할 수 있는 이중성형작약 탄두를 적용했다.

현궁은 지금까지 개발된 해외 유사 무기체계인 이스라엘의 스파이크(Spike-MR), 미국의 재블린(Javelin) 대비 소형 · 경량화해 운용이 쉽고 유효사거리, 관통력, 광학성능, 탐지 · 추적성능 등 모든 면에서 뛰어나 수출 경쟁력까지 확보한 것으로 평가된다.

제원	
유효사거리	약 3KM
관통력	900mm (탠덤탄두)
발사 속도	마하 1.7
방식	3세대 파이어&폴겟 방식, 탑어택
제작사	LIG넥스원(장입유도탄), 한화(발사장비)

BGM-71 토우 대전차미사일

BGM-71 TOW Light Anti-tank Missile

1990년대 초 군 당국은 북한이 T-72 전차를 도입했다는 정보를 입수했다. T-72는 당시 우리 군이 보유 중이던 어떠한 전차 포탄과 대전차화기로도 전면 장갑 관통이 불가능했다. 첩보는 후에 사실무근으로 드러났지만, 이로 인해 육군은 K1 전차의 주포를 120mm 활강포로 교체한 K1A1 전차 개발 사업을 벌이고 각종 대전차화기를 보강하는 등 대전차 전력을 강화했다. BGM-71E 토우2A 미사일 역시 보병용의 BGM-71D 토우2 미사일과 함께 당시 도입한 미사일이다. 토우2 미사일에 반응장갑 대응용 탠덤 탄두를 장착한 버전이다. 육군은 이 미사일을 AH-1S/F 코브라 공격헬기의 무장으로 운용 중이다.

제원	
전장	1.17m (탐침이 접혔을 때)/1.51m (탐침 전개시)
중량	22.6kg
탄두	5.9kg 성형작약탄두
유도방식	광학추적식/유선유도식
최대사거리	3.75km
관통력	900mm
제작사	레이시온

메티스-M

9K115 Metis-M

T-80U, BMP-3 보병전투차 등과 함께 러시아가 차관 상환 대신 '불곰사업'으로 제공한 대전차 무기가 메티스M(Metis-M)이다. 중형의 토우 대전차 미사일 외에 변변한 보병용 대전차 미사일이 없는 우리 군으로 볼 때, 메티스M은 상당히 가치 있는 무기였다. 현재 우리 군은 상당수의 메티스M 발사기를 도입했다. 러시아제 메티스M은 프랑스제 보병용 대전차 미사일인 밀란(Milan)을 모방해 제작했으나, 성능은 동급으로 평가받고 있다.

제원	
유효 사정거리	80~1,500m
길이	130㎝
무게	13.8kg(미사일), 10kg(발사기)
총중량	24.5kg(미사일 1발과 런처, 조준기)
제작사	러시아 로스브론엑스포트

판저파우스트-III

Panzerfaust-III(PZF-Ⅲ)

판저파우스트3(Panzerfaust3)는 독일제 대전차 로켓포다. 미국제 보병용 휴대 대전차 화기인 로우(LAW)를 대체하기 위해 1990년부터 도입하기 시작했다. 탄두 직경은 110mm, 사정거리는 300(이동목표)~500m(정지목표)다. 장갑 관통력은 700mm로, 2세대급 전차를 파괴한다. 판저파우스트는 무반동 화기로 엄폐된 공간에서 사격이 가능하며, 1회용 로우와 달리 발사기 하나로 3회까지 사격할 수 있다. 판저파우스트3는 간단한 형태의 광학조준경을 장착하고 있다. 우리 군은 1차분으로 판저파우스트3 1만여 기를 도입했고, 2차분을 발주해 육군은 물론 해 병대에도 지급하는 등 주로 전방 전투부대에 배치했다.

제원	
구경	110mm(탄두)/60mm(발사기)
길이	1.2m
총중량	12.9kg
사정거리	500(정지목표)~300m(이동목표)
장갑관통력(추정)	700mm
제작사	다이나미트노벨 AG

M40A2 106mm 무반동총

M40 Recoilless Rifle; Cannon

M40A2 무반동총은 미국이 개발한 4종류의 무반동총 가운데 구경이 가장 큰 베스트셀러 무반동총이다. 미국이 대전차 화기로서 106mm 무반동총을 개발하자, 소련은 이를 모방한 B11을 내놓았다. 그만큼 106mm 무반동총은 직사화기로서의 파괴력이 크다. 최대사거리는 약 7.7km다. 최근 우리 군의 주요 훈련에 단골로 등장할 정도로 106mm 무반동총은 육군에 운용하기 편리하고 저렴한 직사화기다. 육군은 K116 지프에 탑재해 운용하고 있다.

제원	
구경	106mm
중량	1,138kg
전장	3,403m
최대 유효사거리	1.1km
제작사	기아기공

M67 90mm 무반동총

M67 90mm Recoilless Rifle

우리 군은 90mm, 106mm 두 종류의 무반동총을 주력으로 운용하고 있다. 무반동총은 포탄을 발사할 때 생기는 가스를 포의 뒤쪽으로 분사시켜 포신의 반동을 없앤 것이다. 보통 어깨에 올려놓고 쏜다. 현재 미국 등 주요 군사 선진국들은 6·25 전쟁 때 사용했던 구식 57mm, 75mm 무반동총을 사용하지 않는다. 1997년 휴전선 총격전에서 우리 군이 적 진지 격파를 위해 57mm 무반동총을 사용한 적이 있고, 현재도 일부에서 이를 사용 중인 것으로 알려진다. 대부분은 예비군 비축 장비로 보관 중이다.

M67 90mm 무반동총은 보병이 휴대할 수 있는 크기와 무게를 가진 직사화기다. 베트남전에서 처음으로 등장했다. 당시 M67 90mm 무반동총은 제1세대급 전차들을 격파할 수 있는 관통력을 갖고 있었다. 장갑차나 벙커 등의 견고한 대상을 파괴하는 병기로도 사용한다. 우리 군은 1976년 이후 국산화해 중대급 이상의 전투 부대에서 대전차 화기로 운용하고 있다. 한편, M67 무반동총을 사용하지 않는 국가들은 스웨덴제 칼 구스타프(Carl Gustav) 무반동총을 사용하고 있다.

제원	
길이	685mm(운반 시)/899mm(발사 시)
중량	2.5kg
유효 사정거리	170m
최대 사정거리	250m
장갑 관통력(추정)	300mm
제작사	탤리디펜스시스템

M230 30mm 기관포

M230 30mm Machine Gun

M230 30mm 체인건은 AH-64 아파치 공격헬기의 주무장이다. 발당 살상반경 약 4m이며 50mm 정도의 철판을 관통할 수 있어서 적 보병은 물론 진지 및 장갑차량 등을 공격하는 용도로 쓰인다. M-TADS/PNVS(Modernised Target Acquisition Designation Sight ; 표적 획득 지정 장비/Pilot Night Vision Ssensor ; 조종사용 야시 장비), 통합 헬멧 현시조준장치(Intergrated Helmet And Display Sighting System ; IHADSS)와 상향 11° · 하향 60° · 좌우 100° 범위에서 연동된다.

제원	
전장	1,638mm
중량	55.9kg
구경	30x113mm
작동 방식	체인작동식, 전기점화식
발사 속도	625발/분
장탄수	1,300발
유효 사거리	1.5km
최대 사거리	4km
제작사	노스롭그루먼

M197 20mm 기관포

M197 20mm Machine Gun

M61 20mm 발칸포를 AH-1 코브라 헬기에 탑재하기 위해 개조한 버전이다. 중량을 줄이기 위해 포신을 6개에서 3개로 줄였다. 육군에서는 AH-1S/F 코브라 공격헬기의 주무장이며, 한국형 경공격헬기(LAH)의 기관포도 이 기관포를 기반으로 개발했다.

제원	
구경	20×102mm
유효사거리	1.5km
장탄수	750발
발사속도	750~1,500발/분
제작사	제너럴 일렉트릭

20mm 국산 기관포

20mm Machine Gun

경공격헬기(LAH)의 고정무장은 SNT다이내믹스에서 국산화한 20mm 3연장 개틀링건을 장착한다.

M134C 미니건

M134C Mini Gun

M61 발칸 20mm 기관포의 설계를 적용한 7.62mm 기관총이다. 최대 분당 4000발의 발사 속도를 자랑한다. 육군에서는 500MD 기본형 헬기의 무장으로 운용 중이다. 노후화에 따라 한국형 경공격헬기(LAH) 도입 후 기체와 함께 도태될 것으로 전망된다.

제원	
구경	7.62×51mm
길이	801.6mm
중량	25kg (급탄기 및 작동모터 포함)
작동방식	전기점화식, 개틀링식
발사속도	2,000~4,000발/분
제작사	제너럴 일렉트릭

HMP250 50구경 기관총 포드

HMP250 Caliber 50 Machine Gun Pod

HMP-250 기관총포드는 M3P 50구경 중기관총을 항공무장용으로 포드화한 무기체계다. 유효사거리 1.85km, 장탄수는 250발이다. 육군에서는 BO-105 정찰헬기의 무장으로 운용 중이며, 공군 KA-1 전선통제기의 무장으로도 채용됐다.

제원	
구경	12.7×99mm(50구경)
발사속도	1,025발/분
유효사거리	1.85km
최대사거리	6.5km
장탄수	250발
제작사	FN에르스탈

2023년 8월 31일 UFS/TIGER 일환으로 대규모 야외기동훈련 중인 육군수도기계화보병사단의 K1A2전차가 강원도 철원 지포리훈련장에서 기동간 사격을 실시하고 있다.

155mm 사거리 연장탄

155mm ERM (Extended Range Munition)

복합추진기술을 적용하여 기존 탄약 대비 사거리를 35% 이상 증대시킴으로써 표적 타격 능력 및 아군의 생존성을 향상시킨 탄약

* 복합추진기술 : 항력감소장치(Base Bleed Unit) + 보조추진장치(Rocket Assisted Propelling Unit)

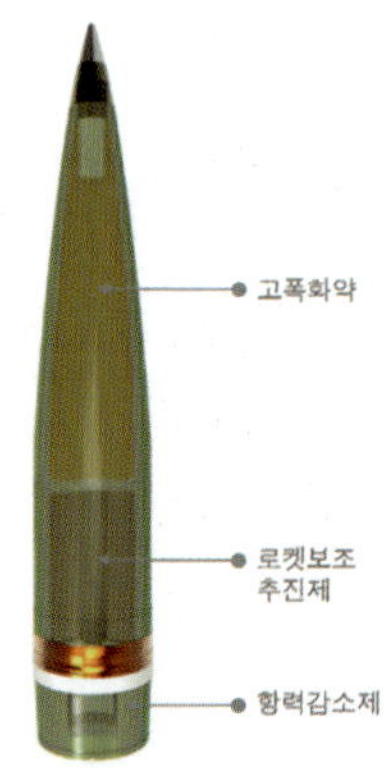

제원 및 성능	
충진물	TNT
최대사거리	K9 : 00 km
공산오차	K55A1 : 00 km
	0,0 % MAX
살상범위	0,000m²
포구속도	935 mps MAX
추진장약	K676, K677, KM203, KM119A1
신관	K519, PF302
뇌관	KM82
적용화기	K-9 자주포, K55A1 자주포
제작사	풍산

127mm 사거리연장탄

127mm Extended Range Munition

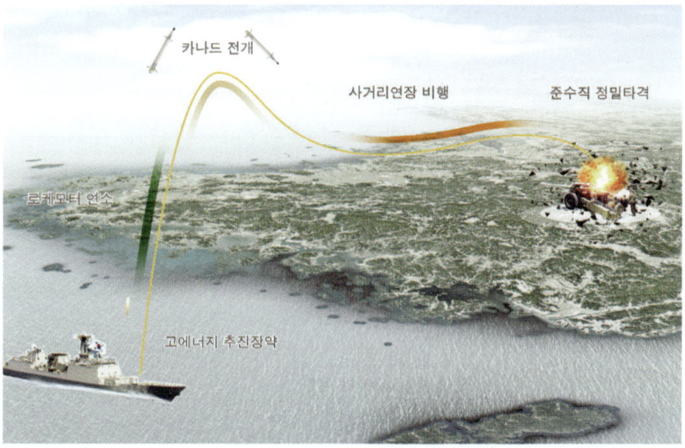

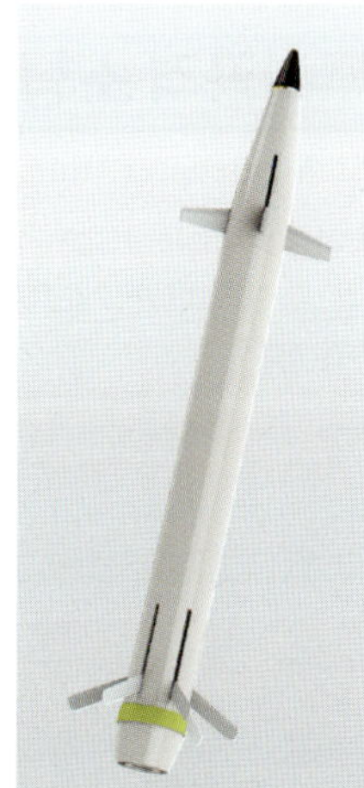

제원 및 성능	
적용무기	5"/62Cal 함포
최대사거리	100 km 이상
정확도	CEP 00m
신관	근접신관
제작사	풍산

76mm 철갑고폭탄

76mm APHE (Armor Piercing High Explosive)

적 함정의 선체를 관통하여 지연 후 폭발함으로써 선체 내부의 인원살상과 장비파괴 효과를 극대화한 76mm 함포탄약

완성탄

76mm 철갑고폭탄

제원 및 성능	
충진물	Comp. A-3
최대 사거리	00.0km
탄 속	910m/s
제작사	풍산

신관

제원 및 성능	
신관기능	지연기능
안전거리	포구 앞 40m 이상
저장수명	15년 이상
제작사	풍산

76mm 철갑고폭탄용 충격지연신관

탄약투하공격 소형드론

MAD-AM (Multicopter Attack Drone - Aerial Munition)

드론 전용 이중목적고폭탄 3발을 탑재하여 목표물(중장갑차량 또는 병력)을 공격하고, 자체적으로 표적피해평가(BDA)를 수행하여 필요시 재공격할 수 있는 탄약투하형 소형공격드론

※ 탄약투하공격 소형드론 개발사업은 민군협력진흥원에서 관리하는 민·군기술 실용화 연계사업으로 진행중에 있습니다.

비행체

제원 및 성능	
총중량	18 kg
비행시간	30 분
정확도	CEP 0 m
탑재탄약	이중목적고폭탄 3발
공격능력	RHA 000mm 관통 반경 0m 병력 제압
표적	경장갑차량 / 밀집 병력 / 수풀지역 은폐 표적 / 후사면 은폐 표적
제작사	풍산

특징

정찰과 공격임무를 동시에 수행할 수 있는 무기체계

군 시범운용을 통한 소요군의 의견이 반영된 공격에 최적화된 무기체계

드론투하환경에서 최적인 전용 탄약

은폐가능 고도에서 높은 정확도 유지

예상되는 위험요소별 안전장치 적용

투하공격 모듈

Aerial Munition Module with Drone

- 정찰임무로 개발된 드론에 드론전용 투하장치와 드론전용 투하탄을 탑재하여 공격드론으로 전환하는 개념의 공격모듈
- 드론 운용조건에 최적화된 투하장치, 투하탄을 개발 적용 (54mm 신형 드론전용 투하탄, 60mm 박격포탄 개조투하탄, 81mm 박격포탄 개조투하탄 등)

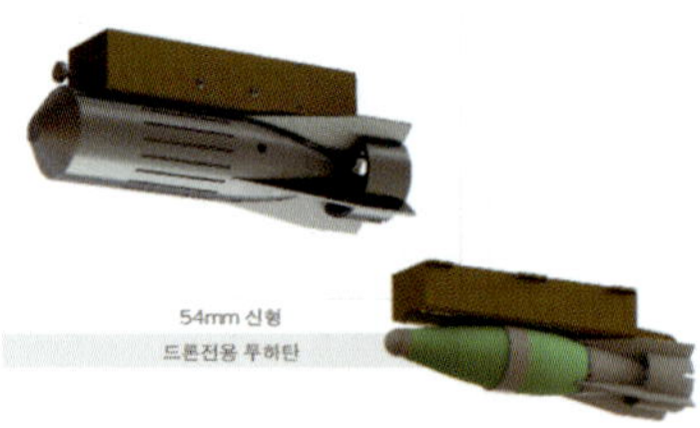

54mm 신형 드론전용 투하탄

60mm 박격포탄 개조 투하탄

특징

기존에 정찰임무로 개발된 드론을 공격임무로 손쉽게 전환 가능

투하장치와 드론과의 인터페이스 개발을 통해 운용자가 GCS로 탄약 투하시점 및 탄약 기능제어 가능

다양한 드론투하전용 탄약 개발 적용 가능

드론 투하 환경에 최적인 안전장치 적용 / 드론 은폐가 가능한 고도에서 높은 정확도로 타격하기 위한 비행안정구조 적용 / 밀집 병력, 지휘소, 경장갑차량 등 표적별 최적의 탄약 사용

제작사	풍산

다목적 전투드론-2

MCD (Multi-purpose Combat Drone)-2

- 개인휴대 중 현장에서 필요시 수류탄을 장착하여 운용하는 자폭공격드론
- 개인 휴대용 GCS를 이용하여 운용자가 육안으로 건물 안/건물 뒤 엄폐중인 표적 식별 및 타격

제원 및 성능	
총중량	2 kg
비행시간	5 분
작전반경	2 km
탑재중량	350g
탑재센서	EO
임무장비	수류탄
제압표적	건물 안 또는 건물 뒤 엄폐 병력
제작사	풍산

특징

- 시가전에서 공격하기 힘든 건물안, 건물뒤 병력 제압
- 상용 수류탄을 현장에서 장착하여 정확한 공격 가능
- 안전장치를 적용하여 수류탄 탑재상태에서도 안전성 확보

다목적 전투드론-7

MCD (Multi-purpose Combat Drone)-7

- 전장상황에 따라 현장에서 필요한 임무장비를 선택하여 작전을 수행할 수 있는 모듈화된 신개념 전투드론체계
- 표적에 따라 공격모듈을 선택적용하여 이동중인 전차부터 밀집병력까지 효과적으로 적을 무력화
- 단일 / 군집 드론 운용, 원거리 / 비가시선 / 동시다중임무 수행.

제원 및 성능	
총중량	7 kg
비행시간	30 분
탑재중량	3 kg
탑재센서	EO
임무장비	공격임무모듈 (EFP/파편고폭/투하공격) 전투지원임무모듈 (감시정찰, 조명, 중계, 레이저 조사)
제압표적	중장갑차량, 적지휘소, 미사일 발사대, 밀집 병력 이동표적, 고정표적, 후사면 표적
제작사	풍산

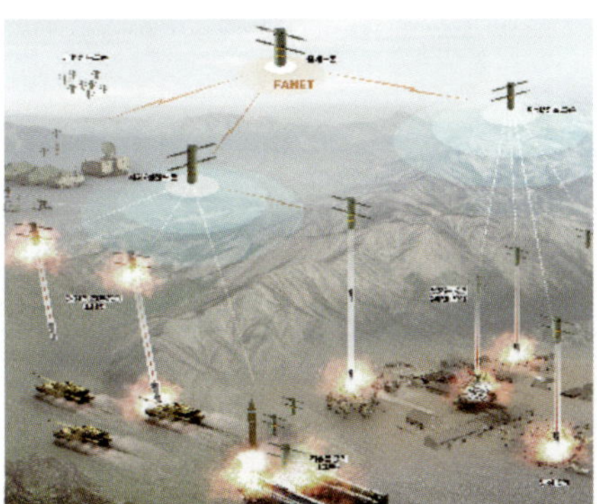

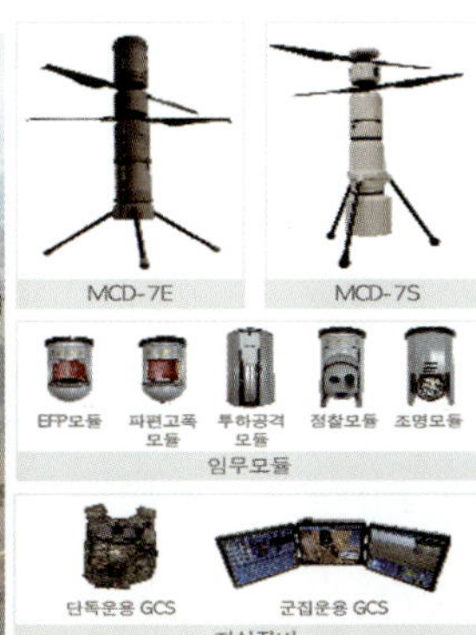

특징

- 실린더형 소형/경량구조에 따른 휴대 편의성 및 기존 타체계 적용성 향상
- 100m 상공 비행시 육안/청음 은폐 가능
- 임무장비 모듈화로 현장에서 신속한 전장상황 대처
- 효율적 IPS를 위한 공용마운트 적용 및 부품별 모듈화
- 1명의 운용자가 이종 표적 동시다발적 제압 가능

M18A1 클레이모어

M18A1 Claymore Mine

M18A1 클레이모어는 컴포지션4 폭약과 700여 발의 강철볼을 합한 설치식 폭발장치다. 베트남전에서 처음으로 등장해 혁혁한 전과를 올렸다. 전방향 60도로 확산 폭발하게 돼 있으며, 100m 범위 안의 생물체에 타격을 가할 수 있다.

제원	
무게	850g
장약	C4 682g
길이	216mm
두께	30mm
격발	수동식
제작사	한화

인마 살상용 수류탄

Anti-personnel Grenade

KM18 연막탄

KM18은 일반적으로 보급된 연막탄이다. KM8은 HC, KM18은 혼합연막이 충전돼 있다. KM18은 황(黃), 적(赤), 자(紫), 녹색(綠色)의 4종류가 있다.

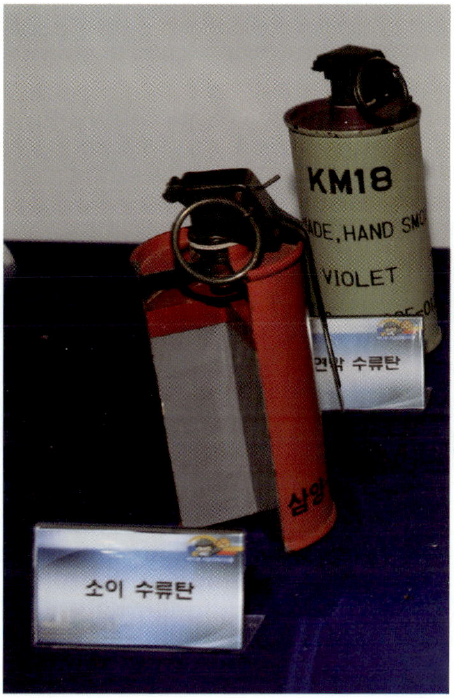

K401 훈련용 수류탄

K401은 K400과 동일한 구조의 훈련탄이다. 훈련을 위해 특별히 고안된 K403 신관으로 구성됐다.

K409 섬광수류탄

K409 섬광수류탄은 고음과 섬광으로 사람을 무력화시키는 수류탄이다. 테러리스트를 진압하기 위해 고안돼 주로 인질구출 작전에 사용한다. 현재 육군 특전사 707특임대, 해군 UDT/SEAL, 헌병특경대 등 군경 소속의 대테러 부대에서 채용 중이다.

K400 파편수류탄

K400 파편수류탄은 담뱃갑만 한 크기로 가볍다. 던지기 편하며 적을 미세한 파편효과로 살상하는 능력이 뛰어나다. 미군의 M67 수류탄과 유사하지만, 살상력은 훨씬 더 우수하다. (주)한화가 생산한다.

KMK18 조명용 수류탄

KMK18 조명용 수류탄은 야간작전을 할 때 조명을 위해 사용하는 수류탄형의 조명탄이다. 탄체(彈體)가 백색으로 돼 있어 일반 수류탄과 쉽게 구분할 수 있다.

KM14 소이수류탄

KM14 소이(燒夷)수류탄은 2,200℃의 고열로 적의 장비와 자재들을 파괴하는 용도의 수류탄이다. 게다가 KM14 소이수류탄은 0.5인치 두께의 금속판을 녹일 수 있는 위력을 지니고 있다.

K410 연막수류탄

K410은 수류탄형의 연막탄으로 경량 소형이다. 염수(鹽水)에 대한 저항성을 갖고 있어 주로 해상이나 해안작전용으로 사용한다. 황색(黃色), 적색(赤色), 자색(紫色), 녹색(綠色) 등이 있다.

KMK18 조명용 수류탄 제원	
길이	110.5mm
밝기	5만5,000캔들
지속시간	25초
지연시간	7초
제작사	삼양화학

KM14 소이수류탄 제원	
지속시간	35초
제작사	삼양화학

K410 연막수류탄 제원	
중량	200g
길이	105mm
직경	38mm
지속시간	40~70초
지연시간	4~5초
제작사	삼양화약

대인용 지뢰

Anti-personnel Mine

우리 군의 지뢰는 '지뢰금지조약'에서 예외로 규정하자고 할 만큼, 북한의 도발에 대응하는 차원에서 절실하고도 심각한 문제다. 대인용 지뢰로는 압력 방식인 M14와 M25가 있다. 공중 작렬식으로는 M2A4, M16A1, M26 등이 있다. 복합뇌관 방식의 M6A1도 있다. 특히 전투에 유용한 장비로 지향성(指向性) 지뢰인 M18A1 클레이모어가 있다. 클레이모어는 나무와 일반 풀숲에도 설치할 수 있어 산악 지형인 우리나라에서 쓸모 있는 무기체계다. 클레이모어는 가공할 파괴력 때문에 후면으로부터 16m 이상 떨어져야 안전하다.

M16A1

KM14

제원	
도폭약	컴포지션 C4
파편	철제 볼 700발
확산도	–수평각: 좌우 60도 –높이: 2m까지
크기	21.6×3.0×13.6㎝
살상반경	50m
유효반경	100m
위험반경	250m
제작사	한화

M19 대전차 지뢰

M19 Anti-tank Mine

대전차용 지뢰로는 M15, M19, M21 등이 있다. 가장 일반적인 것은 M19다. M19 대전차 지뢰는 M606 뇌관을 사용해 159~227kg의 압력을 받으면 폭발한다. 사람이 밟는 행위만으로는 기폭되지 않고, 일반차량이나 전차 등이 일정 무게 이상의 압력을 가해야 폭발한다. 특히 M19는 재질이 FRP(강화플라스틱)로, 금속탐지기로 탐지할 수 없다는 점이 큰 장점이다. 또한 플라스틱이어서 장기간 보관이 가능하며, 극한지에서도 사용이 가능하다.

제원	
크기	332.4×332.4mm
폭약	컴포지션 C4 (9.53kg)
제작사	한화

NMD9, GDS-17K 지뢰탐지기

NMD9, GDS17K Mine Detector

우리 군이 사용하는 지뢰탐지기는 LG에서 생산하는 NMD9과 GDS-17K가 있다. 전형적인 휴대용 경량지뢰 탐지장치로 대인 또는 대전차지뢰 탐지에 유용하다. 자동신호조절장치에 C-MOS를 채용해 지형 굴곡으로 인한 이상신호음 발생을 줄여 지뢰탐지음을 쉽게 구분할 수 있다. GDS-17K는 금속성 물질만을 탐지하도록 돼 있으나, NMD-9은 금속뿐만 아니라 비금속제 지뢰도 탐지할 수 있다.

M58 지뢰지대 개척 선형폭약(미클릭)

M58 MICLIC(Mine Clearing Line Charge)

제원

견인수단	덤프트럭, 장갑 전투도저, 전차, 장갑차 등
추진방식	폭약-로켓모터식/컴포지션B(840kg)
통로개척능력	종심 100m 이상, 폭 14m 이상
발사/재장전시간	5분/30분
지뢰제거율	95% 이상
제작사	한화

미클릭(MICLIC · Mine Clearing Line Charge)은 지뢰제거용 선폭약이다. 미 해병대의 주문으로 제작한 미클릭은 미 육군이 1985년 채택을 결정했고, 1986년 실전에 배치했다. 특히 미 클릭은 1991년 걸프전 때 미군 기갑부대의 통로 개척에 큰 전과를 올렸다. 북한군의 엄청난 양의 지뢰매설로 열악한 작전환경에 봉착한 우리 군은 미클릭을 도입했고, (주)한화에서 생산해 육군에 납품하고 있다. 미클릭은 견인하기 편리하며, KM9과 같은 공병차량으로 견인해 사용하는 공병장비다. 미클릭은 주로 기계화 부대의 통로 개척에 쓰이며, 한국군은 1995년 말부터 도입했다. 장비는 16.7m의 긴 C4 폭약을 Mk22 127mm 로켓에 연결, 로켓발사기를 이용해 개척할 통로에 폭약을 터뜨려 폭발압으로 지뢰를 폭파시켜 지뢰지대를 개척하는 시스템이다. 이 장비를 활용하면 길이 100m, 폭 14m의 통로를 개척할 수 있다.

시스템 중량은 1406kg으로 비교적 가볍고, M353 트레일러로 견인한다. 시스템은 1회용이 아니라 재장전이 가능하며, 도폭약과 로켓을 재장전해 발사하기까지 약 30분이 걸린다. 로켓 발사 때, 장갑차량은 트레일러를 장착한 채로 발사가 가능하지만, 일반차량은 23m 정도 떨어진 곳에서 원격으로 사격해야 한다.

포민스2 휴대용 대인지뢰 제거장비

Pommins Anti-personnel Mine Removal Equipment

포민스(POMINS)2는 휴대용 대인지뢰 제거장비다. 'Portable Mine Neu-tralization System'의 약자다. 포민스2는 이스라엘의 IMI사가 개발한 장비로 2개의 파트로 분할해 2명의 보병이 휴대하는 지뢰제거 시스템이다. 대인지뢰를 1분 안에 제거할 수 있는 능력이 있다. 보병 2명이 2개의 서브시스템을 특별히 제작된 백 팩으로 각각 운반한다. 하나의 시스템은 로켓모터이고, 두 번째 시스템은 로켓으로 발사된 '줄 폭약'이다. 발사용 로켓모터에 폭약 탑재 컨테이너를 결합해 1개의 시스템으로 만들고, 지뢰를 제거할 지역의 1m 전방에 설치해 로켓을 발사한다. 발사된 로켓은 폭약과 결합돼 있는 줄을 앞으로 끌어당겨 지뢰지대를 가로지르게 폭약을 기폭시킴으로써 주변의 대인지뢰를 폭발시켜 통로를 개척한다. 각각의 서브시스템은 알루미늄으로 돼 있으며, 로켓런처는 길이 1.1m, 폭 170mm, 중량 25kg이며, 폭약컨테이너는 길이 0.84m, 폭 155mm, 중량 22kg이다.

PRS-20K 지뢰탐지기

PRS-20K Mine Detector

방위사업청(청장 엄동환)은 국내기술로 연구개발에 성공한 '신형 지뢰탐지기(PRS-20K)'가 11월 말부터 우리 군에 배치되기 시작한다고 밝혔다. 현재 우리군이 운용중인 지뢰탐지기(PRS-17K)는 90년대 후반 도입되어 20년 이상 운용 중으로, 목함지뢰 등 비금속지뢰는 탐지가 되지 않는 등 제한사항이 있었다. 이번에 배치되는 지뢰탐지기(PRS-20K)는 '15년 탐색개발을 시작으로 '20년에 국내 순수기술로 개발을 완료하였으며, 지표투과레이더(GPR)*기술을 적용하여 금속지뢰 뿐만 아니라 비금속지뢰 탐지가 가능한 장비이다.

신형 지뢰탐지기는 체계개발 업체인 한화시스템(주)과 '21년도 양산계약을 체결하고 전세계적인 코로나 유행과 반도체 수급 대란속에서도 정부와 업체 간 유기적인 협업을 통해 적기에 최초 생산 및 군 전력화를 할 수 있었다. 또한, 철저한 품질시험과 야전운용시험을 거쳐 장비 성능과 군 운용성 검증을 마쳤으며, 육군을 비롯해 해군, 공군, 해병대에 순차적으로 전력화 될 예정이다.

한편, 신형 지뢰탐지기는 연구개발간 국산화율 100%를 달성하여 국내 기술의 우수성을 입증하였으며, 해외장비 대비 우수한 성능과 저렴한 가격으로 향후 수출 가능성도 크게 열려 있는 상황이다. 방위사업청 기동사업부장(육군 준장 조현기)은 "신형 지뢰탐지기(PRS-20K)는 배치 즉시 현장 투입이 가능하여 지뢰 탐지 및 제거와 비무장지대 유해 발굴 등 전 · 평시 지뢰제거 작전에 효과적으로 활용될 것이며, 수출경쟁력을 갖춘 세계 최고 수준의 지뢰탐지기로 방위산업 진흥과 국가위상 제고에 기여할 것."이라고 밝혔다.

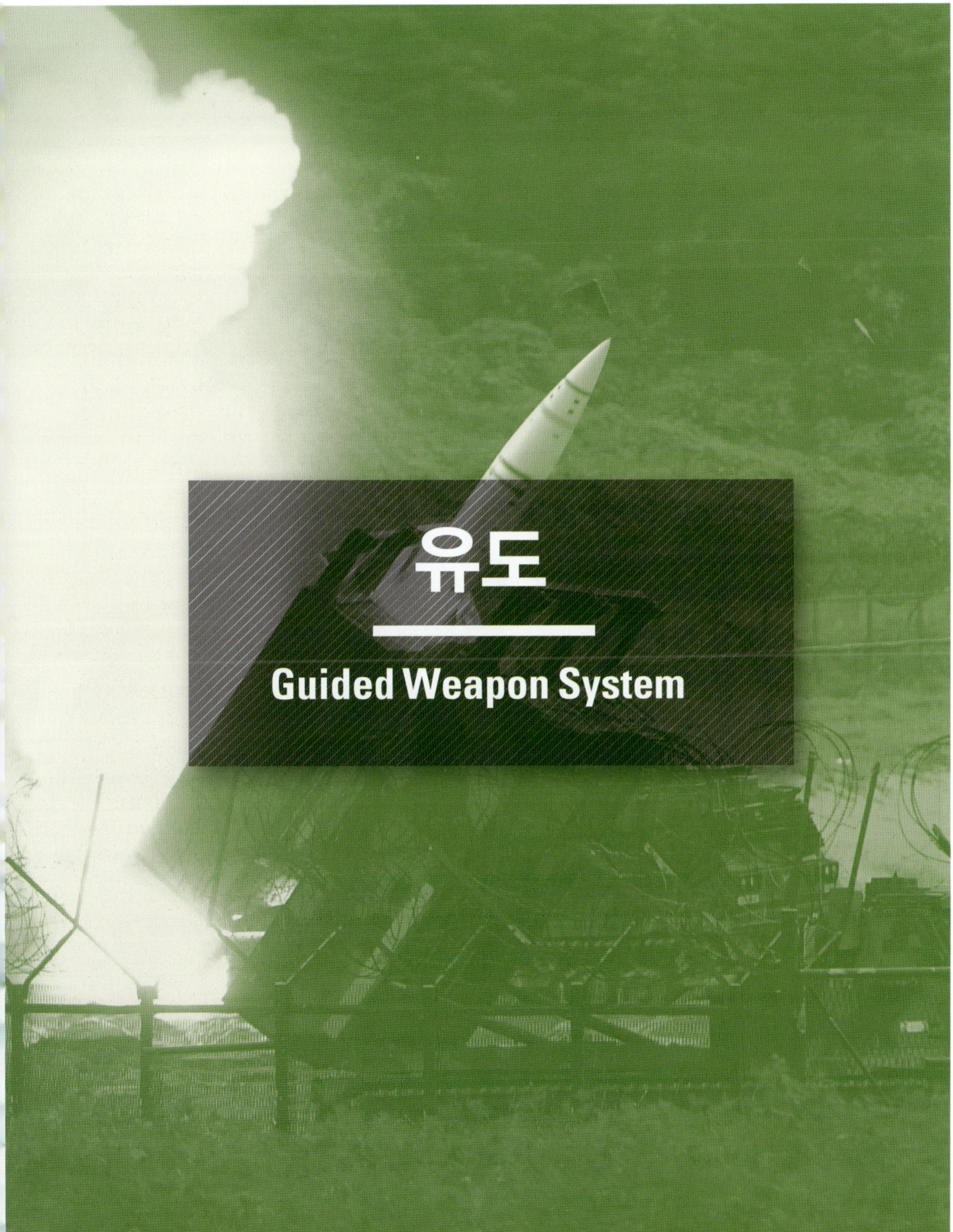

유도

Guided Weapon System

지대지미사일

Surface to Surface Missile

현무2 지대지 탄도미사일

Hyunmoo 2 Ballistic Missile

2013년 국군의 날 행사에서 국방부는 사거리 300km급 탄도미사일에 '현무2'라는 제식을 처음 붙이며 전면에 내세웠다. 한 · 미 미사일지침의 골자는 사거리와 탄두 중량을 반비례 관계로 묶은 이른바 '트레이드 오프(trade-off)' 구조로, 사거리가 길어질수록 탄두 중량이 줄어들고, 사거리를 줄이면 더 무거운 탄두를 싣도록 설계된 제한 체계다. 이 지침에 따라 800km급 탄도미사일은 500kg 탄두까지, 500km급은 1t, 300km급은 2t 탄두 탑재가 가능하도록 운용 기준이 설정돼 왔다. 향후 800km급 탄두 중량 상향이 한 · 미 간 협의로 허용될 경우, 500km · 300km급 탄도미사일의 탄두 중량은 그에 비례해 추가 증대될 여지가 있다는 분석이 뒤따른다.

현무2 계열은 사거리 300km급 2A, 500km급 2B, 800km급 2-C로 구분되며, 2010년대 중반 이후 단계적으로 전력화를 마쳤다. 2015년 6월에는 사거리 500km급 개량형이 시험발사에 성공했고, 2016년 1월에는 800km급 개량형의 존재가 공개되면서 북한 전역을 타격권에 두는 한국형 탄도미사일 체계의 윤곽이 완성됐다. 공개 영상과 제원 분석 결과, 외형은 초기형과 비슷하지만 추진체 개량과 정확도 향상이 이루어진 것으로 평가된다.

현무2 운용 기반이 되는 발사대(TEL, Transporter Erector Launcher) 규모는 국방백서 2012년판에서 30여 기로 처음 제시된 뒤, 이후 2020년 국방백서에서도 보유 수량은 여전히 '60여 대'로 명기돼, 2010년대 후반 이후 현무-2 계열 발사대 규모가 대략 이 수준에서 유지되는 것으로 파악된다.

2020년 5월 한 · 미 미사일지침이 전면 해제되면서 한국은 사거리 · 탄두 중량 제한에서 벗어나 독자적인 중 · 장거리 탄도미사일 개발 여지를 확보했다. 이 조치 이후 현무2뿐 아니라 초대형 탄두를 탑재한 현무4, 차세대 현무5, 장거리 고체연료 탄도미사일 등으로 포트폴리오가 확장되며, '킬체인'과 '대량응징보복(KMPR)' 체계의 핵심 축으로 성장했다. 최근에는 현무-2B 실사격 훈련과 1000km급 연장형(일명 현무2-C 변형) 운용 사실이 드러나면서, 북한 전략 표적을 겨냥한 한국형 정밀 타격망이 다층적으로 완성 단계에 접어들었다는 평가를 받고 있다.

제원	
사거리	300~500km
탄두	500kg~2t
연료	고체추진체
로켓	2단방식
제조사	한화에어로스페이스

현무3 지대지 순항미사일

Hyunmoo3 Cruise Missile

현무3 시리즈 순항미사일 개발은 한국 국방과학연구소(ADD)가 주도했으며, 1999년 시제 순항미사일 시험발사에 성공했다. 당시 ADD의 시험발사 사실이 알려지자 일본 정부가 발 빠르게 사실 확인에 나서기도 했다. 현무3 시리즈의 집중 개발은 1994년 이후 본격화된 '불곰사업'을 토대로 러시아 기술진 영입이 가능해지면서 이루어졌다. 특히 순항미사일의 핵심 기술인 엔진은 러시아제를 바탕으로 한국에서 개량된 것으로 확인된다.

한 · 미 미사일 양해각서는 2001년 개정을 통해 과거 한국이 탄두중량 500kg, 사거리 300km를 초과하는 미사일을 보유하지 못하도록 제한했다. 이 제한으로 당시 우리 군이 사거리 300km 탄도미사일로는 북한 전역의 중요 군사기지를 효과적으로 타격하는 데 한계가 있었다. 이에 따라 한국은 현무1(사거리 180km), 현무2(사거리 300km)까지 탄도미사일을 개발하고, 이후부터는 순항미사일 개발에 박차를 가해 전략적 비대칭 전력 확장에 나섰다.

한국군은 2008년부터 현무3 시리즈를 양산해 육군 유도탄사령부 산하에 전력화하고 있다. 현무3-A는 사정거리 500km, 현무3-B는 1000km, 현무3-C는 1500km급으로, 다양한 배치로 북한 전역뿐만 아니라 중국 베이징 · 상하이, 일본 도쿄 · 오사카까지 타격이 가능한 것으로 평가받는다. 현무3-C는 2010년 양산 시제 미사일이 등장했고, 2011년 실전배치를 통해 한국형 순항미사일의 핵심 전력으로 자리잡았다.

현무3 시리즈는 '관성 유도방식+GPS/TERCOM+적외선 영상 탐색기' 복합 유도 시스템을 적용해 정밀도와 생존성을 극대화했다. ADD가 탐색 · 체계 개발과 시험평가를 거친 후, LIG넥스원이 양산을 담당한다. 현무3-C는 길이 약 6m, 직경 53~60cm, 무게 1.5t 수준이며 제트엔진을 장착한 점이 특징이다.

우리 군은 2008년 ADD를 중심으로 현무3-C(사거리 1500km) 양산에 성공해 실전배치 중이다. 사거리 1500km 순항미사일을 운용하는 국가는 미국, 러시아, 이스라엘, 한국 등 제한적이다. 현무3-C 실전 배치로 인해 북한 핵시설뿐만 아니라 평안남도 상원, 강원도 이천군 자하리, 함경남도 원산시 옥평 노동자지구 등 주요 미사일 기지까지 타격이 가능해졌다.

순항미사일의 한계로는 탄도미사일에 비해 속도가 느려(현무3-C 마하 1.2, 약 시속 1,100~1,400km) 고속 이동 표적 타격이 제한된다는 점이 있다. 그러나 정밀도는 압도적이다. 현무3-C 순항미사일은 1~2m 이내의 오차 범위로 주요 목표물을 명중시킬 수 있으며, 450kg 탄두 장착으로 미국의 토마호크와 견줄 만한 성능을 지녔다. 사거리 500km 이상의 순항미사일을 운용하는 국가는 현재 미국, 영국, 프랑스, 러시아, 중국, 이스라엘 등 6개국, 1500km 이상은 미국, 러시아, 이스라엘, 한국 등 4개국에 불과하다. 최근 업계 및 군 소식통에 따르면 한국은 현무3-C의 성능 개량과 더불어 사거리 2000km 이상 차세대 순항미사일 개발을 추진 중인 것으로 확인된다. 2025년 기준 공식 배치 수량, 상세 성능 등은 군사기밀이지만, 현무3 시리즈는 지속적으로 사거리와 정밀도를 확대하고 있다.

제원	
엔진	제트엔진
발사중량	탄두 무게 500kg
길이	6m
직경 5	3~60cm
속도	마하 0.9(시속 1,100km) 이하
사거리	현무3-A-사거리 500km 현무3-B-사거리 1,000km 현무3-C-사거리 1,500km
비행고도	50~100m
유도방식	INS, GPS, TERCOM, DSMAC
제작사	LIG넥스원

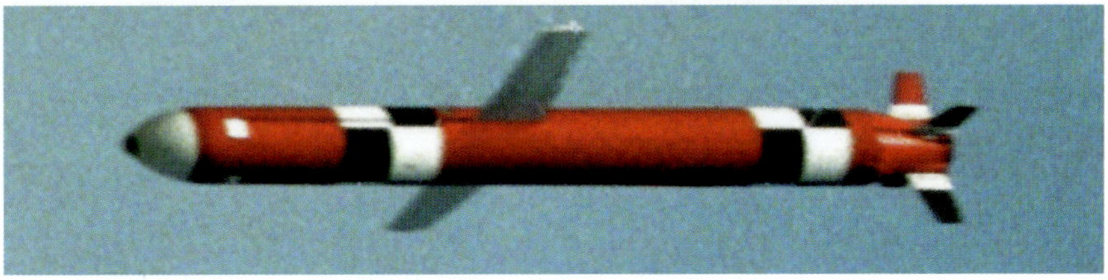

한미 양국 군은 2017년 7월 29일 오전 5시 45분 북한의 탄도미사일 발사에 대응해 동해안에서 2번째 한미 연합 미사일 사격훈련을 실시했다. 현무2 탄도미사일이 발사대를 빠져나가 공중으로 솟구치고 있다.

현무4 지대지 탄도미사일

Hyunmoo 4 Ballistic Missile

현무4는 우리 군이 미사일 전력의 질적 도약을 위해 개발한 최신 지대지 탄도미사일이다. 2017년 한미 미사일 지침 개정으로 탄두 중량 제한이 철폐되면서 본격적으로 개발에 착수해 2020년 실전 배치 단계에 들어간 것으로 알려져 있다. 이 미사일은 최대 800km 이상 사거리와 2~2.5톤에 달하는 초대형 관통 탄두를 장착, 한반도 전역을 타격할 수 있는 전략무기다. 최근 2025년형 현무4는 사거리가 1,000km에 달할 수 있다는 분석도 제기된다.

강화 콘크리트 관통력은 24m 이상으로, 벙커버스터로 유명한 미군 GBU-28(관통력 6m)의 4배에 달한다는 국방부 평가를 받았다. 개발 당시 시험발사에서는 마하 10에 가까운 속도로 타격, 지하 최대 100m까지 관통이 가능하다. 다만 공개된 정보에서 24m는 강화 콘크리트(5,000psi) 기준이고, 지반이나 구조물 조건에 따라 관통 깊이는 달라질 수 있음을 감안해야 한다.

현무4의 탄두 중량은 북한의 KN-23 개량형(최대 2.5톤)보다 크다. 실전 배치된 한국군의 현무4는 2t 이상 탄두와 800km 사거리를 공식적으로 갖추고 있고, 4t급, 8t급 미사일의 개발도 병행 중인 것으로 군 당국은 밝혔다. KN-23 계열은 800km 내외의 사거리와 2.5톤 탄두, 그리고 극초음속 활공체(HGV)형 탄두 등으로 꾸준히 개량되고 있으나, 전반적인 파괴력과 관통력 면에선 현무4가 우위에 있다는 평가다. 최신형 현무4는 GPS와 관성유도 장치, INS를 통합해 표적 오차를 대폭 줄였으며, 단일 탄두 외 다탄두(MIRV) 방식도 채택하고 있는 것으로 알려졌다.

제원	
사거리	800㎞
탄두 무게	2.5톤 이상(추정)
강화콘크리트 관통능력	24m(추정)

2023년 9월 26일 건군 75주년 국군의 날 시가행진에서 고위력 현무-4 미사일로 추정되는 탄도미사일을 실은 5축 10륜(바퀴 10개) 이동식발사차량이 이동하고 있다. 현무-2C와 현무-4 미사일 TEL은 5축 10륜으로 외형이 유사하지만 차량 뒤쪽 방염판 크기와 두께가 큰 차이를 보인다.

현무5 지대지 탄도미사일

Hyunmoo5 Ballistic Missile

현무5 탄도미사일은 2024년 10월 1일 전략사령부 창설과 함께 열린 국군의 날 기념식에서 최초로 일반에 공개된 대한민국 차세대 지대지 탄도미사일이다. '한국형 3축 체계(킬체인 · KMPR · KAMD)'의 핵심 전력인 F-35A 스텔스 전투기, L-SAM(장거리지대공유도무기), 현무4 등과 함께 동원됐던 현무5는, '북한 지하벙커 관통'과 '대량응징보복'을 상징하는 괴물급 무기체계로, 그 위력이 세계적 관심을 받고 있다.

중량 1톤 탄두 모듈을 장착할 경우 최대 사거리는 5,500km에 달해, 동북아 주요 국가를 견제할 수 있는 중장거리 탄도미사일(IRBM)로 운용된다. 탄두 중량을 2톤까지 늘리면 사거리는 3,000km 수준까지 줄어들며, 주변국 전략목표를 타격하는 무기로 변신한다. 중량 8톤 탄두 모듈을 탑재하면 최대 사거리는 300~600km로 줄어들지만, 마하 5 이상의 극초음속 돌입 속력과 CEP 20m 이하(추정)의 초정밀 타격 능력을 바탕으로, 북한 HDBT(Harden and Deeply Buried Target) 등 고도의 구조물을 관통 · 파괴하는 현존 최강 벙커버스터 탄도미사일로 기능한다.

2025년 연말부터 현무5는 군 전략부대에 실전 배치되어 '양산 및 전력화 단계'에 돌입한 상태다. 국방부는 올해부터 매년 수십 기를 추가 생산 · 전력화할 예정이며, 차세대 개량형과 사거리 · 위력 증강형 개발도 병행 중이다. 장거리 사거리(최대 5,500km)는 동북아 전체와 중국 남부, 유라시아 일대까지 도달해 역내 전략균형에 지대한 영향을 미치며, 발사중량(36톤) 또한 중국 둥펑-26(IRBM)보다 압도적으로 크다.

탄두 중량 8~9톤은 세계 재래식 미사일 중 최고 수준이다. 단, 전술적 운용범위와 CEP(탄착 오차), 실제 관통력(지하 100m 이상 등)은 군사비밀에 해당하므로 구체적 수치는 비공개이나, 군 안팎에서는 비핵 미사일로서는 현존 최고 성능으로 판단하고 있다.

육군전술유도탄시스템(에이태킴스)

MGM-140 Army Tactical Missile System(ATACMS)

에이태킴스(ATACMS)는 다연장로켓(MLRS) 발사 차량에 2발을 탑재해 사격하는 탄도탄이다. 북한의 다연장 로켓포와 장거리 야포에 대응하기 위해 1998년부터 배치하기 시작한 에이태킴스는 사정거리 180~300km의 단거리 탄도탄이다. 에이태킴스는 냉전 시절 소련군 전차부대를 제압하기 위해 개발한 랜스(Lance) 단거리 미사일을 대체하기 위해 1985년부터 개발을 시작했다. 1991년 미국 부시 대통령에 의해 발표된 '전술핵 전면 폐기'라는 조치에 따라 본격적으로 양산된 비핵탄두 장착형 미사일이다.

에이태킴스는 1대의 발사차량에 2기의 미사일을 장착한다. 1989년 12월 개발 완료한 블록1형은 사정거리가 25~165km다. 블록1형은 1991년 걸프전에서 실전 배치했다. 당시 이라크군의 SA-2/3 지대공 미사일 발사기지 30곳 이상을 초토화시켰고, 약 200대의 장갑차량을 파괴했다. 블록1-A형을 거쳐 탄두를 교체한 블록2는 사정거리 35~140km이며, 블록2-A는 사정거리 100~300km로 대전차 유도탄인 BAT를 장착한다. 자탄 탑재형인 블록I형은 텅스텐 합금으로 만들어진 M74 자탄 APAM을 내장하고 있고, 950개의 자탄이 축구장 4배 넓이에 해당하는 550㎡의 범위를 초토화시킬 수 있다.

제원	
길이	3.98m
직경	61㎝
발사중량	1,670kg
페이로드 단탄두	450kg
유도방식	관성
추진로켓	고체
사정거리	135km
명중정도	225m
제조수	1,588기
제작사	록히드마틴

지대공 미사일

Surface to Air Missile

천마 단거리 지대공미사일

Chunma Korean Surface to Air Missile(K-SAM)

북한은 유사시 수도권이나 인접 지역의 주요 사단을 혼란에 빠뜨리기 위해 저고도 침투기인 AN-2기와 500MD 헬기에 특수작전 부대원들을 탑승시켜 대량으로 투입할 것으로 예상된다. 이에 따라 우리 군은 대응책으로 천마 단거리 대공미사일 시스템을 개발했다. 천마시스템은 K200의 차체를 이용, 차대 길이와 중량을 늘렸다.

520마력의 대우 D2840L 터보차저 엔진으로 교체했고, 트랜스미션도 HMPT500으로 바꿨다. 이 밖에 보기륜(장갑차 바퀴)의 수를 늘려 차체에 안정성을 갖게 했다. 탑재 미사일은 프랑스 톰슨사로부터 유상으로 기술지원을 받아 '크로탈 NG형 미사일'을 국방과학연구소(ADD)가 국산화하는 데 성공했다. 화기관제 시스템은 삼성전자와 LG정밀이 프랑스의 지원을 받았고, S밴드의 탐지레이더는 LG가 Ku밴드(Ku-Band·위성통신주파수), 추적레이더는 삼성전자가 맡아 국산화했다.

천마시스템은 탐지레이더를 사용해 20km 안의 저고도 비행물체를 12개까지 탐지·추적할 수 있다. 차체에 탑재한 적아식별 안테나를 사용해 적기로 판명되면 추적·조준에 들어가 유효사거리 10km, 유효 발사고도 5km 안에 들어오면 미사일을 발사한다.

한국형 크로탈 NG미사일은 해상에서 운용하기 위해 개발한 함대공미사일이라 레이더파의 지상반사를 최소화할 수 있고, 수동으로 전환해 발사할 수 있기 때문에 전자전에서도 강한 면모를 보여주는 미사일이다. 천마미사일의 발사속도는 마하 2.6으로 30G(중력가속도)의 고기동에도 견디며, 특히 무연(無煙)의 로켓 연소제를 사용해 발사 위치가 드러나지 않는 장점을 갖고 있다. 천마시스템은 2001년부터 육군의 방공포 부대에서 운용 중이다.

제원	
유효 사정거리	8~12km
발사속도	마하2.6
기동성	30G
양산대수	200대
탐지레이더	S밴드
추적레이더	Ku밴드
자체엔진	대우D2840L
엔진출력	520마력
제작사	LIG넥스원

신궁 휴대용 지대공미사일

Korean Portable Surface to Air Missile (KP-SAM, New Arrow)

신궁은 우리 군이 보병용 지대공 미사일로 레드아이, 재블린, 미스트랄, SA-18에 이어 다섯 번째 도입한 저고도 지대공 미사일이다. 미군은 보병이 도수 운반할 수 있는 스팅어 스타일을 선호하지만, 우리 군은 휴전 이후 거점 방공이 강조돼 스팅어, SA-18 방식보다는 미스트랄 방식의 간단한 발사대 거치용을 선호한다.

1991년부터 실전 배치한 프랑스제 미스트랄 지대공 미사일을 이후 두 차례 추가로 도입하면서 자연스럽게 국산화를 추진했다. 발사대 등을 한국형으로 제작하고 미사일 시커만을 러시아 기술을 적용해 완성시킨 미사일이다. 2000년 기준으로 KP-SAM으로 알려졌으며, 2003년 이후 양산에 들어가 노후화한 영국제 재블린을 대체했다.

군은 신궁 미사일을 기계화 사단과 수도권 전략 예비사단 등에 우선적으로 배치하고 있다. 신궁 미사일 시커는 '투컬러 시커'로 유명하며, 야간조준기인 비냉각식 열영상 조준장치와 적아식별장치인 IFF 시스템을 함께 운용한다. 신궁 미사일 탄체는 2.5kg 탄두를 장착하며 레이저 근접신관을 채택했다.

제원	
길이	168cm(미사일),187cm(발사관)
중량	19.5kg(발사관 포함), 14kg(미사일 자체),2.5kg(탄두)
신관	충격 근접신관
사거리	7km
도달고도	3.5km
속도	음속 2.1배
제작사	LIG넥스원

미스트랄 지대공 미사일

Mistral Surface to Air Missile

1980년대 말 우리 군은 재블린(Javeline) 휴대용 미사일을 대체하기 위해 새로운 대공미사일 소요를 제기했다. 이에 따라 휴즈(Hughes)사의 스팅어(Stinger), MBDA사의 미스트랄(Mistral) 등이 경합을 벌인 끝에 미스트랄 대공미사일이 선정됐다. 미스트랄의 뛰어난 추적 능력은 매직2 공대공 미사일의 적외선 시커를 장착한 데다 적기의 플레어(기만 불꽃) 투하에 대응해 자외선 시커를 장착했기 때문이다. 2단계 부스터 추진에 마하 2.6의 순간속도로 목표를 요격한다. 미스트랄은 스팅어나 재블린처럼 견착 휴대용이 아니라 삼각대에 고정해 발사하는 시스템이다. 동급 미사일 가운데 탄두와 발사체가 크기 때문이다. 이 점이 스팅어에 비해 단점으로 지적된다. 미스트랄은 발사를 위해 사수와 목표 지령수로 구성되는 2인 1조로 운용된다. 미스트랄은 1991년부터 도입을 시작했고, 현재까지 150기 이상의 발사기와 1000발 이상의 미사일을 도입했다. 미사일 도입과 함께 절충교역의 형식으로 기술이전을 받아 단거리 지대공 신궁 미사일 개발에 적용했다. 최근 신궁의 양산으로 미스트랄의 도태가 진행 중이다.

제원	
탄두	2.95kg, HE
신관	이중근접, 액티브 레이저 신관
시커	적외선/자외선 유도능력
사정거리	300~6,000m
사정고도	15~4,500m
속도	2.6
제작사	MBDA

항공

Aircraft

헬리콥터

Helicopter

제원	
무게	최대 8.9t
엔진	T700–GE–701KX2
최대출력	1,855shp
운용고도	최대 1만3,000ft
호버링	한계고도 6,000ft
탑승	조종사 2명+승무원 2명+병력 9명/조종사 2명+병력 16명/물자 3.7t
속도	139kt
임무	공중강습 기동, 의무후송, 탐색구조, 전술수송, 군수지원, 특수작전
제작사	KAI

KUH–1 수리온 기동헬기

Korean Utility Helicopter-1

한국군의 헬기개발 사업인 KHP는 크게 기동형(KUH)과 공격형(KAH)으로 나뉜다. 이 가운데 KUH 사업은 이미 구체화된 사업이고, KAH 사업은 당초 계획했던 2011년 3월보다 지체됐다. KUH 사업은 육·해·공 3군 공통의 헬기사업으로 시작된 KMH 사업을 근간으로 하고 있다.

KMH 사업은 공통 플랫폼으로 기동헬기와 공격헬기를 동시에 개발해 UH–1, 500MD 기본형, AH–1J/S, 500MD 토우형, Bo–105, OH–58(B–206), AS–332, B–412 총 8개 기종을 대체하는 사업이었다. 그러나 이 사업은 2005년 3월 정부 주도에서 민간 주도로 변경됐고, 규모도 일단 KUH를 먼저 개발한 뒤 KAH를 제작하는 것으로 방침이 변경됐다.

한국항공우주산업(KAI)을 중심으로 18개 업체와 18개 대학, 10개 연구소 등이 참여하고 있고, 국외 주계약 기술이전 업체는 프랑스의 유로콥터사다. '수리온'으로 명명된 KUH는 2005년 5월 본격 개발에 착수한 지 불과 4년여 만에 초도비행에 성공하는 기록을 세우며 2012년 6월 개발을 완료했다. 수리온 개발로 한국은 세계 11번째 헬기 개발국 반열에 올랐다.

수리온은 2006년 6월 개발에 착수한 지 38개월 만인 2009년 7월 경남 사천에 위치한 KAI 공장에서 첫 출고됐다. 2006년 6월 개발 착수 이후 기본설계, 상세설계, 시제작, 지상시험, 초도개발시험 평가 및 소요군 검증을 통해 공중강습작전 능력, 인원 및 물자 공수 능력 등 헬기의 기본성능에 대한 객관적 평가를 통해 2010년 11월 잠정 전투용 적합이라고 확인을 받았다.

KUH는 유로콥터사의 기존 헬기를 한국형으로 재설계하는 방식으로, 쿠거와 슈퍼 푸마를 참고했다. 4개의 디지털 글래스 콕핏, 통합디지털엔진제어기(FADEC), T700–701K 엔진, IR 대응책/LWR(레이저 경보 수신기), RWR(레이더 경보 수신기), MWR(미사일 경보 수신기), 채프 플레어 시스템 장착으로 한국형 헬기 중 가장 생존성이 뛰어나다.

수리온은 현재 우리 군이 사용하고 있는 구형 UH–1H와 비교적 신형인 UH–60의 중간 정도 크기로 완전무장한 1개 분대(9명) 병력을 태울 수 있다. 시속 260km의 속도로 최대 450km를 비행할 수 있으며 화물은 최대 3.7t을 수송할 수 있다. 수리온의 길이는 14.9m, 높이는 4.5m이고 중량은 4.8t이다.

수리온의 장점으로 첫 손가락에 꼽을 수 있는 것은 한국 산악지형에 최적화한 헬기라는 점이다. 충분한 엔진파워로 육군 헬기 중 최고의 상승률과 선회, 제자리 비행능력을 보유하여 한반도 전역에서 소요군의 계획된 항공작전과 고지대 인원 · 화물을 공수하는 등 각종 지원임무를 수행할 수 있다.

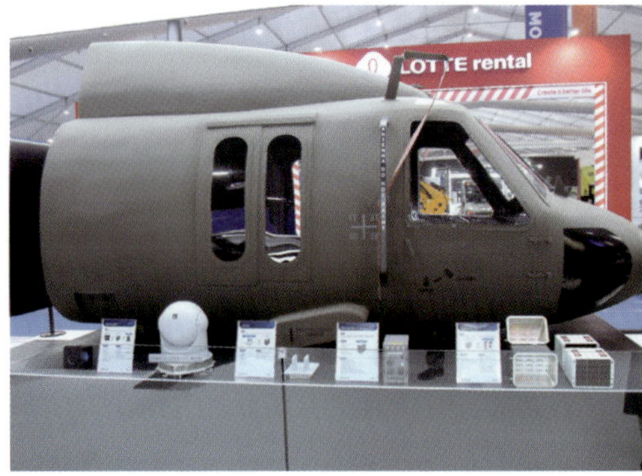

블랙호크 헬기 개량사업

Blackhawk Helicopter Improvement Project

육군과 공군이 운용하는 UH/HH-60 특수작전용 블랙호크 헬리콥터 36대 성능개량사업이 2023년부터 2030년까지 약 9,943억 원 투입으로 추진된다. 이번 사업은 노후 헬기의 작전능력과 생존성 강화를 목표로 하며, 특수임무에 최적화된 디지털 조종실 도입, 통합 항법 · 임무 · 생존장비 업그레이드, 최신 항공전자계통 장착 등이 핵심이다.

2025년 5월, 방위사업청은 대한항공 컨소시엄(LIG넥스원 · 콜린스 에어로스페이스 등)을 우선협상대상자이자 최종 사업자로 확정했다. 사업은 국내 연구개발 방식으로 추진되며, 50여 종 핵심 항공부품이 국산화된다. 전자지도 · 다기능표시장치, 자동비행장치, 레이더 경보 등 주요 장비와 기체 구조 보강, 안전성 강화, 수명 연장까지 포함된다. 2029년부터 단계별 전력화가 진행될 예정이다.

UH–60 블랙호크

UH-60 Blackhawk Helicopter

육군은 1980년대 중반부터 기존 UH–1 수송헬기 전력과는 별도로 새로운 중형 수송 헬기를 도입하기로 했다. 후보 기종은 한미 연합작전을 중시해 미국산 UH–60 블랙호크 헬기 도입을 추진했다. 육군은 1990년 12월 대한항공을 통해 중형 수송헬기를 면허로 생산하기로 최종 결정했다. 이후 육군은 미 육군용 UH–60L형에 바탕을 둔 엔진 성능 개량형인 UH–60P형을 전력화했다.

UH–60 시리즈는 미군이 UH–1 시리즈의 후계로 개발한 쌍발 터빈 헬기다. 전 세계적으로 2000대 이상 운용되고 있다. UH–60은 복합소재를 대폭 채용했고, 착륙장치는 3차륜 고정식, 동체 측면에는 외부 탑재용 서포트시스템(ESSS)이라 불리는 파일런을 장착해 보조연료탱크 등을 장착할 수 있다.

UH–60L형은 1989년 11월부터 생산한 것으로 엔진성능이 좋아지고 트랜스미션의 용량도 늘어났다. 대한항공은 국내에서 면허생산을 통해 1991년부터 1999년까지 육군 110대, 해군 10대, 공군 20대 총 140여대를 군에 납품했다. 육군 항공작전사령부는 UH–60을 기동대대에 배치해 운용 중이다. 육군은 무장 장착을 위한 좌우 날개(스터브윙·Stub wing)에 고정식 보조연료탱크가 달린 특전사용 블랙호크를 총 24대 도입했다. 이 밖에도 장·탈착이 가능한 스터브 윙 방식의 블랙호크는 의무후송용으로 운용되고 있다.

제원	
메인로터	직경 16.36m
전장	19.76m
높이	3.76m
자중	5,216kg
엔진	GE T–700–701C(1,800shp)×2
최고속도	296km/h
항속거리	600km
승무원	2명
무장	7.62mm 기관총, M60D 기관총 2정
제작사	시콜스키

CH-47D/L 치누크

CH-47D Chinook Helicopter

제원	
메인로터	직경 18.29m
전장	30.14m
동체길이	15.54m
높이	5.77m
최고속도	298km/h
체공시간	2시간30분
자중	1만693kg
승무원	2명
탑승인원	무장병력 33~44명
엔진	T-55-L9-714(4,168shp)×2
무장	M60D 기관총 3정
제작사	보잉

CH-47D 치누크(Chinook)는 육군 항공작전사령부가 보유한 대형 수송헬기다. 우리 군이 현대적인 공중강습 작전을 수행하는 데 없어서는 안 될 핵심전력이다. 우리 군은 1978년부터 치누크 헬기 도입을 처음으로 추진했다. 당시 군은 CH-47C형 도입을 추진했다. CH-47D 도입계획은 특전사령관 출신인 전두환 당시 대통령이 대북 침투능력 확보 차원에서 관심을 갖고 추진한 사업이었다. 결국 전 대통령 임기 말인 1986년 도입계약을 체결했고, 1987년 미국으로부터 도입하기 시작했다.

육군은 최초 CH-47 6대(기체번호 M4008-M4013)를 해외군사판매(FMS) 방식이 아닌 상용 방식으로 도입해, 1988년 최초로 전력화하는 데 성공했다. 육군은 초도 도입분 6대를 유용하게 수송수단으로 활용했고, 이에 따라 2차분 도입을 추진해 12대 (기체번호 90-0838부터 90-0849까지)를 FMS 방식으로 도입했다.

육군이 CH-47을 도입해 재해와 대민지원으로 활용하자, 공군은 독자적인 탐색·구조헬기로 치누크를 보유하기로 결정하고 곧바로 사업을 추진했다. 1991년 12월, 공군은 육군 보유기체 3차분으로 도입해 공군 제6항공탐색구조전대에 배치했다. 1994~1995년 사이, 육군은 유사시 대북침투 전용으로 '롱레인저'라는 항속거리 연장과 엔진성능을 향상한 기종을 도입했다.

1998년 12월, 항속거리가 크게 늘어난 롱레인저(LR)형을 도입했다. 롱레인저형은 동체 측면을 확대해 연료탱크를 추가로 탑재, 남한 전 지역을 커버할 수 있을 만큼 항속거리를 늘렸다. 야간비행을 위해 기수 전방에 회전식 플리어(FLIR·전방감시적외선장치)를 장착했고, 물자·야포·차량 등 장비를 슬링(sling)할 수 있는 성능을 확대하기 위해 개량형 슬링 시스템을 장착하고 있다.

CH-47LR형은 스터브윙(stub wing)이 장착된 특전사용 블랙호크처럼 장거리 침투 비행용으로 도입한 기체다. 동체 측면에 연료탱크 수용 능력을 늘리기 위해 일직선으로 불거져 있는 것이 외형상 특징이다. 이 밖에 구조용 호이스트와 전방감시 적외선 터렛(turret), 기관총 거치대 등의 장비가 추가됐다. 도입 대수는 6대이며, 302대대에서 운용하고 있다.

CH-47F 특수전 대형침투형 헬기

CH-47F special operations long-range infiltration helicopter

한국군 CH-47F 특수전 대형침투형 헬기사업은 육군 특수전사령부 특임여단과 공군 탐색구조전력의 '북한 심부 침투 · 구출 능력'을 2030년대까지 한 세대 끌어올리기 위한 3조원대 국외도입 프로젝트로, 1차 입찰 기준 경쟁 구도는 사실상 CH-47F 단독 체제로 재편된 상태다.

방위사업청은 2023년 방위사업추진위원회에서 특수작전용 대형기동헬기 사업 추진 기본전략을 의결하고, 2026~2033년 사이 20여대 도입 계획을 확정했다. 총사업비는 3조 2900억~3조 3657억원 수준으로 조정됐으며, 노후 CH-47D · HH-47D의 야간 · 악천후 · 장거리 침투 한계를 해소해 특임여단 공중침투와 공군 전투탐색구조(CSAR) 능력을 동시에 강화하는 것이 목표다.

후보는 애초 보잉 CH-47F/ER와 록히드마틴 CH-53K 양강 구도였지만, CH-53K가 1차 입찰에 불참하면서 사업 구도는 사실상 CH-47F 단독 체제로 재편됐다. CH-47F는 이미 대형기동헬기-II 사업에서 선정된 전력이라 운용 · 정비 · 부품 공통성을 앞세워 특수전 대형침투형 플랫폼에서도 우위를 점하고 있다.

CH-47F 특수전 대형침투형은 CH-47F ER급 플랫폼에 기반해 최대 40~50명 인원 또는 10톤급 화물을 탑재하고, 시속 340km급 속도와 600km 이상 전투행동반경을 목표로 한다. 저고도 지형추적 레이더, NVG 최적화 콕핏, 각종 위협경보 · 미사일 경보장비와 채프 · 플레어, 공중급유 프로브, 패스트로프 · 레펠 · 구조호이스트를 통합해 MH-47G급 '은밀 침투 · 고위험 구출' 능력을 확보한다는 구상이 논의되고 있으며, 기존 대형기동헬기-II 체계와 연계한 장기 운용비 절감 효과도 기대된다.

이 사업은 2024~2033년(또는 2031년)까지 약 3조3000억~3조7000억원을 투입해 18~20여대를 국외 구매하고, 국내 정비 · 개조 · 업그레이드 능력을 함께 확보하는 구조다. 대형기동헬기-II(약 1조 4900억원)와 연동해 부품 · 정비 · 훈련 체계를 통합하면 국내 항공 MRO · 전자 · 센서 · 무장통합 업체 참여 여지가 커진다는 평가가 나온다.

현 구조가 유지될 경우, 한국군은 2030년대 초중반 CH-47F 계열 일반기동헬기와 특수전 대형침투형 헬기를 묶은 '전략기동 · 은밀침투 패키지'를 완성해, 북핵 · 미사일 지휘부 타격, 요인 · 인질 구출, 장거리 전투탐색구조 임무를 독자 수행할 수 있는 수준으로 전력을 끌어올리게 된다.

CH-47F 블록1 치누크 대형기동헬기

CH-47F Block1 Chinook Heavy Lift Helicopter

CH-47F 블록1 치누크 대형기동헬기는 21세기에 등장한 3세대 치누크로, 엔진 성능과 전자장비가 대폭 향상된 기종이다. 동체구조는 고강도 합금으로 설계됐으며, 조종석은 완전 디지털 방식으로 바뀌었다. 탑재 엔진은 T55-GA-714A(4,868마력)로, 이전 모델 대비 출력과 내구성이 크게 강화됐다. 자동조종장치는 디지털화되어 운항 편의성과 안전성을 높였으며, 조종석에는 다기능 디스플레이(MFD)와 공통 애비오닉스 아키텍쳐시스템(CAAS)이 적용돼 작전 효율을 극대화했다. 항법장치에는 위성항법장치(GPS)가 도입돼 저시정 · 야간에서도 정확한 임무비행이 가능하다.

제원	
길이	15.46m
폭	3.78m
높이	5.68m
기체중량	11.14톤
최대 이륙중량	22톤
엔진	하니웰 T55-GA-714A 2기
화물 유효탑재량	10.8톤
병력	55~33명
최대속도	시속 302km
최대 순항속도	시속 291km
항속거리	740km
편도 항속거리	2,252km
전투행동반경	370km
승무원	3명
제작사	보잉

CH-47F 개발은 2001년 CH-47D 1대를 개조하면서 시작됐고, 2003년에 첫 공개되어 2005년부터 양산 체제에 돌입했다. 양산 1호기는 2006년 6월 15일 출고됐으며, 같은 해 10월 23일 최초 비행에 성공해 제식기호 CH-47F가 공식 등장했다. CH-47F 생산은 신규 제작과 기존 CH-47D 업그레이드로 양분화된다. 2021년 기준, 신규 생산 203대, 기존기 업그레이드 179대로 총 382대가 실전 배치됐다. 최근까지 미국을 비롯해 영국, 호주, 캐나다, 인도, 싱가포르, 사우디아라비아, UAE 등에 수출됐고, 스페인 · 네덜란드는 CH-47D를 CH-47F로 업그레이드해 운용한다. 이탈리아는 2014년부터 자국 레오나르도사에서 면허 생산방식으로 확보 중이다.

한국 육군은 2023년 7월, 7억9,300만 달러에 18대를 발주했으며, 2027년에 도입할 예정이다. CH-47F 치누크는 최근 방위사업청의 대형기동헬기 사업에서 선정되어, 대대적 기종 전환이 추진 중이다. 업계 동향에 따르면 미국, 영국 등에선 블록2 · 블록3 사업도 진행되고 있어, 2025년 현재 첨단 디지털 통합과 신형 엔진, 확대된 생존성 등이 주요 개량 요소로 부각되고 있다.

AH-64E 아파치 가디언

AH-64E Apache Guardian Helicopter

육군은 2016년 5월부터 육군 항공전력 공격헬기의 종착점인 AH-64E 아파치 가디언 공격헬기를 도입한다. 이후 육군은 2017년 상반기까지 36대를 도입했다. 아파치 공격헬기는 1991년 2월 1차 걸프전이 끝난 직후 소요제기가 있었고, 본격적으로 공론화한 것은 1993년부터였다. 최초 사업화 추진은 1994년부터로, 1997년 아파치 롱보급 사업으로 이름을 바꾼다. 그러나 육군의 자주포 사업과 신형 전차 사업 등의 기본 화력 사업이 맞물리면서 연기에 연기를 거듭하다 2011년 기존 전차전력 도입을 연기하고 신형 공격헬기를 도입하기로 결정했다. 2013년 6월 우리 군은 마침내 아파치 가디언 공격헬기 도입을 결정했고 본격적인 전력화 수순에 들어갔다.

아파치 가디언은 최대 순항속도 시속 293km이며 2시간 30분을 체공할 수 있다. 아파치 가디언의 작전반경은 기존 코브라 공격헬기의 2배로 300km에 달한다. 보조연료탱크까지 장착하면 서울 근교에서 이륙해 신의주와 독도까지 작전반경에 넣을 수 있어 사실상 한반도 전역을 커버한다. 코브라 공격헬기에서 기대할 수 없는 작전반경이다. 사거리 8km의 헬파이어 미사일은 최대 16기까지 장착이 가능하며, 1.4m 두께의 진지 및 건축물을 관통할 수 있다. 사거리 7km의 2.75인치 로켓탄 76발과 4km 유효사거리의 30mm 기관포, 사거리 4km의 스팅어 공대공 미사일 4기를 장착한다.

특히 스팅어 공대공 미사일은 북한군의 AN-2기와 각종 기동헬기를 주야간에 관계없이 격추시킬 수 있다. 이에 따라 우리 군의 비정규전 대응능력을 획기적으로 향상시킬 수 있게 됐다. 사격통제 레이더(FCR)는 최대 8km 거리 안의 1023개 지상 및 공중 목표물 탐지가 가능하다. 16개의 목표물을 다목적 시현기에 보여준다.

표적획득 및 지시장비인 M-TADS는 주야간 표적획득 및 지시와 지형정보를 획득하는 용도로 사용된다. 조종사 야시장비인 PNVS는 탐지한 영상을 통합 헬멧 시현 조준장치에 보여주며, 조종사는 야간작전용 고글을 착용할 필요가 없어 임무비행을 안전하게 수행할 수 있다.

생존장비도 우수하다. 조종석은 방탄유리로, 엔진과 미션은 23mm 기관포 공격에 견딜 수 있다. 기체 전체에 특수 흑색도료를 도포해 적외선 유도 미사일로부터 보호가 가능하며, 적외선 억제 엔진 배기장치를 장착한다. 360도 방향을 탐지하는 미사일 경보체계(CMWS)와 레이더를 교란하는 채프와 열추적 미사일로부터 생존할 수 있는 플레어를 사용한다. 항법비행장비는 위성항법장치와 디지털 자동비행 조종장치, 지형회피 레이더를 사용한다.

제원	
순항속도	시속 293km
체공시간	3시간 30분
엔진 출력	쌍발엔진 4,000마력
작전반경	300km
해상작전	가능
무장	헬파이어 16발 /2.75인치 로켓탄 76발 /30mm 기관포 1,200발/스팅어 공대공 미사일 4기
제작사	보잉

AH-1S 코브라

AH-1S Cobra Helicopter

육군 항공작전사령부의 AH-1S 코브라 공격 헬기는 이제 구식이기는 하나 광학 조준식 토우 (TOW)2 대전차 미사일을 발사할 수 있는 공중 플랫폼이라는 특징이 있다. 토우 대전차 미사일을 장착한 단순한 형태의 코브라 헬기 등장은 1974년 AH-1Q 모델로 볼 수 있다. 최초의 대전차형인 Q형은 '스터브 윙'에 토우 발사기와 기수에 간단한 조준 · 유도 장치를 장착했기 때문에 중량이 크게 늘어났다. 그 때문에 엔진의 출력을 증가시킨 T-53형으로 교체됐고, 1977년 조준사격 성능이 우수한 사격통제 장비를 장착해 기동성능과 공격능력을 향상시킨 AH-1S가 등장했다.

당시 우리 군은 미국 벨사의 제안으로 이란에 수출된 AH-1J 트윈 코브라에 토우 대전차 미사일을 장착한 AH-1J 인터내셔널 버전 8대를 1978년에 도입해 2004년까지 운용했다. AH-1J 운용을 통해 500MD 토우보다 강력한 성능을 경험해 본격적인 코브라 대전차 헬기 도입을 추진한다. 그 결과 AH-1S형을 1988년 9월 최초로 도입했고, 1991년까지 총 70대를 도입해 배치했다. 그 가운데 24대는 야간에 토우 미사일을 발사하기 위해 시나이트(C-NITE) 조준장치로 업그레이드를 실시했다.

AH-1S는 엔진추력에 비해 항공기 기본중량이 너무 무거워 연료와 무장을 충분히 싣지 못하는 단점이 있다. 게다가 표적획득 장비의 성능 부족으로 무장의 활용도도 떨어진다. 토우 미사일의 사정거리가 3.75km, 로켓탄의 사거리가 약 7~8km인데 비해 표적 탐지거리는 1.5~2km이고, 악천후 탐지거리는 1km다. 육군은 현재 항공작전사령부 예하 4개 대대에서 운용 중이다.

제원	
메인로터	직경 13.41m
전장	16.18m
높이	4.09m
속도	최대 190노트
항속거리	507km
자중	2,993kg
엔진	라이커밍 T-53-L-703 (962㎾/1,800shp)
무장	M197 20mm 3연장 발칸, 2.75인치 로켓포드(FFAR) 7발/19발, BGM-71 TOW 2, 대전차 미사일 8발
제작사	벨

Bo-105 CBS5 경전투 헬기

BO-105 Helicopter

1988년 4월, 한국군은 AH-1 코브라 대대용 정찰기로서 한국형 경량헬기사업(KLH)을 수립하고 150대의 헬기 도입을 추진했다. 그러나 예산확보 문제, 기존의 500MD와의 역할구분에 대한 논란 등으로 사업은 표류하기 시작했다. 그러던 중 국방부는 대우를 주계약자로 선정해 유로콥터사의 Bo-105 CBS5와 이탈리아 아구스타사의 A109를 후보기종으로 압축해 비교 검토를 진행했다. 결국 국방부는 1997년 말 유로콥터사의 Bo-105 CBS5를 KLH 기종으로 선정했다. 하지만 도입 대수는 계속 줄었다. 1999~2000년 사이에 12대를 기술도입 생산하는 데 그쳤고, 코브라 헬기를 대대당 3대를 배치했다. Bo-105 CBS5 KLH 헬기는 임무비행 시 12.7mm 기관총 포드와 2.75인치 로켓탄 포드 각 1기씩을 기본 무장으로 장착해, 경공격 헬기로도 사용할 수 있다.

제원	
전장	11.86m
메인로터	직경 9.84m
동체길이	8.56m
높이	3.02m
순항속도	242km/h
항속거리	574km
엔진	롤스로이스 250-C20B 터보, 샤프트 엔진(313㎾/420shp)×2
자중	1,300kg
무장	12.7mm 기관총 포드 1기, 2.75인치 로켓탄 포드
제작사	에어버스 헬리콥터

500MD 헬기

MD 500 Defender Helicopter

500MD 정찰형 헬기는 한국군이 1976년부터 도입한 경량, 소형의 다목적 헬리콥터다. 500MD는 민수용 휴즈500을 군사용으로 전용한 기체다. 한국군이 보유하고 있는 500MD는 500MD 기본형과 500MD 토우(TOW) 장착형 디펜더(Defender)가 있다. 우리 군은 총 200여 대의 500MD를 도입해 육군에 배치했다. 대한항공에서 1976년부터 1988년 사이에 면허생산을 했다.

한편, 500MD는 우리 군뿐만 아니라 북한도 보유하고 있다. 북한은 500D형 66대와 E형 20대 등 총 86대를 통독 전 서독을 통해 도입했다. 이에 따라 유사시 북한의 특수부대가 우리 군을 가장하고 침투할 수 있다는 우려가 제기됐다. 500MD의 노후화에 따라, 우리 군은 2007년부 터 도태를 시작했고, 2029년이면 도태를 완료한다. 도태되는 기체는 소형 무장헬기(LAH)로 대체할 계획이다. 500MD는 아직도 우리 군이 단일 기종으로 가장 많은 대수를 보유한 헬기다.

제원	
길이	9.39m
메인로터	직경 8.05m
높이	2.65m
최고순항속도	280km/h
항속거리	500km
엔진	롤스로이스 250-C20B 터보샤프트 엔진(313kw/420shp)
체공시간	2시간 20분
자중	673kg
무장	2.75인치 7연발 로켓포드, 7.62mm 기관총
제작사	보잉

2020년 12월 방위사업청으로부터 '잠정 전투용 적합' 판정을 획득한 한국항공우주산업(KAI) 소형무장헬기(LAH).

LAH 소형무장헬기

Light Armed Helicopter

한국군의 최신 소형무장헬기 '미르온'(LAH, Light Armed Helicopter)은 노후화된 500MD 및 AH-1S 코브라 공격헬기의 후속 전력으로 개발된 국산 항공무기다. 2015년부터 2022년까지 약 6,539억 원이 투입되어 체계 개발을 끝냈으며, 2024년 1월부터 본격 양산에 돌입했다.

첫 양산기 조립은 같은 해 완성돼, 육군의 최종 수락검증을 통과한 뒤 2024년 말 실전 배치됐다. 최근 육군에 인도된 LAH는 아파치 가디언(AH-64E)과 하이~로우 믹스 개념으로 운용되어, 전방 항공작전의 대응력과 한국군 헬기 전력의 효율성을 크게 높이고 있다는 군 관계자들의 분석이다.

미르온 LAH는 최신형 표적 획득 장비(TADS)를 비롯해 자동비행조종장치, 통합전자지도 컴퓨터 등 첨단 항공 전자장비를 다수 탑재해 조종사의 임무 부담을 현저히 줄였다. 케빈 조종석/생존성 설계와 더불어, 미사일 · 포탄 경보장치와 자체 대응장치를 포함한 종합 방호패키지를 갖추고 있어 현대적 대공위협에 효과적으로 대응할 수 있다.

주요 무장으로는 최대 사거리 8km 이상의 국산 공대지 유도탄 '천검'이 실려 기존 무장 대비 타격 범위가 2배 이상 넓어졌다. 여기에 2.75인치 로켓, 기본장비인 20mm 3연장 개틀링 기관포까지 갖춰 근거리 정밀타격과 기동전 동시 임무 수행이 가능하다. 최근 기체의 센서 패키지 및 공중통신, 네트워크 중심의 전장 대응능력이 한층 강화됐다. 미르온 LAH는 실전 배치 이후 일부 세부적인 기능 튜닝과 추가 시험평가가 진행 중이며, 양산 2차분의 군 인도 일정이 앞당겨질 전망이다.

제원	
최대속도	131노트(kts)
최대이륙중량	1만846 파운드(lbs)
엔진추력	1,032마력×2
무장능력	20mm 기관포, 공대지 유도탄, 무유도로켓
탑승인원	2명
크기	14.3m(길이)×3.9m(폭)×4.3m(높이)
제작사	한국항공우주산업(KAI)

송골매 군단급 정찰용 무인항공기

RQ-101 Corps Level UAV Peregrine

1991년 걸프전 이후 우리 군은 무인정찰기(UAV)의 필요성을 인식하기 시작했다. 1993년부터 선행개발을 거쳐 체계개발에 착수한 결과, 1998년 양산 선행형이 등장했고, 1999년부터 제작에 들어갔다. 2002년부터는 군단급 무인정찰기(RQ-101)가 일명 '송골매'라는 제식명으로 실전에 배치됐다.

송골매 무인정찰기는 군단급 정찰기로 군단의 핵심 표적을 획득, 제공하는 역할을 한다. 적 종심지역의 인원, 시설, 장비 등 고정 및 이동표적에 대한 주야간, 실시간 영상정보 수집을 담당한다. 특히 포병의 사격정보 수집 임무를 주로 담당하고 있다. 통신이 두절됐을 때 자동 귀환이 가능하며, 실시간 원격조종과 프로그램에 의한 자동항법 비행이 가능하다. 최근 개량을 통해 성능을 향상시킨 것으로 알려졌다.

제원	
최대이륙중량	290kg
길이	4.8m
폭	6.4m
최고속도	185km/h
체공시간	6시간
작전반경	110km
운용고도	4.5km
제작사	한국항공우주산업

헤론 정찰용 무인항공기

Heron Unmanned Aerial Vehicle(System)

헤론은 이스라엘 IAI가 제작한 무인정찰기다. 군단급 무인정찰기 송골매의 노후화와 후속 기종인 차기 군단급 무인기(MUAV) 사이의 전력 공백을 메우기 위해 도입했다. 현재 ○대를 운용하고 있다. 200km 떨어진 지상통제소와 실시간으로 데이터를 송수신할 수 있고 직접 가시거리 통신 및 항공기나 위성을 통한 데이터 송수신이 가능하다.

제원	
길이	8.5m
폭	16.6m
최고비행속도	207km/h
최고순항속도	280km/h
장착장비	전자광학 카메라 / 레이더
제작사	이스라엘 IAI사

서처 무인정찰기

Searcher UAV

1991년 걸프전이 끝난 직후, 전 세계의 군 관계자들은 미군의 파이오니어 무인정찰기를 주목했다. 1992년 여름, 오산공군기지에서 공개된 파이오니어 무인정찰기를 통해 우리 군은 도입의 필요성을 절감했다. 그러나 획득 가격이 맞지 않아 군은 국내 개발을 보완할 목적으로 이스라엘산 '서처(Searcher) 무인정찰기'를 도입했다. 'RQ-101 송골매 무인정찰기' 개발을 위한 일종의 기술적 샘플, 그리고 일부 고난도 기술지원용으로 도입된 것이다. 이렇게 도입된 서처는 2005년 5군단에서 처음으로 일반에 공개됐다. 서처 무인정찰기는 RQ-101 송골매 무인정찰기와 함께 중동부 전선의 포병부대 작전과 기갑부대 작전을 위해 운용되고 있으며, 향후 차기 군단급 무인정찰기로 대체될 예정이다.

제원	
날개폭	7.22m
길이	5.15m
최고속도	시속 185km
운용 최대고도	4.5km
운용 행동반경	100km
운용 체공시간	14시간
제작사	이스라엘 IAI

폴란드 자폭드론 3종세트

Set of 3 Polish-made self-destruct drones

로템-L

Rotem-L

로템-L은 이스라엘 IAI사가 개발한 배회형 자폭 드론이다. 프로펠러 4개가 달린 쿼드콥터 형태로, 무게 6kg에 작전 거리는 10km, 1.2kg의 탄두를 탑재한다. 탄두 탑재 시 체공 시간은 30분, 감시정찰용 캡슐을 탑재하면 45분간 작전에 투입할 수 있다. 배낭에 담아 휴대하면서 어떤 장소에서도 조립해 날려 보낼 수 있는 장점이 있다. 발사 후에도 자동 착륙을 통한 회수와 재사용이 가능하고, 공중에서 새로운 표적을 설정할 수도 있다. 2023년부터 특전사에 실전 배치돼 있다.

골판지 드론

Cardboard drones

골판지 드론은 '종이비행기'인 만큼 제작 비용이 저렴하고 요격이 쉽지 않다. 따라서 가격 대비 성능이 뛰어나다는 평가를 받는다. 특수 처리를 하지 않아도 재질 특성상 레이더에 거의 포착되지 않아 스텔스기와 같은 성능을 낼 수 있다. 국방부는 2024년 말경 골판지 드론 도입 계약을 마무리하고 2025년 초 100여 대를 납품받아 드론작전사령부에 배치할 계획이다.

제원	
무게	2.8kg
날개길이	2m
유상하중	1kg
체공시간	50분
순항속도	50km/h
이착륙	투척이륙, 동체 착륙, 플라트 콘트롤러 사용

워메이트 드론

Warmate Drone

워메이트는 폴란드 WB 그룹 산하 WB일렉트로닉스가 자체 기술로 제작하는 자폭드론이다. 폴란드군에선 워메이트를 주로 보병이나 포병 부대가 운영하고 있다. 워메이트는 북대서양조약기구(NATO)의 재고번호(NATO Stock Number)를 획득한 인증제품이다. 탄두, 발사대, 지상통제, 통신장비 등으로 구성돼 있다. 2024년 12월 중 육군작전부대와 드론작전사령부에 배치됐다.

제원	
날개/동체길이	1.6m/1.1m
최대이륙중량	5.7kg
최대속도	150km/h
추진체계	전기모터
탄두	고폭탄 등 다양한 탄두 결합 가능
발사방식	압축공기 카트리지 발사장치

RQ-102K 사단급 정찰용 무인항공기

KUS9 Division Level UAV

우리 군의 사단급 무인항공기 실전 배치는 1993년 북한군이 러시아제 프첼라 무인정찰기를 배치하고, 주한미군이 무인정찰기 RQ-7B 섀도우를 실전에서 사용한 것을 감안하면 상당히 늦은 감이 있다. 우리 군이 2014년부터 배치한 사단급 무인정찰기는 항공우주연구원의 수직이착륙 무인항공기 양산 요구로 획득 대수를 조정하면서 2년이나 늦어졌다.

사단급 무인항공기는 2016년 중·후반부터 서부전선 전방 사단에 배치했고, 덕분에 이전에는 볼 수 없었던 조기경보와 부대이동 배치를 효과적으로 수행할 수 있었다. 사단급 무인항공기는 대한항공이 개발한 KUS-9 기체를 군용규격 150kg의 중량으로 제작했다. 비행속도는 최저 시속 90km로 순항비행할 수 있으며, 작전반경은 60km다. 사단 작전구역 안의 이상 징후나 사단 포병 목표물 획득에 주로 사용한다. 운용은 트레일러 차량에서 사출시켜 그물망으로 회수하는 방식이며 착륙장치는 스키드를 장착한다. 2016년부터 양산형이 등장하고, 우리 군은 15세트를 전력화 했다.

제원	
길이	3.4m
폭	4.2m
중량	150kg
최대비행고도	4km
최고비행속도	210km
순항비행속도	140km
체공시간	8시간
감시거리	주야간 25km
통상 감시거리	12km
제작사	대한항공

리모아이 대대급 정찰용 무인항공기

Battalion Level UAV Remoeye

육군은 2015년부터 배치한 대대급 무인정찰기로 유콘시스템이 개발한 리모아이 002B형을 채택했다. 무인기 4대에 통제시스템 1개가 1세트다. 다시 말해 무인기를 총 1880대 배치하는 것이다. 리모아이 002B 무인기는 중량이 3kg으로 가벼운 편이라 전투원이 손으로 던져 공중에 띄울 수 있다. 리모아이 무인기는 임무비행이 끝나면 재사용을 위해 에어백 방식으로 착륙한다. 다시 이륙시키는 데 소요되는 시간은 5분 정도면 충분하다. 리모아이 002B 무인기 자체는 전투원 혼자 다룰 수 있으나, 보통 2인 1조로 운용한다. 작전 운용 거리는 10km 이내로, 육군은 리모아이 002B형을 실시간 주야간 감시용으로 활용할 예정이다.

제원	
전폭	1.80m
전장	1.44m
이륙중량	3.4kg
최고고속도	80km/h
운용거리	10km 이상
비행시간	60분 이상
엔진	전기모터
재이륙 시간	5분 이내
이륙방식	투척이륙
착륙방식	에어백을 이용한 동체착륙
탑재장비	주/야간 카메라 교체 탑재, 카메라 2축 스캔
제작사	유콘시스템

방공

Anti-Aircraft Gun

대공포 및 방공레이더

Anti Aircraft Gun

K-30 비호복합체계 / K-30 30mm 대공포 비호

K-30 30mm Gun and Missile Air Defense System

복합비호는 기갑여단, 기계화사단에 배치돼 있는 자주대공포 비호에 신궁 단거리 대공유도탄을 탑재한 신형 무기체계다. 육군은 2014년부터 2018년까지 약 2000억 원의 복합비호 예산을 투입한다. 복합비호는 2013년 12월 27일 최종 시험평가 테스트를 통과해 2014년부터 양산 · 배치에 들어갔다.

복합비호는 휴대용 신궁 2연장 발사기를 30mm KCB 기관포(스위스 오리콘사 제작) 포탑 양 측면에 장착했다. 사거리는 기존 신궁 미사일과 동일하다. 복합비호의 개발은 독일의 게파르트 복합체계의 영향을 받았다고는 하지만, 기존 비호 대공포의 짧은 사정거리(최대 사정거리 3km) 문제를 보완하기 위해 한화디펜스에서 제작했다.

K30, 일명 비호 시스템 역시 북한의 저고도 침투기에 대한 대책으로 1980년대 중반부터 개발한 자주식 대공포 차량이다. 천마처럼 K200 장갑차 차체의 길이를 연장하고 보기륜을 1개 추가했다. 엔진은 520마력의 대우 D2840L형 디젤엔진을 채택했고, GE사의 HMPT500 트랜스미션을 장착했다. 탑재 기관포는 스위스 엘리콘사가 만든 KCB 30mm 기관포 2문을 포탑 양 측면에 장착했다.

이 기관포는 S&T중공업에서 면허생산한 것으로, 1문당 발사속도는 600발, 포구 발사속도는 1080m/s다. 차체 측면의 탄약 탑재함에는 각 350발의 고폭탄(HE), 소이고폭탄(HEI)을 탑재하고 있다. K30은 지상사격이 가능한 APDS-T탄은 탑재하지 않고 있어 K263형과는 달리 지상사격을 하는 데는 한계가 있다.

화기관제장치는 LG의 GS30X · X밴드 도플러 탐색레이더를 탑재하고 있고, 목표조준을 위해 전자광학 추적기를 사용한다. 전자광학 추적기는 스태빌 라이저 유니트와 주간용 텔레비전 카메라, 야간용 열영상 카메라, 레이저 거리측정기, 자이로스코프 스태빌라이저 시스템 등으로 이뤄져 있다. 비호 레이더의 탐지거리는 18km다. 레이더를 통해 포착된 목표물을 전자광학 추적 시스템으로 8km 이내부터 추적하기 시작하다가 목표물이 3km 이내에 들어오면 사격한다. 비호 시스템은 수동식 장비인 전자광학 추적 시스템을 탑재하고 있기 때문에 적에게 포착되지 않고 적기를 추적해 격추할 수 있다.

제원	
탐지거리	21km
유효사거리	30mm 기관포 3km/신궁 5km
주요무장	30mm 기관포 2문/신궁 4기
발사속도	기관포: 2×600발/분, 신궁 45초/발
최고속도	60km/h
제작사	한화에어로스페이스

30mm 차륜형 대공포 천호

Anti-Aircraft Gun Wheeled Vehicle System

30mm 차륜형 대공포는 기동사단으로 재편되는 전방 보병사단과 공군기지 등에 배치할 목적으로 약 500억 원의 예산을 투입해 개발했다. 한화에어로스페이스의 주도로 개발하는 30mm 차륜형 대공포는 300여 문을 배치할 계획이다.
차륜형 대공포의 사정거리는 3km 이상으로, 현용 견인식 발칸포의 1.8km보다 사격거리가 늘어난 것이 특징이다. 차륜형 대공포는 주야간 표적에 대한 자동추적이 가능하다. 사격통제 시스템은 표적의 거리와 고도, 속도 등을 자동산출, 정밀사격을 할 수 있다. 그 결과 명중률은 발칸포보다 4배 이상 높아진다. 트럭으로 견인되는 발칸포에 비해 신형 대공포는 차륜형 장갑차에 장착돼 기동력이 탁월하다.

제원	
크기	전폭 : 2.7m x 전장 : 7.4m x 전고 : 2.6m
전투중량	26.5톤
주행성능	최대속도 : 90km/h, 야지 기동시 최대 속도 : 50km/h
항속거리	600km
수상속도	최대 8km/h
타이어 펑크시	48km/h로 1시간 주행가능
운용요원	4명
장애물통과능력 종경사	60˚, 횡경사 : 30˚, 참호 : 1.5m, 수직 구조물 : 0.5m, 도섭수심 : 1.2m
무장	30mm 2연장 대공포
유효사거리	3km
발사속도	2x600발/m
제작사	한화에어로스페이스

30mm차륜형 대공포

KM167A3 20mm 발칸포

KM167A3 20mm Vulcan

현재 운용 중인 대공포는 20mm 견인발칸을 주력으로 하고 있다. M61 발칸(Vulcan · M61A1) 20mm를 지상용으로 개량한 것이다. M61 발칸은 VPS-2 거리측정 레이더와 광학식 조준기, 간단한 기계식 탄도컴퓨터를 탑재했다. 통상적으로 지상사격 때 분당 1000발, 대공사격 때 분당 3000발의 발사속도를 갖고, 최대 유효사거리는 대지 3000m, 대공 1800m, 엄호를 위한 간접사격은 4500m의 사정거리를 갖고 있다. 사수는 10/30/60/100발의 버스트사격(집중사격)을 선택할 수 있으며, 500발의 탄환을 적재할 수 있다. 또한 링크 급탄시스템을 이용해 최대 1000발을 연속 발사할 수 있다. 지상견인식 M167 시스템을 운용하고 있고, 유 사시 대공방어뿐 아니라 적 게릴라에 대한 제압사격을 통해 지상용 방어장비로도 운용하고 있다. 한국군은 20mm 발칸포를 약 ○○○○문 배치했고, 이 가운데 ○○○여 문은 자주식이다. 또 ○○○여 문은 방공포 부대에서 운용 중이다. 기본적으로 구형인 데다 운용한 지 30년이 지나 노후됐다. 또한 탐지레이더의 성능도 낮기 때문에 사실상 육안사격과 별 차이가 없고 야간사격이 제한되었으나 2017년 말에 개발에 성공한 최신형 야간센서를 장착하는 개량사업이 진행중이다. 이 때문에 사거리를 연장하고 레이더 성능을 개량한 개량형 발칸계획에 따라 현재 ○○○문을 개량하는 사업이 진행 중이다.

제원	
전투중량	13.2t
승무원	4명
전장	5.37m
전고	2.92m
엔진출력	350마력
무장	20mm 발칸포
최고속도	70km/h
항속거리	480km
제작사	한화에어로스페이스

20mm 견인 발칸포

20mm Vulcan

견인발칸포는 1970년대 중반 부족한 미국제 대공포 전력을 보강하기 위해 상징적으로 추진한 국산화 장비의 하나다. 견인발칸포는 미제 M167 20mm 발칸포를 국산화했다. 견인발칸은 1970년대 초반부터 1980년대 초반까지 대량으로 생산했다. 발칸포는 국산화 과정에서 인명사고도 발생하는 등 수많은 우여곡절을 겪은 장비다. 견인식 발칸포는 포탑에 M61 광학조준기, 거리측정 레이더, 탄도 컴퓨터 등을 장착하고 있다. 포가(砲架 · 포신을 올려놓는 받침틀)와 화기 관제장치는 24V의 니켈 카드뮴 전지로 가동하며, 차량용 발전기나 휴대용 발전기로 충전한다. 기관포탄의 장전은 급탄 벨트 방식이며 최대 발사속도는 분당 3000발이다. 10초에 3발을 퍼붓는 버스트 사격은 10, 30, 60발로 나누어 발사한다. 휴대 탄수는 1링크당 500발이다. 견인식 발칸은 전용 탐색 레이더가 없기 때문에 상급 지휘 · 통제 부대의 지시를 받아 사격을 한다. M61 광학조준기에 목표물이 잡히면 이를 추적, 포탑에 부착돼 있는 거리측정 레이더를 사수가 포착한 조준선이 지시한 방향으로 움직인다. 거리측정 레이더는 목표와의 거리를 산정해 정보를 탄도 컴퓨터에 전달한다. 광학조준기는 탄도 컴퓨터에서 얻은 거리, 속도, 미래위치를 산출해 각도를 알려준다.

제원	
임무	저공으로 침투하는 적기 격추
주요 구성품	포신, 포가, 레이더, 조준기
무게	1.49t
길이	472㎝
구경	20mm
사격능력	저 사격률-분당 1,000발 고 사격률-분당 3,000발
사격방식	고 사격률 10/30/60/100발 선택, 저 사격률 사수 임의 조정
유효사거리	대공 1,200~1,600m/지상 2,000m
최대사거리	4,500m
제작사	한화에어로스페이스

TPS-830 저고도 방공 레이더

TPS-830 Low Altitude Surveillance Radar

북한의 AN-2 저고도 침투기 대응책으로 우리 군은 20mm 발칸의 국산화에 성공했다. 그 직후 조기경보 레이더로 네덜란드산 '레포터' 저고도 감시 레이더를 도입했다. 이후 수요가 추가로 발생하면서 군은 국산화한 저고도 감시 레이더 개발을 시작했다. 이때 TPS-830K를 개량한 TPS-830KE형이 등장했다. TPS-830 시리즈는 저고도 감시 2차원 대공레이더다. 분당 30회 회전하는 X밴드 레이더파를 활용한다. 360도 전방향, 최대거리 40km까지 침투 항공기를 탐지해 낸다. 적아식별을 거쳐 20mm 발칸포와 미스트랄, 신궁 저고도 미사일 사격 지휘통제를 할 수 있어 육군의 저고도 방공부대의 핵심적 무기체계다.

제원	
전장	3,029mm
탐지거리	40km
탐지고도	3km
레이더방식	X-Band 펄스도플러 레이더
IFF 장비	L-Band
회전수	30rpm
TWTA 방식	8kw 출력
시현장치	19CRT / 18LCD 16개 목표 추적
제작사	한화시스템

국지방공레이더

Local Air Defense Radar

국지방공레이더는 3차원 능동위상배열 탐지레이더다. 기존 레이더보다 탐지거리가 뛰어나고, 방위 · 거리 · 고도까지 탐지할 수 있다. 특히 최근 위협이 되고 있는 북한의 소형 무인기를 비롯해 적의 항공기, 유도탄 등의 탐지가 가능하도록 개발됐다. 또한 레이더 탑재 차량에 별도의 전원공급 장치를 연결할 필요 없이 일체형으로 탑재해 신속한 전개와 철수가 가능하므로 우리 군의 방공작전 능력 향상에 크게 기여할 것으로 기대되고 있다.

제원	
주파수	X-Band
선배열	능동위상 선배열
증폭소자	GaN
냉각방식	공랭식
소계	80개
제작사	LIG넥스원

근거리 감시 레이더

Close Range Surveillance Radar

근거리 감시 레이더(CRSR)는 사람 4.5~10km, 차량은 27~32km까지 탐색이 가능하다. 움직이는 차량이나 사람(포복 침투 포함) 또는 저고도 비행물체를 탐지할 수 있는 레이더로 최대 700개의 물체를 탐지해 낼 수 있다. 근거리 감시 레이더는 고정용 또는 차량탑재용으로 운용할 수 있다. 북한의 저고도 무인기의 침투에 대비해 우리 군이 도입한 것으로, 시속 0.37km에서 최대 시속 500km까지 탐지가 가능하다. 목표물의 표시는 속도와 이동 방향에 따라 색상을 달리해 표시할 수 있다.

LAMD 장사정포 요격체계

Low Altitude Missile Defense

장사정포요격체계(LAMD · Low Altitude Missile Defense)는 국방과학연구소(ADD) 주관 아래 LIG넥스원과 한화시스템이 본격적으로 개발을 이끄는 차세대 저고도 미사일 방어체계다. LAMD는 수도권을 겨냥한 북한의 340여 문 자주포와 5,500여 문 방사포 위협에 대응하는 핵심 '단거리 탄도 요격 체계'로, 이스라엘의 아이언돔을 벤치마킹해 한국 실정에 맞춘 '한국형 아이언돔'을 지향한다. 이 방어망은 요격 미사일, 발사대, 다기능 레이다, 교전통제소로 구성된다. 현재 개발 중인 요격미사일은 '해궁 함대공미사일'의 기술을 일부 기반으로 하지만, 정확한 탄종과 최종사양은 선행 연구 단계로, 실제 성능 및 기술 방향은 시제 개발 과정에서 결정될 전망이다. 최근 시험발사에서 해궁 개량형 미사일을 활용하고 있다.

2015년 한화시스템이 LAMD용 다기능 레이다를, LIG넥스원이 요격탄 및 무기체계 통합을 각각 담당하는 방식으로 역할이 분담되어 확정됐다. 개발 완료 시점은 2028년으로 앞당겨졌으며, 빠른 전력화 방침에 따라 2029년 수도권 등 주요 권역에 단계별로 배치될 예정이다. LAMD는 한국형 미사일 방어체계(KAMD)의 저고도 구간을 전담하며, 향후 L-SAM(상층), 천궁(중고도)과 통합돼 북한 미사일 및 포병 전력에 대한 다층 방어선을 구축할 전망이다.

레이저 대공무기

Laser Anti-Aircraft Weapon

'천광'이라는 이름의 레이저 대공무기는 '드론 킬러'로 불린다. 하늘 천(天) 자와 레이저를 상징하는 빛 광(光) 자를 합성한 '천광'이라는 이름이 붙었다. 천광은 광섬유로부터 생성된 광원 레이저를 표적에 직접 투사해 무력화시키는 무기체계다. 적 소형무인기 또는 드론을 단시간 내에 파괴할 수 있다. 고정식 레이저 대공무기 블록-1은 20kW의 출력으로, 3km 이내에서 비행하는 드론과 고정익 무인기를 요격할 수 있다. 레이저 대공무기 천광은 2024년 말부터 군에 실전 배치돼 대공방어 임무에 투입됐다.

제원	
고정식	발사대
레이저 출력	20kw
사거리	3km
개발완료	2024년
제작사	한화에어로스페이스

기본 군장 및 수색대 군장

Basic Soldier and Search Party's Gear

7인승 고속보트

7 Seater Combat Rudder Raiding Craft

7인승 고속보트는 특전팀 해상침투용이다. 순간 공기팽창식으로 해상으로 은밀하게 침투할 때 사용한다. 40마력 모터를 부착해 기동성을 높일 수 있다. 40마력 모터는 2사이클 엔진으로 수랭식 엔진 냉각방식에다 고압 자석식이다.

제원	
탑승인원	7명
무게	130kg
속도	시속 20km

수중 구명대/ 수중 추진기 / 잠수복

Underwater Lifebelt/Underwater Launcher/Diving Suit

특수전사령부 해상작전 장비는 잠수자의 부력을 생성해 주는 수중구명대와 잠수자의 침투능력을 향상시켜 주는 수중추진기, 습식 잠수복, 건식 잠수복 등이 있다. 또한 해상에 낙하했을 때를 대비해 B-7 구명대를 착용한다. 건식 잠수복은 잠수자의 체온 유지와 신체 보호를 위해 사용한다.

수중추진기 제원	
충전시간	5.9시간
무게	11kg
속도	시속 4km
사용수심	50m

B.C 수중구명대 제원	
사용압력	15bar
부력	15~20kg

M7 대검

M7 Bayonet

우리 군은 M16이나 K2 소총에 부착하는 대검으로 M7 대검을 채택했다. 대검집은 과거 M10 대검집을 사용했으나, 현재는 M8A1 대검집을 지급하고 있다. 각 군 특수부대들은 인계철선 절단, 캔 따개 등의 다양한 용도로 활용할 수 있는 다용도 대검을 채택하고 있다.

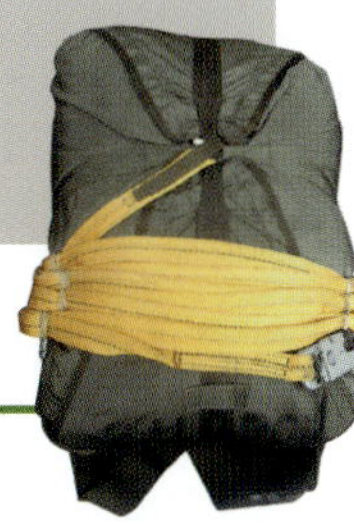

전술용 낙하산

Tactical Parachute

MC-IV 고공 전술용 낙하산은 고공침투 시 사용하는 낙하산이다. 고고도 활공침투용의 정밀강하용 낙하산, 적지 종심작전 임무를 수행하는 특전팀의 공중 재보급을 위한 G-13A 화물 낙하산, B-12 개인용 낙하산, 적지 종심작전 임무수행을 위한 전략형 MC11B/C 주낙하산, 공중침투 시 주낙하산 기능 고장을 대비해 운용하는 T-10R 예비낙하산 등을 사용한다.

제원	
무게	13.5kg
산줄길이	6.5m
산줄장력	170kg
산개시간	3초
수명	12년 / 100회
재포장 주기	120일
강하속도	초당 3.5m 1,000 피트 하강시 4분 42초

방탄조끼

Bulletproof Vest

방탄조끼는 그야말로 갑옷의 현대판이다. 세계 최초의 실전 방탄조끼는 조선 말기 병인양요에서 서양 총기의 위력에 경악한 흥선대원군이 총탄을 방어할 수 있는 갑옷의 개발을 명하면서 제작한 면제배갑(綿製背甲)이다. 개발과정에서 면갑(면 재질의 갑옷)과 철갑(철 재질의 갑옷) 등 다양한 실험이 행해졌는데, 특히 면갑에서 면포 12겹까지는 총알이 뚫지 못하는 것을 확인했다. 이렇게 만들어진 면제배갑은 조선군에게 보급돼 신미양요(辛未洋擾) 때 실전에 적용됐다.
1970년대부터 매우 질기고 탄성이 뛰어난 첨단 섬유 소재들이 개발되면서 방탄조끼는 혁명적으로 변화하기 시작했다. 가장 대표적인 것이 '케블라(Kevlar)'와 '다이니마(Dyneema)'이다. 현재까지 아라미드 섬유 계열의 방탄 소재로는 케블라(듀폰), 트와론(테이진), 헤라크론(코오롱) 등이, 초고분자량 폴리에틸렌 섬유계열로는 다이니마(DSM/토요보), 스펙트라(하니웰) 등이 사용되고 있다.
보병용 방탄조끼는 미국 법무연구소(NIJ) 방탄 기준에 의거, 레벨3-A(44매그넘 권총에 대한 방호력), 승무원용은 레벨2-A(9㎜ 권총탄에 대한 방호력) 정도의 방호력을 갖춘 것으로 알려져 있다. 레벨Ⅲ-A까지는 보통 부드러운 방탄섬유를 사용하지만 레벨Ⅲ부터는 단단한 판 형태를 띠게 된다. 방탄판의 경우에는 보통 폴리에틸렌 계열을 사용하거나 세라믹 복합소재를 사용하며, 전신이 아니라 심장을 중심으로 한 주요 부분만을 가리는 형태가 된다. 그래서 보통 레벨Ⅲ 이상의 방탄조끼의 구성은 외피, 소프트패널(방탄 섬유), 하드플레이트(방탄판) 등으로 구성된다. 방탄조끼는 보병용과 전차나 차량 승무원용 두 가지가 있다. 성한코퍼레이션, 삼양컴텍, 코오롱에서 생산하고 있다.

방탄헬멧

Bombproof Helmet

우리나라는 방탄헬멧에서 미국보다 앞선 기술을 보유한 적이 있다. 우리 군은 기존의 M1 헬멧을 대체하기 위해 1980년대 초반 신형 방탄헬멧을 새로 개발했다. 그러나 신형 방탄헬멧은 몇 가지 이유로 채용되지 못했다. 그러나 이 헬멧의 우수한 샘플들은 미국으로 건너가 미국의 PAGST(지상군용 개인장갑 시스템) 방탄 시스템 개발에 자극이 됐다고 한다.
미군이 신형 케블라(Kevlar) 섬유를 사용하는 '케블라 헬멧'을 지급하자, 결국 우리 군도 1980년대 후반부터 구형 M1 헬멧의 디자인을 개량한 방탄헬멧을 지급하기 시작했다. 1980년대 말 개량 방탄헬멧에 대한 실효성에 의문이 일기 시작했다. 이에 따라 군은 신형 헬멧을 개발해 2003년 후반기 전력화했다. 이 헬멧은 우리 군의 생존성을 높이기 위해 기존 헬멧보다 방탄성능을 2.2배(900→2000ft/sec) 향상시켰고, 현재 선진국에서 사용하는 방탄성능의 헬멧 무게가 1300g인 반면, 신형헬멧은 1150g으로 가볍다. 한편 우리 군은 2013년부터 2020년까지 국방과학연구소(ADD) 주도로 영상송신, 위치확인시스템(GPS) 등의 첨단성능을 갖춘 신형 헬멧을 개발해 일선 전투부대에 보급을 마칠 계획이다. 신형 방탄헬멧은 방탄력이 대폭 개선돼 1~2m 거리에서 권총에 피격당해도 관통되지 않으며, 목과 귀 부분을 보호하는 프리츠형으로 온도에 따라 색상이 변하는 섬유 위장포 기능도 채용하고 있다.

군용 기능성 전투화

Military-grade combat boots

아웃도어 브랜드인 트렉스타는 군용 기능성 전투화를 제조하는 업체다. 트렉스타는 경찰용 6종류의 외근화, 소방기동화 2종류, 군용 기능성 전투화 2종류, 차세대 업무용 단화, 운동화, 찔림 방지목 보호대와 경찰 방호복을 생산한다. 2024년 10월 23일부터 26일까지 인천시 송도 컨벤시아에서 열린 제6회 국제치안산업대전(KPEX2024)에 참가한 트렉스타는 군용 기능성 전투화를 비롯해 경찰용 외근화, 소방기동화, 경찰 방호복을 전시해 눈길을 끌었다.

한미 특전대원들이 2024년 4월 18일,
오산비행장에서 연합공중침투훈련 간 강하를 실시하고 있다.

통신 · 화학

Communications· Chemicals

통신기

Communications Equipment

통신은 전쟁에서 승리하기 위한 가장 중요한 지원수단이다. 한국군은 C4I 체제를 완성하는 것을 가장 중요한 과제로 생각하고 있다. 전장 정보를 실시간으로 파악해 지휘 · 통제할 수 있는 지휘소 체계를 갖추는 것이다. 그것이 바로 전술통신체계 스파이더(SPIDER)다.

연대급 이상 주요 지휘소와 스파이더 노드 간 무선 전송장비로 AN/GRC-512 다중채널 무선장비(VHF)를 채택했으며, TTC-95K 전술용 전자식 교환기를 설치해 유선통신을 지원한다. 한편, 소부대 단위 무선통신 장비로 미국의 SINCGAS와 유사한 AN/PRC-999K FM 무전기를 보급했다. PRC-999K는 주파수 도약이 가능해 적의 전파방해(ECM)를 통과할 수 있고, 도청이 거의 불가능하다는 장점이 있다. 개인통신을 위해 AN/PRC-85K가 사용되고 있으며, 모토롤라나 유니모의 무전기도 널리 활용되고 있다.

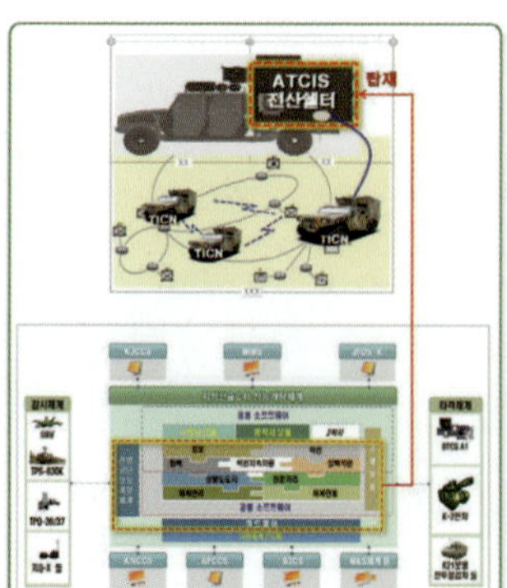

B2CS 지휘장치

B2CS Command Equipment

B2CS(대대전투지휘체계) 지휘장치는 소부대용으로 적진 정보와 아군의 위치를 파악하는 정보공유 휴대형 장치다. ATCIS(육군전술지휘정보체계) 지휘시스템과 KVMF(Korean Variable Message Format, 전술데이터링크) 시스템을 연동하는 지휘통제용의 중요한 장비 중 하나이다.

ATCIS 지휘체계

Army Tactical Command Information System

ATCIS(육군전술지휘정보체계) 2차 체계는 2011년 4월부터 정부가 지상군의 지휘통제 능력 향상을 위해 약 670억 원을 투자해 국내업체(삼성SDS) 주관으로 개발해 왔으며, 최근 실시한 시험평가에서 군 요구기준을 충족해 '전투용 적합' 판정을 받았다.

현재 우리 군은 2004년 지상전술C4I체계를 전력화한 이래 2009년에 1차 성능개량을 해 현재까지 운용 중이다. 지상전술C4I체계는 지상군의 군단급 이하 제대에서 유·무선 통신을 이용해 주요 전장상황 정보를 실시간 공유해 신속하고 효과적인 임무수행이 가능케 하는 지휘통제체계를 말한다. 현 장비는 8년 이상 사용해 노후화됐고, 작전환경 변화에 따른 성능발휘 제한 등으로 작전능력이 향상된 장비 도입이 지속 요구돼 왔다.

ATCIS 1차 체계와 성능을 비교해 보면, ATCIS 2차 체계는 작전환경에 따른 신속한 지휘결심을 위해 소형전술차량에 전산 장비를 탑재해 기동 중 운용이 가능함으로써 작전반응 속도를 증대시켰다. 또한, 웹 기반의 편리한 화면구성과 분석형 시스템 구축, 39개 무기체계와의 연동운용, 가상지휘소 환경 구성, 사용자 편의성 향상 등의 성능이 개선됐다.

TICN 전술정보통신체계

Tactical Information Communication Network

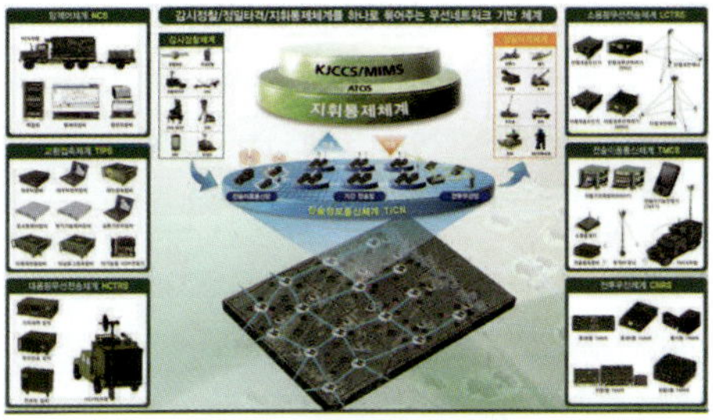

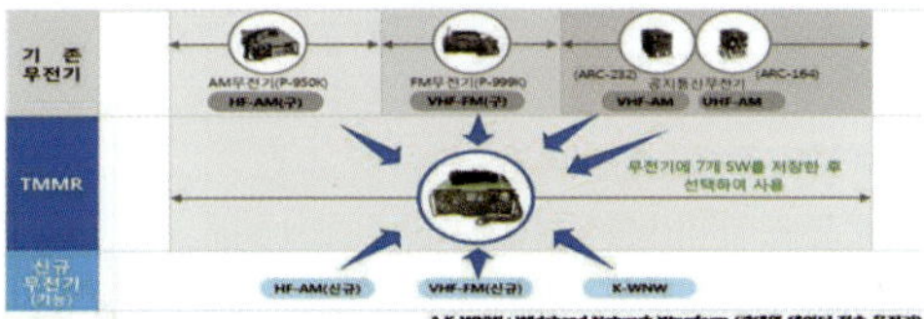

* K-WNW : Wideband Network Waveform (광대역 데이터 전송 무전기)

군 차세대 전술정보통신체계(TICN; Tactical Information Communication Network) 사업은 우리 군이 약 5조3000억 원을 투자해 기존 음성 위주 아날로그 방식의 통신기반체계(SPIDER)와 전투부대 무전기를 대용량 정보유통이 가능한 디지털 방식의 통신체계로 대체하는 사업이다. 현재 블록으로 구분하여 진화적 획득을 추진 중이다. 블록1-①은 대용량무선전송체계, 소용량무선전송체계, 망관리/교환접속체계, 전술이동통신체계, 보안관제체계이고, 블록1-②는 전투무선체계(휴대형, 차량형, 헬기형), 블록2는 전투무선체계(함정형, 고정형 등)이다.

전술정보통신체계 블록1-①(대용량무선전송체계 등 5개 체계)은 기존 전술통신체계(SPIDER)를 대체하는 통신체계로서 2010년 10월부터 2015년 5월까지 개발해 2016년 12월까지 1차 양산을 완료했다. 2016년 12월부터 2017년 7월까지 실시된 야전운용시험(FT)에서는 기존 통신기반체계(SPIDER) 대비 데이터 통신성능이 10배 이상 획기적으로 향상된 것이 확인됐다. 전술정보통신체계 블록1-①의 1차 양산의 성과를 바탕으로 2019년까지 2차 양산하는 계획이 승인됐다.

전술정보통신체계 블록1-②(전투무선체계) 개발사업은 기존 전투부대 무전기를 대체하는 통신체계다. 7가지 무전기 기능을 소프트웨어로 구현해 하나의 무전기에 설치한다. 필요에 따라 소프트웨어를 선택해 실행시켜 7가지 무전기 기능을 모두 사용할 수 있는 디지털 무전기를 개발하는 사업이다. 7가지 무전기 소프트웨어는 기존 아날로그 방식 무전기 4가지(VHF-AM, UHF-AM, VHF-FM, HF-AM)와 신규 디지털 방식 무전기 3가지(VHF-FM, HF-AM, K-WNW) 등으로 구성한다.

전술정보통신체계 블록 Ⅰ-② 개발에 대한 시험평가 결과 기존 무전기 기능과 신규 디지털 무전기 기능인 K-WNW의 IP기반 무선네트워크 구성, 고속데이터 전송, Ad-hoc(상호중계), 강화된 암호 등은 기준을 충족했으나, 신규 디지털 VHF-FM, HF-AM 기능이 좁은 주파수 대역폭에서 도약방식(적의 감청을 방지하기 위한 대전자전 기능)으로 고속 데이터 통신할 경우 군 작전환경에서는 통신 가능한 거리가 짧아지는 등 일부 미흡했다.

현재의 국내외 기술 수준으로는 좁은 주파수 대역폭에서 도약방식으로 고속데이터 통신 구현이 제한된다는 전문가 기술 자문 결과를 고려하고, 현재까지 개발된 다양한 무전기 기능으로 군 운용이 가능하다는 관련기관 검토를 거쳐 신규 디지털 VHF-FM, HF-AM 등 일부 기능을 제외하고 전술정보통신체계 블록 Ⅰ-② 개발을 계속 추진하기로 했다.

기존 전술통신체계(SPIDER)를 대체하는 전술정보통신체계 블록 Ⅰ-①(5개 체계)이 추가 전력화되고, 블록 Ⅰ-②(전투무선체계) 개발이 정상화되면 군 지휘통제 여건이 획기적으로 향상될 것으로 전망된다. 휴니드테크놀로지는 2017년 12월 20일 방위사업청과 3086억6400만 원 규모의 전술정보통신체계(TICN) 2차 양산(대용량무선전송체계) 계약을 맺었다.

전술이동항법장비

Tactical Mobile navigation equipment

전술이동항법장비는 평상시에 각종 훈련과 작전 그리고 행사를 지원하는 장비로 2013년 도입했다. 296km까지 통달하는 성능을 가지며, 육군이나 타군 비행기지 고정형 TACAN(전술항법장비) 운용이 중단된 상황에 출동해 방위, 식별정보, 거리정보 등을 제공한다.

지휘통신장비

Command Communications Equipment

우리 군은 지휘통신 장비로, 전술전송차량, 차량용 위성통신단말기 TSC-791K, 휴대용 위성통신단말 MSC-821K, 위치보고접속장치 PYC-060KA1, 전술다기능단말기 TMFT, KAN/GRC-512K 전술다중무선장비, 이동무선결합기, VRC-947K 무전기, PRC-77 무전기, PRC-999K 무전기, 전투원용 무전기 등을 주력으로 사용 중이다.

위치보고 접속장치

Position Reporting Equipment(PRE)

W70A8904 위치보고 접속장치는 GPS 위성에서 좌표를 받아 위치정보 및 메시지를 보내는 장비로 PRE로 불린다. 데이터 암호화 기능이 있으며 현대제이콤에서 개발했다.

TS1 차량용 위성 단말장비

TS1 Vehicle-mounted Satellite Terminal Equipment

차량용 위성 단말장비 TS-1은 국지도발 대비용 지휘통신망 장비로 전시에 국지 및 합동부대 예비지휘소 통신을 지원한다. 무궁화 5호 위성통신을 중계기로 합참으로 부터 항공추진보급기지(ATSP · Army Terminal Supply Point)까지 통신을 지원한다. 설치시간은 약 40분이 소요되며 한반도 전역 및 연안일부 지역에서 운용한다.

이동형 마이크로 웨이브 장비

Mobile Microwave Transmitter

마이크로웨이브(MW) 통신은 장거리 대용량 무선통신을 이용해 합참으로부터 항공추진보급기지(ATSP · Army Terminal Supply Point)까지 통신을 지원한다. 60km 이내의 통달거리 성능으로 2016명이 동시에 통화가 가능하다.

KAN/VRC-47, VRC-94K 무전기

KAN VRC-47, VRC-94K Radio

KAN/VRC-47, VRC-94K 무전기는 1991년부터 전력화한 차량용 무전기로 연대급 이상의 부대에서 사용한다. 전파방해 보호와 데이터 통신이 가능하다. 전파방해 보호와 전시에 생존성을 보장하며 데이터 장비와 연결해 사용이 가능하다. 최대 3.2km까지 원격운용이 가능하다.

VRC-47 제원

주파수 범위	30~75.95MHz
통화거리	41km
변조방식	FM 주파수 변조
채널수	920
주파수	운용 고정방식
제작사	휴니드

VRC-94K 제원

주파수 범위	30~87.975MHz
통화거리	30km
도약속도	100 times/sec
채널수	2320
주파수 운용	고정/도약
제작사	LIG넥스원

MST 이동 무선전화기

MST Mobile Radio Telephone

MST 이동 무선전화기는 차량용 디지털 전화기로서 이동간 주요 지휘관과 참모들의 지휘통제 통신수단으로 운용된다. 이동 간 유무선 가입자와 음성과 데이터 통신을 지원한다. 자동출력 조정으로 적으로부터 탐지 가능성을 최소화한다. 적 도·감청을 차단하기 위해 전파방해 보호기능이 있다.

제원

통화거리	8~20km
소모전력	120W
주파수 범위	230~290MHz
전송속도	40kbps
제작사	한화시스템

PRC-85K 무전기

PRC-85K Radio

PRC-85K 무전기는 중대급 이하 소부대용 무전기로 특수부대에서도 지휘용으로 사용한다. 단거리 휴대용 무전기로 10개 채널 중 1개 채널을 선택해 사용한다.

제원

방식	FM 주파수
통신거리	1.6km
채널	221개
송수신 형태	음성,경보용
보안기능	비밀통화불가

PRC-96K 소부대 무전기

PRC-96K Small Unit Radio

PRC-96K 소부대 무전기는 중대급 이하 부대에서 사용하며, 특히 특수부대 지휘용으로 사용한다. 단거리 휴대용 무전기로 560개 채널 중 10개 채널을 중점적으로 운용한다.

제원	
방식	FM 무전기
통신거리	1.6~3.2km
채널	560/10개
송수신	형태 음성, 경보용
보안기능	비밀통화 가능

소부대용 전술교환기

Small Unit Tactical Switchboard

소부대용 전술교환기는 수동식 교환기 TA-312K와 자동화한 TA-512K가 있다. 자동화한 TA-512K는 부대지휘소의 자동교환으로 DMT(Discrete Multi Tone)로 연결하는 20 가입자 능력이 있다.

TA-512K 전자식 전술전화기

TA-512K Electronic Tactical Exchanger

TA-512K 전술용 유선전화기는 1970년대 초 미군 철수 시 TA-312를 인수받아 운용해 왔으며, 1997년 구 LG이노텍 (현 넥스원퓨처)이 국내 개발해 야전에서 전술용 전화기로 운용 중이다. 이 장비는 휴대용, 야전 전술용 전화기로 공전식, 자석식과 전자식으로 운용이 가능하며 군에서 운용 중인 군용·상용 모든 교환기에 운용할 수 있다. 송신출력과 수신감도는 5dB SPL 이상~105dB SPL 이상이고, 통달거리는 8~30km, 무게는 2.8kg이다.

제원	
무게	2.8kg
통신거리	CB 방식 8km, LB 방식 12km, PTP 방식 30km
보급	1992년

TTC-95K 전술용 전자식 교환기

TTC-95K Electronic Tactical Exchanger

TTC-95K 전술용 전자식 교환기는 전술통신체계인 스파이더의 구성 장비인 노드와 부대 통신소용 교환기로 연대급 이상의 제대에서 운용한다. 1995년 정부 주도로 삼정전자에서 개발했다. 우리 군은 이 장비의 개발로 기존의 노후화한 기계식·수동식 교환기를 대체할 수 있었고, 전술교환 시스템의 자동화체계의 구축과 다양한 정보를 실시간에 전송할 수 있는 전술통신 지원능력을 갖췄다. TTC-95K는 16비트 마이크로 프로세서를 사용한 축적 프로그램 제어방식과 디지털 시분할 교환방식을 사용했고, 회선용량도 6012만240회선으로 가변해 설치 운용할 수 있다. 자체 고장진단 기능 등이 내장돼 있는 신뢰성 있는 장비다. 전송속도는 1024 kbps다.

제원	
전화가입능력	노드-30, 연대-60, 사단급 이상-240
전송속도	1024kbps
동작온도	영하30도~영상50도
무게	51kg
배치	1996년부터
제작사	한화시스템

스파이더 전술통신체계

Spider Tactical Communications System

전술통신체계(일명 스파이더)는 실시간에 지휘통제를 제공하는 군단급 이하 전술이동통신체계다. 육군은 대대급 통신기반인 전술통신체계를 2013년 7월 전력화했다. 개량된 스파이더의 전력화로 대대급 이하 부대의 자료전송 능력이 40배 이상 높아졌다. 방위사업청은 육군에서 기존에 운용 중인 음성 중심 아날로그 전송체계를 데이터 중심 디지털 전송체계로 개량하는 사업을 진행한 결과다. 2013년 2~6월 성능시험과 운용자 교육에 이어 2013년 7월 육군 주관으로 장비수락 검사를 마치고 8월 1500여 대를 공급했다. 전술통신체계는 유무선으로 음성 및 데이터 통신이 가능하다. 전파방해 보호기능이 있으며, 생존성과 신뢰성 보장을 위해 격자형 통신망을 구성한다.

제원	
교환장비	교환기, 패킷 통신기, 다중집선기
전송장비	다중채널 무선장비, 무선접속부
이동통신장비	이동통신 단말기, 이동무선 결합기
망관리장비	체계통제기, 노드통제기
연동 및 지원장비	디지털 단말기,신 호변환기/발전기
제작사	한화시스템

TAS-815K 열영상감시장비

TAS-815K Thermal Observation Device

TAS-815K 열영상감시장비(TOD)는 육군이 2012년부터 야전에 배치한 TOD(Thermal Observation Device) 장비다. 열영상감시장비는 야간에도 물체나 생물이 방출하는 적외선 영역의 에너지를 검출해 눈에 보이는 영상으로 변환시켜주는 전자 광학장치를 말한다. TAS-815K TOD는 적외선 방식의 열상카메라, 군용 및 상용으로 연동하는 GPS(인공위성위치정보), 원격조종장치, 최대 10km까지 영상을 전송하는 신호기, 방향조종기, 장치대 등으로 구성됐다. 최대 15km까지 감시가 가능하다. GPS/레이저 거리측정 기능을 내장해 성능이 향상됐으나, 2015년 목함지뢰 도발 시 미비한 성능을 대폭 보강해 현재 주력 TOD로 운용 중이다.

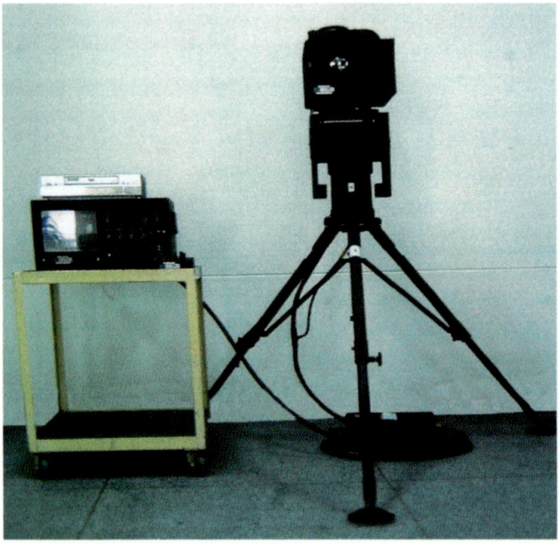

TAS-970K 열영상감시장비

TAS-970K Thermal Observation Device

990년대 초반 전력화된 캐나다제 AN/TAS-502 타이거아이를 대체하기 위해 개발된 1세대 전방감시용 열상장비다. 탐지거리가 증대되고 영상해상도가 크게 향상된 것이 특징이다.

제원	
탐지거리	인원 3km, 차량 8km
운용형태	직접/원격/차량
중량/배율	124kg/3배,10배
소음청취범위	20m
탐지범위	수동 360도,자동 350도
제작사	한화시스템

DCL120 K6 중기관총용 도트 사이트

DCL 120 K6 Heavy Machine Gun Holographic Sight

DCL120 K6 중기관총용 도트 사이트는 기본적으로 50(12.7mm) 구경의 중기관총을 위해 개발됐다. 이 도트 사이트는 근 · 원거리의 적군, 정지된 차량 및 전차(정지된 목표물), 움직이는 차량 및 전차, 헬기 · 전투기 등 대공 목표물 등 다양한 상황과 표적에 대응할 수 있다. 도트 사이트는 사격수가 웅크리지 않고 고개를 들고 보다 빠르게 표적을 추적할 수 있도록 훨씬 넓은 시야를 제공한다. 헬리콥터나 요동치는 순찰보트, 장갑차량 내에서도 조준이 용이하다. 도트사이트의 또 하나의 특징은 모든 세대의 야간 투시경과 병행 사용이 가능하다는 점이다. 도트 사이트는 견고한 안정성으로 연속 사격에도 정확도를 유지한다.

제원	
도트 크기	3 Moa Circle Dot
배율	무배율(1X)
대물렌즈	직경 120 × 70 mm
시계(FOV)	96 m @ 200m
크기(길이x폭x높이)	330 mm / 180 mm / 150 mm
무게	3,000g
1Click 이동량(200m에서	25 mm
배터리	CR123A 3V 리튬 배터리 2개
배터리 수명	1,000시간
스위치 조준점의 밝기	11단계 광량조절
도트 작동온도	범위 41℃ ~ +71℃
탄도 조절거리	200, 400, 600, 800, 1,200m
제작사	동인광학

KAN/PVS-4 개인화기 야간조준경

KAN PVS-4 Personal Arms Night Vision Sight(NVS)

KAN/PVS-4 개인화기 야간조준경은 K1, K2, M16, M60 등 개인화기에 부착해 별빛이나 달빛을 이용해 목표물을 조준사격할 수 있는 장비다. KITE가 대테러와 특수전 등에 투입되는 고가장비라면, KAN/PVS-4 개인화기 야간조준경은 보급형 장비라고 할 수 있다.

제원	
영상증폭관	제3세대
중량	1.7kg
전원	BA 1567 / U
1회 사용시간	최대 50시간
확대율	3.6배
시계	14。
초점조절	25m에서 무한대
탐지거리	400~600m
제작사	한화시스템

KAN/PVS-5 공용화기 야간조준경

KAN PVS-5 Crew Served Weapon Night Vision Sight(NVS)

KAN/PVS-5 공용화기 야간조준경은 발칸이나 M2 중기관총 등의 공용화기에 부착한다. 희미한 달빛 내지 별빛을 활용해 목표물을 조준하는 장비다.

제원	
영상증폭관	제3세대
중량	3kg
전원	BA 1567 / U
1회 사용시간	최대 50시간
확대율	5.6배
시계	9。
초점조절	25m에서 무한대
탐지거리	1,000~1,200m
제작사	한화시스템

GPNVG-18 야간투시경

GPNVG-18 Night Vision Goggles

GPNVG-18 야간투시경은 기존의 야간투시경에 빛을 증폭해 보여주는 '광증폭관'이 보통 1~2개 달린 것과 달리, 4개가 달려 있다. 이 때문에 GPNVG-18 야간투시경은 양쪽 눈으로 목표물을 보며 약 100도의 수평 각도에서 시야를 보다 넓게 확보할 수 있다. 방위사업청은 2018년 미국 제조사 L3테크놀로지와 양안식 야간투시경 GPNVG-18의 도입 계약을 체결했다. 4안식 야간투시경을 교육훈련 자료와 수리 부속품 등을 포함해 약 400억 원 정도를 투입해 1,000여 개를 도입했다. GPNVG-18 야간투시경은 2020년 전후로 전력화가 마무리됐고, 현재 707특수임무단 등 대테러 특수부대들이 사용하고 있다.

제원	
도입연도	2020년
중량	800g
시야	수평 97 2 /수직40 2
특징	야간 표적식별 가능
제작사	L3 HARRIS

KAN/PVS-7 개인화기 야간투시경

KAN PVS-7 Personal Arms portable visual and visible light detecting

KAN/PVS-7 야간투시경은 2세대 장비인 KAN/PVS-5를 대체하는 최신 3세대 장비다. 미군의 AN/PVS-7을 참조해 삼성탈레스(현 한화시스템)가 제작했다. 성능이 월등해 미세한 별빛이나 달빛 등을 이용해 야간에 경계, 정찰, 수색, 지도판독, 전투, 그리고 차량운전 등의 임무를 수행할 수 있다.

제원	
영상증폭관	제3세대
중량	0.68kg
전원	1.5V AA형 건전지 2개 또는 3V 리튬전지 1개
확대율	1배
시계	40。
화소	95cy/mr
초점조절	20㎝에서 무한대
탐지거리	100~300m
영상관	MTBF 1만 시간
제작사	이오시스템

KITE 야간투시조준경

KITE starlight scope Sight

KITE 야간투시조준경은 저격수용 야간조준경이다. 영국 필킹턴사의 KITE를 채용한 KITE 야간투시조준경은 우리 군이 저격용으로 사용하는 K2, M16 또는 MSG-90 등에 장착해 사용하고 있다. 가볍기 때문에 특수전 등에 매우 유용한 장비다. 육군 특전사, 해군 UDT/SEAL 등 각 군 특수부대들에서 사용하고 있다.

제원	
영상증폭관	제3세대
중량	1.2kg
전원	1.5V AA형 건전지 2개
1회 사용시간	최대 80시간
확대율	4배율
초점조절	15m에서 무한대
제작사	필킹턴옵틱

PVS-04K 야간투시경

PVS-04K Portable Visual and Visible Light Detecting(PVS)

PVS-04K 야간투시경은 제3세대 영상증폭관을 사용한 초소형, 초경량의 고성능 야시장비다. 다양한 옵션 품목을 활용해 다기능을 구현한다. 단안경 야간투시경에 표적지시기 PAQ-04K를 결합할 때는 조준용 장비로도 운용이 가능하다. AA형 알카라인 배터리 1개로도 작동이 가능하며, 주변 밝기에 따른 밝기조절 기능이 내장돼 있다. 특히 3배율경 부착 시 탐지거리는 800m 이상 증가한다. 적보다 원거리에서 선탐지와 선제압을 보장하며 필요 시 CCD(Charge-Coupled Device) 카메라, 캠코더 및 다기능 쌍안경과 연동해 영상정보를 획득한다.

제원	
탐지거리	1배율 300m 이상, 3배율 800m 이상
시계	1배율 40도, 3배율 13도
분해능	1.3cy/mrad
대물	점능력 25cm~
안점거리	25mm
시력조정범위	-6~+-2Diopter
전원	AA 1개 또는 2개
영상증폭관	MX-11769
운용온도	-32도~+43도
중량	1배율 365g, 3배율 570g
영증관수명	1만 시간 이상
촬영장비연동	35mm SLR카메라/캠코더/디지털 카메라/다기능 쌍안경
기타 장착	헬멧, 두부장착대 구분
제작사	이오시스템

야간투시경과 특수작전용 소총으로 무장한 한미 해군 특수부대원들이
가상의 적 해안에 침투하는 훈련을 진행하고 있다.
사진=주한미특수전사령부SNS

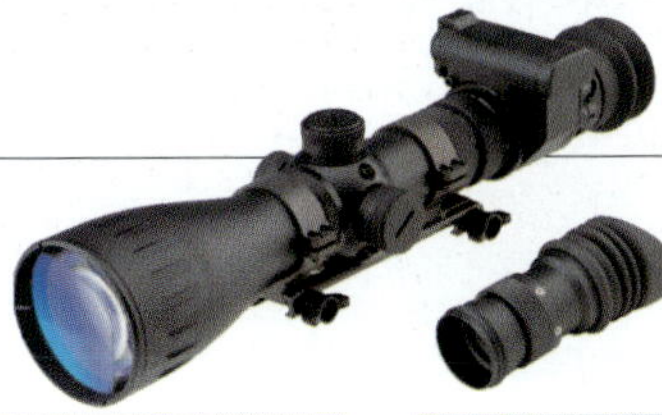

PVS-05K 주야간 조준경

PVS-05K day and night Sight

PVS-05K 주야간 조준경은 기관총용 주야간 조준경이다. 우리 군이 보유한 공용화기인 K3 기관총과 K4 고속유탄기관총, K6 기관총에 장착해 운용할 수 있도록 국내 최초로 개발한 장비다. 강한 충격에도 우수한 성능을 유지하며, 야간전투를 주간처럼 변화시켜 준다. 주간은 광학 방식, 야간은 영상증폭 방식이다. 청명한 무월광하에서 K3 기관총의 유효사거리까지 탐지와 제압이 가능하며, 주야간 모듈교체는 접안부 착탈식으로 전환시킬 수 있는 접안경 겸용방식이다.

제원	
탐지거리	인원 800m 이상, 차량 1/4t 지프:1,200m 이상
탐지조건	주야간 무월광 청명기상 도로 위의 병사 및 군용차량 1/4t
중량	주간 1.0kg/ 야간 1.2kg
배율	4배 이상
시계	10도 이상
전원형태	상용 건전지 사용, 연속 40시간 이상
장착대 무게	300g 이하
운용온도	영하 32도부터 영상 43도 사이
제작사	이오시스템

PVS-98K 주야간 관측장비

PVS-98K Nightday Observation Device

PVS-98K 주야간 관측장비는 안정화 기능이 내장된 다목적 주야간 관측장비다. 주야간 이동 시 목표물의 영상을 흔들림 없이 고배율로 관측해 낼 수 있다. 원거리 관측용이며, 필요 시 카메라 부착 촬영이 가능하다. 건전지로 작동하며 경량의 휴대용 광학장비다.

제원	
무게	2.218kg
크기	80X149X243mm
배율	주간 15배, 야간 9배
탐지거리	주간 4~7.5km, 야간 1~1.2km
사용시간	10시간 이상
사용온도	영하 35℃에서 영상 50℃
제작사	한국광학

PVS-11K 개인화기 주야조준경

PVS-11K Personal Arms Day and Night Sight

개인화기 주야조준경(2형)은 기존의 기계식 조준기(가늠자, 가늠쇠)의 운용상 문제점을 개선, 보완한 장비다. 이 장비는 목표 포착 및 확인, 조준선 정렬, 정조준 등 복잡한 과정으로 인해 소요되는 시간을 단축시킴은 물론, K1A 기관단총, K2 소총에 장착해 주·야간 신속하고 정확한 조준사격을 하게 해 개인 및 소부대 전투력을 향상시키기 위한 장비다.

개인화기 주야조준경(2형)은 조준점(dot)과 표적을 일치시킨 후 사격함으로써 신속 또는 움직이는 이동표적을 추적해 조준사격이 가능하다. 또 사수 시선의 위치와 무관하게 조준이 완료된 상태의 표적식별이 가능하다. 이 장비는 야간에는 K1A 기관단총 또는 K2 소총에 단안형 야간투시경(PVS-04K)과 조준경 조립체를 해당 장착대로 설치하고, 달빛·별빛 또는 무월광에서 표적에 반사되는 빛을 단안형 야간투시경(PVS-04K)을 통해 조준사격한다.

제원	
배율	1배율
시계	12° 이상
탐지거리	300m
무게(부수장비 제외)	0.35kg
크기(길이x폭x높이)	118mm x 70mm x 87mm
전원	3V
전류 소모량(조준점 조명)	60mA
건전지	규격 AA형 상용 건전지
운용시간	48시간 이상
운용온도	-32 ~ +43℃
밝기조절	13단계(주간8단계 / 야간5단계)
영점조절	기능 28mm / 100m
제작사	동인광학

TPS-224K 지상감시장비

TPS-224K Ground Surveillance Device

제원	
탐지거리	병력 20km, 전차 40km
탐지 정확도	거리 10m , 방위각 10mil,
안테나	방위각 360도 전방향, 고저각 -200 마일에서 +400 mil
중량	74kg
제작사	한화시스템

TPS-224K 지상감시장비는 적 예상 접근로나 침투로 지역에 배치해 이동표적을 탐지하고, 추적감시를 하기 위해 2006년부터 전술 제대에서 운용하고 있다. 도플러 효과에 의한 입사 및 반사 주파수 차이로 표적을 탐지하는 원리다. 레이더에 의한 거리 탐지와 청음에 의한 표적 성질을 식별한다. 주야간 악천후에서 전천후 탐지로 타 관측수단을 보강해 주는 역할을 수행한다.

UGO 주야간 겸용 투시경

UGO Portable Visual and Visible Light Detecting(PVS)

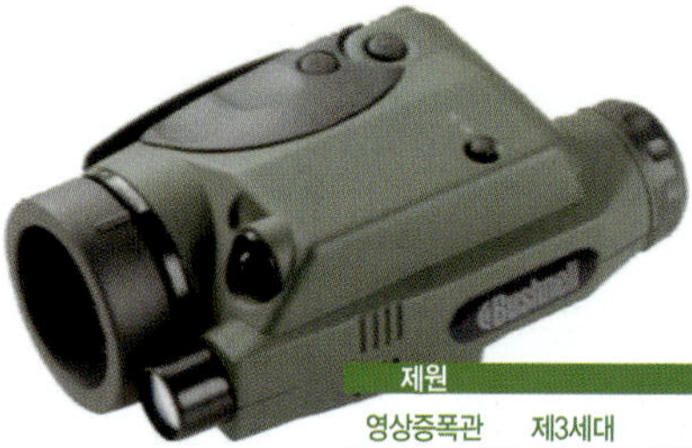

제원	
영상증폭관	제3세대
중량	0.75kg
전원	1.5V AA형 건전지 2개
확대율	주간-8배/야간-1배 또는 4배
탐지거리	최대 650m(야간 월광상태에서 사람이 표적인 경우)
영상관	MTBF 1만 시간
제작사	필킹턴옵틱

UGO 주야간 겸용 투시경은 주야간 전천후로 사용할 수 있는 영국산 고성능 관측장비다. 주간에는 8배율의 쌍안경으로 사용하며, 야간에는 내장된 3세대 영상증폭관에 의해 야시경으로 활용할 수 있다. 4배 렌즈 어댑터를 장착하면, 4배율로 탐색할 수 있다. 특히 MIL-STD가 적용된 신뢰성 높은 장비다. 무게도 가벼워 머리 장착대를 활용하면 편리하게 착용할 수 있다. 특히 화생방전 상황에서 마스크 장착을 했을 때나 헬멧을 썼을 때도 간편하게 연계해 사용할 수 있다. 특전사를 포함한 각 군 특수부대, 해안 감시 임무를 맡은 일반 보병들도 활용하고 있다.

소화기 야간표적 지시기

Small Arms Target Night Designation Sight (TDS)

소화기 야간표적 지시기는 야간에 야간투시경을 착용한 상태에서 소총에 장착해 운용한다. 적외선 빔을 표적에 발사해 조준점을 제공해 준다. 적외선 빔이 목표물에 지향되므로 조준사격이 용이하며 육안으로 식별되지 않아 적에게 노출되지 않는다. 각종 소총에 장착할 수 있도록 제작됐다.

제원	
광원	적외선 레이저 빔
투사거리	300m
무게	320g
전원	9VDC
건전지 수명	8시간
배치	1993년
제작사	로우테크놀로지

생물독소감시기

Joint Biological Point Detection System

생물학 공격이나 테러에 대비해 주요시설에서 운용한다. 이상징후 발생시 자동으로 공기표본을 수집해 경보를 발령한다. 2015년부터 야전에 배치해 1명이 단독으로 운영하며, 2분 이내에 독소물질을 탐지한다.

정수장비세트

Water Purification Equipment Set

정수장비세트는 전투원의 임무수행 여건을 보장하기 위한 필수장비다. 일종의 대형 정수차량이다. 전시 등 비상시에 민·군용 장비로 필수장비에 속한다. 유사시를 대비해 더 많은 수량의 차량을 보유할 필요성이 제기된다. 14.2t의 차량으로 획득가격은 2억원이다.

방독면

Gas Mask

K1 방독면 제원	
총중량	1,290g
제작사	SG생활안전

KM24 항공방독면 제원	
총중량	1,790g
제작사	SG생활안전

KM25 전차방독면 제원	
총중량	2,110g
제작사	SG생활안전

K5 전차방독면 제원	
총중량	482g
방호가능물질	화학/생물학작용제, 방사능 낙진, 산업용 독설물질 등
시야	상하/좌우 각 100 °
제작사	한컴라이프케어

K1 방독면

K1 방독면은 화학전에서 얼굴, 눈, 기타 호흡기를 생화학제로부터 보호하기 위한 장비다. 육군은 보병에 표준장비로 지급하고 있다. 북한의 화학전 능력 강화에 따라 방독면의 중요성은 날로 높아져 가고 있다. 과거 방독면은 장착 상태에서는 대화나 통신이 불가능했지만, K1 방독면은 착용한 상태에서도 무전통신을 할 수 있는 것이 특징이다.

KM24 방독면

KM24 방독면은 항공기 또는 차량 승무원용으로 개발한 방독면이다. 조종의 편의와 넓은 시야를 확보하기 위해 일체형 고글로 만들었다. 항공기 파일럿과 승무원은 KM24, 전차승무원은 KM25를 착용한다. 두 방독면의 차이는 방독면 케이스를 몸에 부착할 경우, KM24는 우측, KM25는 좌측에 착용하도록 돼 있다는 점이다. KM24의 내장 마이크로폰은 KM-133/U이다.

KM25 방독면

KM25 방독면은 전차병이 사용하는 방독면이다. 넓은 시야를 확보하기 위해 일체형 고글 형태다. 기갑병이 헬멧을 착용했을 때 원활한 통화를 위해 KM-116/G 마이크로폰을 헬멧에 결합해 사용한다. 전차에 탑승할 때는 방독면 호스를 화생방 집단 보호기에 연결해 사용한다.

K5 방독면

육군은 노후장비로 현대전에 부적합한 K1 등 기존 군용 방독면을 대체하기 위해 2010년 10월 공기호흡기 및 보호장비 전문업체인 (주)산청을 우선협상대상자로 선정해 본격적인 신형 방독면 개발에 착수했다. K5 신형 방독면은 안면부 렌즈를 기존 K1 방독면의 양안식에서 단안식으로 변경하고 2중 쿠션 구조의 안면부를 적용해 시야를 넓히고 착용감을 개선했다.

오른손잡이와 왼손잡이를 가리지 않고 사용할 수 있도록 정화통을 양쪽에 부착하는 한편, 결합 방식도 기존의 나사식에서 잠금턱 방식으로 변경했다. 이와 함께 정화통을 탈거하더라도 면체 안으로 공기가 통하지 않도록 설계했다. 정화통은 6가 크롬과 같은 유해 물질을 사용하지 않은 친환경적 소재를 적용했다. 산업용 독성 화학물질(TIC·Toxic Industrial Chemical) 정화통을 개발해 화생방 작용제 뿐 아니라 산업용 독성물질에도 대응할 수 있도록 했다.

화생방 장비

Hardness Critical Item

2017년 기준 최신 화생방부대 보유장비는 특수보호의(Lv.B),단안렌즈로 넓은 시야를 제공하면서 2개의 정화통이 달린 신형 K5 방독면, KAISHOT 지휘통제장비, 화학탐지장비(Agllent 4500a), 유해물질탐지기(AP4C), 화학물질탐지경보기(LCD 3.3), 휴대형 실시간 유전자 식별기(RAZOR-EX), 휴대형 실시간 생물학 탐지기(GUARDIAN),북한의 핵무기 공격 시 사용하는 방사능측정기(PDR-1K), 휴대형 핵종 분석기,전자내시경(Ace-Pro), 화생방 정찰로봇(Packbot) 등으로 장비하고 있다.

제원	
사용시간	약 30~60분
무게	8kg
보급기준	화방사 및 화생방 부대
화생방	신속대응팀 9대
보급	2001년부터
제작사	산청

양압식 자동 공기호흡기

Over Pressure Automatic Air Respirator

양압식 자동 공기호흡기는 화학이나 유독가스 오염지역 또는 산소 결핍 지역에서 운용한다. 공기호흡기에는 경보기와 전성판이 부착돼 있다. 양압식(Positive Pressure) 공기호흡기는 안면 렌즈에 입김 서림 등이 발생하지 않는 것이 특징이다. 보조마스크를 이용하면 2명이 동시에 사용이 가능하다. 산청에서 제작한 SCA 680WH의 경우, 안면렌즈, 양압조정기 분리버튼, 양압조정기(FBO Type), 전성판, 대기호흡장치, 전방표시장치, 배기밸브, 면체스트랩 및 면체고무 등으로 구성돼 안면보호 역할을 한다. 공기는 약 45분(40L/min 호흡시), 무게는 9kg 이하(보조마스크 및 공기 무게 제외)이다.

양압조정기(FBO Type)는 고압조정기에서 1차로 감압된 압력을 호흡하기에 적절한 압력으로 2차 감압시키는 장치로서, 별도의 밸브조작 없이도 첫 호흡만으로 신속한 사용이 가능하며, 면체 내의 압력을 면체 외부의 압력보다 약 20mmH2O 정도 높은 양압으로 유지시켜 오염된 외부 공기가 면체 내로 들어오는 것을 방지할 수 있도록 설계됐다. 또한 용기 내 잔압이 약 55bar일 때 경보음을 발생시켜 사용자가 작업을 중지하고 안전한 장소로 대피할 수 있도록 알려주는 장치로서, 약 10bar까지 경보음을 유지시켜 준다.

중대급 이하 소부대용 무전기인 PRC-999K 무전기로 훈련 중 통화하는 모습.

GASTAC 탐지기

GASTAC Detector

GASTAC 탐지기는 짧은 시간 내 인체에 유해한 가스농도를 분석하는 탐지기다. 측정해야 하는 가스를 일정량 통과시키면 변색이 된다. 변색 정도나 길이에 따라 유해가스 농도를 결정하게 된다.

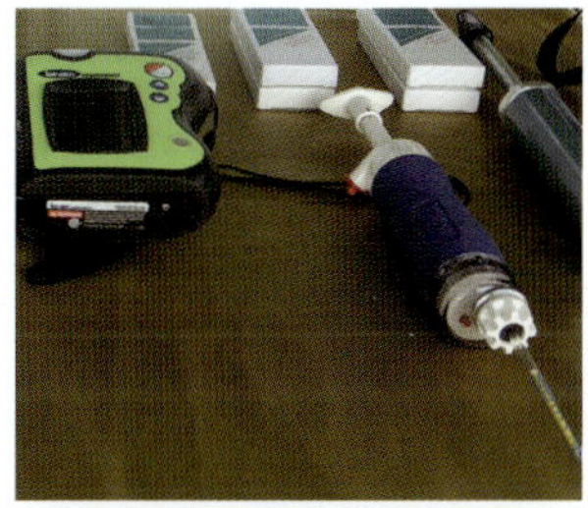

제원	
탐지	농도 100mL 5%
탐지가스	암모니아, 염소가스
구성품	가스채취기, 가스검지관
보급	2000년부터
제작사	일본 기타가와사

KCAM2 화학탐지기

KCAM2 Chemical Detector

KCAM2 화학탐지기는 화학작용제를 탐지하고 식별해 오염을 확인하는 장비다. 20초 이내에 극소량의 화학물질을 탐지해 낼 정도로 고성능 탐지능력을 자랑한다. 특히 야간작전이 가능하게 표시창에 발광이 되도록 설계했다.

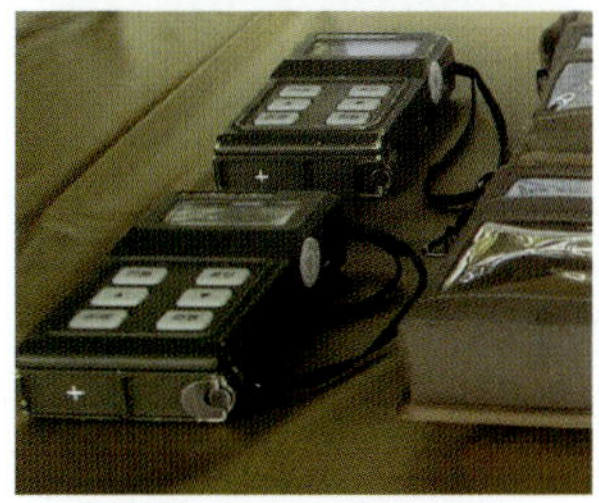

제원	
크기	40.5X8.3X15cm
무게	2.1kg
탐지작용제	신경, 수포, 혈액, 질식작용제
보급	2003년부터
제작사	한국통신기기

PDR-1K 방사능 측정기

PDR-1K Radiac Meter

PDR-1K 방사능 측정기는 2002년 월드컵 유치를 계기로 도입했다. 방사선에 오염된 인원과 장비, 물자, 지역 등에 대한 선율(알파선)과 선량(베타선)을 측정한다. 시각, 청각 경보 설정이 가능해 오염지역 내 활동 시 개인의 생존성을 보장해 준다.

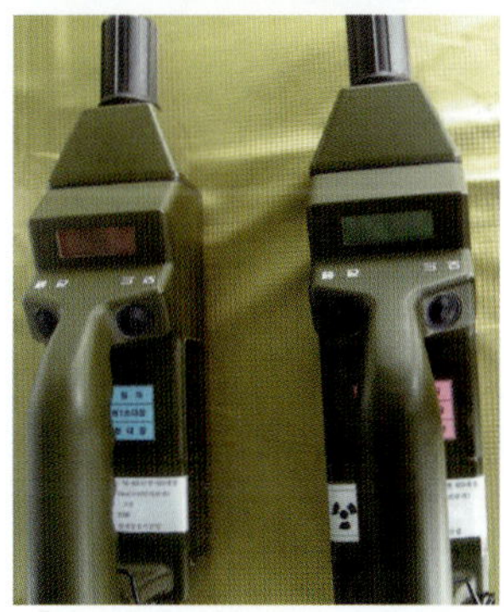

제원	
크기	7.9X14.2X3.5cm
무게	430g
수명	12년
보급	2002년 부터
제작사	한국통신기기

K10 제독차

K10 Decontamination Truck

K-10 제독차는 2008년 본격 전력화하기 시작한 신형 제독차량이다. 화학·생물학·방사능 작용제에 오염된 인원·장비와 지역에 대해 제독하는 장비를 갖추고 있다. 기존 K9 제독차를 대체한다.

화생방정찰차2

Nuclear, Biological, Chemical Reconnaissance Vehicle(NBCRV)2

방위사업청은 2015년 5월 신형 화생방정찰차(장갑형)를 국내 기술로 개발에 성공했다. 신형 화생방정찰차는 한화디펜스 주관으로 2011년 12월부터 약 220억 원으로 개발에 착수, 개발시험평가 및 운용시험평가 전 항목에서 기준을 충족해 '전투용 적합' 판정을 받았다.

2014년 7월부터 시작한 운용시험평가 기간 중 다양한 환경 속에서 실시된 성능시험 결과, 신형 화생방정찰차(장갑형)는 작전운용 성능과 기술적·부수적 성능 등 전 항목에서 기준을 충족했으며, 혹서기 및 혹한기 시험 등 각종 운용조건을 시험한 평가에서도 군의 운용요구 조건을 모두 충족했다.

기존의 화생방정찰차(차륜형)는 화학작용제와 방사능의 탐지가 가능한 해외 도입장비를 탑재해 주로 전방지역에서, 생물학정찰차는 후방지역에 소규모로 운용하기 때문에 북한의 화생방 위협에 대한 대처 능력이 제한됐었다.

신형 화생방정찰차(장갑형)는 원거리 화학 자동경보기와 화생 겸용 자동 탐지기를 국방과학연구소(ADD)에서 국내개발 후 탑재해 화생방 작전 성능을 획기적으로 강화했다. 화학·생물학작용제 및 방사능이 탐지되면 자동으로 각 군의 전술지휘통제자동화체계(C4I)로 경보와 탐지결과를 전송해 화생방전 발생시 피해를 최소화할 수 있도록 했다.

또한 화생방 오염지역에서도 승무원이 보호장구를 착용하지 않은 상태에서 작전 수행이 가능하며, 냉·난방장비와 기상측정 장비는 어떤 환경 및 기상조건하에서도 능동적인 작전수행이 가능토록 했다. 한편, 탑재된 화생방장비 및 각종 부수장비를 컴퓨터 시스템으로 제어하고 운용토록 함으로써 승무원의 편의성과 운용성을 최대화했다.

방사청 기동화력사업부에 의하면, 신형 화생방정찰차(장갑형)는 2017년부터 전력화돼 모든 장병들이 화생방전에서의 생존성을 극대화하고 효과적인 전투력 유지가 가능하다. 점차 가중되고 있는 적의 화생방전 위협에 대비해 보다 능동적인 작전수행 체계를 갖추게 될 것이고, 가격 대비 성능이 우수해 수출 전망도 매우 밝다.

화생방정찰차2(차량형)	
크기	6.64(L), 3.1m(W), 2.2m(H)
승무원	3~4명
최대시속	100km/h
도섭능력	0.76m
무게	7톤
등판능력	종경사: 60%/31도
항속거리	480km
제작사	한화에어로스페이스

성능

소형전술차량 차체 적용으로 기동성 우수 / 화생방 방호시스템(양압장치) / 원거리(5Km 이내) 화학작용제 탐지 / 생물학 작용제(세균, 포자, 독소) 탐지, 시료 수집 / 기타 화생방정찰차-II(궤도형)와 성능 동일

임무

화생방 작용제를 탐지/식별, 경보 전파하여 아군 생존확률 보장

화생방정찰차2(궤도형)	
크기	5.4(L), 3.1m(W), 2.1m(H)
무게	13톤
최대시속	70km/h
등판능력	60%/31도
승무원	3명
엔진출력	350마력
수상도하속도	6km/h
항속거리	480Km
제작사	한화에어로스페이스

성능

GPS/C4I체계와 연동으로 화생방오염지역 탐지 결과 실시간 전파

국지기상 측정/전파

탐지 대상: 화생방작용제, 방사능물질

탐지 능력: 화학: 32종, 독성 화학물질 56종, 생물학 10종, 방사능 2종 베타 · 감마선 탐지/측정

임무

화학, 생물 방사능 정찰체계를 통합하여 일원화 / 화학작용제 원거리 감시, 경보/생물학작용제 탐지 및 분류

무장능력

K6/M60 기관총: 각 1정

방사능 탐지차량

Radiation Detection Vehicle

이동형 방사능 테러 탐지 장비는 이동성과 은밀성, 신속한 정보 제공이 특징이다. 모든 탐지 장비와 부대 장치가 탐지차량 내부에 장착돼 있으므로 차량이 갈 수 있는 곳은 어디든 출동할 수 있다. 방사능 탐지차량을 이용해 테러리스트의 공격이 예상되는 주요 건물, 국제 행사장 길목에서 도로를 통과하는 차량 속의 핵 · 방사성물질을 탐지해낼 수 있다. 필요하면 탐지장비를 외부로 노출해 탐지할 수 있다.

탑재 장비

RAD IQ™ VM100
차량, 비행기, 배 등을 이용해 방사선을 탐지하고 감시하기 위한 시스템이다. 최대 2개의 2x4x16인치 NaI(TI) 검출기를 탑재하고 있다.

RadXP CB
차량 탑재 전용으로 제작된 방사능 이동 탐사 전용 장비다. 대용량 NaI(TI) 섬광검출기를 주 검출기로 사용한다.

KINS 구조대 5총사
차량 내부에 대용량 NaI(TI) 검출기 4대가 탑재되어 있다. 4개의 방향으로 분산 배치된 검출기의 계수율 차이로 선원의 방향을 탐지한다.

RC2W34-2 시리즈
폐기물 및 스크랩 금속 · 물질이 적재된 이동 차량에 포함된 방사성 물질을 탐지하도록 특별히 설계됐다. 또한, 화생방 정찰차는 전장에서 화학작용제, 생물학작용제, 방사능을 탐지 · 식별 · 분석해 아군에게 신속히 전달하는 임무를 수행한다.

M3A4 발연기

M3A4 Smoke Generator

M3A4 발연기는 1987년부터 2012년 사이에 배치한 발연기 시스템이다. 적의 관측 및 조준사격을 회피하기 위해 운용하며 가시광선 차장이 가능하다. 차량에 탑재하거나 지면에 고정해 사용한다.

제원	
차장대상	가시광선
연막제	안개유
야전배치	1987~2012
차장능력	0.2~0.3km(폭)/ 1.6~6.4km(종심)
운용인원	2명

K221 발연 장갑차

K221 Smoke Armored Vehicle

적의 가시광선 및 적외선 감시수단으로부터 아군 기동제대, 지역, 시설을 보호하는 장비. 가시광선과 적외선을 동시에 30~60분 동안 차폐 가능하다. 인체·동식물에 무해한 친환경적 연막제 및 차폐제를 사용, 기동하면서 지역·시설·기동부대에 대한 차폐 가능. 주요 구성품으로 가스터빈 엔진, 연막장치, 차폐장치, 조종반이 있다.

제원	
발연형태	가시광선/적외선 차폐
차장시간	가시광선 60분, 적외선 30분
운용인원	2명
성분	연막제-액체 파라핀, 차폐제-분말흑연
소모량	연막제-분당 0.5~5리터 / 차폐제 분당 2.2~4.5kg
야전배치	2007년 9월부터
가격	6억 4000만원
제작사	한화디펜스

K318/221 적외선 차폐 겸용 발연체계

K318/221 Smoke system for Infrared shielding

적의 가시광선이나 적외선 감시수단으로부터 아군 기동제대, 지역, 시설을 보호하는 장비다. 2007년 9월부터 야전에 배치됐다. 가시광선과 적외선을 동시에 30~60분 동안 차폐가 가능하다. 인체·동식물에 무해한 친환경적 연막제와 차폐제를 사용해 기동하면서 지역, 시설, 기동부대를 차폐할 수 있다. 주요 구성품은 가스터빈 엔진, 연막장치, 차폐장치, 조종반이다.

제원	
발연형태	가시광선/적외선 차폐
차장시간	가시광선 60분, 적외선 30분
운용인원	2명
성분	연막제-액체 파라핀, 차폐제-분말흑연
소모량	연막제-분당 0.5~5L/차폐제 분당 2.2~4.5kg
제작사	한화디펜스

무인지상차량

UGV, Unmanned Ground Vehicle

현대로템이 납품한 다목적 무인차량은 군 최초의 시범운용을 마친 무인차량이다. 시범운용 과정에서 현대로템의 다목적 무인차량은 각종 전투 상황을 가정해 다양한 지형과 환경에서 원격주행 및 지정된 경로를 스스로 이동하는 경로점 자율주행, 앞서 기동 중인 차량이나 인원을 자동으로 따라가는 종속 주행 등을 시험하며 감시 · 정찰 성능을 검증했다. 원격무장 장치를 통한 근접 전투 임무와 물자이동 임무 등 다양한 작전도 완벽히 완수해 기술력과 신뢰성을 인정받았다. 다목적 무인차량은 현대로템이 자체 개발한 'HR-셰르파(HR-Sherpa)' 기반의 성능 강화 모델이며, 배터리를 이용한 전동화 차량이라는 점이 특징이다. 이에 따라 기존 군에서 사용하는 기동 체계와 달리 엔진 소음이 발생하지 않아 감시 · 정찰 임무를 수행하는 데 적합하다. 주야간 4km까지 탐지가 가능한 카메라가 장착돼 사용자가 원거리에서도 별도 모니터를 통해 실시간으로 감시 영상을 확인할 수 있다. 따라서 전방초소(GOP)와 DMZ, 해안지역과 같이 광범위한 경계지역의 정찰이 가능하다.

제원	
전투중량	2t
최고속도	30km/h
항속거리 (환경에 따라 변동 가능)	전기식 모드 30km/h(6시간@5km/h) 12시간(운용 시간)
제작사	현대로템

미 공군에서 사용 중인 고스트로보틱스 비전60 Q-UGV 로봇 독과 리얼 독.
사진=고스트로보틱스

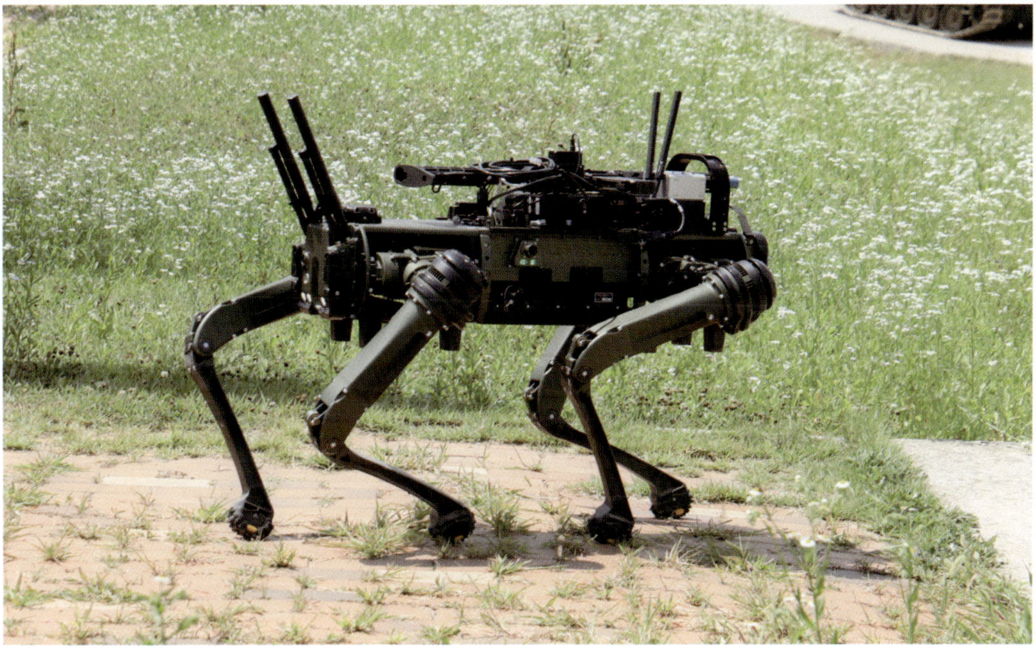

4족 보행로봇 비전 60

Quadrupedal Robot Vision 60

LIG넥스원이 인수한 고스트로보틱스에서 개발해 납품 중인 비전 60 4족 보행 로봇이다. 'The VISION 60 Q-UGV'는 고내구성과 민첩성, 그리고 강력한 방진 · 방수(IP67) 성능을 가진 중형 크기의 지상드론이다. 도시 및 자연환경 등 광범위한 비구조적인 환경에서 인간을 대신해 임무를 수행한다. 국방, 재난재해 그리고 일반 기업에서 활용할 수 있다. 현재 육군에서는 유 · 무인 작전에서 운용하고 있다.

제원	
무게	51kg
작동 환경	-45~+55도
IP 등급	IP67
최고속도	3m/s (10.8 km/h)
최대 이동거리	10km
최대 운용시간	3시간
CPU/GPU	NVIDIA Xavier
최대 탑재중량	10kg
제작사	고스트로보틱스

대한민국 해군
Republic of Korea NAVY

2026
한국군
무기연감

ROK Military Weapon Systems

6112

세계 5위 입체전력 완성…
이지스 · 스텔스 · 핵잠으로 북핵 · 미사일 거점 무력화

해군은 해군본부와 해군작전사령부, 해병대사령부 및 서북도서방위사령부, 기타 지원부대로 편성되어 있다. 해군작전사령부는 전반적인 해군작전을 지휘하고 대함 작전, 대잠작전, 기뢰 작전, 상륙작전 등을 수행한다. 함대사령부는 구축함, 호위함, 초계함, 고속함(정) 등의 전투함을 운용하여 책임 해역의 방어 임무를 수행하고, 잠수함사령부는 잠수함을 운용하여 잠수함 작전을 수행하며, 항공사령부는 해상항공 전력을 운용하여 해상 항공작전을 수행한다.

해군은 수중·수상·공중에서 각종 위협에 대응할 수 있도록 차기 잠수함, 이지스 구축함, 차기 구축함, 차기 호위함, 차기 고속정, 차기 해상초계기, 차기 해상작전 헬기 등을 확보하여 입체전력을 통합 운용하며, 해병대는 입체 고속 상륙작전, 다목적 신속 대응 작전, 전략 도서 방위 등 다양한 임무 수행이 가능한 공지(空地) 기동형 부대로 발전시켜 나가고 있다.

'해상기반 3축체계'로 북핵 응징

해군은 고도화되는 북한의 핵·미사일 위협에 대한 대응능력을 확보하기 위해 '해상기반 한국형 3축 체계'를 구축하고 있다. 해상기반 한국형 3축 체계는 바다에서도 킬체인(Kill Chain), 한국형 미사일방어체계(KAMD), 대량응징보복(KMPR)의 3축 체계 임무를 수행한다. '해상기반 한국형 3축 체계' 역량의 핵심은 기동성과 융통성, 은밀성과 생존성, 제2격 능력으로 요약될 수 있다.

삼면이 바다인 우리나라에서 기동성, 융통성으로 임무 수행이 가능하며, 북한이 탐지하지 못하는 위치에서 은밀성·생존성으로 작전할 수 있다. 또한, 적의 기습공격 후에도 바다에서 대량응징보복이 가능하다.

해군은 '해상기반 한국형 3축 체계' 중 킬체인과 탄도탄 탐지·추적 임무 수행에 집중하며, 2020년대 말까지는 킬체인 능력 향상과 한국형 미사일방어체계의 작전을 수행할 수 있도록 발전시켜 나가고 있다. 2030년대 말까지는 해상기반 한국형 3축 체계의 능력을 완성해 나간다는 계획이다.

해군은 해상에서 북한의 핵·미사일 발사 체계와 지휘·지원시설 등 핵심표적을 감시·추적하고, 북한이 이를 사용할 징후가 나타날 경우 정밀 타격할 수 있는 전력을 확보해 나가고 있다. 북한의 미사일 발사 징후를 조기에 파악할 수 있는 감시정찰 능력 강화를 위해 차기 해양 정보함과 정찰용 무인 항공기를 도입하고, 북한의 고정·이동식 표적에 대한 정밀 타격 능력 확충을 위해 수상·수중·항공의 다양한 해양 플랫폼과 대지(對地) 타격 수단을 확보해 나가고 있다.

이와 함께 해군은 북한의 수중 위협 증대에 대응해 P-8A 포세이돈 해상초계기 6대와 MH-60R 시호크 해상작전 헬기 12대를 도입하고, 2028년 이후 KDDX 차기 구축함과 장보고3 배치2 차기 잠수함 전력화, 신형 수중 유도무기 등을 전력화한다.

정조대왕급 이지스함에 SM-6/3 배치… '해상 KAMD 완성'

해상에서 탄도미사일을 탐지·추격·요격할 수 있는 한국형 미사일방어체계는 현재 제한적인 임무 수행 능력을 보유하고 있다. 향후 해군은 북한 탄도미사일에 대한 요격 능력 확보를 위해 정조대왕급 차기 이지스 구축함 3척 건조 완료와 함께 기존 세종대왕급 이지스 구축함의 성능개량을 추진 중이다. 또한, 복합 다층 미사일방어체계의 완전성을 위해 장거리 함대공 유도탄 SM-6와 SM-3를 배치한다.

응징보복을 위한 북한 지휘부·핵심 시설 타격과 해상 은밀 침투 전력 확보를 위해 해군은 북한의 전쟁지도부와 핵심 시설을 타격할 수 있는 신형 구축함, 신형 잠수함 등 전투함과 함대지/잠대지 유도탄 등 고위력 정밀유도무기를 지속해서 확충해 나가고, 특수전 지원함 등 해상에서 은밀하게 침투가 가능한 특수전 전력을 보강할 계획이다.

해군은 2025년 10월 한·미 정상회담 결과에 따라 원자력추진 잠수함 개발을 시작할 예정이다. 4척 확보를 목표로 빠르면 2035년에 1번함 도입이 이루어질 전망이다. 향후 해군이 새롭게 확보해야 할 전력의 핵심으로 등장하고 있다.

해군은 2025년 11월 10일 동해상에서 실시한 '해군 함대급 해상 기동훈련'에서 함정들이 전술기동을 하고 있다.

해군 전력 일람

해군 함정 총 148척 27만2,135t, 항공기 87대

구축함 | 정조대왕급 DDG 총 2척 16,400t

함급	함번	함정명	기준배수량	도입연도	건조/취역	비고
DDG	995	정조대왕	8,200t	2024년 말	건조	HD현대중공업
DDG	996	다산정약용	8,200t	2025년 9월	진수	HD현대중공업

5척
3만 9,200t

구축함 | 세종대왕급DDG 총 3척 2만 2,800t

함급	함번	함정명	기준배수량	도입연도	건조/취역	비고
DDG	991	세종대왕	7,600t	2008년	취역	HD현대중공업
DDG	992	율곡이이	7,600t	2010년	취역	대우조선해양
DDG	993	류성룡	7,600t	2012년	취역	HD현대중공업

구축함 | 이순신급DDH2 총 6척 2만6,400t

6척
2만6,400t

함급	함번	함정명	기준배수량	도입연도	건조/취역	비고
DDH2	975	이순신	4,400t	2004년	취역	대우조선해양
DDH2	976	문무대왕	4,400t	2004년	취역	HD현대중공업
DDH2	977	대조영	4,400t	2005년	취역	대우조선해양
DDH2	978	왕건	4,400t	2006년	취역	HD현대중공업
DDH2	979	강감찬	4,400t	2007년	취역	대우조선해양
DDH2	980	최영	4,400t	2008년	취역	HD현대중공업

구축함 | 광개토급 DDH1 총 3척 9,000t

함급	함번	함정명	기준배수량	도입연도	건조/취역	비고
DDH1	971	광개토대왕	3,000t	1998년	취역	대우중공업
DDH1	972	을지문덕	3,000t	1999년	취역	대우중공업
DDH1	973	양만춘	3,000t	2000년	취역	대우중공업

3척
9,000t

호위함 | 울산급FF 총2척 4,000t

2척
4,000t

함급	함번	함정명	기준배수량	도입연도	건조/취역	비고
FF	959	부산	2,000t	1993년	취역	HD현대중공업
FF	961	청주	2,000t	1993년	취역	대우중공업

초계함 | 포항급PCC 총 2척 2,600t

2척
2,600t

함급	함번	함정명	기준배수량	도입연도	건조/취역	비고
포항급 PCC	783	신성	1,300t	1993년	취역	대한조선공사
포항급 PCC	785	공주	1,300t	1993년	취역	코리아타코마

차기호위함 | 인천급FFG 총 6척 1만3,800t

6척
1만3,800t

함급	함번	함정명	기준배수량	도입연도	건조/취역	비고
인천급 FFG	811	인천	2,300t	2011년	취역	HD현대중공업
인천급 FFG	812	경기	2,300t	2013년	취역	HD현대중공업
인천급 FFG	813	전북	2,300t	2013년	취역	HD현대중공업
인천급 FFG	815	강원	2,300t	2014년	취역	STX조선
인천급 FFG	816	충북	2,300t	2014년	취역	STX조선
인천급 FFG	817	광주	2,300t	2015년	취역	STX조선

차기호위함2 | 대구급FFG 총 8척 2만4,640t

8척
2만4,640t

함급	함번	함정명	기준배수량	도입연도	건조/취역	비고
대구함 FFG	818	대구	3,080t	2018년	취역	대우조선해양
경남함 FFG-II	819		3,080t	2019년	취역	대우조선해양
서울함 FFG-II	821		3,080t	2019년	취역	HD현대중공업
동해함 FFG-II	822		3,080t	2020년	취역	HD현대중공업
대전함 FFG-II	823		3,080t	2021년 5월 3일	건조	대우조선해양
포항함 FFG-II	825		3,080t	2021년 9월 8일	건조	대우조선해양
천안함 FFG-II	826		3,080t	2021년 11월 9일	건조	HD현대중공업
춘천함 FFG-II	827		3,080t	2023년 10월 26일	취역	HD현대중공업

차기호위함3 | 충남급FFG 총 3척 1만2,900t

함급	함번	함정명	기준배수량	도입연도	건조/취역	비고
충남급 FFG-III	828	충남함	4,300t	2023년 4월 10일	진수	HD현대중공업
충남급 FFG-III	829	경북함	4,300t	2025년 6월	진수	SK 오션플랜트
충남급 FFG-III	831	전남함	4,300t	2025년 11월	진수	SK 오션플랜트

26척
3,380t

고속정 | 참수리급PKM 총 26척 3,380t

함급	함번	함정명	기준배수량	도입연도	건조/취역	비고
PKM	329–375		130t			

20척
4,200t

차기고속정 | PKMR 총 20척 4,200t

함급	함번	함정명	기준배수량	도입연도	건조/취역	비고
PKMR	211~229	참수리	210t	2017년~2020년 10월	취역	HJ 한진중공업
PKMR	231~235	참수리	210t	2021년	진수	HJ 한진중공업

미사일고속함 | 윤영하급PKG 총 18척 7,920t

함급	함번	함정명	기준배수량	도입연도	건조/취역	비고
PKG	711	윤영하	440t		취역	한진중공업
PKG	712	한상국	440t		취역	STX조선
PKG	713	조천형	440t		취역	STX조선
PKG	715	황도현	440t		취역	STX조선
PKG	716	서후원	440t		취역	STX조선
PKG	717	박동혁	440t		취역	한진중공업
PKG	718	현시학	440t		취역	한진중공업
PKG	719	정긍모	440t		취역	한진중공업
PKG	721	지덕칠	440t		취역	한진중공업
PKG	722	임병래	440t		취역	STX조선
PKG	723	홍시욱	440t		취역	STX조선
PKG	725	홍대선	440t		취역	STX조선
PKG	726	한문식	440t		취역	한진중공업
PKG	727	김창학	440t		취역	한진중공업
PKG	728	동진	440t		취역	한진중공업
PKG	729	김수현	440t		취역	STX조선
PKG	732	전병익	440t		취역	STX조선
PKG	733	이병철	440t		취역	STX조선

18척
7,920t

8척
9,600t

잠수함 | 209급 총 8척 9,600t

함급	함번	함정명	기준배수량	도입연도	건조/취역	비고
209급	SS 62	이천	1,200t	1994년	취역	대우조선해양
209급	SS 63	최무선	1,200t	1995년	취역	대우조선해양
209급	SS 65	박위	1,200t	1995년	취역	대우조선해양
209급	SS 66	이종무	1,200t	1996년	취역	대우조선해양
209급	SS 67	정운	1,200t	1997년	취역	대우조선해양
209급	SS 68	이순신	1,200t	2000년	취역	대우조선해양
209급	SS 69	나대용	1,200t	2000년	취역	대우조선해양
209급	SS 71	이억기	1,200t	2001년	취역	대우조선해양

잠수함 | 214급 총 9척 1만6,200t

함급	함번	함정명	기준배수량	도입연도	건조/취역	비고
214급	SS 72	손원일	1,800t	2007년	취역	HD현대중공업
214급	SS 73	정지	1,800t	2009년	취역	HD현대중공업
214급	SS 75	안중근	1,800t	2010년	취역	HD현대중공업
214급	SS 76	김좌진	1,800t	2013년	취역	대우조선해양
214급	SS 77	윤봉길	1,800t	2014년	취역	HD현대중공업
214급	SS 78	류관순	1,800t	2015년	취역	대우조선해양
214급	SS 79	홍범도	1,800t	2016년	취역	HD현대중공업
214급	SS 81	이범석	1,800t	2016년	취역	대우조선해양
214급	SS 82	신돌석	1,800t	2017년	취역	HD현대중공업

9척
1만6,200t

4척
1만3674t

잠수함 | 도산안창호급 1차선 총 3척 1만74t

함급	함번	함정명	도입연도	건조/취역	비고
	SS083	도산안창호	2018년 9월 14일	건조 2021년 취역	대우조선해양
	SS085	안무	2020년 11월 10일	건조 2022년 취역	대우조선해양
	SS086	신채호	2021년 9월 28일	건조 2024년 취역	대우조선해양

잠수함 | 장영실급 2차선 총 1척 3,600t

함급	함번	함정명	도입연도	건조/취역	비고
	SS087	장영실	2025년 10월	진수	한화오션

상륙함 | 고준봉급 LST 총 4척 1만400t

함급	함번	함정명	기준배수량	도입연도	건조/취역	비고
고준봉급	LST 681	고준봉	2,600t	1993년	취역	한진중공업
고준봉급	LST 682	비로봉	2,600t	1997년	취역	한진중공업
고준봉급	LST 683	향로봉	2,600t	1999년	취역	한진중공업
고준봉급	LST 685	성인봉	2,600t	1999년	취역	한진중공업

4척
1만400t

차기상륙함 | 천왕봉급 LST 총 4척 1만9,800t

4척
1만9,800t

함급	함번	함정명	기준배수량	도입연도	건조/취역	비고
천왕봉급	LST 686	천왕봉	4,950t	2014년	취역	한진중공업
천왕봉급	LST 687	천자봉	4,950t	2017년	취역	HD현대중공업
천왕봉급	LST 688	일출봉	4,950t	2018~2019년	취역	HD현대중공업
천왕봉급	LST 689	노적봉	4,950t	2018~2019년	취역	HD현대중공업

고속상륙정 | 무레나급 LSF 총 3척 315t

함급	함번	함정명	기준배수량	도입연도	건조/취역	비고
무레나급	LSF 621	105t		2005년	취역	러시아
무레나급	LSF 622	105t		2006년	취역	러시아
무레나급	LSF 623	105t		2006년	취역	러시아

3척
315t

4척
400t

LCAC | 총 4척 400t

함급	함번	함정명	기준배수량	도입연도	건조/취역	비고
솔개-2	631		100t	2007년	취역	한진중공업
솔개-2	632		100t	2007년	취역	한진중공업
솔개-2	633		100t	2022년	취역	한진중공업
솔개-2	635		100t	2022년	취역	한진중공업

대형수송상륙함 | 독도급 LPH 총 2척 2만8,600t

함급	함번	함정명	기준배수량	도입연도	건조/취역	비고
LPH	6111	독도	1만4300t	2007년	취역	한진중공업
LPH	6112	마라도	1만4300t	2021년	취역	한진중공업

2척
2만8,600t

기뢰/소해전함 | 총 14척 9,012

함급	함번	기준배수량	도입연도	건조/취역	비고
원산급	MLS	3,340t	1997년	취역	HD현대중공업
남포급	MLS2	4,240t	2015년	취역	HD현대중공업
강경급	MHC	512t	1986년부터	6척 취역	강남조선소
양양급	MSH7	920t	1999년부터	6척 취역	강남조선소

14척
9,012t

지원함 | 군수지원함 총 7척 3만 3,894t

함급	함번	함정명	기준배수량	도입연도	건조/취역	비고
잠수함 구조함 청해진급	ASR 21	청해진	3200t	1996년		대우중공업
군수지원함 천지급	AOE 57	천지	4,200t	1990년	취역	HD현대중공업
군수지원함 천지급	AOE 58	대청	4,200t	1997년	취역	HD현대중공업
군수지원함 천지급	AOE 59	화천	4,200t	1998년	취역	HD현대중공업
수상함 구조함 통영급	ATS2 31	통영	3,747t	2014년	취역	대우조선해양
수상함 구조함 통영급	ATS2 32	광양	3,747t	2016년	취역	한진중공업
차기군수지원함 소양급	AOE2 51	소양	1만600t	2018년	취역	HD현대중공업

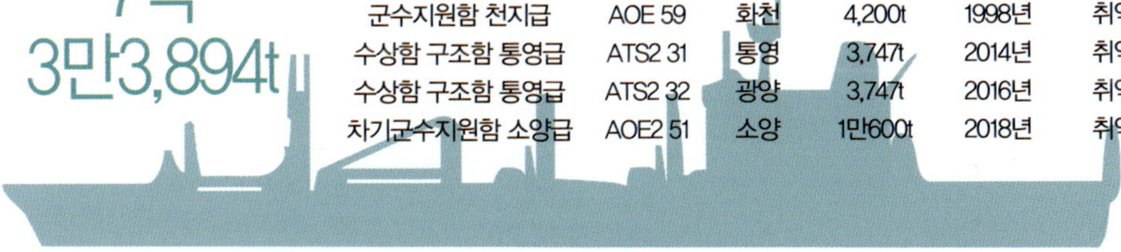

7척
3만3,894t

항공대 / 항공기 총 87대(25년 말 기준)

함급	함정명	수량
대잠초계기	P-3C/CK	15대
표적훈련기	CARV-2	5대
대잠헬기	링스 23대 + 와일드캣 8대	31대
기동헬기	UH-60	8대
기초비행훈련헬기	B505	10대
해상초계기	P-8A	6대
해상작전헬기	MH-60R	12대

※해군, 500t급 이하 함정은 함명 미부여. 자료: 《디펜스타임즈》 2025년 11월30일 현재

2025년 9월 26일 부산 인근 해상에서 열린
'2025 대한민국해군 관함식'에서 해상작전헬기 MH-60R이
디핑소나를 투하하고 있다.

함정

Warship

잠수함

SS, Submarine

장보고급 잠수함(장보고-Ⅰ사업)

Jang Bo Go Class Submarines(KSS-Ⅰ)

장보고급(209급) 잠수함은 해군의 첫 중형 잠수함으로, 1980년대 말 본격적으로 도입이 추진된 이래 34년간 한반도 해역을 지켜왔다. 1985년 독일 HDW사와 접촉해 계약, 1987년 1차분 3척이 주문되면서 한국은 잠수함 보유국 반열에 올랐다. 초도함인 '장보고함'(SS-061)은 독일에서, 이후 2번함 '이천함'부터는 국내 대우중공업이 독일산 부품을 받아 조립했다.

장보고급은 1차(3척, 1987 주문), 2차(3척, 1989 주문), 3차(3척, 1994 주문)로 총 9척이 도입됐으며, 장보고함은 1992년 10월 14일 독일 HDW로부터 인수됐다. 당시 해군은 독일에서 제작 교육훈련과 기술이전을 적극 추진했다. 2025년 기준, 장보고급은 모두 9척이 지속 운용되고 있지만, 최초 도입된 장보고함이 올해 34년 만에 공식 퇴역했다. 취역 기준(1993~2025)으로는 33년, 인수 기준(1992~2025)으로는 34년인 셈이다.

장보고급은 56m 길이, 1,200톤급으로 터키 1200형과 유사하며, 아틀라스 일렉트로닉 센서 · STN 어뢰를 사용한다. 'ISUS-83 전투 시스템'으로 소나 · 추적 · 유

제원	
톤수	1,100t(잠항 시 1,285t)
크기	56×6.2×5.5m
주동력	디젤-전기 MTU 12V 396 SE 디젤엔진 4기 모터 1기
	1축 추진, 최대출력 4,600마력
속도	부상/스노켈 시 11kt(잠항 시 22kt)
잠항심도	250m
작전 지속일수	45일
항속거리	7,500마일
탑승원	40명(사관 6명 포함)
제작사	대우중공업

도 등이 일체화돼 최대 3발 어뢰 동시 유도, 8기 어뢰발사관을 통한 14발 어뢰 · 28발 기뢰 탑재 및, 후기형 3척의 경우 하푼미사일(사거리 90km) 운용이 가능하다. 후기형은 국산 어뢰 K731 백상어도 병용한다. 재장전은 4개 발사관에서만 가능하며, 승무원 공간 전체 분해가 필요해 복잡하다.

209급은 CSU-83 패시브 소나(함수), 액티브 · 역탐지 소나(세일), 선체 측면 3분할 거리측정 소나를 갖췄고, 수상항해는 8노트로 최대 7,500nm를 항해할 수 있다. 2018년 림팩 훈련에서 최장 항해기록(30,000km), 미국 해군 핵항모 등 12척 가상 격침 성과도 남겼다.

장보고급 1번함 장보고함은 2025년 퇴역했으며, 9척 모두 30년 이상 운용 중이다. 자주 창정비와 성능개량으로 수명을 연장해왔으나, 2030년대 중반부터 KSS-II · KSS-III 신형 잠수함으로 전환이 본격화될 전망이다. 장보고-II급(1800톤) 3척은 4689억원 투자로 최신 전투체계, 예인선배열소나 등 첨단화 업그레이드가 2033년까지 추진된다.

무장	
어뢰	21인치(533mm) 전방 발사관 8기 S TN-아틀라스 SUT Mod 2 어뢰 또는 K731, 백상어 어뢰 14발, 선(線)유도, 액티브 호밍시 35kt로 12km(6.6nm)/패시브 호밍시 23kt로 28km(15.1nm), 탄두 260kg, 스윔아웃 발사방식
미사일	맥도널드 더글러스 서브하푼
	UGM-84D(068 이후 잠수함)
기뢰	어뢰 대신 28발 수납가능
대응장비	아르고 ESM; 레이더 워닝
사격통제시스템	STN-아틀라스 ISUS 83
레이더	항해용 I밴드
잠망경	차이스 SERO 40시리즈
	차이스 AS-40 공격잠망경
	차이스 BS-40 탐색잠망경
소나	STN-아틀라스 CSU 83 (DBQS-21) 등

손원일급 잠수함(장보고-II 사업)

Son Won Il Class Submarines(KSS-II)

1999년 8월, 해군은 214급 차기 잠수함을 획득하기 위해 'KSS2'란 명칭으로 사업을 시작했다. 2000년 말 HD현대중공업이 사업자로 선정됐고, 독일의 214급, 스웨덴의 고틀란트급, 프랑스제 스코르펜급 등 세계 정상급 잠수함을 생산하는 3개 제작사가 수주 경합을 벌였다.

해군은 209급 잠수함 제작사인 독일 하데베(HDW)사를 214급 잠수함 제작사로 최종 선정했다. 214급은 하데베사의 수출용 AIP(Air Independent Propulsion · 공기 불요 추진 체계) 잠수함으로, 그리스 해군이 먼저 4척을 주문했다. 우리 해군은 3척을 발주해 재료와 주요 장비를 독일에서 가져다 국내에서 건조했다.

2000년 11월 발주해 2003년 제작에 들어간 1번함은 2006년 6월 손원일함으로 탄생했다. 2번함인 정지함은 2007년 6월 진수했고, 3번함 안중근함은 2008년 6월 진수했다. 2번함은 2008년 12월 취역했고, 3번함은 2009년 12월 부산 작전사령부에서 취역했다. 4번함(김좌진함)은 대우조선해양, 5번함(윤봉길함)은 HD현대중공업, 6번함(유관순함)은 대우조선해양, 7번함(홍범도함)은 HD현대중공업이 건조했다.

214급 잠수함의 1차 사업은 1조2000억 원을 투입해 2010년까지 3척을 건조하는 사업이었다. 2006년 6월, 214급 1번함인 손원일함이 진수식을 가짐으로써 우리나라는 그리스 해군에 이어 두 번째로 214급 잠수함 보유국이 됐다. 214급은 209급의 발전형이다. AIP 기관을 탑재해 스노켈(snorkel) 없이 3~6노트의 속도로 2주 동안 수중 잠항을 할 수 있다. 기존의 209급 잠수함보다 잠항시간이 6배로 늘어났다. 214급 잠수함은 북한 해군에 비해 열세인 수중전력의 조기보강, 그리고 종심해역에서 공세작전의 핵심적인 임무를 수행하고 있다.

214급 잠수함은 수중저항과 소음감소를 위해 유선형 세일(잠수함 상단 돌출부)을 채택했고, 세일의 상단에는 세러14형 탐색 잠망경과 세러 15형 공격 잠망경, 그리고 적의 레이더와 통신정보를 통해 감시와 추적 · 정보수집이 가능한 FL-1800U ESM 마스터, 수상감시 레이더, HF/UHF 통신 안테나, 위성통신 안테나,

제원	
톤수	기본배수량 1,860t 수상배수량 1,700t
길이	65m, 폭 6.3m
주동력	디젤 일렉트릭/연료전지 AIP 추진체계, 최대 3,875마력
수중속도	최대 20노트, 수상속도 12노트
잠항심도	400m 이상
항속거리	1만9,000km
승조원	27명(사관 5명)
제작사	HDW, HD현대중공업(1~3번함)

무장	
어뢰	533mm 어뢰발사관 8문
미사일	하푼 대함 미사일 등 무장 16발 탑재

센서	
전투정보시스템	통합 전투정보시스템 KNTDS
통신	VHF/LF/HF/UHF 송수신기 위성통신장비 / 수중통신기
레이더	대수상/대공레이더 IFF 식별기
잠망경	공격잠망경
적외선	탐색잠망경
소나	함수소나 선측배열소나(FAS)

스노켈 마스터를 장착하고 있다. 세일 아랫부분에는 프랭크 어레이 소나가 추가돼 사각지대를 줄인다. 선체의 재질은 HY80과 HY100 특수강을 사용해 안전 잠항심도가 209급의 250m에서 400m 이상으로 증가해 작전운용의 폭이 획기적으로 늘어났다. 무장은 어뢰발사관 8기를 갖추고 있으며, 이 가운데 하푼을 발사할 수 있는 발사관은 4기다. 무장탑재량은 어뢰, 기뢰와 함께 하푼 대함 미사일을 총 20발 싣는다. 수중속도는 최고 20노트로 빠른 편이다. 1만9000km의 항속거리를 갖고 있어 209급의 2배에 달하는 작전반경을 확보한다.

특히 최근에는 방위사업청이 2025년 11월 '장보고-II'(214급) 잠수함 성능개량사업에 본격 착수했다. 방위사업청은 울산 HD현대중공업에서 체계개발 착수회의를 열고, 2033년까지 총 4,689억 원을 투입해 장보고-II급 잠수함 3척의 전투체계 및 예인선배열소나(TASS) 등 핵심 장비를 최첨단 국산 시스템으로 대폭 교체하는 대규모 성능개량 사업을 시작했다.

이번 개량 사업을 통해 최신 전투체계, 기뢰회피소나, 선측배열소나, 부유식 안테나 등 첨단 장비가 추가로 도입되며, 탐지 · 식별 · 공격 능력이 대폭 향상될 전망이다. 특히 순수 국내 기술로 개발된 전투체계가 적용되어 작전지휘의 자립성과 안정적 군수지원이 크게 강화된다.

214급 잠수함은 전략 잠수함대의 핵심 전력으로 연속 진화 중이다. 기술적 세대교체뿐 아니라 전술 · 작전 운용 면에서도 그 역할과 중요성이 한층 더 배가되고 있다. 해군은 1차로 214급 3척을 획득했고, 6척을 더 획득해 현재 214급 잠수함은 총 9척이다. 6척 가운데 일부는 노후화한 209급을 대체하고, 차세대 중형 잠수함을 합해 18척의 잠수함대를 구성한다는 계획이다.

도산안창호급 중잠수함(장보고-Ⅲ 1차 사업)

Dosan Ahn Changho Class Submarines(KSS-Ⅲ Batch-Ⅰ)

해군 차세대 중형 잠수함 '장보고-Ⅲ급' 1차 사업은 대한민국 최초로 독자 설계 · 건조에 성공한 중형 잠수함 프로젝트다. 대우조선해양이 2012~2014년 기본설계를 주도했으며, 한국형 잠수함 발사 순항미사일(KSLCM)의 탑재로 전술적 잠대지 타격능력을 확보했다. 2014년 11월 27일 대우조선해양에서 1번함 스틸커팅식을 시작으로, 2016년 5월 17일 2번함 수주, 같은 해 12월 14일 3번함 HD현대중공업 수주(계약금액 약 6,300억 원)까지 이어지며 사업의 초석을 다졌다. 당초 X자형 함미방향타와 수직발사체계가 없는 설계였으나, 해군의 요구로 +자형 방향타와 한국형 수중 발사체계 6셀(cell)이 적용됐다.

주요 장비로는 한화시스템의 C4I 디지털 체계와 위성통신단말기, 그리고 LIG넥스원 혹은 STX엔진-한화 컨소시엄의 국산 소나체계가 탑재됐다. 최신형 함정에는 자동화 시스템, 장거리 항해와 원양 작전 지속능력, 항공기 · 무인기 대응 음탐력 강화 등이 단계적으로 적용되고 있으나, 일부 개량 내역은 공식 전력화 전 시험 적용 단계인 것으로 알려졌다. 장보고-Ⅲ급 Batch-Ⅰ 실물 잠수함으로는 '도산안창호함(SS-083)', '안무함(SS-085)', '신채호함(SS-086)' 등 총 3척이 해군에 공식 취역했다. 이 중 안무함은 2025년 11월 괌 앞바다에서 열린 한미 연합 대잠전 훈련 '2025 사일런트 샤크'에 참가하여, 국내 최초 3,000톤급 중형 잠수함의 원해 실전 운용능력과 대미 연합작전 대응태세, 수출 경쟁력을 모두 검증했다는 평가를 받았다. 안무함은 진해에서 출항해 괌까지 장거리 항해와 공해상 연합훈련을 완수하며, 대한민국 해군 잠수함 역사의 새 이정표를 세웠다.

제원	
배수량	수상 3,358t / 수중 3,750t
크기	83.5m/9.6m/7.62m
승조원	50여명
추진	MTU 디젤엔진, AIP 연료전지, 리튬이온+ 전지, 1축 추진
속도	수상 00 노트 수중 20 노트(최대) / 0 노트(경제) 잠항심도 000m
무장	533mm 어뢰 발사관 x6 (K731 백상어, 범상어 중어뢰), UGM-84 잠대함 유도탄, KSLCM 6셀cell(SSMS-970K 전술 잠대지 유도탄), 기뢰 00발
대응	ESM/ELINT
레이더	항법 레이더
소나	활주형 함수소나, 역탐지 소나, 측면배열소나, 기뢰탐지소나
제작사	대우중공업

장영실급 중잠수함(장보고-Ⅲ 2차 사업)

Dosan Ahn Changho Class Submarines(KSS-Ⅲ Batch-Ⅱ)

KSS-Ⅲ 장보고급 중형 잠수함 Batch-Ⅱ는 기존 Batch-Ⅰ에 비해 선체 길이와 배수량이 대폭 증가한 전략형 모델이다. 실제로 Batch-Ⅱ의 첫 번째 함정인 '장영실함'은 2025년 10월 공식 진수돼 우리 해군의 미래 잠수함 전력 구성을 상징한다. 장영실함은 선체 길이 89m, 수상 배수량 3,600톤급으로 대형화됐으며, 최신 리튬이온전지와 고에너지밀도 리튬전지, 공기불요추진체계(AIP) 등이 적용돼 기존 납축전지 체계 대비 수중 운항시간, 동력 효율, 안전성, 유지보수 편의성 측면에서 성능이 혁신적으로 대폭 향상됐다.

장보고-Ⅲ Batch-Ⅱ는 리튬전지 체계가 주요 추진 · 전력 공급 체계로서 적합하다는 것이 실제 해상 운용과 성능 평가에서 판명되며, 국내외 연구기관 및 산업체 협력 아래 안전성 · 신뢰성 인증을 거쳐 최초 양산 · 실전 배치가 진행되고 있다. 2차전지는 기존 납축전지보다 에너지 밀도와 충전효율, 전지 수명에서 뛰어나며, 유지관리와 운용 효율성을 획기적으로 개선할 수 있다. 리튬전지는 전기차와 에너지저장시스템(ESS) 분야에서도 우리나라가 세계적 선두권에 위치해 있고, 잠수함 전력화에서도 글로벌 경쟁국가들과 기술격차를 좁히고 있다.

KSS-Ⅲ Batch-Ⅱ 무장체계는 6문의 533mm 어뢰 발사관에 K731 백상어, 중어뢰-2 범상어 등 자주추진(swim-out)형 어뢰, 압축공기(WES)형 발사관을 통한 잠대함 유도탄, 그리고 10기의 수직발사관(VLS)을 통한 해성-3 전술 함대지 미사일과 SLBM 운용이 가능하다. 신형 센서와 전투체계, 표적 탐지 · 접근 · 타격 능력도 한층 진화돼 잠수함의 은밀성과 생존성이 크게 강화됐다.

특히 장영실함은 한국형 리튬전지체계의 실전 성능을 최초로 검증받는 '시험선' 역할을 하며, 방사청 · 해군 · 산업체가 공동으로 성능 인증 및 실전배치를 준비 중에 있다. 최근 진수 이후 함정 운영 데이터와 연계해 유지관리 방안과 안전성 평가가 강화되고 있으며, 차기 Batch-Ⅲ 후속함에도 국내 기술 내재화가 확대 적용될 전망이다.

제원	
배수량	3,500t(수상) / 4,000t(수중)
추진	디젤엔진, AIP 연료전지, 리튬이온+ 전지
속도	20 노트(수중)
무장	533mm 어뢰 발사관 x6(K731 백상어, 범상어 중어뢰, 하푼 잠대함 유도탄, 자항기뢰), KSLCM 10 cell(해성-3 전술 잠대지 유도탄)
승조원	50여명
제작사	한화오션

2025년 10월 22일 한화오션 거제 사업장에서 열린 장보고-Ⅲ Batch-Ⅱ 1번함 장영실함 진수식.

한국형 핵추진 잠수함

Korean nuclear-powered submarine(SSN)

한국 해군의 위상을 근본적으로 뒤흔들 '한국형 핵추진 잠수함(SSN)' 개발이 2025년 10월 한미 간 전략적 합의와 함께 가속화되고 있다. 핵잠수함 사업은 방위사업청, 국방과학연구소(ADD), 국내 조선업계와 원자력 연구기관이 유기적으로 협력하는 가운데, 2025년 하반기 현재 설계 및 원자로 육상시험이 병행되고 있으며, 방사청과 ADD의 사업관리 및 기술 개발이 구체화됐다.

2025년 하반기 한미 양국은 핵추진 잠수함 건조에 관한 전략적 합의를 타결했다. 핵심은 잠수함용 농축 우라늄(HEU) 공급 방식을 '미국산 저농축 우라늄(LEU) 기반'으로 설정한다는 것이다. 한미 공동안에 따르면, 잠수함 원자로 연료는 미국의 버지니아급(SSN-774)과 유사하게 저농축 우라늄으로 구현할 예정이며, 기술확보 과정에서 미국 원자력규제위원회(NRC)의 안전 및 비확산 조건을 준수한다는 점도 확인됐다.

한국형 핵추진 잠수함은 대략 6,000~7,000톤급으로 기획되어 있다. 조선업계와 ADD 내부에서는 만재 6,500톤, 전장 약 110m, 최고속도 30노트, 승조원 110명 규모가 유력하다. 이는 미국의 버지니아급(7,800톤), 영국의 아스튜트급(7,400톤), 프랑스의 루비급(2,600톤)과 비교해 중대형 SSN에 속한다. 인도 차크라급(8,000톤, 러시아 개량형)도 기술 참조 대상으로 분석되고 있다.

방위사업청은 2025년 들어 핵잠수함 사업관리전담팀을 신설, 예산과 일정 관리, 기술검증, 해외협력(특히 미국 NRC 및 DOE와의 협상)을 주도하고 있다. 사업 진척률은 11월 현재 약 35%에 이른 것으로 확인됐으며, 선체 기본설계는 한화오션 · HD현대중공업의 공동팀이 ADD와 협력해 도면 3분의 2 이상 완성한 상태다.

원자로와 핵심 추진계통 개발은 ADD와 한국원자력연구원이 주도, '문무대왕연구소'(경북 포항)에 마련된 실험시설에서 육상원자로 시험단계가 본격화됐다. 초기 단계에서 러시아의 원자로 관련 자문 · 기술 참고가 있었던 것은 사실이나, 완전한 기술이전보다는 설계 참고 · 자문 수준이 공식적으로 인정된다. 방사청과 ADD는 '원자력 안전과 비확산 원칙 아래 국내 독자설계가 중심'이라고 공식적으로 밝혀왔다.

2025년 현황 기준, 선체 설계 공정률은 60% 이상, 원자로 육상시험은 3단계 중 2단계 진입, 전체 사업 진척률은 35~40%로 파악된다. 완성 목표는 2028년 시운전, 2030년 배치로 잡혀 있다. 문무대왕연구소의 육상시험 원자로는 올해 중 첫 임계 달성이 기대됐으나, 안전검증 절차에 따라 2026년까지 연장될 가능성도 있다.

한국형 핵추진 잠수함은 한미동맹과 더불어 일본(소형핵잠수함 개발 검토중), 중국(진급 SSN), 러시아(야센급) 등 동북아 해양안보 구도를 근본적으로 변화시킬 전망이다. SLBM(잠수함발사탄도미사일) 탑재, 항행 지속능력 확대, 대잠 피탐지율 감축에 따라 한국 해군의 작전반경은 두 배 이상 늘어나며, '핵추진 SSN 소유국'으로서 위상 변화가 불가피하다. 전문가들은 '대한민국의 해양 전략적 억지력 강화'라는 점에서 큰 의미를 갖는다고 평가하고 있다.

제원	
만재 배수량	약 6,500톤 (6,000~7,000톤급)
전장(길이)	약 110m
최고속도	30노트
승조원	약 110명
추진방식	저농축 우라늄(LEU) 기반 원자로
설계 주관업체	한화오션 · HD현대중공업
원자로 개발기관	국방과학연구소(ADD), 한국원자력연구원
항행 지속능력	장기간 잠항(전략적 억지력 강화 목적)
무장	SLBM(잠수함발사탄도미사일) 탑재 예정

세종대왕급 이지스 구축함

SeJong THE GREAT Class Aegis Destroyer(DDG)

KDX-Ⅲ(한국형 이지스 구축함) 사업은 1986년 기획에서 출발해 해군의 최대 숙원이었던 해군 이지스함 도입의 역사를 썼다. 7,600톤급 구축함 3척 세종대왕함(DDG-991), 율곡이이함(DDG-992), 서애류성룡함(DDG-993)이 2007~2012년 투입되어, 우리 해군은 본격적인 함대 방공 국면으로 진입했다.

세종대왕함은 2006년 5월 HD현대중공업에서 첫 삽을 뜬 뒤, 2007년 5월 진수 및 동년 12월 해군 인도로, 2008년 실전배치에 투입됐다. 율곡이이함은 2007년 대우조선해양에서 건조 시작, 2008년 11월 진수, 2010년 9월 취역했다. 3번함 서애류성룡함도 2011년 HD현대중공업에서 건조돼 2012년 취역했다. 이후 최신 '정조대왕함'(KDX-Ⅲ Batch-Ⅱ)이 추가되어, 2024년 11월부로 해군에 인도되며 Batch-Ⅱ가 본격 시작됐다. '정조대왕함'은 완전한 국산화 전투시스템, 강화된 대잠 · 방공 능력, 적 탄도미사일 요격을 위한 SM-3, SM-6 장착 등 대폭 업그레이드된 것이 특징이다.

KDX-Ⅲ의 핵심은 미 록히드마틴의 AN/SPY-1D(V) 위상배열 레이더와 이지스 베이스라인 전투시스템이다. SPY-1D(V)는 1,000km에 육박하는 감시능력과 최대 900개의 목표 동시탐지 · 추적, 15발 동시미사일 유도등 세계 정상급 성능을 입증하고 있다. 특히 Batch-Ⅱ(정조대왕함)는 이지스 시스템 베이스라인 9 기반으로 업그레이드되어, SM-2, SM-3, SM-6의 다층 미사일 방공망을 갖췄다. 전체 위상배열 레이더는 레이더방출 신호의 정밀 제어와 잡음 · 재밍 저항능력에서도 미국, 일본 해상자위대 동급 대비 우수하다는 평가를 받고 있다.

세종대왕함급은 모두 128셀의 MK41 수직발사기를 탑재되어, SM-2 · SM-6 함대공미사일, 국산 순항미사일, 대잠홍상어 미사일, RIM-116 RAM 단거리 대공미사일, 그리고 근접방어를 위한 골키퍼 CIWS로 구성된 다층 방어망을 구축한다. 127mm 함포, 차기 Batch-Ⅱ부터는 한국형수직발사기(KVLS), 최신형 예인식 소나체계 및 대잠작전 최적화 헬기(2024년 시호크(MH-60R) 도입) 등 성능이 보강됐다. 대어뢰 기만기는 SLQ-261K 장착, 전자전대응은 SLQ-200(V)K로 독자화, 국산화에

성공했다. 기존 SPY-1 계열 레이더는 패시브 방식으로, 360도 동시 표적 대응력이 이론상 70% 수준으로 떨어진다는 지적과 함께, 시 스키밍(Sea Skimming)하며 기동하는 수발의 초음속 미사일에는 취약 지점이 일부 존재함이 확인된다. 이에 Batch-II선 보조 3차원 레이더 등 보완장비 도입이 논의된다. 2025년 이후 Batch-III 및 차세대 레이더들은 한층 향상된 전방위 · 저탐지 표적 추적 능력, 사이버전 대응력, 고속 데이터 연결력까지 확보됐다.

해군 이지스함은 미 해군 알레이버크급, 일본 아타고급과 같은 플라이트 2A 개량형의 범주에 속하나, 기준배수량, 무장셀 수, 전자전 통합, 작전 효율 면에선 세계 최상위권으로 평가받는다. 최근 '정조대왕함' 등 Batch-II 투입과 함께 향후 함대방공 및 탄도미사일 방어 전력의 중추 역할이 강화될 전망이다. 최신예 대잠헬기(MH-60R), 하이브리드 추진계통(HED), 통합데이터링크, 국산화 전투체계 등은 국내 방위산업 기술력의 상징으로 부상한 상태다.

무장

Mk41VLS 발사기-앞갑판 48셀, 후방 헬기 격납고 32셀 등 모두 80셀(후방에 KVLS 발사기 혼재)
스탠더드 대공미사일+천룡 국산 순항미사일(사거리 500km) 32발+홍상어 대잠미사일(사거리 19km) 16발 등 총 48셀로 전체 128셀 장착. 해성 대함미사일(사거리 150km) 발사관 4연장 4조 연돌 사이 배치. 함수 127mm Mkmod4 62구경장 함포 1문(사거리 36km, 사거리연장탄의 경우 100km 이상). 21연장 RAM 근접방어미사일 1기, 골키퍼 CIWS 기관포 1문, 3연장 대잠어뢰 2조, 대잠헬기 2대 운용.

제원

톤수	기준배수량 7,650t, 만재 1만290t
크기	길이 165m × 폭 21.4m
동력	LM2500 가스터빈 4기를 중심으로 COGAG 방식
속도	최고 30kt 이상
항속거리	5,000nm(14kt 시)
탑승인원	110명(장교 15명)
제작사	HD현대중공업, 대우조선해양

정조대왕급 이지스구축함

King Jeongjo-class Aegis Destroyer(DDG)

정조대왕급 이지스 구축함(광개토-Ⅲ Batch-Ⅱ)은 해군의 차세대 이지스 전력으로, 핵심 방위자산이자 현존 최상위의 해상 방공 · 대잠 · 미사일 방어 능력을 갖춘 최신예 구축함이다. 정조대왕급은 선도함 정조대왕함을 포함해 총 3척이 건조 · 운용 또는 건조 중이며, 세종대왕급 대비 전장, 배수량, 전투체계 등 모든 면에서 혁신적 확장을 이뤘다.

정조대왕급 구축함은 길이 170m, 경하 배수량 8,200톤(만재 시 약 1만톤 이상)으로, 기존 세종대왕급 대비 4m 길게, 600톤 더 무겁게 설계됐다. 최대 속력은 30노트, 승조원 300명 내외이며, 스텔스 설계와 전자전 대응 능력이 대폭 향상됐다.

탑재 무장은 국내외 수직발사체계(VLS)와 VLS-Ⅱ로 대표되며, 총 88개의 셀에서 함대공미사일(SM-2/SM-3/SM-6), 해궁, 현무-3 순항미사일, 홍상어, 초음속 대함미사일, 전술탄도탄 등 한미 양국의 전략무기 운용이 가능하다. 특히 AN/SPY-1D(V) 다기능 위상배열 레이더, 이지스 베이스라인 9.C2 전투체계 및 탄도미사일방어(BMD 5.1) 시스템, 적외선 · 전자광학 추적장치 등 첨단 센서를 통해 기존 대비 표적 탐지 · 추적 성능이 2배 이상 강화됐다.

통합소나체계는 국방과학연구소(ADD)에서 개발, 함수 소나 · 예인배열음탐 · 저주파가변심도음탐(VDS) 등 3중 음탐 조합으로, 잠수함 탐지성능도 3배 향상된 것으로 평가된다. 추진 계통은 1.7MW급 전동기 2대를 포함한 보조추진체계를 추가해 연비와 저소음, 유지보수 측면에 혁신을 꾀했다.

정조대왕급 이지스구축함 1번함 정조대왕함(DDG-995)은 조선 제22대 임금이자 실학 · 개혁군주 정조의 이름을 땄다. 2022년 7월 진수, 2024년 12월 취역. 대한민국 해역의 다층방어, 전구(全區) 미사일 대응의 최전선에 투입되며, 첨단 레이더, 신형 소나 및 SM-3, 초음속 대함무장 등 국내외 최첨단 전

해군 광개토-Ⅲ 사업(Batch-Ⅱ)의 두 번째 이지스구축함인 다산정약용함(DDG)이
2025년 9월 17일 울산 HD현대중공업 조선소에서 진수식을 거행했다.

제원	
경하톤수	약 8,200톤급
길이/폭	170m / 21m
소나체계	통합소나체계, 선체 고정형 음탐기, 저주파 능동 예인 음탐기, 다기능 수동 예인 음탐기
추진체계	가스터빈 4대 + HED 2대 HED (하이브리드 전기 추진체계, Hybrid Electric Drive)
주요무장	127mm/62구경장 KMk. 45 Mod 4 함포
CIWS	레이시온 Phalanx Block 1B 근접방어무기체계 x2
미사일(대함)	SSM-700K 해성 함대함유도탄 4연장발사관 x2
미사일(VLS)	총 88셀
함수	KVLS-I 16셀, Mk.41 VLS 32셀
함미	KVLS-II 24셀, Mk.41 VLS 16셀 해궁 근거리대함유도탄방어유도탄 홍상어 장거리대잠어뢰(ASROC) 해룡 전술함대지 유도탄 해성-II 함대지 순항미사일 SM-2 MR Block IIIB 함대공유도탄 SM-6 장거리함대공유도탄 한국형 초음속 대함미사일
어뢰	324mm KMk. 32 Mod 5 3연장어뢰발사관 x2, 청상어 경어뢰 폭뢰
해상작전헬기	MH-60R 2대, AW-159 2대 등
제작사	HD현대중공업

력이 집약됐다.

2번함 다산정약용함(DDG-996)은 실학자 다산 정약용의 호를 따 '다산정약용함'이라 명명했다. 2025년 9월 17일, 울산 HD현대중공업 조선소에서 진수식을 거행했다. 다산정약용함은 2021년 건조계약 체결, 2023년 7월 착공식, 2024년 3월 기공식을 거쳐 이날 진수됐다. 진수 후 단계별 시운전을 거쳐 2026년 말 해군에 인도되고, 전력화 과정을 거쳐 기동함대사령부에 실전 배치될 예정이다.

3번함(DDG-997)은 2025년 현재 울산 HD현대중공업 도크에서 건조가 한창이다. 초고속 선체 블록 조립, 장비 장착, 첨단 소나 · 이지스 체계 탑재가 빠르게 진행 중이며, 해군은 조만간 3번함 명칭과 진수일정을 공개할 계획이다. 한반도 해역 방위의 '마지막 퍼즐'이며, 2028년까지 3척 모두 작전배치 예정이다.

정조대왕급 이지스 구축함 시리즈는 기술혁신, 방위력 강화, 해상자주국방이라는 대한민국 방산 · 해군 현대화의 집대성을 보여준다. 기존 세종대왕급보다 화력 · 방어 · 탐지 · 지휘능력 모두 진일보했으며, SM-3를 비롯해 '차기 초음속 대함미사일' 등 신무장 통합도 예정돼 있다. 국내 소나와 미래형 통합전장체계, 적외선/전자광학 추적, 저피탐(스텔스) 설계, 그리고 에너지 효율적 전동기 추진까지, 대한민국 해군이 추구하는 21세기 스마트 해군력의 상징으로 평가받는다.

충무공 이순신급 구축함

Chungmugong Yisunshin class Destroyer Helicopter(DDH-Ⅱ)

DDH-Ⅱ 이순신급 구축함은 광개토대왕급(DDH-Ⅰ)에 뒤이어 해군 최초의 지역 방공함으로 건조된 전투함이다. 2003년부터 2008년까지 총 6척이 실전 배치됐으며, 만재배수량 약 4,200톤으로 설계됐다. DDH2는 DDH1 대비 대공, 대잠, 그리고 전자전 능력이 크게 개선됐고, 한층 발전한 스텔스 성능을 갖춘 점이 특징이다.

이순신급은 '개함 방공' 한계에서 벗어나 '지역 방공' 임무를 수행할 수 있도록 설계됐다. 애초 예산상의 제약으로 건조 물량 축소가 우려됐으나, 1990년대 중반 김영삼 정부 하에서 한일 관계 경색 및 해군력 증강 정책에 힘입어 구축함 건조 계획이 대폭 증액됐다.

DDH-Ⅱ의 핵심 설계 특징은 '다층 방공', 스텔스 설계, 피격을 고려한 대미지 컨트롤로 요약된다. 다층 방공망은 SM-2 장거리 함대공 미사일, RAM 근접방어 무기, 그리고 20mm 골키퍼 근접 무기 등의 조합으로 초음속 대함미사일 요격율을 향상시키는 구조다.

스텔스 기술은 프랑스 라파예트급에 영향을 받아 적용됐고, 선체를 최대한 단순화하며 약 10도 경사각을 도입했다. 콤팩트형 마스트로 레이더 반사면적(RCS)을 80~90% 줄였으며, 연돌 및 기관부에 적외선 차단재를 채택했다. 또한 핼리팩스급에 검증된 적외선 억제 시스템을 국산화해 배출 적외선량을 95%까지 감소시켰다. 음향 스텔스 설계도 도입돼 잠수함이나 어뢰 위협에도 대응력을 높였다.

대미지 컨트롤 시스템은 NBC(화생방) 경보장치와 여압 시스템이 적용돼 오염물질 침투를 차단하고 있다. 선체는 파편에 강한 고장력강으로 제작됐고, 각 구역마다 방화격문과 화재차단성이 우수한 소재를 사용했다. 화재탐지기 및 인터폰으로 중앙통제실과 기관실에 실시간 데미지 정보가 전달된다.

레이더 시스템은 2차원 대공레이더 AN/SPS-49(V)5(탐지거리 480km)와 3차원 레이더 MW-08(30km)로 구성된다. SM-2 미사일 유도를 위한 STIR 2.4 추적레이더 2기, 그리고 함포 거리 측정을 겸하는 다목적 레이더가 배치된다.

주요 무장으론 사거리 150km의 SSM-700K 해성 대함미사일 8기, 324mm 3연장 어뢰발사관 2문이 기본 장비다. 4번함 왕건함부터 '배치2'로 불리며, 한국형 수직발사시스템(KVLS)이 적용됐다. 최

근에는 국산 순항미사일 현무3C(사거리 약 1500km)와 해궁 함대공 미사일, LIG넥스원에서 개발한 선체 센서 및 통합 전투체계가 일부 탑재됐다는 점도 추가로 확인됐다.

최근 해군은 DDH-Ⅱ의 방공능력 강화를 위해 신형 대공레이더 업그레이드 작업과, 전자전 장비 장착을 선도함에 우선 적용중이며, 업무 자동화 및 선체 방호체계 성능 개선도 진행되고 있다.

제원	
만재톤수	5,500t
크기	149.5×17.4×7.3m
동력	CODOG / GE LM2500 / 가스터빈 엔진 2기(58,200마력/43.42MW) / MTU 디젤 엔진 2기(8,000마력/5.88MW) / 2축 추진(가변피치 프로펠러)
속도	최고 30kt 이상
항속거리	4,000해리 (18kt 시)
제작사	대우조선해양, HD현대중공업

센서	
전투정보시스템	BAe세마/삼성 KDCOM(SSCS Mk7) 리튼 KNTDS 링크 11
레이더	레이디온 SPS-49(V)5 대공레이더 시그널 MW08 대수상레이더 시그널 STIR 1.8 사통레이더 2기 대우 DTR 92 항법레이더-I밴드 UPX-27 IFF레이더
소나	STN 아틀라스 DSQS-21BZ
헬리콥터	웨스트랜드 Mk 99 슈퍼링스 해상작전용 헬기 2대
승조원	200명

무장	
미사일	RGM-84D 하푼 블록1C 8발(4연장 발사기 2개) 스탠더드 SM2 블록 3A(사거리 167km) + 32셀 Mk 41 수직발사기(VLS) RAM 블록 I + Mk 49 발사기-21연장 발사기
함포	UD 5인치(127mm) Mk 45 Mod 4 함포 1문 시그널 30mm 골키퍼 CIWS 1문
어뢰	324mm Mk 32 3연장 발사관 2기 얼라언트 테크시스템 Mk 46 Mod 5 어뢰

광개토대왕급 구축함

KwangGaeto THE GREAT class Destroyer Helicopter (DDH-Ⅰ)

광개토대왕급 구축함(현대 분류명 KDX-I)은 해군이 국내 독자 개발로 1998년부터 2000년까지 총 3척이 전력화된 3,900톤급 다목적 전투함으로, 해군 구축함의 본격적인 국산화 시대를 연 주력 함정이다. 광개토대왕급 사업은 1980년대 중반 대형 수상전투함 도입이 논의된 이래, 1990년 림팩 참가로 노후 전력의 한계가 드러나며 본격 개시됐다. 핵심 연구와 개발, 시제품 제작에서는 대우조선해양이 주도적 역할을 맡았고, 계약은 1993년 체결됐다.

함체 디자인은 1980년대 유럽에서 주로 운용된 MEKO 200급 대잠 프리깃함 계열과 유사해, 동시대 표준 구축함 설계 트렌드를 반영하고 있다. 전투 정보체계는 초기 영국 BAE SEMA사의 SSCS Mk7 기반 KDCOM 시스템이 중심축으로, 이후 2번함부터는 삼성전자(현 한화시스템)와의 기술 합작이 이뤄졌다. 센서와 레이더는 네덜란드 시그널(현 탈레스)사의 MW08 3차원 대공레이더, 레이시온사의 AN/SPS-49(V)5 2차원 레이더, 대우통신의 SPS-95K 수상감시레이더 등 서방 최신 시스템이 적용됐다.

주 무장 구성에는 오토멜라라 127mm 주포 1문, 골키퍼 CIWS 2문, 하푼 대함미사일, 16셀 VLS에 탑재된 시스패로 함대공 미사일, 324mm 어뢰 발사관 등이 포함돼 있다. 함재 헬기는 링스 대잠헬기 2대를 운용한다.

광개토대왕급의 주요 특징은 60~100m 저고도로 침투하는 대함공격기 식별이 최대 105km까지 가능하며, 대공표적 추적은 SPG-53(STIR 1.8) 조사기로 30km 범위 내에서 수행된다. 이에 따라 신속한 함대공미사일 대응능력을 갖췄다. 2020~2021년 성능개량사업을 통해 3척 모두 지휘 · 전투 시스템을 순수 국산화 장비로 대체, 표적관리능력과 정보처리 속도가 각각 3배, 100배 이상 향상됐다. 여기에 해군 전력망 연동을 위한 링크-16 탑재와 항재밍 GPS, 성능개량형 TASS 등 첨단 장비가 추가됐다. 성능개량에 따라 승조원 정원도 220여명 대로 감소하는 추세다.

2024년부터는 3척 모두 진해 기지 배속 청해부대 파견용 임무함으로 대체 운용 중이며, 공백은 차세대 호위함(인천급, 대구급 등)이 채운다. 광개토대왕급 구축함은 해군 최초의 본격적 국산 구축함이자, 임무별 신속 대응이 가능한 표준적 다목적 수상전투함으로 자리잡았다. 2020년대 이후 성능개량과 함께, 북한 SLBM 등 최신 위협대응을 위한 대잠 · 대공전력의 교두보 역할을 수행 중이다.

제원	
만재톤수	3,855t
크기	133.35×14.2×4.2m
동력	CODOG GE LM2500 가스터빈 엔진 2기(58,200마력/43.42MW) 20V956TB82 디젤 엔진 2기(8,000마력/5.88MW) 2축 추진 (가변피치 프로펠러)
속도	최고 30kt 이상
항속거리	4,500해리 (18kt 시)
탑승인원	170명(장교 15명)
제작사	대우조선해양

센서	
전투정보시스템	BAe세마/삼성 KDCOM(SSCS Mk7) 리튼 KNTDS 링크 11
사격통제시스템	SWG-1A(v) 하푼관제용 (함정 터미널) M k 91 Mod 3 시 스패로 사통시스템
레이더	레이디온 SPS-49(V)5 대공레이더 C/D 밴드 시그널 MW08 대수상레이더-G밴드 시그널 STIR 1.8 사통레이더 2개-I/J/K밴드 대우 DTR 92 항법레이더- I밴드 UPX-27 IFF레이더
소나	STN 아틀라스 DSQS-21BZ – 선체장착형, 능동 수색, 중주파
헬리콥터	웨스트랜드 Mk 99 슈퍼링스 해상작전용 헬기

무장	
미사일	보잉RGM-84D 하푼 블록1C 8발(4연장 발사기 2개) 마하 0.9로 130km까지 액티브 레이더 호밍; 탄두 227kg 레이디온 RIM-7P 시 스패로 16발 + Mk48 Mod 2 수직발사기(VLS) 마하 2.5로 14.6km까지 세미 액티브 레이더 호밍; 탄두 39kg
함포	오토브레다 5인치(127mm)/54 함포 1문 – 85도, 분당 45발, 16km까지 발사가능, 포탄 무게 32kg 탈레스 30mm 골키퍼 CIWS 2문 – 7열, 분당 4,200발, 사정거리 2km
어뢰	324mm Mk 32 3연장 발사관 2기 얼라언트 테크시스템 Mk 46 Mod 5 어뢰 – 대잠용, 속도 40kt, 액티브/패시브 호밍, 탄두 44kg 사정거리 11km
대응장비	CSEE 다게 Mk 2 채프 발사기 4기 SLQ-25 닉시 견인 어뢰 디코이 아르고 시스템 AR 700/APECS II ESM/ECM 센서

차기호위함 I 인천급 호위함

Incheon class Frigate(FFG BATCH-Ⅰ)

FFX 사업은 1998년 울산급 호위함을 대체할 목적으로 추진한 사업이다. FFG1은 6척이 건조됐다. FFG1 인천급 호위함은 신형 3차원 레이더, 대공 · 대함미사일, 소나 및 어뢰음향대항체계, 해상작전헬기 탑재 운용 등 우수한 대함·대잠·대공전 능력을 보유하고 있다. 특히 전투체계, 전자전장비, 유도탄 등 주요 장비의 국산화 비율이 90%를 넘는다. 2300t급인 경기함은 책임해역 감시와 방어, 해양통제권 확보, 해상교통로 보호 등의 임무를 수행하며, 최대속도 30노트(55.5km)에 승조원은 120여 명이다. 1번함 인천함(2,300t)은 2011년 4월 29일 진수했다. 2번함 경기함은 2014년 후반기에 해군에 인도됐고, 전력화 과정을 거친 후 2015년 실전에 배치됐다. 3번함인 전북함은 2014년 후반기에 해군에 인도됐고, 전력화 과정을 거친 후 2015년 실전 배치됐다. 4번함 강원함은 인수평가 기간을 거쳐 2016년 해군에 인도됐다. 5번함 충북함은 인수평가 기간을 거쳐 2016년 해군에 인도되어 실전 배치됐다. 6번함 광주함은 인수평가 기간을 거쳐 2017년 여름에 인도돼 작전에 투입하고 있다.

제원	
건조 업체	HD현대중공업, STX
경하배수량	2,500톤
만재배수량	3,200톤
전장	114m
전폭	14m
흘수	4m
승조원	140명
최고 속력	30노트 (약 56km/h)
순항 속력	18노트 (약 33km/h)
항속거리	약 8,300km
제작사	HD현대중공업, STX조선해양
추진	
방식	CODOG
기관	제너럴 일렉트릭 LM2500 가스터빈 × 2기 MTU 12V 1163 TB83 디젤 엔진 × 2기
레이더	3차원 대공 SPS-550K 사격통제 SPG-540K 목표 추적 SAQ-540K 소나고정식 SQS-240K
데이터링크	Link-11/Link-K
교란체계	전자전 LIG넥스원 SLQ-200(V)K 소나타
어뢰 기만	SLQ-260K 예인식 어뢰 탐지기 SLQ-261K 음향식 어뢰 대항 장비
채프/플레어	KDAGAIE Mk.2

차기호위함 II 대구급 호위함

Daegu Class Guided Missile Frigate(FFX Batch-II)

신형 호위함(FFX Batch-II) 8번함인 춘천함은 해군에서 운영 중인 1,500톤급 호위함(FF)과 1,000톤급 초계함(PCC)을 대체하기 위해 건조됐다. 춘천함은 2023년 3월 22일 울산 HD현대중공업에서 진수식을 가졌다. 춘천함은 길이 122미터, 폭 14미터, 높이 35미터, 경하톤수는 2,800톤으로 무장은 5인치 함포, 함대함유도탄, 전술함대지유도탄, 근접방어무기체계 등을 갖추고 있다. 해상작전 헬기 1대를 운용할 수 있다. 엔진은 가스터빈과 추진 전동기를 사용하는 하이브리드 추진체계로 수중방사소음을 줄였으며, 선체고정음탐기(HMS)와 예인선 배열음탐기(TASS) 및 장거리 대잠어뢰(홍상어)를 탑재하여 잠수함 탐지/공격 능력을 향상했다.

해군은 특별시 · 광역시와 도, 도청소재지, 시 단위급 중소도시 지명을 호위함 함명으로 사용해 온 함명 제정 원칙 등에 따라 신형 호위함(FFX Batch-II) 8번 함의 함명을 춘천함으로 명명했다. 참고로 1번함 대구함을 비롯, 2번함(경남함), 3번함(서울함), 4번함(동해함), 5번함(대전함), 6번함(포항함), 7번함(천안함) 순으로 도시 이름이 매겨졌다.

춘천함은 이전에도 한 번 사용되었던 함정명으로 1946년 미국으로부터 인수한 상륙정을 춘천정(LCI-103)으로 명명했었다. 이후 춘천정은 조선해양경비대원들의 교육훈련 지원 등 다양한 임무를 수행하였으며, 1949년 보조정으로 전환되었다가 1956년 7월에 퇴역했다.

해군은 춘천함 전력화를 통해 수상함 · 잠수함 표적에 대한 탐지 및 공격능력을 전투력을 크게 향상하게 시킬 수 있으며, 특히 강화된 대잠수함 능력을 바탕으로 동해 NLL을 수호하는 핵심 역할을 담당하게 될 것이다. 춘천함은 혼합형(하이브리드) 추진체계 탑재로 대잠작전 능력이 강화되고 함대함유도탄 등 최첨단 국산 무기를 탑재함으로써 향후 해역함대의 주력함으로서 역할을 할 것으로 기대된다. 춘천함은 시운전 평가 기간을 거쳐 2023년 말 해군에 인도되며, 이후 전력화 과정을 마치고 실전 배치돼 동해 NLL 수호의 핵심 전력으로 활약할 예정이다.

차기호위함Ⅲ 충남급 호위함

Chungnam class Frigate(FFG-III)

충남급(울산급 Batch-Ⅲ)은 해군이 운용 중인 구형 울산급 호위함과 포항급 초계함을 대체하기 위해 2006년부터 본격 추진된 차세대 3,600톤급 스텔스 호위함(FFG)이다. HD현대중공업이 탐색·설계·건조를 담당했으며, 2016년 12월 26일 약 166억 원에 개발 계약이 체결됐고, 2024년 12월 18일 선도함 충남함(FFG-828)이 해군에 공식 인도됐다. Batch-Ⅲ 시리즈의 첫 함정인 충남함은 약 6개월 간 전력화 평가를 거쳐 연말 작전 배치를 앞두고 있다.

울산급 Batch-Ⅲ는 전 세대 대구급(FFG-Ⅱ)을 계승하되, 함정 길이가 7m 늘어나고, 중앙부 외형이 각지고 매끄럽게 개선돼 레이더 반사면적(RCS)이 크게 줄었다. 복합센서마스트 및 4면 고정식 다기능 위상배열레이더(한국형 AESA) 탑재로 대공·대함 표적 전방위 탐지·추적 능력이 강화됐다. 하이브리드(디젤+가스터빈) 추진체계를 적용해 수중 생존성·은밀성 역시 전 세대 대비 한층 높아졌다.

주 센서는 한화시스템 개발의 다기능 위상 배열 레이더(ISA, 4면 고정식)가 장착되어 360도 다중 표적 동시 탐지·추적·분류가 가능하다. 복합센서마스트는 IRST 등 전방위 적외선 탐지장비까지 통합, 자동화된 대공·대잠 통합 작전 효율이 대폭 증대됐다. 전투 체계는 국산 KNTDS 기반의 실시간 통제 시스템이며, 근접 방어는 최초로 팔랑스 CIWS를 적용했다.

충남급은 5인치 함포, 국산 해궁 함대공유도탄, 홍상어 대잠유도탄, 해성-1 및 해룡 전술 함대지유도탄, 첨단 어뢰를 운용한다. 한국형수직발사체계(KVLS, 16셀)에 함대공·함대지·대잠 미사일을 복합 탑재한다. 한미 헬기 격납고 추가로 실질적 해상작전헬기 운용을 지원하며, 대공·대함·대잠 임무를 동시 수행 가능하다. 전 구성품이 국산화돼 군수 및 유지 효율성까지 높다.

2025년 6월, Batch-Ⅲ 두 번째 함정 경북함이 진수됐고, 이어 '전남함'이 2025년 11월 25일 진수됐다. 전남함도 같은 3,600톤급 사양과 복합센서마스트, 국산 위상배열레이더, 하이브리드 추진체계, 팔랑스 CIWS 등 기본 구조와 장비를 공유한다. 세 척 모두 같은 스텔스·센서·무장·작전 구조를 갖추며, 공식 발표에 따르면 논란이나 오류 없이 순차적으로 해군 전력화가 진행 중이다. 해군과 방위사업청은 Batch-Ⅲ 계열 함정 6척을 2020년대 말까지 순차 인도 받아 노후 함정 교체 및 해역함대 전력현대화를 가속할 계획이다.

제원	
배수량	3,200t(경하) / 3,700t(만재)
크기	122.6m/14.5m/4.15m
추진	가스터빈 x1, 디젤 발전기 x4, 전기 모터
속도	최대 30 노트 / 경제 18 노트
승조원	100여명
제작사	HD현대중공업/SK 오션플랜트/한화오션

충남급 1번함 충남함.

해군의 울산급 Batch-Ⅲ 3번함인 전남함(FFG, 3600톤급)이 진수식을 앞둔 11월 24일 경남 고성군 SK오션플랜트 안벽에 정박돼 있다.

한국형 차기 구축함(KDDX)

Korean Destroyer Next-Generation(KDDX)

제원	
배수량	6,000t(경하)
무장	KMk-45 Mod 4 127mm 62구경 함포 x1, MK15 팔랑스 Block 1B 20mm CIWS x1, VLS 80 cell, SSM-700K 해성 대함 유도탄 16기, 324mm 3연장 어뢰 발사관 x2
승조원	300명
제작사	한화오션/HD현대중공업

한국형 차기 구축함(KDDX)은 대한민국 해군이 추진하는 미래형 복합 전투함으로, 전 세계적으로 주목받고 있다. 이 사업은 7조 8,000억 원 규모의 예산이 투입되어 총 6척의 함정을 건조하며, 2030년대 이후 한반도 해역의 핵심 전력으로 자리매김할 것으로 예상된다. KDDX는 이지스함급을 도입한 'KDX' 사업의 후속으로, 주력 전투함의 세대교체를 목표로 한다. 기존 세종대왕급 구축함의 운용 부담을 낮추고 잠수함 · 미사일 위협에 능동적으로 대응하기 위해 개발이 시작됐다. 수상함전력의 절대적 우위를 확보하고, 방산기술의 독립을 이끌어내는 상징적 사업이다.

이 함정은 경하 배수량 6,000~7,100톤, 길이 약 155m, 최대속력 약 30노트로 알려져 있다. 탑재된 전기추진체계와 스텔스 설계는 한국 해군 전력의 신기원으로 평가받는다. 선체, 무장, 전투체계는 거의 모든 부분이 국산화되어, 국내 기술의 집약체라 할 수 있다.

KDDX의 핵심 장비는 듀얼밴드 AESA 레이더와 통합마스트, AI 기반 전투정보처리체계다. 대공 · 대함 · 대지 · 대잠은 물론 탄도미사일 탐지 · 추적까지 수행한다. 수직발사체계(KVLS-II)에는 해상형 L-SAM, 해궁, 초음속 대함미사일(사거리 300~500km), 대잠미사일 홍상어, 함대지 순항미사일(사거리 1,500km)이 탑재된다. 근접방어와 장거리 방공 모두 국산 무기들이 적용될 예정이다. 전투체계와 추진체계의 첨단화는 유 · 무인 복합 운용을 지향한다. 향후 KDDX는 해군 · 공군 간 통합 교전 능력, AI · 무인기 전력 운용 등 미래 전장 환경에 맞춰 기술 진화가 이루어질 전망이다.

KDDX 사업은 사업자 선정방식(상생안 · 공동개발) 논란 속에서도 2025년 12월 분과위와 방위사업추진위원회에서 선도함 건조 방식과 사업자 구도가 사실상 최종 정리될 것이라는 점에서 분수령을 맞고 있다. HD현대중공업 · 한화오션의 보안 감점, 사업 지연, ROC(작전요구성능) 진화적 적용은 공식 자료 기준에 부합하는 방향으로 조정되었고, 두 업체 간 과열 경쟁으로 2년 가까이 표류했던 구조를 완화하기 위해 '공동설계 · 상생안'이 유력 대안으로 다시 부상한 상태다.

정조대왕급 추가건조론은 일부에서 제기되지만, 완전 국산 전투체계와 차세대 설계를 특징으로 하는 KDDX의 기술적 상징성과 중 · 장기 해양전력 다각화 필요성을 이유로 반대 의견도 만만치 않다. 한국형 차기 구축함(KDDX)은 국내 방산기술의 집약체로 평가되며 미래 해양전력의 핵심축으로 자리매김할 사업이지만, 당초 2029년 선도함 전력화 · 2030년대 실전배치 목표가 업체 간 갈등과 평가제도 혼선, 보안 논란 탓에 약 2년 지연되면서 전력 공백 우려가 꾸준히 제기되고 있다.

KDDX가 차질을 빚으면서 우리 해군의 세력 균형 유지에도 빨간불이 켜졌다. 최근 중국과 북한의 해군력 증강 역시 안보 불안의 직접적 요인으로 지적된다. 중국 인민해방군 해군은 055형(만톤급) 대형 구축함과 052D형 이지스 구축함을 다수 진수하며 '근해 해양 강국' 전략을 가속하고 있다. 이미 055형 구축함은 8척 이상 실전배치

됐고, 052D형은 20척 이상 건조에 성공해 동아시아 해역에서 전력 우위를 과시한다. 반면 북한은 신형 3,000톤급 수상함과 신포급(만재 3,000톤 미만) 신형 잠수함을 진수하며, 해상 SLBM 능력까지 갖춰나가고 있다. 단거리 대함미사일, 신형 잠수함 세력 등 도발 위험은 과거보다 훨씬 커진 상태다. 이처럼 KDDX 사업의 조속한 추진은 단순히 기술진화와 국산화율 제고뿐 아니라, 삼면이 바다인 한반도의 전력 공백을 막고 주변국 세력증강에 실질적으로 대응하기 위해 사업의 조속한 개시가 절박한 과제로 떠올랐다.

한국형 차기 구축함(KDDX) 이미지.

울산급 호위함

Ulsan Class Frigate(FF)

FF 울산급 호위함은 1981~1993년 사이에 9척을 건조, 취역한 최초의 한국형 호위함이다. 미 해군의 노후 퇴역 전투함을 인수해 사용하다 우리 손으로 건조한 기념비적 함정이다. 우리 해군과 조선소들은 울산급의 경험과 자신감을 통해 1990년대 DDH1 구축함을 건조할 수 있는 기반을 다졌다. 함대함 미사일전을 대비한 플랫폼을 마련해 대북 해군전력을 한 단계 끌어올리는 기틀을 마련했다는 평가를 받고 있다. 그러나 울산급은 2010년대 들어 노후화가 급격히 진행되는 바람에 현재 대체사업으로 FFX 건조사업을 진행 중이다. 울산급 호위함은 2025년 11월 현재 2척을 보유 중이다.

제원	
만재배수량	약 1,900t
길이	102m
폭	11.5m
추진기관	CODOG
최대속도	30노트
무장	하푼 대함미사일 4연장 발사관 2조, 76mm 함포 2문, 30mm 2연장 기관포 4문(1~4번함), 40mm 연장 기관포 3문(5번함부터), 324mm 3연장 대잠어뢰 2조, 폭뢰투하기 2기
승조원	150명
제작사	HD현대중공업

초계함

Patrol Combat Corvette (PCC)

포항급 초계함

Pohang class Patrol Combat Corvette (PCC)

PCC 포항급 초계함은 우리 해군 현대화의 시작을 상징하는 전투함이다. 1984년부터 1993년까지 24척을 취역시켜 우리 해군의 '허리'를 담당하고 있다. 해군은 울산급 호위함을 대량으로 건조할 수 없어, 그 대안으로 포항급 초계함을 다운그레이드한 전투함으로 만들었다. 총 24척 중 초기함인 1~4번함은 엑조세 대함미사일을 장착해 북한의 스틱스 대함미사일을 장착한 오사급 미사일 고속정을 견제하는 임무를 맡겼다. 현재는 하푼, 해성 대함미사일이 장착돼 있고, 2000년 12월 미군의 기어링급 구축함이 퇴역하면서 옮겨 실은 것들이다. 한편, 2010년 3월 포항급 초계함 천안함이 북한의 어뢰공격으로 침몰하면서 우리 해군의 포항급 초계함은 2척 이다.

제원	
만재톤수	약 1,220t
길이	88.3m
폭	10m
항해속도	32노트 (최대)
항해거리	약 7,400km
승조원	약 80~95명

윤영하급 유도탄고속함

Yoon Youngha class Patrol Killer Guided Missile(PKG)

PKG 윤영하급 미사일 고속함은 기본배수량 400t급 워터제트 추진 함정이다. 해군은 18척을 건조했다. 1차로 2003년부터 2010년까지 9척을 건조했다. PK-B 차기 고속정 사업은 참수리급을 대체하기 위한 것으로, 기존의 참수리급 개량보다 새로운 함정을 개발하는 것에 무게를 두고 추진하고 있다.

PK는 본격적인 스텔스 고속정으로 설계돼, 북한의 대함미사일을 회피할 수 있도록 설계했다. 76mm급 함포와 해성 국산 대함미사일을 장착한다. 고속함의 기본배수량은 350t이다. 대공전투능력과 수상 근접전을 고려해 대형함보다 낮은 수준의 대공레이더와 열영상 장비를 장착해 제

한된 전천후 전투능력을 갖췄다.

윤영하급 고속함은 참수리급보다는 강력한 공격력과 은밀성을 갖고 있어 생존성이 우수한 초계정이다. PKG는 만재배수량 570t이다. 함형은 미사일 장착형(PKG)과 일반형(PK-B) 두 가지로 나뉜다. 1차 사업으로 건조한 9척은 모두 미사일 장착형이다. 한진중공업에서 2003년부터 1번함 건조에 착수했고, 2006년 여름 진수했다. 2004년 8월 해군은 1번함을 인도받았고, 2008년 12월 작전에 투입했다. 2010년까지 9번함을 건조 완료하고, 2~4 번함은 2010년 취역, 5~9번함은 2011년 상반기에 취역시켰다. 10~12번함은 STX조선에서 건조해, 2012년까지 전력화했다. 13~15번함은 한진중공업, 최종 16~18번함은 STX 중공업에서 건조했다.

제원	
만재톤수	570t
크기	63m×9m
동력	CODAG 방식(가스터빈 2기-LM500형, 디젤 2기-MTU16V1163형), 출력 2만6,780마력
속도	최고 41kt 이상
	항속거리 2,400해리(18kt 시)
탑승인원	40명
무장	해성 대함미사일 4기, 76mm 단장포 1문, 40mm 2연장 1문
제작사	한진중공업 등

참수리급 고속정

Chamsuri class Patrol Boat(PKM)

PKM 참수리급 고속정은 1978년부터 건조한 연안작전용 고속정이다. 해군은 2025년 11월 현재 26척을 보유하고 있다. 단일급 고속정으로 북한 해군의 다양한 연안 함정을 직접 상대하며 우리 해군 로우급 전력의 최일선 임무를 수행하고 있다. 참수리급 고속정은 제1, 2, 3차 연평해전을 통해 '백병전'이나 다름없는 근접교전으로 서해 NLL(북방한계선)을 사수해 왔다.

제원	
만재배수량	148t
길이	37m
폭	6.9m
추진기관	디젤 2기, 2축 출력 6,000마력
속도	37노트
승조원	31명
무장(전기형)	30mm 2연장 기관포 1문, 40mm 보포스 건 1문, 20mm 시 발칸 1문 /후기형 40mm 기관포 1문, 20mm 기관포 2문
제작사	STX조선

참수리-II급 유도로켓 탑재 고속정 (PKMR BATCH-I ,II)

Chamsuri-II class Patrol boat Killer Medium, Rocket(PKMR)

검독수리-B 계열 신형 고속정은 2016년 7월 28일 부산 영도 한진중공업에서 초도함인 참수리-211호정이 진수되어 국내 해군 연안방어의 핵심으로 부상했다. 이 PKMR(Patrol Killer Medium Rocket) 고속정은 기존 참수리급의 노후 문제를 극복하고, 최신 전자 · 화력 체계로 서해와 동해의 연안을 지키는 주력 전력이다.

최근 방위사업청과 해군 공식 발표에 따르면, 검독수리-B Batch-I 사업은 총 16척이 계약되어 2022년 말까지 해군에 모두 인도 완료됐다. 2024년 하반기에는 Batch-II 사업이 새롭게 시작되어, 추가 18척의 건조가 이미 진행 중이며, 성능 개량과 최신 전투체계 적용으로 실전 운용 능력과 생존성이 크게 높아질 전망이다.

PKMR은 두 기의 130mm 6연장 발사대를 통해 최대 12발의 유도로켓을 운용하는데, 이 로켓은 기존 K-136 다연장 로켓에서 파생된 초음속 단거리 대함 무기다. 사거리는 약 25km, 최대 속도는 마하 2.0에 도달한다. 유도 방식은 관성항법장치(IMU)와 GPS 신호를 결합해 지령유도와 열영상(IR) 종말 유도를 실현한다. 이는 미군의 저비용 유도로켓(LOGIR)에 도입된 일부 핵심 기술을 적용한 것으로 평가받는다. 최근 ADD와 LIG넥스원이 명중률과 운용 신뢰성 향상에 성공했으며, 국산화율 또한 90% 이상에 달한다.

방어력 측면에선 독일 라인메탈의 MASS(Multi Ammunition Softkill System)가 탑재되어, 4×8 배열의 총 32발 기만탄을 통해 RF, IR, UV 등 다영역 위협에 유연하게 대

제원	
배수량	경하 210t
크기	44.7m/7.06m/4.0m
승조원	20여명
추진	CODAG 방식, General Electric LM500 가스터빈, STX/MTU 16V 1163 TB93 디젤 엔진, 3기의 워터제트
속도	최대 40 노트/ 경제 25 노트
무장	현대위아 76mm 62구경 함포x1, 130mm 12연장 발사대(대함 유도로켓), 12.7mm RCWS x2, 폭뢰 투하대 x2(KH740 폭뢰)
생존대응체계	SLQ-201K 소형 전자전 체계(ES), MASS 채프/플레어 발사기
지휘 무장 통제	해군 전술 지휘 통제 체계(KNTDS) Link 11
레이더	SPS-540K 3D 탐색 레이더, SPS-300K 2D 대수상 레이더, 한화 시스템 전자광학 추적장비(EOTS)
제작사	한진중공업

응한다. MASS 시스템의 대응 속도는 2.5초 이내로, 최근에는 RF 기능을 추가한 '코너 리플렉터(OCR) 런처'가 장착되어 전자전 기만능력이 향상됐다. 한화 시스템이 생산을 담당하며, 2025년 상반기까지 최신 개량형이 추가 공급된다는 소식이 있다.

전자전(EW) 부분에서는 LIG넥스원이 제작한 SLQ-210K 계열 전자전지원장비(ESM)가 탑재된다. SLQ-210K는 빅텍(VICTEK)에서 개발된 함정용 ESM 시스템으로, 기존 KD2/3 구축함과 독도함의 체계를 기반으로 발전시킨 최신형이다. 전탐체계 기반의 발전형이 PKMR Batch-II에 확대 적용되며, 해군의 통합 전자전 능력에 중대한 역할을 맡는다.

군 관계자들에 따르면, PKMR 계열 고속정 도입은 기존 참수리급의 취약했던 방어 체계와 노후된 무장 부분을 획기적으로 개선해, 북한 공기부양정과 초근거리 공격에 더욱 효과적으로 대응하는 무기로 자리매김했다는 평가다. PKMR은 현재 해군 '연안 방어' 능력의 대표적인 주력함으로 확고히 자리잡았다.

2024년 11월 12일 포항 인근 동해 상에서 미국 제너럴 아토믹스(General Atomics)의 고정익 무인기 모하비(Mojave) 시제기가 해군 대형수송함(LPH) 독도함 비행갑판 위로 이륙하고 있다. 한국 해군에서 대형 고정익 항공기를 운용한 것은 이번이 처음이다. 모하비는 기존 무인기와 비슷한 최대 1.5t의 무장을 탑재하지만 이착륙 거리가 100m 안팎으로 짧다. 개발을 완료할 경우 독도함이나 우리나라 비상활주로에서 활용할 수 있다.

독도급 대형수송함 독도함

Dokdo class Landing Platform Helicopter Dokdo(LPH-Ⅰ)

해군의 대형수송함(LPH)인 독도함은 2005년 7월 진수, 2007년 7월 취역한 우리 해군 최초의 항모형 전갑판 함정이다. 길이 약 200m, 만재배수량 약 1만9000톤 규모로, 프랑스 미스트랄급과 같은 우수한 근대 상륙함의 선체 설계를 도입했다. 최대 속도는 22노트에 달하며, 7~10대의 헬기와 700명 이상 상륙병력을 수송할 수 있다. 공기부양정(LCAC) 2척과 1000톤 이상의 물자도 실을 수 있다.

현재 해군은 독도함(1번함), 그리고 2021년 실전 배치된 마라도함(2번함) 등, 총 2척의 독도급 대형수송함을 운용 중이다. 독도함은 평상시 기동함대의 기함과 해상 헬기 플랫폼 역할을 하며, 유사시에는 상륙작전을 통제하는 입체 지휘함으로 활용된다. 함 내 100여 개 콘솔과 50여 개 워크스테이션의 통합지휘소, 전투정보실(CIC), 합동정보실(JIC), 함대지휘소 등 첨단 지휘통제 시설을 갖췄다.

함정에는 최대 탐지거리 400km, 1000개 목표 동시 탐지가 가능한 탈레스사의 3차원 조기경보 레이더 Smart-L과 100km 탐지거리의 정밀유도 레이더 MW-08 등 고성능 센서로 상륙지역 공중 감시 · 항공기 착함 유도 · 저고도 미사일 탐지 능력을 발휘한다. 탑재 헬기는 중형 다목적 기종으로, 수색구조 · 소해 · 상륙작전 지원 등 다양한 임무에 투입된다.

2024년 10월 독도함 성능개량사업이 본격 착수됐다. 2027년까지 개량이 완료되면 지휘 · 통제 및 전장관리 능력, 영해방위능력이 대폭 향상되며, 무인기 운용이 가능한 플랫폼으로 거듭날 전망이다.

제원	
만재배수량	1만9,000t
크기	200m
폭	32m
추진	디젤 엔진 4기 (4만1,615마력)
승무원	400명+해병대 700명
제작사	한진중공업
성능	
속도	22kt
항속거리	12kt에서 1만5,000마일
수송능력	전차 10대, LCAC 2척,
헬기	10대
포	골키퍼 30mm 근접방어무기 2기, 램 근접방어용 미사일 1기

독도급 대형수송함 마라도함

Dokdo class Landing Platform Helicopter Marado(LPH1)

마라도함(LPH-6112)은 해군이 운용하는 두 번째 독도급 대형수송함이다. 독도함(LPH-6111)이 2007년 아시아 최대 상륙함으로 첫 취역한 이후 약 14년 만에 후속함이 전력화된 것이다. 방위사업청과 한진중공업은 2014년 12월 건조 계약을 체결한 뒤, 2016년 11월 강재 절단식을 시작으로 함체 건조에 본격 착수했다. 마라도함은 2018년 5월 14일 부산 영도조선소에서 진수됐고 약 3년간의 시운전 및 시험평가를 거친 끝에 2021년 6월 28일 공식 취역, 현재 진해 해군기지에 배치돼 상륙전력의 중추로 활약하고 있다.

마라도함은 만재배수량 1만9,000톤, 길이 199.4m, 폭 31.4m, 최대 속력 23노트로 국내 최대 규모를 자랑한다. 최대 1,000여 명의 병력과 각종 장갑차, 차량을 실을 수 있으며, 10대의 헬기와 2대의 공기부양정(LSF-II) 동시 탑재가 가능하다. 특히 독도함 실전 운용 경험을 바탕으로 다수의 첨단 신기술이 도입됐다.

대표적으로 갑판 내열 · 구조 강화로 V-22 오스프리 등 수직이착륙기 운용이 가능해졌으며, 항공관제소(FLYCO) 위치 및 형상 변경, 고정식 대공레이더와 무인기 · 드론 통합 운용체계가 도입돼 항공 · 해상 작전 효율성이 크게 향상됐다. 더불어 미래 전장을 대비해 각종 국산 무기체계, 대함 유도탄 방어체계까지 단계적으로 탑재가 추진 중이다.

운용 임무는 상륙작전 및 해상작전 지휘 · 통제를 비롯해 해난사고 구조, 대규모 재난 대비 구조지원본부, 해외재외국민 철수 작전, 국제평화유지활동 등 폭넓다. 실제로 마라도함은 진수 이후 잇따라 대규모 해상훈련 및 재난대비 구조지원 실적을 쌓으면서 첨단 해군 다목적 플랫폼의 진면목을 드러내고 있다.

최근 마라도함과 독도함에서는 해군이 고정익 무인기 운용 전투실험을 실제 해상에서 성공적으로 실시하며, 유 · 무인 복합 해양전투단(MuM-T) 구축을 적극 추진 중이다. 특히 미국산 대형 무인기 '모하비'가 함정 비행갑판에서 이륙하는 사례가 공개되었고, 향후 경항공모함 대신 차세대 지휘함에서 다수 무인기와 유인 전력을 통합 운용하는 전략적 시범사업이 병행되고 있다. 이러한 실험 · 운용 성과는 우리 해군이 무인체계, 드론, 신형 지휘통제체계 연동을 미래전장 환경에 맞춰 선도적으로 도입하고 있음을 단적으로 보여준다.

마라도함은 해군이 추진 중인 2030년대 경항모 개발 계획에도 기술 · 운용 경험이 교두보 역할을 할 것으로 관측된다. 마라도함은 해군의 미래지향적 전력 강화와 최신 상륙작전술, 다목적 해상임무, 재난구조 및 평시 인도지원 등 다양한 임무에서 실질적 위상을 높여가고 있다.

상륙함

Landing Ship

고준봉급 상륙함

GoJunBong class Landing Ship Tank (LST)

해군은 LST1 고준봉급 전차상륙함을 1993~1999년 사이에 4척을 취역시켰다. 해군은 미국산 구형 전차상륙함 LST를 대체하려는 목적으로 건조사업을 시작했다. 국내 건조사들은 이미 미국산 구형 전차상륙함 설계를 현대화시킨 독자 모델을 인도네시아와 베네수엘라에 수출하고 있었다. 따라서 국내 설계 건조는 무리 없이 진행돼 1993년 1척, 1997년 1척, 1999년 2척을 건조할 수 있었다. 전투물자 수용규모는 최대 1800t이지만, 통상 690t을 작전 적재선으로 하고 있다.

제원	
만재배수량	4,278t
길이	112.5m
폭	15.3m
추진기관	디젤 2기, 2축
출력	1만2,800마력
최대속도	16노트
무장	40mm 2연장 기관포 1문 (1~4번함), 20mm 시 발칸 2문
승조원	169명
상륙부대	200명, 상륙용 장갑차 15대
제작사	한진중공업

천왕봉급 상륙함

Chunwangbong class Landing Ships, Tank-II(LST-II)

상륙작전이 주 임무인 LST2 천왕봉급 상륙함은 길이 126m에 최대속도은 23노트이다. 함 승조원은 120여 명이며, 완전 무장한 상륙군 300여 명, 상륙정(LCM), 전차, 상륙돌격장갑차를 동시에 탑재 가능하다. 상륙헬기를 2대까지 이 · 착함시킬 수 있다. 천왕봉함은 평시에는 기지와 도서에 대한 병력, 장비 및 물자 수송, 국지분쟁 시 신속대응전력 수송, PKO 평화유지활동 등을 지원한다.

차기상륙함 천왕봉함은 기존 상륙함에 비해 속도가 5kt 이상 증가했고, 헬기 착륙장도 2개소로 늘어나 기동능력이 배가돼 초수평선 상륙작전(Over the Horizon Amphibious Operation · 해안선에서의 가시거리 및 레이더 탐지범위 밖으로부터 발진되는 상륙작전) 수행이 가능하다.

또한 국내개발 전투체계와 상륙작전지휘소가 신설됐고, 방탄설계 적용구역과 방화격벽이 강화돼 함정 생존성이 한층 더 높아졌다. 전투체계, 레이더, 함포 등 주요 장비의 국산화율은 96%에 이른다. 해군은 상륙함정에 '적지에 상륙해 고지를 탈환한다'는 의미로 지명도가 높은 봉우리명으로 함명을 부여하고 있다. 해군은 현재 4척을 확보한 상태이다.

제원	
톤수	4,500t
길이/폭	126m , 19m
최대속도	23kt(약 40km)
승조원	120여명
탑재능력	완전무장 상륙군 300여명,
상륙정	LCM, 전차/야포/상륙헬기

고속상륙정 솔개

Solgae Landing Ship Fast (LSF)

공기부양식 고속상륙정 솔개 2(LSF2)는 독도함 탑재 공기부양정(LCAC)이다. 미 해군의 LCAC를 바탕으로 재설계한 함정이다. LSF1은 솔개를 의미한다. 1989년 공기부양정 솔개를 개발한 기술적 노하우를 바탕으로 한진중공업이 건조를 담당했다. LSF2는 설계 초기에 약간의 개념 혼란도 있었다. 독도함의 웰 데크에 맞도록 특별히 설계돼 미 해군의 LCAC보다 크기가 약간 작다. 최대 탑재량은 90t, 한반도의 복잡한 해안선을 고려해 미 해군의 LCAC와는 다른 통제구조를 갖고 있다.

즉, 선체를 부양시키는 시커트의 저항, 내항성, 복원성 등에 중요한 영향을 미치는 부분이 독자적으로 설계됐다. 방향을 조종하는 팬과 방향타도 새로 개발됐다. 함체는 기계적 특성, 구조효율, 강성(剛性), 가공성, 내부식성, 보수성(補修性), 가격 등을 종합적으로 고려해 5456 알루미늄 합금을 재료로 사용했다. 균열 탐지를 위해 선체 도색을 하지 않았다.

미 해군의 LCAC와 비슷한 40노트 이상, 항속거리는 400km로서 한반도 내에서 독자적인 상륙작전도 가능하다. 전차 1대 또는 55t의 장비를 실을 수 있다. 한편, 야간 상륙작전을 위해 야시계기 시스템(NIVS · Night Vision Imaging System) 장비를 운용할 수 있도록 조종실을 설계했다. 조종사와 부조종사는 헬멧에 부착된 야시경을 통해 상륙정을 조종한다.

해군은 LSF2를 2007년부터 도입해 현재 4척을 보유하고 있다. 추가로 총 5척을 건조할 계획이다.

제원	
만재톤수	155t
크기	26.8m × 14.3m
동력	가스터빈 4기, 출력 1만5,800마력, 덕티드 팬 2기
속도	최고 40kt
항속거리	400km(18kt 시)
승조원	5명
제작사	한진중공업

LCM-H 상륙정

LCM-H landing ship

LST2 천왕봉급 상륙함을 건조하면서 부속함정으로 LCM-H 상륙정 3척을 탑재한다. LCM-H는 스페인의 LCM-1E를 참고로 국내에서 건조한 상륙정이다. LCM-H 상륙정은 천왕봉급 함수에 2척을 올려 운반하고, 후방의 웰독에 나머지 1척을 싣는다. LCM-H 상륙정은 병력 100명 또는 K1 전차 1대를 수송할 수 있다. 2016 쌍룡훈련에 처음으로 등장해 대량의 물자를 신속하게 실어나르면서 깊은 인상을 남겼다. LCAC 공기부양 상륙정과는 비교할 수 없지만 로우급 상륙정으로서 효율적인 행정상륙의 핵심 수단이다.

제원	
만재배수량	110t
최대속도	20노트
순항속도	12노트
수송능력	병력 최대 100명이나 전차 1대
제작사	한진중공업

LCU 상륙정

Landing Craft Utility

LCU 상륙정은 저수심 항해와 접·이안이 가능한 평저선형으로 도서기지, 해상 작전세력에 대한 군수지원 임무를 수행한다. 주로 서해안 또는 남해안 군소 규모의 낙도에 배치된 레이더 부대와 소규모 해병대 전진배치 부대의 보급물자 지원 용도로 사용하고 있다. 제2차 세계대전형 상륙정으로, 전투용이라기보다 후속 상륙, 즉 행정상륙용으로 운용한다. 따라서 전시보다 평시 운용 비중이 높다.

제원	
만재배수량	390t
길이	41m
폭	8m
추진기관	디젤 2기, 2축
출력	580마력
속도	13노트
승조원	16명
물자	34t이나 최대 80명의 상륙부대 탑승
제작사	한진중공업

무레나 공기부양정

Murena Air-cushion vehicle

무레나(Murena)는 러시아어로 '바다뱀'을 의미하며, 해군이 러시아로부터 도입한 대형 공기부양정을 일컫는다. 무레나는 불곰사업의 일환으로 2005년 1척, 2006년 2척, 총 3척이 순차적으로 도입됐다. 불곰사업은 1991년 한 · 러 경협차관의 원금 및 이자 일부를 러시아산 무기 등 현물로 상환받은 대표적인 무기 거래다.

무레나는 상륙부대 지원용이 아닌, 적의 해상침투 및 상륙작전에 대응하는 방어용 함정으로 운용된다. 영국산 그리폰과 비교해 길이와 폭이 모두 크며, 함수에는 러시아산 30mm 개틀링 기관포 2문이 장착되어 있어, 근거리 방어능력이 우수하다. 주요 수송능력으로는 전차 1대 또는 병력 130명을 탑재할 수 있다.

최근 무레나 공기부양정이 현역 운용에서 예비역 장비(치장물자)로 전환되었다는 사실이 확인됐다. 이에 따라 기존에는 노후화에 대응해 정비와 성능개량 사업이 지속적으로 이뤄졌으나, 현재는 실전배치에서 물러나 비상시를 대비한 예비물자로 분류됐다. 이로 인해 대체 전력 확보의 필요성은 더욱 부각되고 있다.

제원	
만재톤수	150t
크기	30.4m×13.1m
동력	가스터빈 2기 출력 8,000마력, 덕티드 팬 2기
속도	최고 55kts
탑승인원	14명
무장	30mm 개틀링 건 2문
제작사	러시아 로스브론엑스포트

제원	
만재배수량	880t
길이	59.4m
폭	10.5m
추진기관	디젤 2기, 2축 출력 4,000마력
속도	15노트
승조원	50명
무장	20mm 시 발칸 1문, M60 기관총 2정 등
제작사	강남조선

양양급 기뢰탐색소해함

Yang-Yang class Mine Sweeper and Hunter(MSH)

MSH 양양급 소해함은 미국제 블루버드급 소해정을 강경급으로 대체한 이후, 본격적인 소해 작전을 위해 도입된 국산 소해정이다. 1999년 이후 6척을 보유하고 있다. 스왈로급의 확대 개량형으로 분류된다. 브루드 기뢰처리기 2기, 심도소해구 2기, 감응소해구 등을 탑재해 작전에 투입한다.

강경급 기뢰탐색함

Ganggyung class Mine Hunter Coastal(MHC)

1986~1994년 사이에 취역한 MCS 강경급 소해정은 우리 해군 최초의 국산 소해정이다. 이탈리아 레리시급을 바탕으로 설계됐다. 1980년대 초 해군의 소해 능력은 북한과 비교해 매우 취약했다. 소해함정은 턱없이 부족했으며, 운용 중인 함정은 연식이 오래된 노후 함정뿐이었다. 복합 감응기뢰에 대한 소해 능력도 부족해 기존의 연안 소해함을 개조하거나 신형 함정의 추가 도입이 절실했다. 해군은 당시 진행 중이던 율곡계획에 기뢰탐색함의 초도함 건조를 반영했다. 1983년 해군은 자체적으로 설계를 시작, 이듬해 기본설계를 완료하고, 강남조선과 건조 계약을 체결한 뒤 1986년 8월 첫 번째 국산 기뢰탐색함 '강경함'을 진수시켰다.

강경급 소해정은 소해함답게 선체 주재료가 강철이 아닌 자성을 띠지 않는 FRP(섬유강화플라스틱)이며, 선체뿐만 아니라 함정 내부의 자성체를 엄격히 통제하기 위해 철로 만든 장비를 최소화했다. 또 얕은 수심에서 운용할 수 있도록 선체가 물에 잠기는 흘수(吃水)를 얕게 했으며, 보이스-슈나이더 프로펠러(VSP, Voith-Schneider Propeller)를 장착했다. 이 추진기는 개별 날개가 배의 밑바닥 원판에 수직으로 설치돼 있다. 날개 각도를 조절해 정지 상태를 유지하고, 전후 이동과 좌우 선회도 할 수 있다. 특히 함정의 속도와 위치를 자유롭게 조정할 수 있어 협소한 지역에서 저속으로 미세하게 움직여야 하는 소해함에 이상적이다.

제원	
만재배수량	507t
길이	46m
폭	8.3m
추진기관	디젤 2기, 2축 출력 2,040마력
속도	15노트
승조원	48명
장비	브루드 기뢰처리기 2기
무장	20mm 시 발칸 1문
제작사	강남조선

기뢰부설함 남포함

Nampo Mine Layer Ship(MSL-Ⅱ)

MSL.2 남포함은 해군의 두 번째 기뢰부설함이다. 2013년 5월 HD현대중공업에서 기본설계를 했고, 원산함의 문제점을 보완해 건조했다. 남포함은 스텔스 건조공법을 적용해, 적의 레이더 · 적외선 탐지장비에 의한 피탐 확률을 대폭 감소시켰다. 손상통제 · 화생방 보호체계는 물론 유도탄방어 유도무기, 어뢰음향 대항체계, 유도탄기만체계 등을 갖춰 함정 생존성을 한층 더 높였다.

특히 남포함의 자동 기뢰부설체계, 전투체계, 선체 고정 음파탐지기(소나·Sonar), 항해·탐색·추적 레이더, 어뢰, 76mm 함포 등 주요 장비의 90% 이상을 국산화했고, 2015년 5월 27일 진수한 남포함은 시운전을 마친 뒤 2016년 10월 해군에 실전배치했다.

남포함은 3000t급으로 승조원 120여 명을 태우고 최대속도 23노트(시속 42km)로 항해하며 작전을 수행한다. 전시에는 주요 항만과 해역에 기뢰를 부설하고, 기뢰 전대의 기함으로서 예하 함정을 지휘하게 된다. 또한 함정에 헬기를 이·착륙시킬 수 있는 헬기 갑판을 구비하여 수상 및 공중 입체작전 수행이 가능하다.

특히, 국내에서 개발한 기뢰부설체계, 전투체계, 선체 고정 음파탐지기(SONAR) 및 레이더 등 최신 무기체계를 탑재해 전투력이 우수하며, 결과적으로 해군의 기뢰작전 능력을 크게 향상시켰다.

제원	
배수량	3,300t(경하)
크기	114m/17m/5m
추진	MAN 디젤엔진
속도	23 노트(최대)
승조원	120명
제작사	HD현대중공업

기뢰부설함 원산함

Wonsan Mine Layer Ship(MSL-Ⅰ)

MSL1 원산함은 1997년 취역한 기뢰부설함이다. 76mm 오토브레다 함포 1문과 40mm 2연장 브레다 기관포 1문을 장착하고 있다. 그 때문에 외형상 대잠 초계함처럼 보인다. 해군은 원산함과 같은 함정을 추가로 확보하려 했으나, 예산문제로 1척만 확보했다. 기뢰부설 자동화 시스템은 영국 BAE시스템즈사 제품이다. 함포무장과 헬기 데크, 그리고 울산급 후기형과 같은 WSA 423 사격 통제 시스템 등으로 호위함과 초계함의 훈련함으로도 전용되고 있다.

제원	
만재배수량	3,400t
길이	103.8m
폭	15m
추진기관	디젤 4기, 2축
출력	1만7,200마력
속도	22노트
무장	76mm 단장포 1문, 40mm 2연장 기관포 2문, 324mm 3연장 대잠어뢰 2조, 기뢰 300개
제작사	HD현대중공업

특수함(AGS)

Auxiliary Gathering Ship

신천지급 해양 및 정찰정보 수집함 신천지함은 정보수집함(AGS)으로, 해군이 관리하고 특정부대에서 운용하고 있다. 신천지함은 서해 5도 감시용으로 운용하고 있고, 함미에 설치된 예인 배열 소나를 통해 음향 및 수중지형 탐색이 가능하다.

신세기급 해양 및 정찰정보 수집함 신세기함은 김대중 정부 시절 건조를 계획한 정보함(AGS)이다. 신천지함의 단일 선체형이 아닌 쌍동선, 즉 SWATH(Small Waterplane Area Twin Hulls) 형상으로 제작한 정보 수집함이다. 신세기함은 1999~2000년 사이 HD현대중공업이 건조를 시작해 2002년 5월경 진수했고, 2003년 실전에 배치한 것으로 알려졌다. 신세기함에는 음향 및 수중지형 탐색을 위해 저주파 예인 배열 소나를 갖추고 있으며, 국내 최초로 무인항공기(UAV)까지 탑재할 수 있는 공간을 확보한 정찰함이다.

신기원급 해양 및 정찰정보 수집함 신기원함은 최근 해군에 인도된 신형 정찰함이다. 신세기함 운용 미숙으로 인해 단일 선체형으로 건조한 것으로 추정된다. 시스템의 경우, 이전 정보함들과 동일한 것으로 추정되며, 신세기함과 동일하게 UAV를 운용할 수 있는 플랫폼이 설치돼 있다.

남양급 소형 잠수함 지원모함 남양함은 해군에서 운용 중인 소형 잠수함들의 지원 모함(母艦)이다. 다도해함보다 먼저 등장한 잠수함 지원세력이다. 지원모함의 함미에 웰독(Well Dock)이라는 공간을 갖추고 ○척의 소형 잠수함을 수납할 수 있다. 함내에는 감압 챔버가 설비돼 있어 유사시 구조임무에도 투입될 수 있다.

다도해급 소형 잠수함 지원모함 다도해함은 첫 번째 도입한 남양함처럼 소형 잠수함들의 지원모함이다. 남양함과 함께 1980년대에 기공돼 1990년경 취역했다. 남양함과 동일한 임무를 수행하고 있으나, 선체 외형이 다르고, 무장을 갖춘 지원 모함이다.

장생 혹은 대동급 트롤어선 장생 혹은 대동급 트롤어선은 해군이 보유한 선박 가운데 보안 등급이 높은 함정이다. 대동급 트롤어선은 해양수산부에서 비밀리에 도입해 운용하고 있다. 이들 함정의 주요 임무는 기존 전투함들의 대잠 역할을 보완하는 것으로 추정되며, 대동급 트롤어선은 천안함 폭침의 '스모킹 건'(결정적 증거)인 북 잠수정 발사 중어뢰 CHT-02D를 회수하기도 했다.

청해진급 잠수함 구조함

Cheonghaejin class Submarine Rescue Ship(ASR)

청해진급 잠수함 구조함(ASR)은 해군 최초의 본격적인 잠수함 구조전력으로, 1996년 5월 취역한 청해진함(ASR-21)을 모함으로 한다. 이 함정은 영국의 잠수정 LR-5 설계를 참고해 국산화 개량한 LR-5K 심해구조정(DSRV)을 탑재하고 있으며, 최대 500m급 심도에서 인명구조 임무를 수행할 수 있다. 수중탐색용 수중 전화, 음파탐지기(Sonar), 잠수정 운용 크레인 등 각종 구난장비를 갖췄고, 배수량은 약 4,300톤, 전장은 103m 규모다. 또한 산소 공급, 감압지원, 의무시설을 완비해 조난 잠수함 승조원 구조 후 생리적 복구까지 지원한다. 청해진급은 해군 잠수함 전력의 급속한 확장기에 맞춰 구난능력을 보완한 핵심 지원전력으로 평가된다.

제원	
만재배수량	4,300t
길이	102.8m
폭	16.4m
추진기관	디젤 전기식(디젤 4기, 발전기 2기), 2축
출력	5,440마력
속도	18노트
승조원	130명
제작사	HD현대중공업

강화도급 잠수함 구조함-II

Ganghwa-do Class Submarine Rescue Ship(ASR)-II

제원	
톤수	5,600톤
길이/폭	120m/19m
주요장비	심해잠수구조정, 수중무인탐사기, 선체고정음탐기 등
제작사	한화오션

잠수함구조함(ASR)-II 강화도함이 2024년 11월 1일 경남 거제에 있는 한화오션에서 관계자들이 참석한 가운데 해군에 인도됐다. 2018년 12월 건조계약을 체결한 강화도함은 2020년 착공식 및 기공식을 거쳐 인도됨으로써, 해군의 구조전력은 수상함구조함인 통영함, 광양함과 잠수함구조함인 청해진함, 강화도함 등 총 4척 체제로 완편되고, 구조작전 수행 능력이 크게 향상될 것으로 전망된다.

강화도함은 기존 잠수함구조함인 청해진함보다 함정의 길이와 폭, 경하배수량 등 규모가 증가했고, 연간 작전 수행 가능 일수는 약 350일로, 청해진함의 연간 약 190일에 비해 큰 폭으로 늘어 구조작전 효과가 크게 향상됐다.

특히 강화도함은 함정 중앙의 바닥 통로(Center Well)를 통해 심해잠수구조정(DSRV)을 진수 · 회수하는 방식으로 건조돼, 기존 청해진함의 함미에 설치된 A자형 크레인을 사용해 DSRV를 진수 · 회수하는 방식에 비해, 기상의 영향을 현저하게 덜 받아 악천후 속에서도 구조작전을 수행할 수 있다.

통영급 수상함 구조함

Tongyeong class Salvage and Rescue Ship(ATS)

ATS2 통영급 수상함 구조함은 고장으로 기동이 불가능하거나 좌초된 함정을 구조하고, 침몰 함정 · 항공기 탐색 및 인양 · 예인, 해상화재 진압, 기름유출 등 해상오염 방재 등 다양한 구조임무를 수행한다. 통영함은 기동 전단을 비롯한 우리 해군 함정의 대형화 추세와 기존 구조함의 노후화로 인한 대체전력 확보 필요성에 따라 2010년 10월 방위사업청과 대우조선해양 간 건조계약을 체결했고, 진수식 이후 시험평가 등을 거쳐 2014년 후반기에 해군에 인도됐다.

수상함 구조함인 통영함은 전장 107.54m, 전폭 16.8m, 경하톤수 3,500t급으로 기존 구조함에 비해 대형화 및 최첨단 구조장비를 탑재하고 있다. 최대 속도이 21kt로 각종 해난사고 발생 시 보다 신속하게 구조임무를 수행할 수 있다.

예컨대 진해항에서 백령도 인근 해역까지 이동할 때 평택함이나 광양함은 이틀이 걸렸으나, 통영함은 하루면 가능하다. 통영함의 구조능력은 유압 권양기(捲揚機)를 이용해 직접 인양 시 윤영하급(PKG)을 인양할 수 있고, 대형 수송함을 예인할 수 있는 능력을 갖추고 있다.

사이드 스캔 소나(Side Scan Sonar)와 최대 수중 3000m까지 탐색할 수 있는 수중무인탐사기(ROV·Remotely Operated Vehicle)를 탑재해 기존 구조함에 비해 탐색능력이 향상됐다. 잠수요원(SSU)이 수심 90m에서 구조임무 수행을 할 수 있는 지원체계를 갖췄다. 또한 구조작전 시 파도와 조류, 바람의 영향으로부터 함정의 위치를 자동으로 보정해 주는 자동 함위(艦位) 유지 장치를 채택해 안정적으로 구조임무를 수행할 수 있다. 최대 8명까지(군의관 포함) 수용이 가능한 치료 챔버와 중형헬기가 이 · 착함할 수 있는 비행갑판을 갖춰 환자의 신속한 치료 및 이송이 가능하다. 현재 통영함과 광명함 등 2척을 운용중이다.

제원	
톤수(경하중량)	4,500t급
최대속도	24노트 (44km/h)
주요무장	76mm, 40mm급 함포, 대유도탄기만체계 등
승조원/실습생 수	100 여명 / 300여명

천지급 군수지원함

Cheonji class fast combat support ship(AOE)

천지급 군수지원함은 해군이 대양해군 건설을 위해 준비한 지원함이다. 기본배수량 7500t의 국산 군수보급함으로, 3척(1번함 1990년, 2번함 1997년, 3번함 1998년)을 취역시켰다. 함 전체 길이는 130m, 폭 17.8m, 추진기관 디젤, 최대 항해속도 20노트, 방어무장 40mm 노봉 2연장 기관포 2문을 장착했다. 탑재능력은 보급물자와 연료 4200t이며, 드라이 카고는 450t이다.

제원	
만재배수량	9,180t
길이	130m
폭	18m
동력	디젤
속도	20노트
무장	40mm 노봉 2연장 기관포 2문, 20mm 시 발칸 2문
탑재보급물자	4,200t, 드라이 카고 450t 드라이 카고 보급 포스트 2기,
급유	포스트 2기 장착
제작사	DSME

소양급 군수지원함

Soyang class fast combat support ship (AOE)

제원	
배수량	경하10,000톤, 만재23,000톤
길이/폭/흘수	190m/25m/8m
승조원	140명
추진체계	디젤 전기 하이브리드 추진(CODLAD)
속력	최대 24 knots / 순항 15 knots
항속거리	5,500NM
무장	팰렁스 Block 1B 20mm CIWS x1
대응체계	MASS 기만체계
보급능력	유류 1만톤 + 탄약 및 식료품 1천 톤
헬기	UH-60P 또는 수리온 1기(격납고 있음)
제작사	HD현대중공업

AOE2 군수지원함 소양함은 기동전단과 상륙기동부대의 해상 기동 군수지원 임무를 수행한다. 소양함은 해군의 1만t급 신형 군수지원함(AOE2)으로, 2016년 11월 29일 울산 HD현대중공업에서 진수했다.

군수지원함은 전투함이 항구에 정박할 필요 없이 해상에서 연료와 탄약, 주·부식 등을 보급받을 수 있도록 기동 군수지원 능력을 갖춘 함정이다. 1만t급 신형 군수지원함(AOE2) 소양함은 길이 190m·너비 25m의 크기에 최대 속도 24노트(약 44km/h)를 낼 수 있다. 연료유·탄약·주부식 등 보급물자 1만1050t을 적재할 수 있어 기존 천지급(AOE1) 군수지원함에 비해 적재능력이 2.3배 이상 향상됐다. 또한 보급물자를 채운 컨테이너를 선체에 직접 실을 수 있어 보급물자 적재 속도가 향상됐고, 헬기를 이용한 수직보급 및 인원 이송이 가능하도록 비행갑판과 헬기 격납고를 갖췄다.

소양함의 추진체계는 전기모터와 디젤엔진을 선택적으로 사용할 수 있는 하이브리드 체계를 적용해 천지급에 비해 함정 방사소음이 작고 연료를 덜 소모한다. 근접방어무기체계(CIWS)와 대유도탄기만체계를 장착하고 소화방수 체계 보강 · 이중선체 적용 등을 통해 함정 생존성을 향상시켰다.

해군은 천지함, 대청함, 화천함에 이어 소양함을 보유하게 됨으로써 4척의 군수지원함(AOE-I)을 운용하게 됐다. 한편, 소양함은 인수시험평가를 거쳐 2017년 말 해군에 인도됐고, 전력화 과정을 거친 후 2018년 전반기에 작전에 투입했다. 한편, 방위사업청은 2024년 9월 노후화된 군수지원함을 대체할 소양급 군수지원함(AOE-II) 2번함의 건조 사업을 본격화하기로 했다.

한산도급 훈련함

Hansan-Do class Auxiliary Training Ship

훈련함(ATX:Auxiliary Training Ship) 체계개발 사업은 해군 최초로 원양 · 연안 항해실습 등을 위한 전용 훈련함을 확보하는 사업이다. 방위사업청은 HD현대중공업과 약 2600억원에 계약을 체결했다.

훈련함은 승조원 100여명, 실습생 300여명이 탑승해 실습이 가능한 대형 함정이다. 해군은 그동안 전용 훈련함이 없어 광개토-2급 구축함을 차출해 훈련함으로 사용했으나, 향후 훈련함이 전력화되면 이에 따른 전력 공백을 막을 수 있게 된다.

훈련함 설계 · 건조에 있어서 훈련용 전투체계 및 항해술, 갑판 운용술, 장비운용 숙달을 위한 훈련 지원체계 등을 탑재할 계획이다. 향후 훈련함이 전력화되면 해군은 사관생도 순항/연안훈련, 함정실습 지원 및 해난/재난사고 발생 시 구호활동 지원 등 다목적 지원함으로 운용할 계획이다.

훈련함에 스텔스 형상을 일부 적용하고, 훈련효과 극대화를 위한 실습공간을 효율적으로 배치하는 등 소요군의 요구사항을 적극 반영했다. 2020년까지 체계개발을 성공적으로 완료해 해군이 운용중이다.

제원	
톤수(경하중량)	4,500t 급
최대속도	24노트 (44km/h)
주요무장	76mm, 40mm급 함포, 대유도탄기만체계 등
승조원/실습생 수	100 여명 / 300여명
제작사	HD현대중공업

대잠전용 무인잠수정(ASWUUV)

Anti-Submarine Warfare Unmanned Underwater Vehicles (ASWUUVs)

무인잠수정(ASWUUV)은 해군이 대잠수함 작전에서 수중 정찰을 위해 운용할 무인잠수정을 체계개발하는 데 소요되는 핵심기술을 확보하기 위해 제작, 각종 기술실험에 활용하는 연구 시제(prototype)다.

제원	
전장×전폭×전고	7m×1.2m×1.2m
중량	3.7ton
운용일수	30일
운용수심	300m
운항속도	3knot
최대속도	8knot
제작사	한화시스템

무인항공기

Unmanned aerial vehicles

무인항공기는 단거리 및 원거리 해상 감시, 정찰, 광해역 해상초계 임무를 수행할 예정이다. 해군은 무인항공기를 자율비행과 스텔스 기술, 공격무기 등을 탑재해 전투 임무를 수행하도록 발전시킬 예정이다. 함정탑재 UAV S-100, 함탑재정찰용 UAV, 함대사정찰용 UAV, 전투용 UAV를 보유할 계획이다.

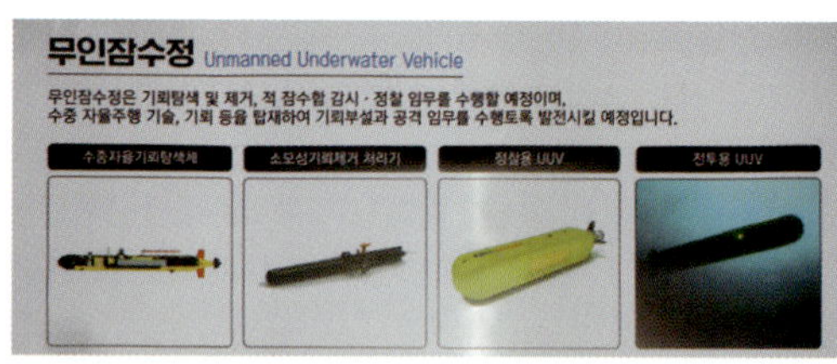

무인잠수정

Unmanned Submersibles

무인잠수정은 기뢰탐색 및 제거, 적 잠수함 가시 · 정찰임무를 수행할 예정이다. 무인잠수정은 수중 자율주행 기술, 기뢰 등을 탑재해 기뢰부설과 공격 임무를 수행토록 발전시킬 예정이다. 수중 자율기뢰 탐색체, 소모성 기뢰제거 처리기, 정찰용 UUV, 전투용 UUV를 보유할 예정이다.

수중자율기뢰탐색체

Autonomous Underwater Vehicle

수중자율기뢰탐색체(AUV)는 바닷속을 기어 계획된 위치로 자율 기동하면서 수중에 부설된 기뢰를 탐색하거나 수중물체에 대한 감시 · 정찰 임무를 수행할 수 있는 수중 무인체계다.

제원	
운용목적	수중 기뢰탐색
크기	2m(길이)×0.25(폭)m
무게	60kg
속도	0kts
운용시간	
수심	00시간(3kt 운용시), 0시간(7kts 운용시)
수심(최대)	000m
조류극복능력	전방위에서 5kts 이상의 조류 극복 가능
센서성능	전방주사소나(100m) 이상, 측면 주사 소나(60m 이상)
카메라 성능	수중 초음파 카메라(탐색 30m/ 식별 15m), 수중 광학 카메라(조도 감도 0.1LUX)
통신능력	RF통신(지휘통제: 10km 이상, 자료전송: 2km 이상)
기타	임무완수 후 지정된 위치로 자동 복귀
제작사	LIG넥스원

차세대 기뢰제거처리기

Mine Disposal Vehicle

차세대 기뢰제거처리기는 수중의 기뢰를 제거하기 위한 무인 체계로서 소해함 또는 자율무인잠수정(AUV)이 탐지한 기뢰에 접근해 자폭을 통해 제거하는 방식의 소모형 무인 기뢰처리기(MDV)다.

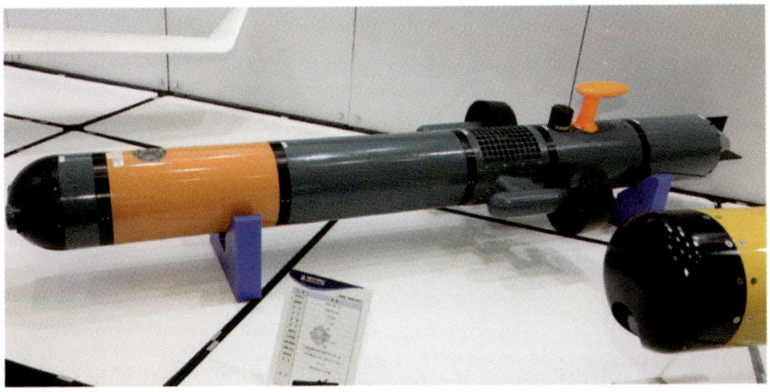

제원	
운용목적	기뢰탐색 및 제거
보류	5전단(예정)
크기	2m(길이)×0.2m(폭)
무게	50kg
속도	최대 0kts
운용시간	00시간(3.5kts 운용 시)
수심(최대)	000m
조류 극복능력	전방위에서 5kts 이상의 조류 극복 가능
센서성능	광학카메라(3m) 이상, 전방 소나(15m이내)
통신능력	유선 유도
기타	지정 위치로 자율주행
제작사	한화시스템

에이코브

ACOV

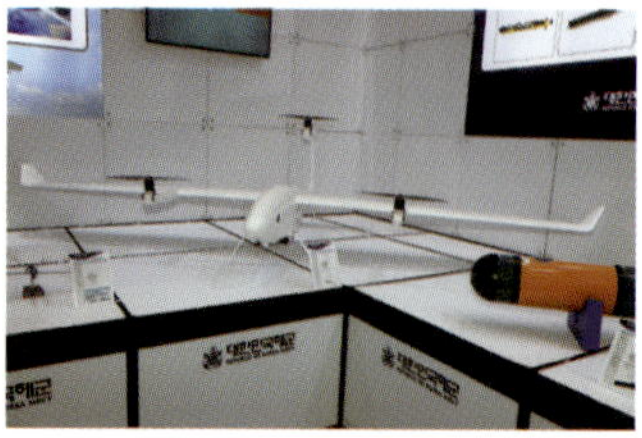

에이코브는 해군 작전사령부가 운용 중인 수직 이착륙형 감시 · 정찰 무인기다.

제원	
운용목적	감시정찰용
보유부대	해군 작전사령부
크기	1.9m(길이)x??m(폭, 날개 포함)×0.75m(전고)
무게	3kg
동력원	리튬이온 배터리
운용시간	약 90분
탑재장비	EO/IR
기타	수직이착륙형 무인기
제작사	한국UAV

중고도무인기(KUS-FS)

MAUAV KUS-FS

중고도무인기(KUS-FS)는 육해공 공통 중고도 정찰 무인기다. 이 중고도 무인기는 전장 13m, 전폭 25m, 전고 3m에 엔진은 약 1200마력, 최대 고도 4만 5,000ft, 최대 운용 시간은 24시간이다.

제원	
전장	13 m
전폭	25m
전고	3m
최대이륙중량	5,750kg
엔진	한화에어로스페이스 1,200 HP 터보프롭엔진
최대 속도	360km/h
순항 속도	000km/h
최고 운용고도	13km
운용 반경	500km
운용 시간	24시간
체계구성	
비행체	2~4대(EO/IR/SAR 포함)
	지상통제장비, 지상지원장비
제작사	대한항공

KNX-II

KNX-II

KNX-II는 인공지능 객체 인식 AI 딥러닝 소프트웨어 툴을 사용해 사전에 객체를 학습해, 조난을 탐색하거나, 적군을 탐지하는 데 활용할 수 있다. 이와 함께 객체와의 거리를 파악해, 실시간으로 객체의 좌표를 획득할 수 있다. 그리고 실시간 스트리밍 서버를 활용해 민군상황실에서 통합관제가 가능하도록 실시간으로 상황을 전파할 수 있다.

제원	
운용목적	정훈 업무 지원용(교육콘텐츠 촬영)
크기	360mm(길이)×360mm(폭)×160mm(높이)
무게	2kg
동력원	리튬이온배터리
운용시간	25분 이상
탑재장비	EO카메라
제작사	두시텍

항공기

Aircraft

해상초계기

Maritime Patrol Aircraft

P-8A 포세이돈이 2025년 7월 2일 포항 항공사령부 활주로에서 조종사 훈련을 위해 이륙하고 있다.

P-8A 포세이돈 해상초계기

Maritime Patrol Aircraft P-8A Poseidon

P-8A 포세이돈(Poseidon) 대잠초계기는 미 해군의 주력 대잠초계기로 자리를 잡아가고 있는 최신예 대잠초계기로서, 현존하는 세계 최고의 대잠초계기다. P-8A는 보잉(Boeing)의 737-800 항공기를 기반으로 새로운 날개를 도입해 항속거리와 체공시간 등을 크게 늘린 737-800ER 기종을 기본 플랫폼으로 했다. 포세이돈은 각종 첨단 임무장비를 통합한 대잠초계기로서 현존하는 서방측 대잠초계기 중 가장 큰 플랫폼을 보유하고 있다. 이 때문에 대잠임무 체공시간과 소노부이 탑재량, 대잠초계 구역면적, 최대이륙중량, 임무행동반경 등에서 타의 추종을 불허하고 있다. P-8A는 AESA 레이더와 ELINT 장비 등의 첨단 항전장비를 활용해 넓은 영역을 감시할 수 있다. 특히 AN/APY-10 레이더는 X밴드 AESA 레이더로서 다수의 채널에서 전자적으로 RF 송출 방향을 조향함으로써 X밴드 레이더임에도 불구하고 Ku 밴드 레이더와 같은 수준의 높은 신호 갱신율과 조밀한 각도 분해능, 대량의 표적 추적 능력을 보유하고 있다. 이 때문에 P-8A는 AESA 레이더를 활용하여 짧은 시간동안 넓은 영역에 걸쳐서 대량의 표적을 식별하고 추적할 수 있으며, 레이더의 탐지영역 바깥의 표적은 ELINT 장비로 식별, 탐지할 수 있다. 따라서 P-8A는 단순한 대잠초계기가 아닌 광역감시정찰수단이자 조기경보체계라고도 할 수 있을 것이다. 대량의 소노부이를 넓은 구역에 걸쳐서 투하, 고정할 수 있기 때문에 넓은 영역에 걸친 대잠수함 탐지, 추적이 가능하다.

포세이돈 초계기는 이를 활용함으로써 동일한 시간 동안 수행할 수 있는 임무의 규모와 질에 있어서 타 대잠초계기들과 비교대상이 되지 않는다. 이는 포세이돈의 독보적으로 긴 체공시간과 결합해 포세이돈 대잠초계기 1대가 1회 출격으로 타 대잠초계기 3대 이상이 투입되어야 가능한 임무를 완수할 수 있다. 이처럼 P-8A가 생성한 광역에 걸친 대량의 정보는 Link 16의 UHF 대역 데이터 링크의 한계를 극복한 MIDS-JTRS 시스템과 L3의 CDL(Common Data Link)를 통한 데이터 공유와 센서융합을 통해 더욱 신뢰성이 향상된다.

자체적으로 방대한 정보를 생성할 수 있으며, 네트워크를 통해 공유하는 대량의 정보를 통합함으로써 P-8A는 단순히 해상초계와 대잠초계를 담당하는 일개 작전 플랫폼에 그치지 않고 네트워크를 통한 지휘 통제의 중추로 기능을 하게 된다. 그야말로 네트워크 중심적인 시스템인 것이다.

이와 같이 네트워크 중심적인 광역 해상감시와 대잠초계의 정점에 서있는 P-8A는 최근 미 해군뿐만 아니라 호주 공군과 인도 해군도 도입함으로써 태평양에서 인도양에 걸친 거대한 2개 대양의 해양안보의 핵심 세력으로 부상하고 있다. 영국 공군 역시 방대한 북해와 대서양에서의 장거리 감시정찰임무와 대잠초계임무를 위해 P-8A 도입을 결정했다. 영국은 유럽 국가이지만 미국의 핵심 동맹국으로서 이미 극동 아시아와 태평양 지역의 안보를 위해 한국, 미국과 긴밀하게 협력하고 있다. 이처럼 P-8 포세이돈은 이미 한국의 안보와도 밀접한 관련이 있는 무기체계로 자리 잡았다.

제원	
기종	보잉 737-800ER
형식	쌍발 제트엔진 장거리 해상작전 / 대잠초계기
전장	129피트 5인치(39.47m)
	익폭 123피트 6인치(37.64m)
전고	42피트 1인치(12.83m)
공허중량	138,300lbs(62,730 kg)
최대이륙중량	189,200lbs(85,820kg)
엔진	GE CFM56-7B(27,000lbf) X 2
최대속력	907km/h
순항속력	815km/h
실용상승한도	41,000피트(12,496m)
항속거리	4,500nm(8,300 km)
항전장비	APY-10 다목적 능동위상배열레이더, MX-20HD 디지털 EO/IR, AN/ALQ-218 RWR/ESM/ELINT, AN/ALQ-240(V)1 ESM/EWSP(Electronic Warefare Self-Protection), APR-39B(V)2 RWR, AN/ALQ-213(V) EWMS(Electronic Warefare Management System), AN/AAQ-24 DIRCM, AN/ALE-55 FOTD(Fiber-Optic Towed Decoy), AN/ALE-47(V) 채프/플레어 디스펜서, UHF 밴드 Link 16 데이터 링크 터미널(MIDS-JTRS), Ku 밴드 CDL(Common Data Link) 등.
잠수함	탄화수소 탐지 센서 체계, 소노부이 발사기(대형 발사장치 3기, 중형 발사장치 2기, 소형 발사장치 3기), AN/SSQ-62 DICASS 소노부이, AN/SSQ-53 DIFAR 소노부이 등
탑재무기	경어뢰(MK.46, MK.54), 기뢰 및 대잠 폭뢰, AGM-84 하푼 공대함 미사일, AGM-84H/K SLAM-ER 공대함/공대지 순항 미사일 등
승무원	9명(조종사 2명, TACCO, Co-TACCO 등)
초도비행	2009년 4월 25일
제작사	보잉

제원

최고속도	405kt (750km/h)
항속거리	2,778km
엔진	앨리슨 T56-A-14 터보프롭엔진 (3,661kW; 4,910ehp) 4기
탑승	10명
제작사	록히드마틴

센서

APS-134 또는 APS-137(V)6 수색레이더, AAS-36 적외선 형상식별레이더(IRDS), ASQ-212 전술컴퓨터(업데이트 III), ASQ-81(v) MAD, 음탐부표(Sonobuoy) 84발

임무별 무장

ASW	Mk 46 Mod 5 어뢰 8발 또는 청상어기뢰 9발
ASV	하푼 미사일 6발

P-3C/P-3CK 오리온 해상초계기

Maritime Patrol Aircraft P-3C/P-3CK Orion

1995년 도입한 해상초계기(P-3C) 1차분 8대 중 6대가 P-3CK급으로 개량돼 해군에 인도됐다. 해군은 개량사업을 2018년에 마무리함에 따라 대잠전력이 향상될 것으로 기대하고 있다. 해상초계기 성능개량 사업은 1995년 해군이 도입한 해상초계기(P-3C)의 레이다, 음향탐지장비 등을 최신 디지털화한 임무장비로 교체하고, 동영상 전송장비, 선박자동식별장치 등을 신규 장착하는 등 대잠 및 대함 작전능력을 대폭 향상시키는 것이었다.

개량 사업은 2013년 3월 대한항공과 약 4000억 원에 계약을 체결했으며, 기체 창정비와 성능개량을 동시에 수행해 예산절감 및 항공기 가동률을 향상시키고, 국내 중소 협력업체들의 사업 참여를 통해 국산화 및 동반성장의 기회를 제공했다.

사업 현황

사업개요 : 약 4,000억 원을 투자해 1차 해상초계기(P-3C)의 주요 임무장비를 성능개량 하는 사업

사업추진 방식 : 기술협력생산(대한항공, 미국 L-3 COM)

추진경과 및 향후 계획

2010년 6월 : 소요결정(제248차 합동참모회의)

2011년 7월 : 사업추진 기본전략 의결(제51회 방추위)

2012년 11월 : 기술협력생산계획서 의결(제62회 방추위)

2013년 3월 : 계약 체결

2013년 9월 : 체계요구조건 검토회의(SRR)

2014년 1월 : 기본설계 검토회의(PDR)

2014년 5월 : 상세설계 검토회의(CDR)

2016년 4월 : 시험준비 검토회의(TRR)

2016년 4월 : 비행준비 검토회의(FRR)

2016년 7월 : 초도기(1호기) 출고

2016년 7월 ~2017년 10월 : 순차적으로 후속호기 출고

환태평양훈련(림팩)에 참가한 이지스구축함 서애류성룡함이 하와이 근해에서 처음으로 SM-2 대공미사일을 발사해 우리 함정으로 날아오는 2개의 표적을 요격하고 있다.

세계 최고 잠수함 킬러로 불리는 최신예 해상초계기-II 'P-8A 포세이돈' 3대 중 한 대가 2024년 6월 19일 포항 해군항공사령부에 착륙하고 있다.

NS →

제원	
전장(날개 포함)	15.24 m
전폭	3.05m(동체), 12.80m(날개포함)
전고	3.73 m
회전 면적	128.7㎡
공허 중량	3,300kg
최대 이륙중량	6,000 kg
엔진	LHTEC CTS800-4N 터보샤프트엔진x2기
엔진출력	CTS800-4N 1,361HP
최고속력	277km/h
최대 항속거리	490km
상승률	10.1m/s(1,983 ft/min)
실용 상승한도	4,570 m
최대 항속시간	2시간30분
승무원	조종사 2명+병력 5명
개발사	레오나르도헬리콥터사
제작사	레오나르도

AW-159 와일드캣

AW-159 Wildcat Helicopter

AW-159 와일드캣 해상작전 헬기는 지난 40년간 15개국의 운영 요구조건을 충족시킨 링스(Lynx) 헬기 계열로 개발됐다. 헬기는 자동 탐지, 식별과 교전, 대잠작전, 대함작전, 육상표적, 정보수집, 감시, 목표획득과 정찰(ISTAR), 특공임무 수행팀의 지휘와 통제, 대테러 임무, 긴급환자 후송 등 다양한 지원 임무 능력을 보유하고 있다.

성능도 우수하다. 3.5m/s 강하에서도 지속운행이 가능하도록 성능개량된 이·착륙장치, 갑판 안전성을 증가시키는 반고정식 로터헤드 장착, 비행갑판에서 헬기 안전을 보장하는 비행착함장치, 비행착함장치가 연결된 상태에서 정풍으로 이륙을 위해 헬기 회전이 가능하도록 하는 캐스터링 노즈 휠(Castoring nose wheel) 등이 그것이다.

AW-159는 혁신적인 360도 AESA(능동전자 배열 시스템 레이더)를 장착하고 있다. 이는 장거리 탐색능력을 포함한 정찰, 날씨, 장거리 탐지 모드에서 상세한 레이더 형상을 지상으로 생성할 수 있는 STRIP/SPOT 모드를 포함한 다양한 운용 모드를 제공한다.

이 시스템은 다양한 지상 및 육상 표적을 동시에 추적할 수 있도록 보다 성능이 개선됐다. 전자광학장비(EOD)는 자이로(gyro) 고정식이고, 레이저 거리계·지시기와 함께 색상과 적외선 수상기 형상을 제공한다. 이 시스템은 레이더에 접촉되는 주 · 야간 표적의 빠른 형상식별을 할 수 있게 하며, 제3자에게 목표물을 지정해 줄 수 있다.

MH-60R 해상작전 헬기

MH-60R Maritime Operations Helicopter

해군은 2024년 차기 해상작전헬기로 선정한 미국 록히드마틴 시콜스키사의 MH-60R 헬기 12대를 도입한다. MH-60R 헬기는 사실상 서방측의 표준 해상작전헬기로 채택국가가 늘어나고 있다. 미 해군의 기존 SH-60B/F 해상작전헬기를 통합 개량한 최종 버전이다.

미 해군은 차기 해상작전헬기 'LAMPS MkIII 계획'에 따라 블랙호크의 해상형으로 S-70B를 설계했고, 최초의 실용 기체로 SH-60B 시호크를 1983년 2월 완성했다. 이후 항공모함 항공단 전용으로 시스템을 줄여 만든 SH-60F 오션호크를 제작해 1991년부터 실전에 배치했다. 일본 해상자위대는 SH-60F와 비슷한 사양으로 SH-60J를 1991년부터 2005년까지 103대를 조달했다. 이후 성능을 대폭 끌어 올린 SH-60K를 도입했다.

MH-60R은 2005년부터 실전배치에 들어갔으며, 2017년에 미 해군의 표준 해상작전헬기로 단일화됐다. 주요 대잠임무 센서는 플래시 저주파디핑 소나, 합성개구레이더 기능이 들어 간 APS-153 다 모드 임무 레이더, AYK-14 미션 프로세서, UYS-2 강화형 모듈러 시그널 프로세서, ALQ-210 ESM, AAS-44 전방감시적외선 레이저, 조종석 디지털 칵핏 등이다.

제원	
길이	19.76m
폭	3.37m
높이	5.10m
기체중량	1만204kg
엔진	T700-GE-401C X2
최대속도	시속 260km
항속거리	2.7시간~3.3시간
승무원	3~4명
제작사	록히드마틴, 시콜스키

해군 해상작전헬기 MH-60R이 2025년 3월 5일
해군 2함대사령부에서 시험비행을 하고 있다.

WG-13 링스/슈퍼링스

WG-13 Lynx/Super Lynx Helicopter

슈퍼링스 해상작전 헬기(Mk 99/Mk 99A)는 1991년과 1999~2000년에 도입한 헬기다. 링스 Mk 99A형은 수중온도 정보가 화면에 나타나는 수중음탐기, 열상감지장비(FLIR), 전자전 지원장비(ESM), 위성위치정보시스템(GPS) 등을 장착한다. 슈퍼링스의 주무장인 시스쿠아(Sea Skua) 공대함 미사일은 사거리 약 15km로, 적 고속정 대응에 유효하다. 현재 슈퍼링스 헬기는 DDH1·2 DDG 이지스 구축함과 동서남해 전방기지에 전개돼 있다.

제원	
최고속도	150kt (277km/h)
항속거리	593km (320㎚)
엔진	롤스로이스 Gem 42-1 터보샤프트엔진(835kW; 1,120shp) 2기
탑승	4명
무장	시 스쿠아 공대함미사일 4발, 대잠임무 시 Mk44(또는 Mk46 Mod5) 어뢰 2발, 센서 페란티 시스프레이 Mk 3000 레이더+라칼 ESM(기본형), 벤딕스/킹 AQS-18(V) 디핑소나+ASQ-504(V) 자기이상 탐지기(MAD)(대잠형)
제작사	레오나르도 헬리콥터사

B–505 기초비행훈련 헬기

B-505 Basic Flight Training Helicopter

B–505 헬기는 2014 파리 에어쇼에서 Bell SLS(Short Light Single) 헬기로 처음 공개됐다. 벨 505 기초비행훈련헬기는 기존 벨 206 헬기의 로터 시스템과 같은 설계를 사용해 제작됐다. 금속과 복합재로 구성된 기체는 프랑스 샤프란 아리우스(Arrius 2R) 엔진을 사용한다. 항공기의 두뇌라 할 수 있는 듀얼 채널 통합디지털엔진제어장치(FADEC) 시스템을 채택했다. 벨505는 조종석에 가민(Garmin) G1000H 항공 전자 장비를 장착했다. 카고 후크 등 다양한 옵션이 있다. 2016년 루이지애나 주 라파예트 지역공항에 있는 격납고 시설에서 생산을 시작했다. 방위사업청은 2022년 4월 28일, 방사청은 육군, 해군의 최신형 기초비행 훈련용 헬기(THX) 기종으로 벨 505를 선정해 발표했다. 육군은 30여대, 해군은 10대 등 총 40여대를 도입할 예정이다. 2023년 11월 해군은 최초의 3대를 인수해 해군 기초비행훈련용으로 실전에 투입했다.

제원	
길이	12.93m
높이	3.25m
기체중량	989kg
최대이륙중량	1,669kg
엔진	1×Safran Arrius 2R turboshaft, 505마력
최대 속도	시속 232km/h
제작사	벨

소해헬기

Mine Countermeasures Helicopter(MCH)

한국항공우주산업(KAI)의 수리온 계열 소해헬기(마린온 기반 MCH)는 국산 상륙기동헬기에 기뢰 탐색 · 제거 체계를 얹은 '하늘의 기뢰 사냥꾼'으로, 2025년 6월 초도비행에 성공하며 8대를 도입하는 전력화 단계에 들어갔다. 해군 항만 · 해상교통로 · 상륙해안의 기뢰 제거를 전담하는 한국형 해상 기뢰대응(MCM) 플랫폼으로 설계돼, 기존 수리온 – 마린온으로 이어진 회전익 계열화의 정점을 이룬다.

KAI는 2022년 말 방위사업청과 약 3,400억 원대 소해헬기 체계개발 계약을 체결한 뒤, 마린온 기반 시제기 개발과 시험을 거쳐 2025년 6월 첫 비행에 성공했다. 시제기는 군 시험 · 평가를 거쳐 해군에 배치되며, 소해함과 연계한 '입체 기뢰전' 전력으로 운용될 예정이다.

소해헬기는 수리온 기반 해병대 상륙기동헬기 마린온(MUH-1)을 모체로 한 파생형으로, 기체 · 정비 인프라 · 교육체계를 공유해 운용 · 유지비 절감 효과가 기대된다. 방산업계는 이를 'K-헬기 해상 패키지'의 완성형으로 보고, 기뢰 위협이 큰 국가들을 향한 수출형 플랫폼으로서의 잠재력도 주목받고 있다.

소해헬기의 핵심 임무는 항만과 해상교통로, 상륙 예정 해안에 부설된 기뢰를 탐지 · 식별 · 제거해 아군 함정의 안전한 항로를 확보하는 것이다. 이를 통해 소해함 중심이던 기뢰전 구조를 헬기와 병행 운용하는 체계로 선환, 기동성과 대응 속도를 끌어올린다는 구상이다.

탑재 장비는 크게 세 축이다. 레이저 기뢰탐색장비는 상공에서 광범위 해역의 기뢰 의심 물체를 탐지하고, 수중자율 기뢰탐색체(AUV)는 헬기에서 투입돼 수중에서 기뢰를 정밀 탐색 · 식별한다. 무인기뢰 처리장비SMS 기뢰에 접근해 지향성 폭발물 등으로 직접 무력화한다. 여기에 MCH는 부유 기뢰를 사격으로 제거할 수 있도록 측면 무장 운용이 가능하도록 설계됐다는 점도 특징으로 꼽힌다.

소해헬기는 마린온에서 이어진 함상 운용 설계를 바탕으로, 접이식 로터 · 테일과 부식 방지 처리, 비상부주장치를 갖춰 해상 환경에서의 생존성과 운용성을 높였다. 출력 향상 엔진과 보조연료탱크를 적용해 체공시간을 늘리고, 4축 자동비행조종장치와 항전체계 업그레이드를 통해 야간 · 악천후 기뢰작전 수행능력을 높였다.

제원	
기반 기체	수리온 해상형 마린온 MUH-1 기반 소해 특화 파생형
형식	중형 쌍발 헬리콥터, 공중 기뢰대응 헬기
승무원	조종사 2명+탑승 운용요원(임무 장비 콘솔 운용 인원 포함)
전장(로터 포함)	약 19.0 m(마린온 · 수리온 계열 수치)
전폭(동체)	약 3.3 m 수준(수리온 동체 기준)
전고	약 5.0m(테일로터 포함, 수리온 기준)
최대이륙중량	약 8,700~8,700kg급, 1만9,200 lb급(수리온 · 마린온 공통급)
엔진	T700-701K 계열 쌍발 터보샤프트, 각 약 1,800 shp+급, FADEC 적용
최대 속도	약 140kn대 중반(수리온 146kn, 마린온 142kn급)
항속 거리	700~800km급(보조연료 포함, 마린온 · 파생형 기준)
체공 시간	약 2시간대(수리온 · 마린온 참고)
제작사	한국항공우주산업

UH-60P 블랙호크 기동헬기

UH-60P Blackhawk Helicopter

UH-60P 블랙호크 기동헬기(모델 S-70A-18)는 해군이 다용도 헬기로 운용하고 있다. 블랙호크는 범용기체로 함상 보급, 부상자 후송, 그리고 해군특수전여단(UDT/SEAL팀)의 침투 · 탈출 등의 임무에 사용되고 있다.

제원	
최고속도	150kt (277km/h)
항속거리	584km
엔진	GE T700-GE-701A 터보샤프트 엔진(1,285kW; 1,723shp) 2기
탑승	승무원 3명+좌석 8석(완전군장 11명, 최대 20명)
제작사	시콜스키

S-100 무인헬기

S-100 Unmanned Aerial Vehicle

해군이 현재 보유하고 있는 유일한 무인헬기는 오스트리아제 쉬벨(Schiebel)사 캠콥터(Camcopter) S-100이다. 원래 정보수집함에서 운용하는 정찰용 S-100 무인헬기를 해군이 인수해 정규편제 무기체계로 전환했다. S-100 무인헬기는 2019년 3월 해군사관학교 졸업식에서 처음으로 일반에 공개됐다.

S-100은 비좁은 함정 갑판에서 비교적 이 · 착함이 자유롭고, 수색정찰 때 제자리 비행하며 집중적으로 감시, 정찰할 수 있는 장점이 있다. 가격에 비해 성능이 뛰어나고 운용이 편리한 장점이 있어 베스트셀러 무인헬기로 인정받고 있다. 해군은 해상작전헬기 부대에 3기의 S-100을 배치해 무인항공기의 전술개념을 발전시켜 나가고 있다.

제원	
기체길이	3.11m
메인로터 길이	3.4m
높이	1.12m
자체중량	110kg
최고속도	240km/h
체공시간	6시간(34kg 탑재 시)
제작사	쉬벨

F406 캐러밴 다목적 항공기(CARV-II)

F406 Caravan Tow Target Plane

제원	
운용속도	229kt (424km/h)
항속거리	2,135km (1,350㎞)
엔진	휘트니&프랫 캐나다 PT6A-112 터보프롭(373kW;500shp) 2개
탑승	조종사 2명+승객 12명까지
센서	벤딕스/킹 RDS 82 기상레이더 등
제작사	REIMS AVIATION

F406 캐러밴 2는 1999년 해군이 도입한 캐러밴 표적 예인기(曳引機)다. 기존의 예인기로 쓰던 S-2C 트래커의 노후화로 도입한 다목적 쌍발기다. 프랑스 레임스 애비에이션(Reims Aviation)이 생산했다. 현재 해군은 캐러밴을 P-3C 조종사 양성용으로 운용 중이다.

함포

Naval Projectile

5인치/62 KMk45 Mod4 함포

5-inch/62 caliber KMk 45 Mod4 Lightweight Gun

Mk45 Mod4 5인치 함포는 미 해군의 주력 함포로, 현대위아에서 면허생산해 조달하고 있다. 기존 54구경 Mk45형 함포를 개량한 것이다. 포신을 장포신으로 교체했고, 쉴드를 스텔스화한 완전 자동포 시스템이다. 발사속도는 분당 20발, 부앙각도는 −15도에서 +65도로 사격할 수 있다. 사정거리는 기본탄으로는 24km다. 5인치 함포는 DDH2/ DDG 구축함에 이어 FFX 차기 호위함 주포로 선정돼 장착 수가 늘어난다. 명실상부한 해군의 주포로 자리 잡고 있다.

제원	
부앙각	−15~+65도
발사속도	분당 20발
사정거리	24km, ERGM탄 사용 시 116.7km
포탑중량	30t
제작사	현대 WIA

127mm/54 오토멜라라 함포

127mm/54caliber OTO Melara Compact Gun

127mm 오토멜라라 함포는 해군이 DDH1 광개토대왕급 구축함용으로 도입한 이탈리아산 함포다. Mk45 Mod4 함포가 실용화하기 전까지 서방 측 함포로는 가장 강력한 시스템이다. 오토멜라라 역시 완전 자동화 함포로 부앙각 –15도에서 +85도까지 사격이 가능해 Mk45 Mod4형보다 사격각도가 높아 헬기 같은 저속 항공기에 대한 대공사격이 가능하다. 최대 발사속도는 분당 40발로 미국산 함포보다 우위에 있다. 최대 사정거리는 24km로 동일하다. 127mm 오토멜라라 함포는 수랭식이다. 때문에 포신을 식히기 위해 포구 근처에 냉각수가 흘러 내려오는 장면을 볼 수 있다. 포탑 중량은 40t으로 미국제 함포 30t에 비해 무겁다. 포탑을 DDH1 구축함 함수에 장착하기 때문에 '가분수'라는 혹평도 듣는다.

제원	
부앙각	–15도~ +85도
최대발사속도	분당 40발
포탑중량	40t
최대사정거리	24km
제작사	오토멜라라

76mm 함포

76mm OTO Melara gun

해군은 이탈리아 오토멜라라(OTO Melara)사의 76mm 완전 자동 함포를 라이선스로 생산해 울산급, 동해급, 포항급에 장착했다. 현대위아는 여기서 획득한 기술로 한국형 스텔스 쉴드를 장착한 76mm 함포를 개발했다. 스텔스 외관을 가진 이 함포를 개발하는 과정에서 이탈리아 오토멜라라가 지적재산권을 침해했다며 현대위아를 제소하기도 했다. 현대위아가 개발한 함포는 스텔스 외관뿐 아니라 120mm 활강포에서 성공한 크롬도금 기술을 적용해 포신의 운용수명을 크게 늘리고, 포신강 내 마모를 방지해 정확성을 지속적으로 유지할 수 있다.

제원	
부앙각	–15도에서 +85도
최대발사속도	분당 10발(평상 시 훈련, 실전에서 최대 80~100발 사격 가능)
사정거리	16.3km
제작사	오토멜라라/현대WIA

제원	
중량	7.5t 8.9t
구경	76.2mm (3.00), 부양각 –15° / +85°
발사속도	분당 85 ~ 100발
사거리	16.3km
제작사	오토멜라라, 현대 위아

76mm / 62 함포

76mm/62caliber OTO Melara gun KP-76L/62 Hyundai Wia Gun

76mm 62구경 컴팩트 함포는 이탈리아 방산업체 오토멜라라(Oto Melara)사에서 1963년부터 설계된 함포로서 1964년부터 실전에 배치됐다. 해군이 정식으로 채용한 시기는 1970년대로 백구급 유도탄 고속정 후기형에 탑재할 5문을 이탈리아로부터 발주해서 도입했다. 이후 율곡사업으로 통해 건조한 한국형 1세대 전투함 울산급 호위함 그리고 동해, 포항급 초계함에 운용하기 위해 추가 도입을 하는 한편, 1984년 라이선스로 통해 국내에서 생산하기도 했다.

이후 현대위아가 생산한 K76 76mm 함포는 1986년 자체적으로 설계를 했으며, 스텔스 외피를 가진 76mm 함포에 대해 2002년부터 2007년까지 개발과정에서 오토멜라라사로부터 제소당하기도 했다. 2007년부터 2010년까지 기존 오토멜라라 76mm 함포들을 개량했으며, 2009년부터 현대위아가 생산한 함포들은 윤영하급 유도탄 고속함, 신형 참수리 고속정, 남포급 기뢰 부설함에서 탑재해 운용하고 있다.

제원	
중량	3,950kg
구경	40mm/L70
부양각	–9 / +83
발사속도	분당 300RPM
사거리	1만2,500m
운용인원	사수 1명
제작사	보포스(포신) 오토멜라라(포탑)

Type 520R 40mm 오토멜라라 기관포

Type 520R 40mm OTO Melara gun

오토멜라라 Type 520R 40mm 70구경 기관포는 이탈리아 오토멜라라(구 브레다)사에서 개발한 함포다. 대함·대공전 용도로 개발됐으며, 포신은 스웨덴 보포스(Bofors)사에서 개발한 40mm 70구경장 1958 Model을 채용했다. 1980년부터 도입한 40mm 기관포는 참수리급 고속정의 후기형 함포로 사격통제장치(FCS · Fire Control System)와 연동해 사격한다. 사격통제장치의 고장 시에는 비상모드인 수동모드로 전환해 운용이 가능하게끔 설계됐고, 사수공간에는 야간관측기를 부착해 야간에도 운용할 수 있다.

40mm 오토멜라라 쌍열포

40mm OTO Melara gun

오토멜라라 40mm 70구경 컴팩트형 쌍열포는 이탈리아 오토멜라라(구 브레다)사에서 개발한 함포로 대함, 대공전 용도로 개발되었으며, 1976년에 실전 배치된 함포이다. 해군은 1980년대부터 도입을 시작으로 한국형 전투함 울산급 호위함(2, 3차선) 그리고 포항급 초계함(3 ~ 5차선)에 탑재해 운용중이다. 함포의 포신은 스웨덴 보포스(Bofors)사의 40mm 70구경 1948 Model를 채용했으며, RTN-10X 혹은 RTN-20X 사격 통제 시스템을 통해 원격 제어가 된다.

제원	
중량	5,500kg
구경	브레다-built 보포스-40mm/L70
부양각	-13° / +85°
발사속도	분당 300발
사거리	6 ~ 12.5km
제작사	오토멜라라

40mm 쌍열 기관포 노봉

40mm Twin Naval Gun Nobong

40mm 노봉 기관포는 이탈리아의 브레다(현 오토 브레다) 40mm 기관포를 기본으로 대우가 개발한 함포다. 노봉은 함포로서의 능력과 함께 제한적인 근접방어 무기로서의 역할을 수행한다. 분당 사격 속도는 600발이다. 또한 국방과학연구소(ADD)에서 개발한 탄도계산 기법을 적용해 높은 명중률을 자랑한다.

제원	
분당	사격속도 600발
제작사	한화에어로스페이스

CIWS II

Close-in Weapons System II

CIWS-II는 대함유도탄방어유도탄(SAAM)과 함포 등의 방어막을 뚫고 함정에 접근하는 위협을 방어하는 시스템이다. 4각으로 AESA 레이더가 탑재되며, 골키퍼 기반의 형상으로 만든 30mm CIWS-II를 개발하고 있다. 실물 1호 시제품은 2025년 11월 12일 창원특례시 현대위아 해상조립장에서 열린 첫 출고식에서 출고됐다. 체계통합은 LIG넥스원이 담당하고, 기관포는 현대위아가 맡아 국내 방산업체 간 역할 분담 구조다. 사격 통제, 탐지·추적용 능동위상배열레이더(AESA), 전자광학장치(EOTS), 포 등으로 구성된 복합무기체계인 CIWS-II 사업의 총사업비는 3200억 원으로, 2030년까지 개발 완료할 예정이다.

제원	
총열	30mm GAU-8
광학시스템	EOTS
탐지레이더	AESA 레이더 4세트
추적레이더	AESA 레이더 1세트
제작사	LIG넥스원

세종대왕급 이지스 구축함을 필두로 한 해군 제7기동전단 함정들이 해상사열을 하고 있다.

20mm 기관포 시발칸

20mm Sea Vulcan

20mm 시발칸(Sea Vulcan)은 근거리 교전용 기관포다. 30mm 에머슨 2연장 기관포의 한계를 보완하기 위해 기존 20mm 발칸을 해상용으로 개조한 모델이다. 참수리급 고속정의 주력 무기다. 해군의 각종 지원함과 보조함 그리고 해경의 경비구난함 등의 주력 무장으로 장착하고 있다. 사격방식은 반자동으로, 사격수 1명이 포탑 내에서 조준사격을 한다.

제원	
포신길이	152 cm
탄약	20 × 102 mm
구경	20 mm
포신	6 연장
장전방식	유압 작동식, 전기 발사식
포구속도	분당 1,000발 또는 3,000발
사거리	250 ~ 3,000 m (KM167A3)
제작사	한화에어로스페이스

30mm 골키퍼

30mm Goalkeeper

30mm 골키퍼(Goal Keeper)는 근접방어무기체계(CIWS: Close-In Weapon System)다. 1984년부터 배치된 골키퍼는 탐색과 거리측정 레이더와 30mm 기관포(GAU-3)를 결합한 시스템이다. 미 해군의 팔랑스 Mk15와 비교할 때, 유효 사정거리는 40%, 파괴력은 2배 이상 개선했다. 따라서 유효 사정거리 약 3000m, 분당 발사속도는 4200발이다. 적의 시스키밍(Sea Skimming) 대함미사일에 대응하기 위해 적외선 탐지장치도 갖췄고, 긴 사정거리를 이용해 '하이 다이브' 어택을 가해오는 대함미사일을 격추할 수 있다.

제원	
높이	3.71m
중량	6,372kg
발사속도	초당 70발, 1,190발 탄창 기준 (재장전 9분)
발사각도	+85~-25도, 초당 80도 구동
사정거리	350m~2km
탐색	레이더 I밴드
조준레이더	I/K 밴드, 광학 TV 사용
제작사	프랑스 탈레스

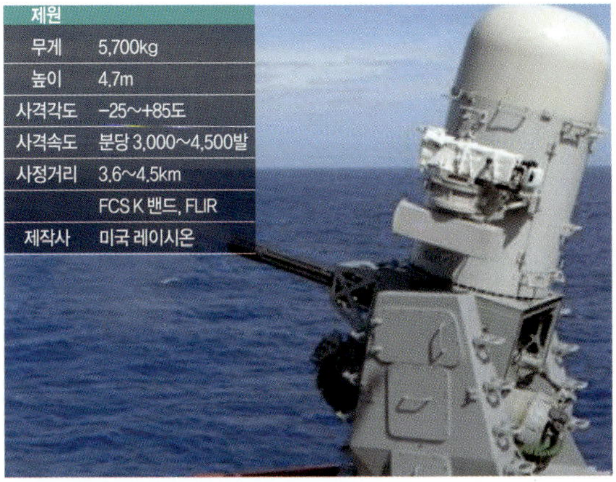

제원	
무게	5,700kg
높이	4.7m
사격각도	-25~+85도
사격속도	분당 3,000~4,500발
사정거리	3.6~4.5km
	FCS K 밴드, FLIR
제작사	미국 레이시온

20mm 팔랑스

20mm Phalanx

20mm CIWS 팔랑스(Phalanx)는 1980년 실용화한 서방측의 본격적인 근접방어용 CIES 기관포 체계다. 최대 발사속도는 분당 3000발, 사거리 1.85km, 레이더와 화기관제장치가 일체화돼 완전 자동화한 시스템을 갖췄다. 해군은 골키퍼의 단종으로 인한 군수지원 문제로 뒤늦게 팔랑스 블록1B형을 채택했으며, 고속 대함미사일 대응능력을 갖고 있다.

제원	
구경	12.7mm/50
부양각	-20°/+60°
발사속도	60°/s
제작사	한화지상방산

12.7mm 원격사격통제체계

12.7mm RCWS

12.7mm 원격사격통제체계(RCWS · Remote Controlled Weapon Station)는 해군이 처음으로 채용한 원격조정 포탑이다. 해군 200t급 신형 고속정 PKX-B에 탑재하기 위해 한화지상방산에서 2014년부터 2016년까지 3년간의 연구개발을 진행했고, 2016년 후반부터 생산하고 있다. 12.7mm 원격사격통제체계는 통합 영상장비를 통해 탐지 및 추적해 원격조종으로 정밀타격이 가능하다.

음파탐지부표

Sonobuoy

음파탐지부표(sonobuoy)는 보통 지름 13cm, 길이 91cm의 소모품 소나다. 해상 초계기와 전투함들이 적 잠수함의 위치를 탐지하기 위해 사용하는 것으로, 해군은 능동형과 수동형 소노부이를 사용한다. 능동형 소노부이가 탐지하는 거리는 2000~3000야드이며, 수동형 소노부이는 잠수함의 위치를 어느 정도 파악한 후에 사용한다.

한미 해군 함정이 2025년 11월 12일 동해상에서 연합 해상훈련을 하고 있다. 한미 해군은 11월 11일부터 14일까지 연합 해상훈련을 통해 양국 해군의 연합작전 수행능력 및 상호운용성을 강화했다. 한국 해군 이지스구축함 율곡이이함(DDG), 구축함 왕건함(DDH-II), 잠수함(SS-I), 해상초계기 P-8A와 미국 해군 항공모함 조지 워싱턴함(CVN), 이지스구축함 밀리우스함(DDG), 순양함 로버트 스몰스함(CG), 함재기 F-35C, F/A-18E 등이 훈련에 참가했다.
사진=미국 7함대 제5항모강습단 제공

유도무기

Guided Weapon System

해성-II 함대지/해성-III 잠대지 순항미사일

Haesung II ship-to-ground cruise missile

해군의 전술 함대지 미사일 SSM-960K 해성-II와 SSM-970K 해성-III 잠대지 미사일은 육군 유도탄 사령부에 배치된 현무-3A/B/C의 해상형 파생 모델이다. 이들 미사일은 사거리별로 500km, 1000km, 1500km 세 종류로 구분되며, 광개토-II 및 광개토-III급 구축함과 214급(장보고-II) 잠수함, 3000t급 장보고-III급 잠수함에서 운용된다. 국방과학연구소(ADD)가 탐색 및 체계 개발, 시험 평가를 주관했으며, 생산은 LIG넥스원이 담당한다. 2000년대부터 본격적으로 양산이 시작됐으며, 2013년에는 214급 잠수함에서 사거리 500km급 해성-III 미사일 시험 발사 장면이 공식 공개됐다.

함대지 미사일은 광개토-II/III급 구축함에 탑재돼 한국형 수직발사체계(KVLS)를 통해 운용된다. 잠대지 미사일은 214급 잠수함 533mm 어뢰 발사관에 캡슐로 밀봉되어 발사되며, 최신형 장보고-III급 중형 잠수함에는 KSLCM(Korean Submarine Launched Cruise Missile) 기반 장치가 적용된다.

최근에는 3000t 장보고-III급 잠수함에서 장거리 미사일 발사 테스트가 더욱 활발히 이뤄지고 있으며, 성능개량과 사거리 확장에 관한 연구도 지속 중이다. 한편, ADD와 LIG넥스원이 공동개발 및 양산하고 있다. 2024년 이후부터는 장보고-III 배치-II급 잠수함에 탑재되는 장거리 순항미사일 버전의 업그레이드 및 해외 수출 가능성에 관한 논의가 언론을 통해 보도된 바 있다.

제원

길이	6.2m
속도 마하	1.2
사정거리	500~1,500km
유도방식	관성항법, GPS, TERCOM, DSMAC
발사플랫폼	한화디펜스 KVLS 533mm 중어뢰 발사관(SSM-960K 해성-2), 한화 디펜스 KSLCM(SSM-960K 해성-2)
제작사	LIG넥스원 분류 SSM-960K 해성-2 SSM-960K 해성-2

해룡 전술 함대지미사일

HaeRyong ship-to-ground missile

해룡 전술함대지유도탄은 해군의 차세대 지상공격 무기로, 기존 해성 대함 미사일을 개조해 2011년부터 7년에 걸쳐 국방과학연구소(ADD) 주도 하에 개발됐다. 레이더 탐색기를 제거한 공간에 연료와 확산탄 탄두를 확장 장착해 최대 250km 사거리를 확보했으며, 한 발에 수백 개의 자탄이 광역으로 분산돼 적 주요 시설과 장갑차량을 초토화한다.

해룡은 경사형(FFG-I)과 수직형(K-VLS · FFG-II/III) 두 버전으로 차기호위함에 배치된다. 경사형은 이미 2014년 개발을 마쳐 2016년부터 실전에서 운용 중이고, 수직형은 2017년 개발을 완료해 2018년부터 양산에 들어가 해군 최신 함정에 추가된다. 해성 발사대와 호환돼 설계 유연성을 확보했고, 인천급 등 2300톤급 호위함에서는 8발까지 운용한다.

운용 목적은 북한 해안포대, 이동식 발사대, 지휘소, 지대함 미사일 포대 등 다양한 비정형 지상 표적을 신속 · 정밀하게 공격하는 것이다. 실전훈련에서는 GPS/INS 복합항법에 기반한 실시간 경로 생성 및 장애물 자동 회피 기능, 임무 계획 생성 기술이 적용돼 GPS 재밍 대응력까지 강화됐다. 이로써 명중률과 생존성, 작전 유연성 측면에서 기존 함대함 미사일과 차별화된 성능을 지닌다.

특히 해룡은 확산탄 탄두 특성상 축구장 2개 면적 이상의 지상을 무력화할 수 있으며, 현재 탄두 형태 확장 · 사거리 증대형이 연구 중이지만 공식 제원에는 아직 반영되지 않았다. 실제 효력은 최신 전북함 실사격 훈련에서 증명된 바 있다. 개발 과정에서 현무2 탄도미사일 개조안도 고려됐으나, 전술적 즉응성과 실전 운용의 간편함을 위해 해성 개조판이 선택됐다.

해룡의 등장으로 대한민국 해군은 바다 너머로 적 핵심 기지와 도발원점까지 겨냥하는 능력을 갖췄다. 실질적으로 킬체인 체계의 해상전력으로 자리잡으며 전략적 유연성과 현장 타격 능력 모두 크게 확장됐다.

제원	
엔진	한화에어로스페이스 SS-760K 터보팬 엔진 4.448 kN 추력
발사 중량	718 kg (런처포함 1,016kg)
길이	5.46 m
직경	0.54 m
속력	마하 0.95 (1162.8km/h)
사거리	250 km
탄두	250 kg
유도	관성항법, GPS
발사 플랫폼	초계함, 호위함, 구축함
제작사	LIG넥스원

스탠더드 미사일(SM-II)

RIM-66 Standard Missile-II

SM2 함대공 미사일은 DDH2, DDG 구축함에서 는 시스패로보다 사정거리가 긴 스탠더드 MR(최대사정거리 70km) 함대공 미사일을 채용하고 있다. 정식명칭은 RIM-66 스탠더드 MR(SM2MR)이다. 미국 해군은 RIM-156 스탠더드 SM2ER 블록 IV와 RIM-161 스탠더드 SM-3를 탄도미사일 방어에 사용한다. SM2 대공 미사일을 운용하기 위해서는 적기의 고도와 거리 데이터가 필요하므로 3차원 대공 감시 레이더인 MW-08(30km 탐지거리)과 함께 장거리 대공 감시를 위한 AN/SPS-49(V)5 2차원 대공 레이더(OTH 모드 이용 시 최대 480km)를 채택하고 있다.

제원	
정식명칭	RIM-66 SM-2 중거리 블록 III/IIIA/IIIB
주요임무	지대공
계약자	레이시온과 기타 회사
엔진	2단 고체로켓
길이	15 ft., 6 in. (4.72 m)
무게	SM-2 - 1,558 lb (708 kg)
직경	13.5 in. (343 mm)
날개폭	3 ft., 6 in. (1.08 m)
사거리	74km ~ 167 km
유도방식	세미 액티브 레이다 호밍(inertial guidance with terminal IR additionally fitted in Block IIIB)
탄두	레이다 와 접촉 방식의 퓨즈, 파편폭풍형 탄두
실전배치일	1981년 (SM-2MR)
Block IIIA	이전 버전 보다, 더욱 저고도의 목표물에 대한 능력 향상. 한 방향으로 더 빠른 파편 폭풍이 일어나는 새로운 탄두 장착. 이순신급 구축함에 탑재.
Block IIIB	최초의 추력편향 스탠더드 미사일. Block IIIA의 전파(RF 세미 액티브 유도 방식에, 새로운 적외선(IR) 유도 모드가 추가됨. 이러한 듀얼모드 RF/IR 유도방식으로 전자전에 더 뛰어나고, 대함 순항미사일 위협을 방어하는 데 더 뛰어남. 그리고 특정필드 대응 기능 세종대왕급 이지스구축함에 탑재.

RIM-7P 시스패로 미사일

RIM-7P Sea-Sparrow Missile

시스패로(Sea Sparrow) 함대공 미사일은 RIM-7P BlockI과 Block2 두 버전으로 나뉜다. 원래 기존의 AIM-7M 미사일의 유도섹터와 비행조종섹터를 갱신하기 위한 프로그램의 일환으로 개발이 시작됐다. 그러다 AIM-7M의 업그레이드 버전이 아니라 P형 스패로라는 새로운 버전의 개발로 이어지면서 RIM-7P가 탄생했다. NATO(북대서양조약기구) 주요 동맹국들의 범용 전투함에 탑재하는 표준 함대공 무장으로, 현재 우리 해군의 광개토대왕급 구축함에도 실린다. 10m 내외의 저고도로 파고들어 오는 시 스키밍(Sea-Skimming) 방식의 대함미사일이 보급되면서 함정들은 생존을 위해 저고도 비행표적 대응능력이 갖춰야 했고, 이에 부응하기 위해 RIM-7P Block1이 개발됐다.

베트남전 당시 F-4 전투기에 탑재해 운용했던 AIM-7E는 낮은 고도의 비행표적에 발사될 경우 지상에서 발생하는 노이즈와 신호를 구별하지 못해 명중률이 떨어졌었다. 그러나 이와는 대조적으로 시스패로 Block1에 해당하는 RIM-7P는 저고도로 비행하는 표적을 요격할 수 있도록 설계됐다.

Block1은 새로운 신관 회로를 적용했고, 유도섹터 내의 미사일 탑재 컴퓨터(Missile Borne Computer)라는 새로운 컴퓨터로 교체했다. Block2는 BlockI의 후미 수신기보다 더욱 향상된 후미 수신기를 탑재했으며, 유도섹터 내의 미사일 탑재 컴퓨터도 BlockI보다 더욱 향상된 성능의 컴퓨터를 탑재했다.

제원	
길이	3.64 m
직경	203 mm
엔진	Hercules MK-58
속도	마하 3.4
사거리	19km
탄두	파편형
탄두	40.5 kg
가격	약 16만 5,400 달러
발사 플랫폼	Mk.29 런처 (RIM-162D), Mk.48 VLS
제작사	레이시온

RIM-116 램 대공미사일

RIM-116 Rolling Airframe Missile(RAM)

RIM-116 램(RAM · Rolling Airframe Missile) 대공미사일은 미국 해군, 터키 해군, 독일 해군, 대한민국 해군, 그리스 해군에서 사용하는 소형, 경량, 적외선 유도 지대공 미사일이다. 원래 대함 순항 미사일을 방어하기 위해 개발됐다. 초기 유도는 적 대함미사일이 발사하는 액티브 레이더 신호를 포착해 역추적한다. 이후 램의 적외선 시커의 탐지범위인 2~3km까지 접근하면, 적 대함미사일의 로켓모터나 공기력 마찰로 발생하는 열을 탐지해 명중시킨다. 파이어 앤 포겟(fire and forget) 방식으로 대함미사일을 격추할 수 있을 뿐만 아니라 별다른 개조 없이 기존 함정에 장착할 수 있다. 배에 장착하는 Mk-49 발사대는 설치중량이 5777kg이다. 21발의 미사일을 탑재한다.

러시아의 대함미사일이 아군 함정의 전파원을 추적하는 방식을 채택함에 따라, 아군 레이더 시스템의 도움을 받아 러시아 대함미사일에 접근해 강화된 적외선 시커만으로 격추시키는 블록1 개량형도 등장했다. 최대 사정거리는 9.6km이며, 탄두중량 2.3kg이다. 여러 개의 목표물을 동시에 요격할 수 있고, 하나의 목표에 여러 발을 요격할 수도 있다. 해군은 램을 DDH2,DDG 함정에서 블록1형 Mk49 21연장 발사기를 통해 운용한다.

제원	
길이	28m
중량	73.5kg
속도	마하2.0
사거리	7.5km
탄두	11.3kg 파편 폭풍형
유도방식	패시브 라디오/적외선 유도
제작사	레이시온

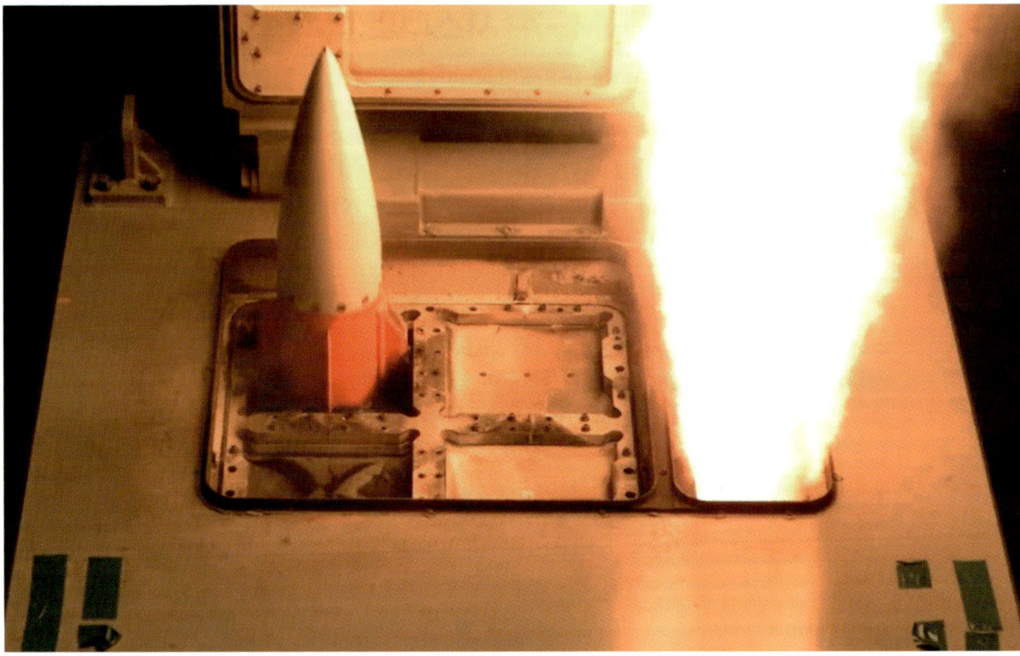

해궁 대함유도탄 방어유도탄

Haegung Surface to Air Anti-ship Missile(SAAM)

해궁(K-SAAM)은 대한민국이 독자적으로 개발한 차세대 근접방어 함대공 유도 미사일이다. 국방과학연구소(ADD) 주관 아래 2011년부터 총 1,617억 원의 사업비를 투입해 개발이 진행됐다. 2018년 개발이 공식 완료됐으며, 2021년 품질인증사격시험 성공 이후 본격적인 양산에 들어가 현재 국내 해군 함정에 순차적으로 배치 중이다.

해궁 미사일의 생산은 LIG넥스원이 담당하며, 한화와 달리 추진체와 화약까지 자체 생산하는 등 높은 국산화율을 자랑한다. 대구급 호위함, 마라도함, MLS-II 기뢰부설함, LST-II 상륙함 등 다수의 신형 해군 함정에 적용되고 있으며, 기존 RIM-116 램(RAM) 미사일을 점진적으로 대체하는 역할을 맡고 있다.

해궁은 수직발사(VLS) 체계를 사용하며, RF/적외선 이중모드 탐색기를 탑재, 최대 사거리 약 20km로 각종 고속 위협에 대응하는 중거리 방공의 핵심을 맡는다. 아음속 대함 · 초음속 항공기와 미사일을 요격할 수 있도록 설계된 것이 특징이며, 최근에는 해궁의 탐색 · 유도 알고리즘을 기반으로 천궁 블록1의 개량 사업이나 '한국형 아이언돔' LAMD(방공 체계)에도 기술이 전용되고 있다.

2025년 기준, 해궁은 유럽 등 해외 시장에서도 수출 아이템으로 부각되고 있으며, 말레이시아 해군 신규 초계함의 방공 체계로도 우선 협상 대상에 오르고 있다. 총 사업 규모는 2036년까지 약 7,500억 원으로 추산된다.

제원	
길이	2.07m
유도방식	액티브 레이더 유도 방식, 적외선 탐지기
제작사	LIG넥스원

SM-6 미사일

SM-6 Ship-to-Air Interceptor Missiles

스탠더드 미사일6은 흔히 SM-6 미사일로 불린다. 이 미사일은 대공전, 종말 탄도 미사일 방어(MD), 대함공격을 수행할 수 있는 다목적 미사일이다. 이 미사일은 폭발 피편회 탄두를 사용해 대기권에서 적 미사일과 교전한다. 미 해군은 효율적 타격 임무를 수행하기 위해 SM-6를 업그레이드했다. 해군 이지스 구축함에 배치한 SM-6 미사일은 대공전, 탄도미사일방어, 대함공격 등 세 가지 임무를 효율적으로 수행한다. 방위사업청은 2023년 3월 제150회 방위사업추진위원회를 열고 KDX-Ⅲ 이지스 구축함에 탑재하기 위한 미국산 SM-6 미사일을 FMS 방식으로 확보하기로 했다. 미 국방안보협력국은 2023년 11월 14일 최대 38기의 SM-6 미사일 판매를 잠정 승인했다. SM-6 미사일은 세종대왕급 배치-Ⅱ인 정조대왕급 이지스 구축함 3척에 배치할 예정이다.

제원	
길이	6.55m
무게	1,500kg
직경	0.34m[IA], 0.53m[IB]
사정거리	240km~400km+
최대상승고도	3만4,000m
속도	마하 3.5
추진	분리식 고체로켓 부스터+고체로켓
실전배치	2013년
유도방식	능동/반능동 레이더 유도
제작사	레이시온

해성 함대함 미사일

Haesung Ship to Ship Missile(SSM-700K)

해성(SSM-700K)은 우리나라가 독자 개발한 함대함 미사일로, 미 해군의 하푼 블록 1D에 준하는 성능을 지닌다. 1996년 개발이 시작됐으며, 국산 마이크로웨이브 레이더와 터보제트 엔진 등 핵심 기술을 국내에서 확보했다. 미사일 운용 소프트웨어 개발 과정에서 지능형 호밍, 능동 호밍, 전자방해 대응(ECCM), 둔감 화약 및 관통형 티타늄 탄두 기술 등 전 분야에서 눈에 띄는 성과를 냈다. 해성은 1차로 함상형과 함대지형이 실전 배치됐으며, 지대함 · 공대함 · 잠대함 등 다양한 바리에이션 또한 순차적으로 개발 진행 중이다.

해성 미사일의 터보제트 엔진은 초기에는 삼성테크윈(현 한화에어로스페이스)이 러시아 Kh-35 미사일의 R95TP-300 엔진 기술을 도입해 제작한 SS-760K 터보제트 엔진을 사용했으며, 현재는 국산화된 SSE-750K 엔진이 적용되고 있다. 엔진은 직경 450mm, 길이 1,300mm로, 하푼에 비해 크기가 크다. 이는 획기적 기술 때문이 아니라 비용 절감과 생산 효율화 측면에서 소형화를 우선하지 않은 결과다.

발사체계는 4발 발사관을 2조로 묶은 발사대, 미사일 8발, 신호분배 장치 2조, 통제 콘솔 1조, 랙 2개 등으로 구성된다. 해성은 최종 돌입 시 과격한 회피기동을 수행해 표적함정 방어를 무력화하며, 해면 밀착기동, 팝업공격, 재공격 등 현대 대함미사일에 요구되는 전술 기능을 모두 실현했다.

해성은 2015년 본격 양산에 돌입했으며, 이후 일부 성능 개량형이 추가 개발돼 해군 주력 전투함에 순차적으로 배치되고 있다. 해성 미사일은 해외 수출 가능성도 타진하고 있으며, 고연료 효율 및 장거리 정밀타격 능력 향상을 위한 후속 연구가 진행 중이다.

제원	
비행속도	마하 0.85
사정거리	150km
유도방식	변침점 유도, 초저고도 해면 밀착비행
탄두무게	220kg
구성	탐색기, 관성항법장치, 엔진, 구동장치, 유도 조종장치, 전파고도계, 탄두, 부스터
제작사	LIG넥스원

AGM-84 하푼 미사일

AGM-84 Harpoon Missile

하푼(Harpoon) 함대함 미사일은 1978년 최초로 발주를 시작해 1980년대부터 도입했다. 해군이 보유한 하푼은 함대함, 잠대함, 공대함, 지대함 버전으로, 사정거리 110~150km 사이의 수상목표물을 타격할 수 있다.

미사일의 유도방식은 중간단계까지는 관성항법이며, 종말 유도단계에는 액티브 레이더 유도다. 함대함 타입은 백구급 미사일 고속함에서부터 기어링급 구축함(퇴역), 포항급 초계함, 울산급 호위함, 광개토대왕급 구축함, 이순신급 구축함 등에 장착했다. 209급 잠수함 후기형, P-3C/CK 대잠초계기에서도 운용한다.

P-3CK에 탑재할 목적으로 하푼 블록2형이 도입됐고, 이 버전은 연안에 숨어 있는 함정들을 육상과 구별해 타격할 수 있는 하푼이다. P-3CK 해상초계기의 도입과 함께 전력화한 공대함 미사일이다. 제식명칭은 AGM-84L이라고 부른다. 지상표적에 대한 공격능력과 복잡한 해 안지역의 함정 목표물 타격 성능이 부여됐다.

하푼 블록1 제원	
길이	3.8m
무게	519kg
엔진	텔레다인 J402 제트엔진
최대사정거리	130~150km
중간유도	GPS/INS
종말유도	액티브 레이더
제작사	보잉

하푼 블록2 제원	
길이	3.8m
중량	519kg
직경	40mm
날개폭	910 mm
사거리	110km
속도	850km
유도방식	액티브 레이더 종말유도
탄두	221kg

시스쿠아 공대함 미사일

Sea Skua Air to Ship Missile

시스쿠아(Sea Skua) 미사일은 1991년 2월에서 6월 사이에 영국제 링스 해상작전헬기를 도입하면서 함께 들여온 해군의 공대함 미사일이다. 링스 헬기 12대와 함께 도입했다. 시스쿠아는 레이더 유도식 반자동 공대함 미사일이다. 시스쿠아는 1975년에 영국에서 개발된 헬기 탑재 대함 미사일이다. 무게 약 145kg에 탄두무게 30kg, 사거리 25km에 비행 속도 마하 0.8의 이 미사일은 주로 미사일 고속정을 비롯한 소형 함정들을 공격하는 것을 목적으로 설계되었으며, 이미 2차례의 실전으로 성능도 충분히 검증된 상태다. 포클랜드 전쟁에서 영국군의 링스헬기가 시스쿠아 미사일을 발사해 아르헨티나군 소속 잠수함을 격침했고, 걸프전에서는 역시 링스가 고속정을 몰살시키는 전과를 세운 바 있다. 해군은 1999년 10월부터 2000년 10월까지 슈퍼링스 13대를 추가로 도입하면서 시스쿠아 공대함 미사일을 추가로 도입하는 등 총 100여 발을 도입했다.

제원	
무게	145 kg
길이	2.5 m
직경	0.25 m
사정거리	25 km
속도	약 마하 0.8
유도 방식	반능동 레이더 유도
제작사	브리티시 에어로스페이스

스파이크 N-LOS 공대함 미사일

N-LOS Spike Air-to-ship Missiles

스파이크 N-LOS 미사일은 AW-159 와일드캣 해상작전 헬기의 주력 무장이다. 이스라엘 라파엘사의 스파이크(SPIKE) NLOS(None Line of Sight) 유도탄이다. 스파이크 미사일은 다목적으로 중간궤도의 탄도와 실시간 정보수집이 가능한 실시간 데이터 링크 전자광학 시스템으로 유도된다. 'The Spike NLOS electro-optical(EO) seeker'는 주 · 야간과 악천후 조건에서도 탐지된 목표를 효과적으로 구체화시킬 수 있는 이중센서를 갖고 있다. 사정거리는 25km이다.

제원	
길이	약 1.7m급.
직경	약 170mm.
날개 펼친 폭	약 1.2m.
미사일 중량	약 70~71kg 수준.
사거리	최대 약 25~32km(지상발사), 최대 약 50km(헬기 발사).
속도	고체로켓 추진, 세부 속도는 비공개.
유도 방식	전기광학/적외선(EO/IR) 탐색기+광섬유/무선 데이터링크, '발사 후 관측 · 갱신' 등 운용 가능.
제작사	라파엘

수중 유도무기

Torpedo

경어뢰 청상어

Blue Shark Lihght Weight Torpedo

청상어는 LIG넥스원이 개발한 경어뢰다. 1995년 개발을 시작, 2004년 11월 완료했다. 청상어는 수상함정, 대잠헬기나 대잠초계기에 장착된다. 홍상어 대잠 미사일의 탄두로도 사용한다. 백상어 개발 이후 해군은 청상어를 미래전장에 대응할 수 있는 '한국형 차기 경어뢰 사업'으로 추진했다. 천해(淺海) 작전능력은 물론, 35노트급의 원자력잠수함에 대응할 수 있도록 45노트 이상의 속도, 항속거리 9km, 작전운용 심도 600m의 어뢰를 개발했다. 청상어는 능동소나에 의해 유도되며, 제원은 전지 추진식, 길이 2.3m, 직경 32㎝, 무게 280kg, 속도 시속 83km다. 일단 목표물에 도달하면 두께 1.5m의 철판을 관통할 수 있다.

제원	
길이	2.3m
무게	280kg
속도	45노트
가격	10억 원
구성	음향탐지부, 전투탄두부, 유도제어부, 전지부, 추진부
제작사	LIG넥스원

중어뢰 백상어

White Shark Heavy Weight Torpedo

제원	
길이	6m
직경	483mm
탄두	370kg
최고속도	35노트
동력	전지식
최대사거리	30km
제작사	LIG 넥스원

K-731 중어뢰(일명 백상어)는 국산화를 서두르기 위해 미군의 Mk37 어뢰를 개량하는 방향으로 개발에 착수해 성공했고, 현재 양산 중이다. 백상어는 중어뢰로는 드물게 무선유도식이다. 해군은 적의 기만에 취약한 무선유도식의 약점을 극복하기 위해 최신 디지털 분석기술을 적용한 대기만 대응력을 가진 어뢰를 만드는 데 성공했다. 백상어는 최고속도 35노트로 빠르지는 않다. 하지만 정숙할 뿐만 아니라 무선유도의 장점을 살려 잠수함이 어뢰공격을 한 후 즉시 회피기동을 할 수 있고, 동시에 여러 개의 목표를 조준하는 데 유리하다. 제원은 길이 6m, 직경 483mm, 탄두는 370kg, 최고속도는 35노트, 동력은 전지식, 최대사거리는 30km다.

중어뢰 SUT mod2

Surface and Underwater target Torpedo

해군 잠수함대의 주력인 장보고급 잠수함의 주력 무기는 독일 아에게(AEG)사가 개발한 SUT(Surface and Underwater Target) 중어뢰다. SUT 중어뢰는 장보고급(209급)을 실전배치하면서 주력 무기로 채용했다. 제원은 직경 533mm, 길이 6.39m, 무게 1414kg, 최대 운용심도 600m, 최고속도 34노트, 항속거리는 12km(34노트 때), 28km(23노트 때)다. SUT는 독일 해군이 자국 206급 잠수함의 병기로 1980년대 개발한 어뢰로, SST-4의 수출형 모델이다. 이후 SUT 어뢰는 수많은 개량을 거쳐 현재 SUT Mod2 어뢰가 실전에서 사용 중이다. Mod2는 어뢰로서 신뢰성이 높고, 해군도 SUT Mod2를 주력 어뢰로 사용하고 있다.

제원	
길이	6.39m
직경	533mm
무게	1,414kg
최고속도	34노트
동력	유 선유도식
항속거리	12km/시속 34노트, 28km/23노트
최대	운용심도 600m
제작사	독일 아틀라스

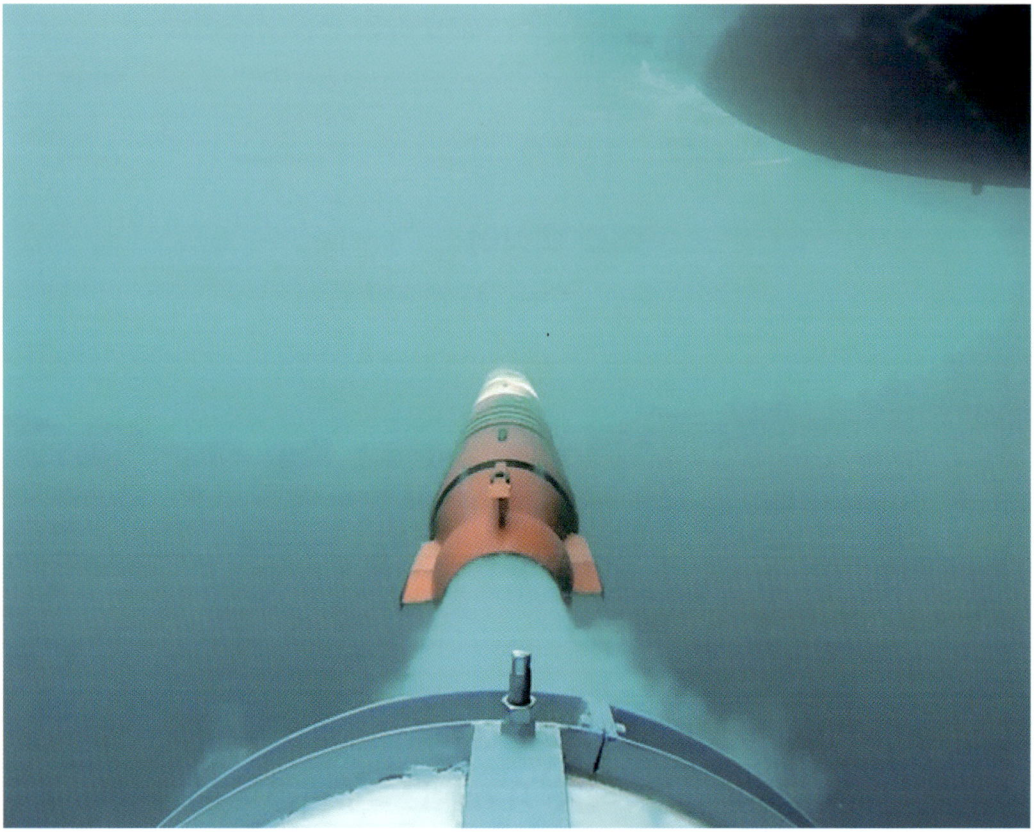

중어뢰 SUT 흑상어

Surface and Underwater target Torpedo Black Shark

제원	
직경	533mm
사거리	30~50km
속도	50 노트 이상
유도방식	웨이크 호밍 유도 방식
제작사	LIG넥스원

선유도형 흑상어 중어뢰는 독일 AEG사로부터 직도입해 운용중인 주트(SUT · Surface and Underwater Target) Mod.2를 대체할 차기 중어뢰2 사업의 일환으로 개발한 어뢰다. 해군이 보유 중인 잠수함들은 디젤-전기 잠수함으로 빠른 속도로 공격할 수 있는 어뢰를 확보하기 위해 2009년부터 2017년까지 사업비 700여억 원의 예산을 책정해 국방과학연구소(ADD) 주관으로 개발하고, LIG넥스원이 개발 및 생산업체로 선정됐다.

흑상어 중어뢰2는 기존에 운용 중인 주트 Mod2와 한국형 중어뢰1인 K731 백상어가 35노트의 속도를 내는데 비해 범상어는 50노트 안팎의 속도를 낼 수 있기 때문에 원자력 추진 잠수함에 대한 공격이 가능하다. 또한, 작전반경이 늘어남과 동시에 파괴력도 향상됐으며, 웨이크 호밍(Wake-Horming) 유도 방식을 통해 적 수상함정의 항적을 추적할 수 있다.

대잠 유도무기 홍상어

Red Shark Korean Vertical Launch Anti-Submarine Missile System

한국형 아스록(ASROC)이라 불리는 장거리 대잠어뢰 사업은 2011년 양산에 들어갔다. 해군은 현재 보유 중인 경어뢰의 사정거리 6km를 극복하고, 원거리에서 적 잠수함을 공격할 수 있는 수상함 탑재 장거리 대잠어뢰를 확보하기 위해서 사업을 추진했다. 국방과학연구소(ADD) 주도로 2000년부터 2002년까지 탐색개발을 완료했고, 2009년 개발을 완료하고 2011년부터 전력화한 것이다.

한국형 아스록은 DDH2 왕건함, 강감찬함, 최영함 등에 우선적으로 배치했다. 한국형 아스록의 성능은 사정거리 약 20km다. 국내 개발된 수직발사 장치를 통해 발사를 한다. DDH2 후기형인 4~5번함의 함교 앞 수직 발사기에 여유 공간을 둔 이유는 한국형 아스록과 한국형 순항미사일 탑재공간을 마련하기 위해서다.

대잠어뢰의 경우, 수직발사형 부스터와 착수(着水) 때 충격으로부터 어뢰의 센서와 전자장비를 보호하는 탄두부 덮개가 핵심부품이다. 한국형 아스록은 플라스틱 재질의 덮개가 입수(入水) 때 충격으로 금속 팁에 의해 파열되면서 8개의 조각으로 나뉘는 순간, 물의 저항을 흡수하도록 했다. 대잠 유도체계는 한국형 수직발사대 8셀 모듈, 대잠미사일 8발, 미사일 통제 콘솔 1조, 수직발사 제어기 2조로 구성된다.

제원	
길이	5.7m
무게	820kg
사거리	19km
제작사	한화디펜스(발사기), LIG넥스원(미사일)

130mm 유도로켓

130mm Guided Rocket

130mm 유도로켓은 2013년 예산안으로 차기 고속정인 PKMR에 탑재한다. 130mm 유도로켓은 국방과학연구소(ADD) 주관으로 개발했으며, 12월 LIG넥스원이 개발 및 생산업체로 선정됐다. 대수상함용 유도로켓은 지상표적이 아닌 수상표적에 중점을 둔 만큼, 탐색기를 최소화시켰다. 유도로켓의 사거리는 25km로, 로켓의 탄두 적재량은 15~20kg이다. 로켓에는 능동형 탐색기가 탑재돼 유도기능이 향상됐다. 또한 발사대는 한화디펜스가 생산하고 있으며, 좌우에 6문씩 2조로 총 12기를 운용한다.

제원	
사정거리	25km
유도방식	2R(영상 적외선)시커
제작사	LIG넥스원

MK-46 경어뢰

Mark 46 Lightweight Torpedo

제원	
직경	324mm
길이	약 2.59m(함정용)
중량	약 230kg
탄두	약 44kg 고폭약
추진	Otto Fuel II 단일 연료
사거리	약 10~11km
속력	최대 40노트 이상
유도	능동/수동 음향 복합
운용	심도 최대 약 450m 내외
제작사	Honeywell 외(미국)

K744 대잠어뢰

K744 Antisubmarine Torpedo(ASTOR)

K744 대잠어뢰는 1980년에서 1986년 사이에 34억 원을 투입해 미국제 Mk44 경어뢰를 우리나라 천해 상황에 맞게 성능 개량한 경어뢰다. 음향센서부는 세라믹 소재를 사용해 음향센서를 개발했다. 반도체 기술을 사용한 고밀도 신호처리기가 장착돼 있다. 또한 천해용 유도 제어 로직 설계와 유도조종장치를 개발했다. K744 경어뢰는 Mk44 어뢰보다 천해 유도제어와 음향탐지 성능이 우수해 이후 무기체계로 채택됐다. 이 경어뢰의 양산 배치로 대륙붕 구조인 한반도 주변 해역에서 효과적인 대잠작전이 가능해졌다.

제원	
직경	12.75인치
길이	2.7m
중량	280kg
시속	45노트 이상
제작사	LIG넥스원

MK-46 경어뢰는 미국이 개발한 324mm급 경량 대잠어뢰로, 항공기 · 헬기 · 수상함에서 모두 운용 가능한 NATO 표준형 무기 체계다. 1960년대 중반 실전 배치를 시작해 25개국 이상 해군에 채택되었으며, 이후 Mod 5 · 5A(SW) 등 개량형을 통해 저소음 잠수함과 복잡한 해양 환경에 대응하도록 성능이 향상됐다. 직경 324mm, 길이 약 2.6m(함정 발사용), 중량 약 230kg급으로, 약 44kg의 고폭탄두와 Otto Fuel II 연료 기반 추진계를 사용해 40노트 이상 속력과 약 10km 내외 사거리를 가진다. 대한민국 해군은 MK-46을 대잠전 기본 탄종으로 운용하며, 광개토대왕급 · 충무공 이순신급 구축함과 울산급 · 인천급 호위함의 324mm 3연장 어뢰발사관에 탑재하고 있다. 항공 전력으로는 P-3C · P-8A 해상초계기와 AW-159, MH-60R 해상작전헬기가 MK-46 및 MK-54, 국산 경어뢰와 병행해 장착 · 운용하는 구조다.

기뢰

Mine

해군은 K701, K721, K739 등의 기뢰(機雷)를 개발해 함정에 장착하고 있다. 기뢰는 실전에서 비용 대 효과가 매우 큰 위협적인 무기다. 현재 기뢰의 지능화에 중점을 두고 연구를 진행 중이다. 향후 안전한 해역에서 발사해 목표해역까지 스스로 항해해 부설되는 기뢰, 능동적으로 공격이 가능한 수중부설 어뢰도 개발 중이다.

자항기뢰

Submarine Launched Mobile Mine(SLMM)

자항기뢰(MM · Mobile Mine)는 2017년부터 실전 배치한 잠수함 발사 기뢰다. 자항기뢰는 해당 목표를 지정한 항만입구까지 자체 추진력으로 자리 위치를 선정한다. 이어 적 함정이나 잠수함이 출항하는 신호를 포착한 후 버블제트로 침몰시키는 방식이다. 자항기뢰는 리튬 폴리머 전지를 이용해 20km까지 이동할 수 있다.

폭뢰

Depth Charge

폭뢰(爆雷, depth charge)는 바다 속에 있는 적의 잠수함을 파괴하기 위한 대잠수함 공격무기다. 제1차 세계대전 때 독일군의 잠수함을 공격하기 위하여 연합군측이 개발하였다. 일반적으로 사용되는 것은 중량 100kg 내외의 드럼통형이며, 그 안에 폭약 · 기폭장치 등이 내장되고 있으나 추진장치는 없다. 수중에 투하된 폭뢰는 자체 중량으로 가라앉다가, 일정한 심도에 도달하면 수압을 이용한 기폭장치의 작동으로 자동적으로 폭발하게 되며, 그 폭발압력으로 근처의 잠수함을 손상 · 파괴하게 된다. 치명적인 가해거리는 10m 내외다. 해군은 북한의 구형 잠수함이나 잠수정에 대응하기 위해 보유하고 있다. 울산급 호위함, 포항급 초계함, 참수리급 고속정 등에 장착한다.

KH740 폭뢰

KH740 Depth Charge

KH740 폭뢰는 한화와 풍산에서 개발한 소형 폭뢰다. 참수리급 중형 고속정과 윤영하(검독수리-A)급 유도탄 고속함 그리고 신형 참수리(검독수리-B) 로켓 중형 고속정, 항만 경비정 함미에 탑재하고 있다. KH740의 중량은 26.7kg으로 신관은 K751를 사용하고 있다. 하강 깊이는 조절 방식에 따라 30~150피트까지 도달이 가능하다.

Mk9 폭뢰

Mk9 Depth Charge

Mk9 폭뢰는 미국에서 도입한 대잠 무기체계다. 울산급 호위함, 포항급 초계함 함미에 총 12발을 탑재한다. Mk9 폭뢰의 중량은 280여kg으로 신관은 토펙스(Torpex) 고성능 폭약을 사용한다. 하강 깊이는 조절 방식에 따라 50~300피트이며, 최대시 600피트까지 도달이 가능하다. KMk9이라는 제식명으로 자체적으로 생산한다.

Mk80 계열 일반목적 폭탄

Mk80 Series Bomb

해군은 Mk80 계열 일반목적 폭탄(GPB)인 Mk82, Mk83, Mk84를 사용하고 있다. 해상초계기 P-3C 혹은 P-3CK에 탑재하는 무장으로, 제너럴다이내믹스에서 생산했다. Mk80 계열 탄두는 트리토날, 미놀, 컴포지션 H6를 사용하며, 폭탄의 중량마다 탄두 중량에 차이가 난다. Mk82(중량 227kg, 탄두중량 87kg), Mk83(중량 454kg, 탄두중량 202kg), Mk84(중량 907kg, 탄두중량 429kg)이다.

한국이 독자 개발한 SLBM(잠수함발사탄도미사일)이 2021년 9월 15일 충남 안흥 시험장에서 국산 3000t급 잠수함 도산안창호함에서 발사되고 있다.
이 SLBM은 400여㎞를 비행한 뒤 서남해상의 목표물에 탄착됐다. 사진=국방부

제원
전 방향 수신장치
방향탐지 장치(좌, 우)
재밍송신 장치(좌, 우)
전자탐지 콘솔
제어조종 장치
전자재밍 콘솔
제작사 LIG넥스원

SLQ-200K 소나타 전자전 시스템

SLQ-200K Sonata electronic warfare system (EWS)

광개토대왕급 구축함에는 해외에서 도입한 아르고(Argo) 시스템의 전자전 체계가 탑재돼 있다. 그러나 충무공 이순신급 구축함과 세종대왕급 구축함에는 국내에서 개발한 SLQ-200K 소나타(Sonata) 전자전 시스템이 통합됐다. 이 장비는 2000년부터 운용시험을 시작해 이듬해에 작전가능 판정을 받았다. SLQ-200K 시스템의 수신대역은 C밴드에서 J밴드까지 커버한다. 교란 대역은 H밴드부터 J밴드까지 커버하는 시스템이다.

SLQ-200K 소나타 전자전 시스템은 다수의 채널을 통해 수신한 다양한 신호를 고속 디지털 처리해 산출한 디지털 신호정보를 저장하는 체계를 갖췄다. 이를 이용해 다수 신호의 이산적(離散的)인 전자적 특성 파악과 동일 위상 신호의 수신 시차를 이용한 정밀한 위치탐지가 가능하다.

이를 통해 다양한 위협 신호원이 개별적으로 주파수 호핑(frequency hopping) 등을 시도함으로써 복잡해지는 전자전 환경에 대응할 수 있다. 또한 로트만(Rotman) 렌즈를 ECM(전파방해기술)에 사용함으로써 기민하게 주파수를 변조하고, 신속한 신호지향이 가능해 디지털 신호기억, 처리 체계와 연동해 다양한 전자적 표적에 대응할 수 있다.

SLQ-261K 어뢰기만기탄

SLQ-261K Torpedo Defense Bomb

SLQ-261K 어뢰기만기탄(TACM)은 울산급 호위함과 KD1에 장착한 예인형 기만기(SLQ-25)가 미래전에 대비하기에는 성능이 부족하다는 지적에 따라 국방과학연구소(ADD)가 주도해 개발한 대어뢰 음향대항체계(TACM)다. ADD는 SLQ-261K로 명명된 이 시스템을 1993년부터 1999년까지 개발해 핵심기술인 저소음 어뢰의 원거리 탐지기술, 고출력 기만신호 처리기술 등을 독자적으로 완성했다. 어뢰기만기탄은 DDH2 구축함에 장착했고, 이후 잠수함 · 호위함 · 초계함에도 장착하고 있다. 어뢰기만기탄은 정밀한 음향탐지장비를 이용, 적 어뢰의 공격을 탐지 · 분석 · 식별해 부유식 기만기를 발사, 적 어뢰를 다른 방향으로 돌리게 한다.

함정용 소형전자장비

Small Electronic Equipment for Military Ship

SLQ-216K 어뢰 음향 대항 체계

SLQ-261K TACM(Torpedo Acoustic Counter Measure)은 국방과학연구소(ADD)가 주도해 개발한 어뢰 음향 대항 체계다. 자함으로 공격해 오는 적 어뢰를 조기에 탐지 및 경보하고, 고출력의 음향 방해신호를 수중에 방사해 어뢰를 교란 및 기만하고 자함을 보호하는 음향 대항 장비다. 기본구성은 예인 소나 체계, 소나 연동 콘솔, 발사 통제기 및 발사대, 기만기로 구성돼 있다.

이 시스템은 음향 호밍 유도 어뢰 공격으로부터 자함을 방어하기 위한 체계 핵심기술이다. 저소음의 어뢰를 원거리에서 탐지하고 자동 경보하기 위한 어뢰 탐지 경보 처리 기술과 어뢰 공격 방위별로 자함을 방어하기 위한 대항전술 개발 기술, 어뢰의 능동 및 수동 호밍 공격에 대응할 수 있는 고출력 기만 신호 처리 기술 등이 적용됐다.

자항식 기만기

자항식 기만기는 국방과학연구소(ADD)가 주도해 개발한 것으로 자함으로 접근하는 적의 고도정밀 음향어뢰를 기만하고 효과적으로 대응해 자함의 생존성을 향상시키는 기만체계다. 2010년 3월 26일 천안함 폭침 사건으로 전투함의 생존성을 향상시키기 위해 3년 동안의 개발비 290억 원을 투입해 2013년에 개발을 완료했다.

2014년부터 LIG넥스원에서 수상함용 자항식 기만기와 잠수함용 자항식 기만기 2가지를 양산하여 해군에 납품하고 있다. 전자의 경우에는 전투함에서 방출하는 다양한 대역의 소음을 모사하도록 설계됐으며, 후자의 경우에는 주로 어뢰의 탐색기가 사용하는 비교적 높은 대역의 음향 신호에 특화해 설계했다.
수상 전투함의 소음은 잠수함의 그것과 비교할 수 없이 크기 때문에 수상함용 자항식 기만기는 다수의 대역에 걸쳐서 더욱 출력이 큰 소음을 방출한다. 다수의 대역에 높은 출력을 분배해야 하기 때문에 수상함용 자항식 기만기는 잠수함용 자항식 기만기보다 더욱 출력이 큰 시스템으로 설계됐다.

ULQ-11K/12K ESM - FF 울산급 호위함, PCC 포항급 초계함

ULQ-11K/12K 전자전 체계는 1970년부터 1980년까지 국방과학연구소(ADD) 주관으로 개발했다. 아르고의 피닉스(PHEONIX) 체계를 국산화해 금성(현 LIG넥스원)에서 생산해 울산급 호위함(ULQ-11K)과 포항급 초계함(ULQ-12K)에 통합했다.
ULQ-11K와 ULQ-12K는 울산급 호위함과 포항급 호위함이 주로 연안에서 접촉하게 되는 위협에 초점을 두고 도입된 장비다. 특히 서북도서 인근 해역에서 작전할 때 옹진반도에 배치돼 있는 북한의 지대함 미사일의 표적획득 레이더의 신호를 탐지·경보하는 용도로 사용됐다. 이 시스템은 탐지된 신호를 디지털 처리해 기억하는 장비가 없기 때문에 북한 연안의 지대함 미사일 포대에 배속돼 운용되는 레이더의 PRT(Pulse Repetition Time: 펄스반복주기) 특성 등을 바탕으로 신호를 식별·경보하는 수준의 장비다.
신호의 수신 강도를 바탕으로 방위를 측정하기 때문에 정밀한 방위탐지가 어렵다. 즉, 위협 경보 용도로 쓰이는 간단한 전자전 장비이다. 울산급 호위함과 포항급 초계함이 서서히 일선에서 물러나면서 ULQ-11K와 ULQ-12K도 도태되고 있다.

AR700 ESM / APECS2 ECM - DDH1 구축함용

AR700 ESM과 APECS 2 ECM는 1980년대에 개발된 수출용 전자전 장비다. 네덜란드 해군의 카렐 도어만(Karel Doorman)급 호위함과 포르투갈 해군의 메코(Meko)급 호위함인 바스코다가마(Vasco da Gamma)급 호위함과 그리스 해군의 메코급 호위함인 히드라(Hydra)급 호위함에 채용됐다.

해군에서는 광개토대왕급(KD1) 3척에 탑재해 한국형 SSCS MK.21 시스템인 KDCOM에 통합해 운용하고 있다. AR700과 APECS2는 우리 해군이 도입한 전자전 장비 중 최초로 위상배열 안테나(로트만-터너 렌즈)가 도입된 시스템이다. 이후 국산 함정용 전자전 체계 중 하나인 SLQ-200K 소나타(Sonata) 체계의 개발에도 큰 영향을 끼친 시스템이다. 각종 잡음 생성 교란 모드와 거리기만, 각도기만, 속도기만 등을 위한 일반적인 모드들을 보유하고 있다. 이 점에서 AR700과 APECS2는 우리 해군 최초의 현대적인 전자전 체계로서 의미가 큰 장비라고 할 수 있다.
APECS2 시스템은 위상배열 안테나를 사용해 최대 60개의 교란 신호를 360도 전 영역으로 송출하여 최대 16개의 표적을 교란할 수 있다. 이 시스템은 교란 신호를 정밀한 각도로 제어할 수 있으며, AR700이 수신한 신호를 처리한 데이터를 바탕으로 교란 지향 각도와 출력을 표적의 전자적인 특성에 맞춰 최적화해 송출하는 장비다.
신호 최적화는 PM/TG(Power Management/Threat Generation)가 담당한다. 전탐 장비인 AR700은 2개의 모노펄스 수신기에 다수의 안테나가 결합돼 있으며, 수신된 신호는 디지털 기법에 의해 처리돼 즉응성이 높다. AR-700은 C밴드까지 수신할 수 있기 때문에 장거리 전탐을 이용한 조기경보 용도로도 활용될 수 있으며, 이 점 역시 소나타 시스템의 개발에 영향을 주었다. AR700과 APECS2는 S1부터 S5까지 총 5개의 버전이 있다. 이들은 주파수 분해능과 방위탐지 정확도, 수신 감도 등에서 조금씩 차이가 있다.

SLQ-200(V)K SONATA ESM/ECM – DDH1, DDG 구축함 및 FFG-I/II 호위함용

SLQ-200(V)K 함정용 통합전자전 체계는 1980년대 후반부터 1990년대 중반까지 국방과학연구소(ADD) 주관으로 개발한 전자전 체계다. 주요 구성품 제작과 체계통합은 LIG 넥스원이 담당하고 있으며, 구성품 중 가장 높은 위치에 배치되는 전방향 수신 안테나 등은 빅텍(VICTEK)에서 제작한다.

소나타 시스템의 시제품은 기어링급 구축함인 강원함(DD922)에 탑재돼 시험평가를 받았으며, 이 과정에서 다목표 전자대응과 노이즈 스크리닝, Lock-On 해제 등 다양한 전자전 기능을 실증했다. 현재 소나타 시스템은 광개토2(충무공 이순신급) 구축함과 광개토3(세종대왕급 구축함), 독도급 강습상륙함, 인천급 호위함, 대구급 호위함 등에 탑재돼 운용되고 있다. 2011년 1월에는 아덴만의 여명 작전 당시에 충무공 이순신급(KD-2) 구축함 6번함인 최영함(DDH981)에 탑재된 소나타 시스템이 피랍된 삼호 쥬얼리호의 통신장비를 성공적으로 교란, 차단함으로써 피랍된 선박 내부의 해적들을 고립시키는 용도로 사용됐다.

광개토대왕급 구축함 3척에 통합돼 있는 AR700 전탐 시스템과 APECS2 교란 시스템에 영향을 많이 받은 장비이다. 특히 전탐 장비를 사용해 적대 신호를 장거리 탐지함으로써 조기경보를 제공하는 기능과 위상배열 안테나를 활용해 좁은 빔폭의 교란 신호를 정밀한 각도로 송출하며 기민하게 표적을 변경하는 기법, 동시에 다수의 교란 신호를 송출하는 기능과 DIFM(Digital Instantaneous Frequency Measurement) 기술 등은 APECS2와 AR-700 시스템으로부터 영향을 받은 것이라고 할 수 있다.

소나타 체계 이전의 국산 전자전 체계인 ULQ-11K와 ULQ-12K는 주로 지대함 미사일의 포대 배속 표적획득 레이더와 적대 소형 함정의 함포 화력통제 레이더의 신호 탐지와 경보에 국한된 시스템으로 설계됐다. 따라서 유효탐지거리가 짧은 반면, 소나타 체계의 전탐 장비는 C밴드(0.5GHz ~ 1.0GHz)의 낮은 대역까지 커버함으로써 전리층과 해면 사이에 형성되는 대규모 덕트를 통해 장거리 전파되는 신호를 탐지할 수 있다.

세종대왕급 구축함과 독도함의 경우에는 기함으로서 이와 같은 기능을 활용해 자함을 기함으로 하는 전단급 작전세력에 대한 조기경보를 제공한다. 인천급 호위함과 대구급 호위함은 각 해역함대 예하 전대의 기함으로서 소나타의 UHF 대역 장거리 수신 기능을 활용해 장거리에서 위협 세력의 종류를 탐지·식별해 예하 전대에 조기경보를 제공한다. 남해를 방어하는 제3함대에서는 인천급 호위함이 해역함대의 기함 역할까지 수행하기 때문에 전대급 기동세력뿐만 아니라 해역함대에서 차출된 해상세력 전체에 대한 조기경보를 제공한다.

SLQ-200K 소나타 시스템의 전탐 체계는 광개토대왕급 구축함에 탑재된 AR700 전탐

체계와 동일한 대역을 커버한다. 반면, 소나타 시스템의 전자공격체계는 APECS2의 전자공격체계보다 커버 가능한 대역 범위가 더욱 협소하다. 이는 소나타를 도입하기 이전에 도입된 APECS2가 자함에 직접 위협이 되는 전자 표적에 대응하기 위한 체계라면, 소나타의 전자공격체계는 그중에서도 가장 위협서열이 높은 대역 위주로 송출 에너지를 집중시켜 운용함으로써 교란 효과를 더욱 높이도록 설계된 체계이기 때문이다.

이와 같이 소나타 시스템은 위협 서열이 가장 높은 대역에 송출 에너지를 집중하며, APECS2보다 더욱 대형의 교란 안테나를 사용하기 때문에 교란 신호의 빔 폭이 더욱 좁고, 교란 효과가 더욱 강력하다. 특히 거리기만 기법 사용 시에 허위 표적 생성 능력면에서 구형 APECS2를 크게 앞선다. 소나타 체계가 보유한 교란 기법은 주로 소인잡음기법과 barrage 잡음 기법, 점잡음 기법, 위상 잡음 기법 등의 잡음 기법과 RGPO(Range Gate Pull Out)등의 거리기만 기법, VGPI(Velocity Gate Pull In)과 같은 속도기만 기법 등이다.

소나타 시스템의 전탐장비는 다채널 위상대조 방식을 DIFM과 같은 디지털 기법과 함께 사용함으로써 정밀한 방향탐지를 할 수 있다. 처리된 신호의 디지털 데이터는 DRFM(Digital Radio Frequency Memory)에 저장한다. 이와 같은 위상대조 기법과 디지털 신호처리, 저장 기술은 소나타 시스템뿐만 아니라 공군이 도입한 국산 전자전 체계인 ALQ-200K 포드와 ARD-300K ELINT 포드에도 도입됐다.

SLQ-201K - PKMR 고속정용

SLQ-200K 소나타 시스템이 AR-700과 APECS2의 후계 시스템이라면 참수리급 PKMR에 탑재된 SLQ-201K 시스템은 울산급 호위함의 ULQ-11K, 그리고 포항급 초계함의 ULQ-12K의 뒤를 잇는 시스템이라고 할 수 있다.

SLQ-201K는 소형 함정의 자체방어를 위한 전자전 체계인 것이다. 그러나 소형함정 자체방어를 위해 아날로그 방탐 정보와 경보 제공 위주로 운용되는 ULQ-11K 등과 달리 SLQ-201K는 다양한 카테고리의 신호 제원을 산출함으로써 위협 신호를 식별하고, MASS 기만체계 등에 허위 표적 생성에 필요한 데이터를 제공할 수 있다.

SLQ-201K 시스템은 전방위 안테나 1기와 방탐 안테나 세트 2기, 신호처리 프로세서 유닛(SPU), 터치 스크린 모니터를 포함하는 제어 유닛(OCU), 그리고 MASS와 레이더, 전투정보체계 등과 SLQ-201K를 연동 운용하기 위한 인터페이스 유닛(SIU) 등으로 구성돼 있다.

SLQ-201K의 방탐 안테나는 SLQ-200K 소나타의 전탐 체계의 방탐 방식과 상이한 방탐 방식을 사용한다. 소나타 시스템은 위상대조를 이용한 방탐을 하지만 SLQ-201K는 진폭대조 방식을 사용한다. 이는 양자의 용도와 밀접한 관련이 있다.

소나타의 방탐체계는 전리층과 해면 사이의 규모가 큰 대기권 전파 덕트를 통한 장거리 신호 탐지를 해야 하기 때문에 매우 낮은 대역의 신호를 수신하면서 발생하는 각도 오차를 최소화시켜야 하는 반면, SLQ-201K는 오차가 상대적으로 적은 대역을 커버하면서 위협 신호의 변화에 기민하게 대응해야 하기 때문에 진폭변조 기법을 사용하는 것이다.

SLQ-201K는 엄격한 기밀유지를 필요로 하는 전자전 장비이다. 이 때문에 SLQ-201K의 수출형 장비인 ACES(Advanced Concept Electronic Support systems)는 주요 전탐 제원이 SLQ-201K의 그것과 다르게 설정됐다. ACES 시스템은 2017년에 영국 런던에서 개최됐던 세계 최대의 국제무기박람회인 'DSEI 2017'에도 출품되면서 해외 시장에도 홍보되기 시작했다. SLQ-201K는 프로그래밍이 가능한 전자전 체계이기 때문에 일부 제원을 도입 고객의 요구에 맞게 조정할 수 있다.

해안복합감시체계

Coastal Complex Surveillance System

해군은 해안복합감시체계를 주요 해안 취약지역에 설치해 전력화를 완료했다. 해안복합감시체계 사업은 적 침투위협이 예상되는 주요 해안 취약지역에 주·야간 고성능 감시장비를 설치하고, 현재 운용중인 레이더(Radar), 열상감시장비(TOD) 등 기존 감시장비들을 통합·운용할 수 있는 복합감시체계를 구축하는 사업이다.

이 사업은 18개월 동안 동·서·남해안 주요 지역에 250여 개의 감시장비를 설치하기 위해 2000여 명의 토지소유주와 민관 협의를 진행했고, 네트워크용 통신선로도 500여 km 이상 구축하는 등 방위력 개선사업 중 단기간에 가장 광범위한 지역에 과학화 경계시스템을 구축한 사업으로 평가받고 있다.

해안복합감시체계 전력화로 해안 경계부대는 기존 감시장비와 연동해 은밀하게 해안으로 침투하는 적을 탐지·식별·추적하고 해안상륙 시 기동타격대를 이용해 격멸할 수 있어 현재의 병력위주 경계체계의 취약점을 보완했으며, 인접 부대 간 감시영상도 실시간 공유하게 됐다.

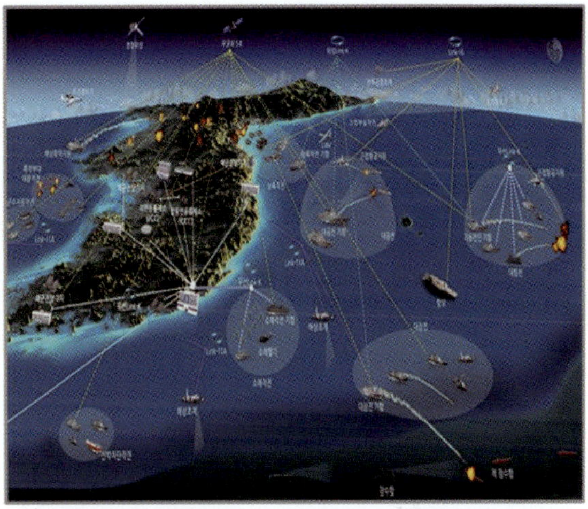

KNCCS+KNTD 지휘통합체계

Command Integration System of KNCCS and KNTD

방위사업청은 쌍용정보통신과 1278억 원 규모의 해군 전술지휘통제자동화(C4I) 체계 성능개량 계약을 체결했다. C4I(Command, Control, Communication, Computer and Intelligence)는 탐지-결심-타격을 연결하는 자동화 체계를 말한다.

해군 전술지휘통제자동화(C4I) 체계 성능개량 사업은 노후한 해군 전술지휘통제자동화(C4I) 체계를 대체하고 효율적 운용을 위해 해군지휘통제체계(KNCCS)에 해군전술자료처리체계(KNTDS)를 통합해 성능을 개량하는 사업이다.

쌍용정보통신은 체계개발 및 시험평가, 전력화 과정을 거쳐 2020년 8월경 성능개량된 전술지휘통제자동화(C4I) 체계를 해군에 인도할 예정이다. 해군 전술지휘통제자동화(C4I) 성능개량체계가 전력화하면, 실시간 전술상황 공유 및 즉각적인 지휘결심 향상뿐만 아니라, 해군지휘통제체계(KNCCS)와 해군전술자료처리체계(KNTDS) 통합에 따른 비용절감과 좁은 함정공간의 활용성 증대 등 효율적 체계운용이 가능할 것으로 기대된다.

다가이 기만탄 II

Dagaie Counter Measures Dispenser Set II

다가이 기만탄 II 는 프랑스 사프란(Safran)이 설계한 함정용 기만탄 발사체계로, 한국 해군은 SNT 중공업 · STX 계열 방산업체를 통해 K–다가이 형식으로 라이선스 생산 · 개량해 운용하고 있다. 현재 국제 추세는 이 구형 발사대를 유지하되 프랑스 라크루아 디펜스(Lacroix Defense)가 제작하는 SEALEM · SEALIR 등 3세대 CNR · IR+HIR 기만탄을 결합해 '구형 발사대+신형 탄약' 구조로 전환하는 방식이다.

다가이 기만탄 II 는 사프란이 개발한 RF 채프 · IR 플레어 발사체계로, 한국 해군은 SNT중공업이 생산한 K–다가이 형태를 다수의 호위함 · 구축함에 탑재해 왔다. 그러나 북한 · 중국 · 러시아가 보유한 3~4세대 대함유도탄은 ECCM · IRCCM과 MMW · 이중 IR 탐색기를 채택해, 채프 · 플레어 중심 2세대 체계만으로는 방어 한계가 크다는 평가가 나온다.

프랑스 라크루아 디펜스는 SEALEM(CNR 기반 RF 기만탄)과 SEALIR(IR+HIR 복합 플레어)를 포함한 SEACLAD 탄군을 개발해, 사프란의 다가이 NG · NGDS와 자사 SYLENA 발사체계에 공급하고 있다. 이 탄약들은 실제 함정과 유사한 RCS · 적외선 영상 · 스펙트럼을 만들어 최신 대함유도탄의 ECCM · IRCCM 알고리즘을 교란하는 것을 목표로 한다.

해군은 기존 MASS · K–다가이 체계를 유지하면서, 라크루아 탄약을 포함한 차세대 기만탄과 원격 코너 리플렉터를 도입하는 점진적 업그레이드를 추진 중이다. 국내에서는 SNT중공업이 다가이 계열 발사대, 티에스텍(T.S Tech)이 라크루아와 협력한 K–RBOC–NG 발사체계를 담당하며, 이 조합으로 SEALEM · SEALIR급 NG탄을 기존 R–BOC · 다가이 계열 함정에 적용하는 방안이 PKG 고속정 · 중대형 함정 개량사업의 유력 옵션으로 검토되고 있다.

해군의 잠수함 시대를 연 대한민국 1번 잠수함 장보고함이 2025년 11월 19일 오후 마지막 항해를 위해 진해군항을 출항하고 있다.

2025년 11월 19일 진해군항에서 안병구 초대함장(가운데)과 이제권(소령) 장보고함장(오른쪽)이 대한민국 1번 잠수함 장보고함을 타고 마지막 항해를 하고 있다.

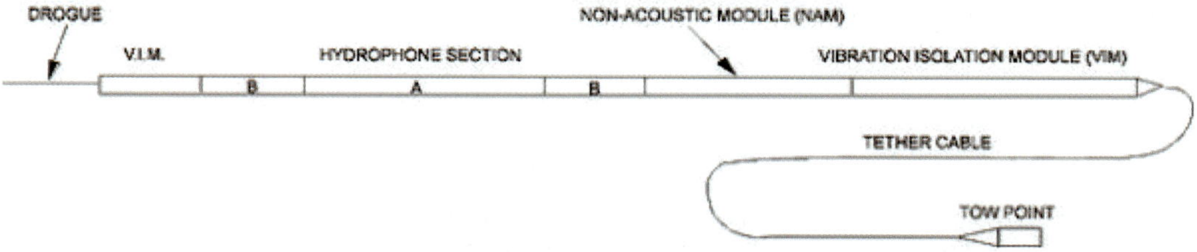

SQR-220K 계열 흑룡 예인 소나 TASS

SQR-220K TASS(Towed Array SONAR System)

SQR-220K 흑룡 예인 소나 TASS(Towed Aray SONAR System)는 수동소나 계열인 선배열 예인 소나 체계이다. SQR-220K는 표적함에서 발생하는 저주파 음향신호를 탐지해 수중표적을 식별하고, 추적된 표적정보를 이용해 대잠전을 수행한다. 주로 장거리 표적 탐색을 목적으로 한다. 이러한 표적정보를 전투 체계에 제공해 함수의 능동소나, 대잠항공기 등 다른 소나와 연동해 대잠전의 효율을 증대시킨다. 뿐만 아니라 적 잠수함의 공격으로부터 아군의 함정과 주요항만을 보호하는 임무를 수행한다. 현재 개선형인 SQR-220KA1 흑룡 예인 배열 소나(TASS)를 생산해 차기 호위함 Batch2에 탑재하고 있다.

Mk36 SRBOC 기만탄

MK36 SRBOC Counter Measures Dispenser Set

해군은 Mk36 SRBOC 기만탄을 1980년대에 실용화했다. Mk36 SRBOC 기만탄은 채프와 적외선 플레어를 발사하는 일종의 박격포 형태의 기만탄 발사기다. 미국과 서방 각국의 해군에서 채택했고, 중국 해군도 보유하고 있는 것으로 알려졌다. 해군은 울산급 호위함에 장착하고 있으며, TACM(어뢰기만기탄)으로 보강했다.

MASS 대유도탄 기만체계

Multi Ammunition Softkill System

독일 라인메탈이 개발 · 제작하는 MASS(Multi Ammunition Softkill System) 시스템은 자외선(UV)센서, 적외선(IR) 센서, RF(Radio Frequency) 센서(레이더), 전자광학 센서, 능동 레이저 센서 등을 기만 · 교란하고 자함을 이들 센서로부터 은폐하기 위한 다영역 디코이 다연장 발사 체계다.

최근에는 잠수함에서 발사된 어뢰에 대응하기 위한 음향대응 기능도 포함됐다. 이같이 다종 다양한 다수의 위협에 대응할 수 있는 대응탄을 하나의 발사대에 수용할 수 있기 때문에 함내 여러 곳에 서로 다른 대응체계를 분산 배치할 필요가 없다. 따라서 함내에 자체방어용 대응체계가 배치되는 공간을 크게 절약할 수 있다. 이 때문에 소형 함정용 자체방어 체계로 각광을 받아 핀란드 해군의 하미나급 미사일 고속정에도 탑재하고 있다. 대표적인 예로 캐나다 해군의 주력함인 핼리팩스(Halifax)급 호위함도 MASS 시스템을 탑재하고 있다. 총 12개국에서 이 시스템을 채택했으며, 한국에서는 한화시스템이 면허생산해 참수리급 PKMR과 천왕봉급 상륙함 등에 탑재하고 있다.

MASS 시스템은 수평 선회와 고각 지향이 가능한 대응탄(디코이) 발사대와 관제 시스템으로 구성돼 있다. MASS의 관제 체계에는 최대 6개의 대응탄 발사대가 통합될 수 있다. 대응탄 발사대는 탄소섬유 복합소재로 가볍다. 이는 발사대의 구동장치가 경량의 발사대로 대응탄을 발사해야 하는 방위, 고각을 빠르게 지향할 수 있도록 함으로써 신속한 위협 대응이 가능하도록 한다.

해군특수 부대용 총기

Navy Special Forces Firearms

해군 특수전단용 HK416D 소총

HK416D Rifle

HK416D 소총은 10.4인치 총열 모델이며 청해/아크부대 등 일부 해외 파병부대에서 운용중이다. 해군 특수전전단(UDT/SEAL)은 HK416D10RS(10.4인치 총열 모델)를 운용중이며, 2011년 1월 소말리아 해적에게 납치된 화물선 삼호 주얼리호를 구출하기 위한 아덴만 여명 작전에서 청해부대 대테러팀이 사용한 모델이다. 최소 2010년 이전 도입한 것으로 추정된다. 도입량은 확실하지 않으나 청해/아크부대 정도만 사용중인 것으로 볼 때 소량 도입한 것으로 보인다. 부품 조달 문제로 국내산 소총으로 점차 교체해나가는 방안을 추진하고 있다.

제원	
길이	709mm(개머리판 수축시)
	805mm(개머리판 최대 연장시)
무게	3.12kg
구경	5.56mm
작동방식	쇼트 스트로크 가스 피스톤식
사용탄약	SS109(5.56×45mm NATO)
유효사거리	300m
제작사	Heckler & Koch (독일)

해군은 육군, 공군과 함께 2024년 5월 10일 동해 해상에서 합동 해상 전투탄 실사격 훈련을 성공적으로 완수했다. 국내기술로 개발한 해상 유도무기인 대함유도탄방어유도탄 '해궁', 전술함대지유도탄 '해룡', 함대함유도탄 '해성-Ⅰ'이 실사격 훈련에서 목표를 정확히 타격하며 국산 유도무기의 우수성을 다시 한번 입증했다. 사진은 춘천함(FFG-Ⅱ)이 대공무인표적기에 해궁 대함유도탄방어유도탄을 발사하고 있다.

2026
한국군
무기연감

ROK Military Weapon Systems

대한민국 해병대
Republic of Korea MARINE

6112

해병대, MAH 양산 · K2 흑표 전차 신규도입… '준 4군' 완성과 실전적 훈련 강화

해병대사령부는 상륙작전과 책임지역 및 전략도서 방어작전을 수행하며, 신속기동부대를 운용하고 있다. 서북도서방위사령부는 서북도서 일대의 경계와 방어 임무를 맡는다. 해병대는 적 도발 징후를 조기에 식별하기 위한 감시·탐지 전력을 운용하고, 적 위협에 따른 도발 시나리오별 대비 계획을 수립해 왔다.

2011년 6월 창설된 서북도서방위사령부는 통합상황 조치훈련과 합동 도서 방어 종합훈련, 서북도서 증원 등 합동훈련을 정례화했다. 전·평시 위협에 대응하기 위해 신속기동부대를 운영하고 대테러특임대, 화생방테러특임대, 탐색구조부대 등 전문부대를 지정해 대응 역량을 강화하고 있다.

2021년 창설된 해병대 항공단은 기동헬기 2개 대대와 공격헬기 1개 대대 등 3개 비행대대, 그리고 관제대·정비대로 편성됐다. 전시 상륙작전 투입은 물론 국가전략도서 방어, 신속대응작전, 재해·재난지원 등 다양한 임무를 수행한다. 2023년 6월에는 상륙 병력을 공중 수송하는 상륙기동헬기 '마린온'(MARINEON) 20여 대가 전력화됐다. 마린온 전력화로 해병대는 바다뿐 아니라 공중에서도 지상에 신속히 침투할 능력을 확보했다. 해병대는 미국·태국이 주관하는 코브라골드(Cobra Gold) 훈련, 미국·호주 공동주관의 탈리스만 세이버(Talisman Sabre) 훈련 등 해외 연합훈련 참여를 확대하며 다국간 작전 수행능력을 높이고 있다.

해병대는 '국방혁신 4.0'에 기반해 첨단과학기술 중심의 국가전략 기동부대를 건설 중이다. 특히 인공지능(AI)·무인·로봇 등 4차 산업혁명 기술을 접목해 전략·작전개념, 군구조, 교육훈련에 이르는 전 영역에서 미래형 부대를 구축하고 있다. 현재 해병대는 KAAV-II 차기상륙돌격장갑차, 상륙공격헬기 등 수륙양용·공중전력의 개발과 확보를 추진 중이다. 서북도서용 UAV(무인기)와 AI 기반 과학화 경계체계 등 도서방위 전력도 순차적으로 도입 중이다.

특히 해병항공전력의 핵심으로 꼽히는 MAH-1 상륙공격헬기 전력이 새롭게 더해진다. 상륙공격헬기(MAH) 체계개발사업에는 2026년까지 약 4500억 원이 투입된다. MAH-1은 2024년 12월 첫 시험비행을 시작으로 2026년 하반기 체계개발을 완료하고, 그해 말부터 양산에 돌입한다. 이후 전력화를 통해 24대 규모의 1개 비행대대 창설이 목표다.

MAH는 해병대 마린온 상륙기동헬기(MUH-1)가 적지에 침투할 때 엄호 임무를 맡고, 지상부대 요청 시 화력지원 임무도 수행한다. MAH-1의 실전 배치로 해병항공단은 입체 상륙작전 수행 능력을 완비하게 된다. 아울러 해병대는 무인화된 다연장로켓 '천무'의 추가 전력화를 계획 중으로, 2030년대 상륙작전은 기존과는 전혀 다른 형태의 독자작전을 예고하고 있다.

해병대는 2026년 국방예산 확정으로 총사업비 약 4000억원 규모의 K2 흑표 전차 신규 도입 사업에 착수하게 됐으며, 이를 위해 내년 예산에 착수금이 반영됐다. 예산 반영으로 해병대는 현재 운용 중인 K1 계열 전차를 중장기적으로 K2로 교체하는 '해병대 K2 전차 시대'의 기반을 마련하게 됐다. 이 사업이 완료되면 국가전략기동군을 표방하는 해병대의 상륙·기동·기갑 전력이 한 단계 상향될 것으로 평가된다.

아울러 이재명 정부는 최근 해병대 1·2사단의 작전통제권을 52년 만에 육군에서 해병대로 이관해 사령관이 예하 부대를 독자적으로 지휘할 수 있는 조건을 실질적으로 마련했다. 국군조직법 등 관련 법 개정을 통한 '준 4군 체제'로의 개편도 적극 추진 중이며, 해병대 고유임무 확대와 조직·작전권 독립이 임기 내 마무리될 전망이다.

2023 코브라골드 연합훈련에 참가 중인 해병대 수색팀이 3월 4일 태국 로타윈 현지 정글에서 경계하며 전술 기동을 하고 있다.

해병대 전력 일람

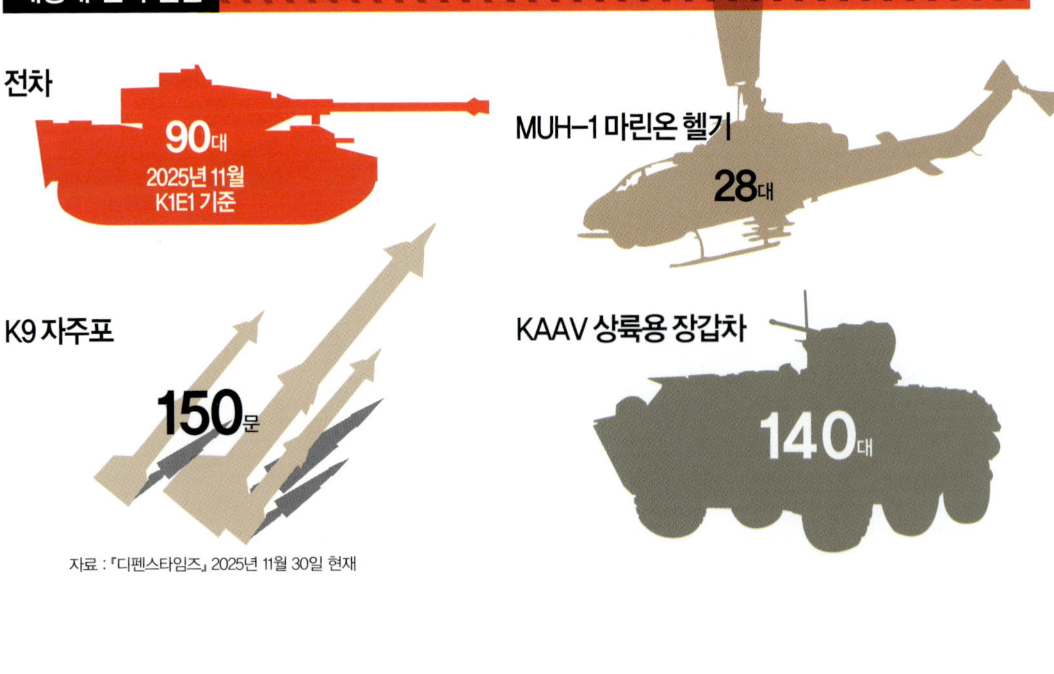

자료 : 『디펜스타임즈』 2025년 11월 30일 현재

기동

Maneuver Weapon System

한국형 상륙돌격장갑차 KAAV

Korean Assult Amphibious Vehicle(KAAV)

해병대는 KAAVP7A1 돌격상륙장갑차를 1997년 도입했다. 돌격상륙장갑차는 상륙작전 또는 지상작전을 수행할 때 병력, 장비, 보급품을 수송하는 역할을 수행한다. 해병대를 상징하는 주력장비로서 170여 대를 운용 중이다. 최근 일본 육상자위대도 중고 차량을 도입해 운용을 시작했다. 또한 필리핀에는 한국형 KAAV 8대가 수출이 확정돼 2018년 말부터 인도된다.

계열차량으로는 두 종류를 소량 보유해 운용 중이다. 구난용으로는 1997년부터 KAAVR7A1 구난용 상륙장갑차를 도입했다. KAAVR7A1은 상륙작전 또는 지상작전을 수행할 때, 돌격상륙장갑차의 고장에 대비한 차량이다. 해병대는 구난용 상륙장갑차를 장갑차 정비, 구난장갑차로 운용하고 있다. 지휘용상륙장갑차로는 1997년 KAAVC7A1을 도입했다. 지휘용 상륙장갑차는 상륙작전과 지상작전을 수행할 때 지휘관과 참모, 통신병 등이 탑승해 이동지휘 소 역할을 수행한다.

제원	
승무원	3명
중량	27t
최대속도	지상시속 72km/수상 13.2km
항속거리	지상 483km/수상 90km
병력수용능력	완전무장 병력 21명
제작사	한화에어로스페이스

한국형 상륙돌격장갑차 KAAV-II

Korean Assult Amphibious Vehicle(KAAV-II)

해병대는 차기 상륙돌격장갑차(KAAV-II)를 일반에 공개했다. 차기 상륙돌격장갑차는 유, 무인 원격통제체계 및 전투 모듈 탑재기술을 적용할 예정이다. 개발기간은 2024년 1월부터 2028년 9월까지 48개월 동안 개발한다. 한화에어로스페이스가 개발자로 참여한다. 차기 상륙돌격장갑차는 입체 고속작전 구현을 위한 상륙돌격장갑차로, 우수한 화력과 방호력을 바탕으로 최단시간 내에 상륙 목표 지역을 확보하는 것이 운용 목표다.

제원	
수상속도	시속 20km이상 달성
무장	40mm CTA 기관포, 7.62mm 기관총

K808 차륜형 장갑차

Small Tactical Vehicle/K808 Wheeled Armoured Vehicle

해병대 제1사단과 해병대 제2사단, 제2해병여단 전투 지원 중대에서 운영 중이다. 상륙전을 위한 차륜형 장갑차가 아니기 때문에 지상 작전을 위해 중대급으로 보유해 운용 중이다. 해병대는 향후 상륙전 전용 차륜형 장갑차 도입 계획을 갖고 개발 개념을 발전시키는 중이다. K808 차륜형 장갑차는 KAAV 상륙전 장갑차를 보조하는 전력으로 운용되고 있다.

제원	
전장	7.2m
전고	2.1m
전폭	2.7m
엔진	420마력
전투중량	17.5톤
최대속도	시속 100km
등판능력	종경사 60%, 횡경사 30%
탑승 인원	2+10명
무장	K4 고속유탄기관총, 7.62mm 기관총
제작사	현대로템

K242A1 4.2인치 박격포 탑재용 장갑차

K242A1 Mortar-mounted Armored Vehicle

K242A1 4.2인치 박격포 탑재용 장갑차는 지형과 기상에 관계없이 화력지원이 가능해 신속한 기동능력과 화력으로 상륙부대를 지원한다. 이 장갑차는 강과 하천의 도하도 용이한 수륙양용 차체로서 K1 전차부대와 함께 행동한다. 향후 신형 120mm 박격포 탑재 장갑차로 교체할 예정이다.

제원	
탑승인원	5명
최대속도	평지 시속 70km/수상 시속 6km
항속거리	480km
등판능력	31도
중량	13.2t
박격포 무게	302kg
발사속도	분당 5발
살상반경	40×20
사거리	최대 6.6km, 최소 920m
고각 · 강선	포구 장전식
탄	고폭탄, 연막탄, 조명탄 등 여러 탄종 사용. K-6 중기관총 탑재로 대공화력보유
제작사	한화에어로스페이스

K1A2 전차

K1A2 Main Battle Tank

해병대의 숙원사업 중 하나가 120mm 주포를 장착한 강력한 전차의 도입이었다. 2018년 해병대 공개 행사에서 당시 해병대사령관은 해병대에 K1A2 전차를 도입하겠다고 공표했고, 5년이 지난 2022년 해병대 배치가 공개됐다. 미 해병대가 1991년 2월 걸프전 이후 M1A1 전차를 도입한 것과 비교해 대한민국 해병대가 동급 화력을 보유한 K1A2 전차를 도입하기까지 20년이 걸린 셈이다. 2023년 11월 단독 여단급 훈련에서는 해병대 K1A2 전차가 LCU 상륙정으로 상륙해안에 옮겨지는 장면에 처음으로 공개됐다. 해병대의 K1A2 전차는 포항의 제1해병사단 전차대대에서 운용하고 있다. 유사시 후방의 전차 전력은 국토의 오른쪽은 해병대 제1사단 전차대대, 왼쪽은 육군 기계화학교 교육 훈련 전차대대가 전차 전력으로 가동된다.

제원	
전투중량	53.2t
승무원	4명
전장	3.59m
전고	2.25m
엔진출력	1,200hp
톤당 마력	23.5hp/t
무장	120mm 활강포, 12.7mm 기관총, M60E2-1 기관총, M60D 7.62mm 기관총
최고속도	65km/h
주행거리	500km
제작사	현대로템

K1E1 전차

K1E1 Main Battle Tank

해병대는 1993년 1사단 전차대대의 전차를 기존의 M47 전차에서 K1 전차로 교체해 상륙군 기갑전력을 강화했다. 하지만 2사단과 6여단은 M47 전차를 그대로 운용하다가 육군에서 넘어온 M48A3K 전차로 대체했다. 그러나 노후화 및 성능상의 한계로 인해 서북도서 및 수도권 해 · 강안 방어작전 수행에 제한 요소가 많았다. 그리하여 육군의 K2 전차 전력화와 기계화보병사단 개편 작업이 진행 중인 2017년 말, 서북도서 전력 강화 차원에서 6여단과 연평부대에 K1E1 전차를 우선 전력화했다. 차후에는 1사단과 2사단도 K1E1 전차를 장비할 예정이다.

제원	
전장	7.2m
전고	2.1m
전폭	2.7m
엔진	420마력
전투중량	17.5톤
최대속도	시속 100km
등판능력	종경사 60%, 횡경사 30%
탑승 인원	2+10명
무장	K4 고속유탄기관총, 7.62mm 기관총
제작사	현대로템

제원	
최대이륙중량	1만9,200lb (8,709kg)
기체길이	15.0m (49.1ft)
기체높이	4.5m (14.6ft)
기체폭	3.3m (10.7ft)
제작사	한국항공우주산업

수리온 상륙공격헬기 주요특징
내구추락성 기체구조 / 복합 회전 날개
상태 감시 장치(HUMS)
통합 디지털 조종실(Glass Cockpit)
4축 자동 비행 조종장치(AFCS)
1800+ 마력급 쌍발터보샤프트 엔진
엔진 FADEC 적용
내해수 처리 및 주로터 접힘 장치
함상 운용 / 스터브윙 무장 장착대

주요 임무 장비
공대지 유도미사일 (AGM) / 공대공 유도미사일(ATAM)
2.75인치 무유도/유도로켓
표적 획득 지시 체계(TADS)
12" 스마트 다기능 시현/통제장치
통합생존장비(RWR/MWR/LWR/Chaff/Flare)
내부 보조 연료 탱크
HF무전기/ 전술항법장치(TACAN)

MUH-1 해병대 상륙기동헬기

MUH-1 Marineon Landing Craft Helicopter

해병대는 2018년 1월 10일 포항 해병대 1사단 항공대에서 상륙기동헬기(MUH-1) 1 · 2호기 인수식 및 통상명칭 명명식을 거행했다. 해병대는 상륙기동헬기 2대를 인수하며 해군 통합 이후 45년 만에 첫 자체 항공전력을 구축하게 됐다.

상륙기동헬기 인수식 및 명명식에는 전진구 해병대사령관(해병 중장)을 비롯한 현역과 예비역 장병, 방위사업청, 국방기술품질원, 국방과학연구소(ADD), 한국항공우주산업 등 상륙기동헬기 연구 · 개발 · 생산 · 평가 과정에 참여한 관계자 100여 명이 참석했다. 특히 해병대 항공부대의 산 역사인 예비역 조종사들이 함께해 45년 만에 다시 비상하는 해병대를 격려했다.

해병대 상륙기동헬기의 통상명칭은 '마린온(MARINEON)'으로 명명됐다. 마린온은 국군 장병 대상 공모전과 심사를 통해 결정됐다. 해병대 영문 표시인 'MARINE'과 최초 국산 기동헬기 'SURION(수리온)의 합성어로, 국산 기동헬기 수리온을 기반으로 상륙작전 임무에 특화된 상륙기동헬기를 의미한다.

마린온은 육상과 해상 및 함정 환경에 적합하도록 개발했다. 기체 내 해수방염 처리로 부식을 예방했고, 주로터(헬기 회전익) 접이 장치를 추가해 좁은 함정 내 운용이 쉽도록 했다. 이 밖에도 비행 중 이물질 제거를 위한 윈드쉴드 세척액 분사장치와 장거리 통신용 HF 무전기, 전술공중항법장치(TACAN · Tactical Air Navigation), 보조연료탱크 등을 설치했다.

인수식 및 명명식을 마친 해병대 상륙기동헬기 1호기와 2호기는 훈련비행과 최종 임무수행 능력 평가를 마치고 포항 해병대 1사단 항공대에 배치돼 임무를 개시한다. 이후 상륙작전, 신속기동작전, 교육훈련, 재해재난 지원작전 등에 투입돼 다목적으로 운용될 예정이다.

해병대 상륙기동헬기 마린온은 전시 상륙작전 임무에 투입됨은 물론, 국가전략도서 방어, 신속대응 작전, 비군사 인도주의 작전 등에 투입돼 다양한 임무를 수행한다.

MAH 해병대 상륙공격헬기

MAH-1 Marine Amphibious Assault Helicopter

MAH-1 해병대 상륙공격헬기는 입체 고속 상륙작전의 구현을 위한 기동력과 화력을 갖춘 상륙공격헬기다. 해병대 상륙공격헬기는 상륙작전 시 상륙기동헬기를 엄호하고, 보유한 다양한 무장으로 핵심표적 타격 및 전투 제대에 항공화력을 지원하는 임무를 수행한다.

MAH에는 국산 헬기 최초로 공중전에 대비하기 위해 MBDA사의 미스트랄-3 공대공 유도탄이 탑재된다. 20㎜ 터렛형 기관총과 2.75인치 유도 · 무유도 로켓, 천검 공대지 유도탄 등 무장이 실린다. TADS(표적획득 지시장비) 탑재를 통해 다수의 표적을 동시에 추적할 수 있다. 국산 미사일 교란 투발장치(CMDS), 레이저 · 미사일 · 레이더 경보 수신기(LWR, MWR, RWR) 등을 완비해 생존성을 크게 높였다. MAH-1 상륙공격헬기는 2024년 12월에 첫 비행에 돌입했다.

제원	
최대이륙중량	8,709kg
크기	19m(길이)x5m(폭)x6.1m(높이)
메인로터 직경	15.8m
테일로터 직경	3.150m
엔진	1,800+ 마력 쌍발엔진
비행시스템	최신 4축 자동비행 조종시스템
제작사	한국항공우주산업

주요임무장비

공대공 유도미사일(AGM) : 천검 공대지 유도탄(사거리 8km)

공대공 유도미사일(ATAM) : 미스트랄-3(사거리:약7.5km)

2.75inch 유도/무유도로켓

센서 및 통신장비

표적획득지시체계(TADS), 통합생존장비(RWR,MWR등), 내부 보조연료 탱크, HF무전기, 전술항법장치(TACAN)

KM914 지뢰지대 통로개척장비

KM914 Minefield Projected Charge Demolition Kit

KM914 지뢰지대 통로개척장비는 KM9과 함께 1995년 이후에 도입한 장비다. 해병대가 1991년 1차 걸프전 이후 전투교리 적용을 위해 도입했다. 지뢰 장애물 지대의 기동로 개척을 위해 보유하고 있으며, 공병대대 편성 장비로 운용 중이다.

제원	
중량	2.7t
견인차량	21/2t 화물차량
재장전 시간	30분
개척성능	폭 6m, 길이 100m
제작사	한화

해병대 전투용 고속단정

Marine Combat Speed Boat

해병대는 서북도서 등 해안 경계 및 중국 어선 감시 등 임무에 대응하기 위해 고속단정을 도입해 운용하고 있다. 고속단정은 RIB(Rigid Inflatable Boat) 형태로 350마력 이상의 모터 2대로 추진한다. 최대속도 45노트, 항속거리 150해리 이상에 승조원+작전요원 15명이 탑승할 수 있으며 1.8t 이상을 적재할 수 있다. 조종 콘솔과 연료탱크는 방탄 처리했고, 선수 및 좌·우현에 K6 중기관총, K4 고속유탄기관총, K3 기관총, M60 기관총 등 화기를 거치할 수 있다. 3m 이상의 파도에 견딜 수 있고, 항해 장비로는 X-band 레이더와 GPS 플로터 등을 장비한다.

제원	
형식	RIB(Rigid Inflatable Boat)
전장	10m
전폭	3.1~3.5m
중량	4.2t 이하(연료 제외)
승조원	15명
적재량	1.8t
추진기관	350마력 모터×2
최고속도	45노트 이상
항속거리	150해리 이상
무장	K6/K4/K3/M60 기관총×3
제작사	로마스인더스트리즈

차량형 위성통신

Vehicle type satellite communication system

차량형 위성통신은 2007년 도입한 최신형 차량용 위성통신 장비다. 장거리 통신망 유지와 난청지역 극복을 위해 사용한다. 상륙작전과 해외원정작전에 유리한 장비다.

제원	
운용링크	일반/전술/필통 링크
모드 종류	기본/광역/전구/위협
안테나 크기	2.4m
전송	최대 E1급
전원	220V AC
체계연동	스파이더, KJCCS, 전술 C4I, MIMS, VTC
제작사	LIG넥스원

TRC-521K 무선단말세트

TRC-521K Radio Terminal Set

TRC-521K 무선단말세트는 2005년부터 도입한 연대급 회선 지원용 장비다. 정보통신대대에서 사용하고 있다.

제원	
주파수 범위	1,350~1,850MHz
채널간격	500KHz
변조방식	적응형 델터변조
전송속도	2048Kbps
전원	28V DC 110/220V AC
통달거리	48km
도약속도	약 1초당 1,000도약
제작사	LIG넥스원

PRC-999K 휴대용 무전기

PRC-999K hand talkie

PRC-999K 휴대용 무전기는 1996년부터 도입한 음성과 데이터 지원용 초단파 휴대용 무전기다. 현재 해병부대에서 운용하고 있다.

제원	
주파수 범위	300~87,975MHz
채널간격	25KHz
변조방식	주파수 변조
전송속도	16Kbps
전원	12V DC
통달거리	8km
도약속도	초당 약 100도약
제작사	LIG넥스원

화력

Fire Power

K9A1 자주포

K9A1 155mm Self-Propelled Howitzer

K9 자주포는 1999년 연평해전 직후 백령도 및 연평도 포병대대에 배치됐다. 2010년 11월 23일 연평도 포격전에서 우리 측은 K9 자주포로 포격을 가한 적의 무도 포진지에 50발, 개머리 포진지에 30발의 대응사격을 가했다.

2014년 3월 31일 북한이 서해 NLL(북방한계선) 인근 7개 수역에 대해 사격훈련 명분으로 방사포와 해안포를 동원해 500여 발의 포탄을 쏘아 대자, 해병대는 '3배 대응' 원칙에 따라 300발의 포탄을 NLL 북쪽 해상으로 퍼부었다.

대응포격은 모두 K9 155mm 자주포로 했다. K9 자주포는 최대사거리 40km, 급속발사 시 15초 이내에 3발을 사격할 수 있다. 분당 6~8발 사격으로 1시간 동안 120~160발의 사격이 가능하다. 사격임무 접수 후 초탄발사 시간은 정지상태에서 30초, 기동간에는 60초 이내에 표적타격이 가능하다. TOT(Time On Target) 사격능력을 보유해 북한군 야포와 방사포를 다양한 각도로 포격할 수 있다. 현재 6여단과 연평부대에서 운용 중이다.

K55A1 자주포

K55A1 155mm Self-Propelled Howitzer

1996년 해병대는 K55 자주포를 전력화했다. 현재 1사단과 2사단 포병연대 편제 화기로서 일반 화력지원용으로 활용하고 있다. 해병대는 기존형을 개량한 K55A1을 운용하기 시작했고, 사정거리와 발사속도가 향상됐다.

KH179 155mm 견인포

KH179 155mm Towed Howitzer

1986년 해병대가 전력화한 KH179 155mm 견인포는 포병연대 편제 화기로서 일반화력 지원용으로 활용하고 있다. 중형헬기로 견인이 가능한 견인곡사포다. 당분간은 해병대 1, 2사단에서 1개대대씩 유지할 예정이다.

천무 다연장 로켓

CheonMoo Multiple Launch Rocket Systems

제6해병 포병대대와 제9해병 포병대대 예하에 각각 다연장 중대가 배속돼 있다. 2010년 11월 연평도 포격전 이후 육군의 구룡이 급히 배치됐으나, 2013년 이후 천무 다연장 중대가 독립적으로 만들어졌다. 천무 다연장 로켓 발사 시스템은 130mm탄 40발, 227mm탄 12발을 사격할 수 있다. 향후 천무2 포드를 운영한다. 서해5도에 배치한 천무 다연장 시스템은 20대 미만으로 알려졌다.

제원	
발사관 수	130mm 20발 포드 2기
발사속도	6발/30초
재장전 시간	7분
최대방위각	+–19.4도
최대각	60도
전투중량	31톤
차량 엔진	450마력
최대속도	80km
항속거리	450km
제작사	한화에어로스페이스

KM67 90mm 무반동총

KM67 90mm Recoilless Rifle

KM67 90mm 무반동총은 1980년 제2차 율곡사업 기간 중 도입한 해병대대용 화력이다. 전차와 장갑차 파괴용으로서, 적 밀집부대를 제압하기 위해 집중사격 용도로 운용한다. 역시 소형전술차량에 탑재한 현궁으로 대체해 나갈 예정이다. 이후에는 국산 대전차 로켓포를 도입해 대전차 무기를 완전하게 보유할 예정이다.

제원	
구경	90mm
중량	16kg
사거리	최대 2.1km/최소 400m
발사속도	최대 분당 6발/최소 분당 1발
강선	64조 우선
냉각방식	공랭식
장전방식	총미 장전식
제작사	대한중기

비궁 70mm(2.75인치) 유도로켓

2.75-inch guided rocket Poniard

2000년 10월 예멘에 정박 중이던 미 해군 구축함 콜함(DDG-67 Cole)에 소형 보트가 자살돌격한 테러 사건을 계기로 미 해군은 소형 선박 등 대함미사일로 대응하지 않아도 되는 저가치 표적에 대응하기 위해 저가형 유도로켓(Low cOst Guided Imaging Rocket; LOGIR)을 소요제기했다.

미 해군은 열영상 탐색기와 패턴매칭 기술을 이용한 새로운 유도로켓을 개발하려 했으나 비용 문제로 고민하다 북한의 공기부양정 침투 대응수단을 고민 중이던 우리 군 당국과 공동 개발을 추진했다. 2000년대 중반 미 해군연구소와 방위사업청이 MOU를 체결해 국방과학연구소(ADD)와 LIG넥스원이 개발을 맡았다. 이후 2012년 본격 체계개발로 전환했고, 2015년 ADD 안흥시험장에서 운용평가 시험을 공개하기도 했고, 2차에 걸친 추가 시험에서 모두 무인표적을 격파하는 데 성공했다.

비궁 유도로켓은 비냉각 탐색기를 이용한 적외선 영상(Imaging Infra-Red; IIR) 유도 방식이다. 적 공기부양정 등 고속 수상함정 및 기타 표적에 효과적으로 대응할 수 있다. 36연장 발사대를 K711A1 5t 샤시차량에 탑재해 평지 및 야지 기동성이 뛰어나고, 주·야간 단독작전 수행과 여러 표적에 대한 동시 대응이 가능하다. 서북도서 지역에서 운용 중인 M47/M48 전차를 이용한 해안포를 대체하고, 적 공기부양정에 효과적으로 대응하기 위해 해병대가 도입을 결정했으며 2017년부터 전력화를 하고 있다. 비궁은 2022년 사우디아라비아 수출에 이어, 2024년 미 국방부 해외비교시험(FCT)을 성공적으로 통과하며 기술력을 입증, 미 해군과의 협력 가능성을 높였다.

제원	
구경	2.75인치
길이	1.9m
중량	15kg
탐색기	비냉각 적외선 영상(IIR)탐색기
발사대	36연장
탑재차량	K711A1 5t 표준차
제작사	LIG넥스원

해병대가 북한과 지척인 서북도서에서
천무 다연장로켓 실사격 훈련을 하고 있다.

현궁 대전차 미사일

Hyungung Anti-Tank Missiles

현궁 대전차 미사일은 중거리급 미사일로 최대 유효사거리 3.7km다. 육군의 전방사단을 중심으로 실전 배치됐고, 현재 제1해병사단과 제6여단에서 주력 대전차 화기로 운용하고 있다. 현궁 미사일은 오랜 기간 사용한 토우 대전차 미사일과 106mm 무반동총을 대체했다. 또 현궁 미사일은 기존 90mm 무반동총과 함께 상륙부대의 대전차 화기로 사용 중인 장면이 2023년 3월의 한미 연합 쌍룡훈련에서 확인됐다.

제원	
최대 유효사거리	3.7km
관통력	900mm(탠템 탄두)
발사속도	음속 1.7배
운용 방식	3세대 파이어 앤 포겟 방식, 탑어택
제작사	LIG 넥스원

대전차미사일 스파이크

Spike NLOS

스파이크 N-LOS 미사일은 스파이크 시스템 중 가장 사거리가 길고 가장 대형인 미사일이다. 스파이크 N-LOS는 수출명이며, 이스라엘군에서는 타무즈(Tamuz)라고 불린다. 연평도 포격사건 이후 북한의 해안포대에 대한 핀포인트 타격을 위해 도입했다. 또한 해군의 AW159 와일드캣(Wildcat) 해상작전 헬기에서도 스파이크 N-LOS를 운용한다. 스파이크 미사일은 전자광학영상(EO) 시커와 적외선영상(IIR) 시커 두 가지를 보유하고 있다. 두 가지 시커 중 하나를 선택하거나 또는 듀얼 시커 모드로 두 가지 시커를 동시에 사용할 수 있다. 운용 모드는 발사 후 망각(Fire & Forget), FOAU(Fire, Observation & Update), FAS(Fire & Steer) 등 세 가지가 있다. 스파이크 N-LOS는 주로 장거리 공격 모드인 FOAU 모드를 사용하며, 표적변경 시에는 FAS 모드를 사용한다.

제원	
유효 사거리	스파이크 NLOS : 30 Km
운용	발사 후 망각 (Fire And Forget) 발사 후 목표 지정 (Lock On After Launch)
엔진	2단계 고체 로켓 모터
유도 방식	전자 광학 (CCD, IR 또는 듀얼 CCD/IIR) 수동식 CCD 또는 듀얼 CCD/IIR 시커
탄두	텐덤 방식 성형작약탄
제작사	라파엘

2023년 3월 29일 '결정적 행동' 훈련에서 해병대 제1사단
상륙돌격장갑차(KAAV)가 연막을 뚫고 상륙하고 있다.

30mm 차륜형 대공포

Anti-Aircraft Gun Wheeled Vehicle System

제원	
전투중량	26.5톤
추적거리	7km
최고속도	90km
유효사거리	3km
발사속도	2×600발/분당
제작사	한화에어로스페이스

백령도를 중심으로 하는 서해5도 상공에 대한 드론 등의 공중위협이 증가하면서 육군 저고도방공포 부대와 동시에 차륜형 대공포를 인수받아 배치했다. 30mm 차륜형 대공포는 기존 20mm 발칸포보다 사거리가 길며 차륜형 장점인 기동력이 탁월하다.

KM167 20mm 견인발칸포

KM167 20mm Towed Vulcan

KM167 20mm 발칸포는 1983년 해병대가 육군과 함께 저고도 방공망 구축을 위해 도입한 견인식 대공포다. 저고도로 공격하는 적 항공기로부터 주요 시설을 방호하며, 방공포대 편제로 단거리 국지 방공용으로 임무를 수행한다. 향후 30mm 차륜형 대공포로 대체해 나갈 예정이나, 거점 저고도 방공용으로는 병행해서 운용할 것으로 예상된다. 백령도, 연평도 부대의 언론공개에서 흔히 보여주는 장비이기 때문에 서북도서사령부 부대의 상징이기도 하다.

제원	
구경	20mm
중량	1.42t
사거리 대공	1.2km/지상 4.5km
발사속도	대공 분당 3,000발/ 지상 분당 1,000발
탄약적재량	525발
레이더 탐지거리	250m~5km
빔 방사방식	도플러 방식
제작사	한화에어로스페이스

미스트랄 대공미사일

Mistral Ground-to-air Missile

미스트랄(Mistral)은 유럽의 다국적 방산기업 MBDA 미사일 시스템에서 생산하는 적외선 유도방식의 휴대용 지대공 미사일이다. 미스트랄은 1974년부터 개발을 시작했고, 1988년부터 실전에 배치했다. 우리 군은 1989년부터 배치를 시작했고, 이후 최대 운용국이 됐다. 해병대는 현재 개발 중인 상륙공격헬기에 MBDA사의 단거리 공대공유도탄 미스트랄3를 탑재한다. 상륙공격헬기에서 운용할 미스트랄3는 적외선 유도방식으로 최대 마하 2.5(초속 0.85㎞)의 속도로 날아가 목표물을 타격할 수 있다. 미스트랄3의 중량은 18㎏, 폭약은 HBX, 폭약 질량은 1.11㎏이다. 최신형 3형의 공대공 요격 사거리는 약 7.5Km다. 미스트랄3은 유사시 저고도의 적 항공기 격추 등 상륙공격헬기의 공중전 능력을 획기적으로 향상할 것이다.

제원	
발사 중량	18kg
전장	1.86m
직경	92.5mm
날개폭	18cm
속도	마하 2.5
유효사거리	7.5km
비행 고도	3km
탄두	고폭탄두
탄두 중량	1.11kg
엔진	2단 고체 로켓 모터
퓨즈	레이저 거리 측정 근접 신관, 충격식
유도 장치	적외선 유도 탐지
발사 플랫폼	무장헬기 등
제작사	MBDA

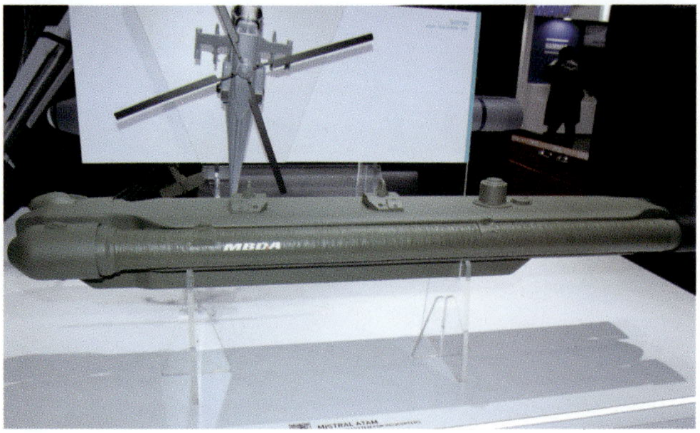

RQ-120K 해병대용 사단급 정찰 무인항공기

RQ-120K Battalion-level Reconnaissance UAV

RQ-120K 해병대용 사단급 정찰 무인항공기는 약 3.4m 길이와 4.2m 폭을 갖추고 있으며, 150kg급의 탄소강화섬유 플라스틱 소재로 제작된다. 이 무인기는 평균 2km, 최대 4km 고도에서 임무를 수행하고, 최대 60km 이상 반경에서 작전이 가능하다. 트레일러 기동식 사출로 이륙하고, 그물망 회수로 안전하게 회수되며, EO/IR(전자광학/적외선) 센서와 합성 개구레이더(SAR), 전자전 대응 장비 등 첨단 장비를 탑재해 해병대의 실시간 정찰 임무를 담당한다.

해병대는 이 기체를 통해 해안선, 도서, 적 침투 우려 지역 등 현장 밀착 경계 임무에 활용한다. 최대 8시간 장기 체공과 주간 · 야간 감시 능력 덕분에 병력 한계가 있는 환경에서 전장 정보를 안정적으로 수집할 수 있다. 실시간 영상 데이터가 본부와 현장으로 전송돼, 기습 침투나 북한 무인기 침투 가능성에도 빠르게 대응할 수 있다.

비교적 저고도 작전이면서 다양한 센서 탑재로 적의 도발 조짐을 조기에 포착하는 데 강점을 가진다. 그러나 운용고도 한계로 인한 노출과 일부 성능 미비, 전파 방해 내성 부족 지적도 존재한다. 최근 해병대에서 실전 배치 후, 운용 경험을 바탕으로 추가 성능개량과 검증이 이뤄지고 있으며, 국방부는 개선과 확장 로드맵을 추진 중이다.

제원	
전장	약 3.4m
전폭	약 4.2m
중량	150kg(탄소강화섬유 플라스틱)
운용고도	평균 2km, 최대 4km
작전 반경	최대 60km 이상
이륙 · 회수	트레일러 기동식 사출/그물망 회수 방식
센서	EO/IR, SAR, 전자전 대응 장비
데이터링크	실시간 고화질 영상 전송, 통신 중계 기능.
제작사	대한항공

리모아이 대대급 정찰용 무인항공기

Remoeye Battalion-class Reconnaissance UAV

리모아이 대대급 정찰용 무인항공기는 해병대와 육군에서 운용하는 소형 무인항공기로, 즉각적인 현장 투입과 효율적인 감시 · 정찰을 목표로 도입됐다. 별도 이륙장비 없이 운용자가 손으로 직접 던져 이륙시키는 투척형 방식이 특징이며, 고성능 전기모터와 교체 가능한 주 · 야간 카메라를 장착해 24시간 작전이 가능하다.

주요 제원은 전장 약 1.4~1.7m, 전폭 1.8~2.7m, 중량 3.4~6.5kg, 최대 비행속도 70~80㎞/h, 체공시간 1~2시간이다. 실시간 표적 감시 및 위치 표시, 자동 비행경로 변경, 산악지형 등 활주로가 없는 지역에서도 운용이 가능해 해병대의 상륙 및 해안감시 임무에 최적화돼 있다.

최근에는 전력화 확대와 함께 제주 및 서해5도 해역에서 실전훈련에 투입되며, 북한 해안 및 주요 도섭지역 정찰 임무에서 효과가 검증되고 있다. 실시간 영상전송, 통신 보안 강화 등 최신 탑재장비와 성능개량이 지속적으로 이뤄지고 있다.

제원	
길이/폭	약 2~3m(모델별 차이 있음)
중량	10~20kg(장착 장비 및 배터리 사양에 따라 다름)
비행시간	최대 2~3시간
운용반경	대략 40~50km
탑재장비	고해상도 EO/IR 카메라, 통신릴레이, 표적지시 장치 등
운용인원	소규모 조작팀(기동훈련 시 3~5명)
임무	해안 감시, 적 도섭지역 정찰, 전술 의사결정 지원, 신속 타격 지원
제작사	유콘시스템

해병대의 미래 상륙작전의 개념은 유인전력이 수상, 수중, 공중, 지상 등 다양한 위협에 대응하며 동시에 상륙군을 투사하는 것이다. 즉, 무인전력이 상륙해안 장애물을 제거와 함께 표적을 타격하는 등 위협을 제거하고, 다른 한편으로 유인전력으로 상륙군을 방호하면서 육상에 전력을 투사하는 것을 말한다. 미래의 상륙작전은 유무인체계를 중점 전력으로, 해병대가 유인전력을 기반으로 해 파생된 무인전력을 재편해서 상륙전력을 강화하는 데 중점을 두고 있다.

고속전투주정

High-Speed Combat Boat

고속전투주정 '청새치'는 적의 해상침투에 대응하고 기습 강점 시 신속 증원이 가능하도록 설계된 해병대 전용 고속 기동전투정이다. 생존성이 보장된 상황에서 고속으로 기동하며 정밀사격, 무장병력 탑재, 해안 접안 능력을 갖췄다.

마린온 기동헬기와 함께 유사시 해병대 2사단 증원전력을 서북도서에 신속 전개하기 위해 개발됐으며, 인천~백령도 구간 병력 수송을 기존 4~5시간에서 약 2시간으로 줄이는 고속 기동력을 보유한다. 승조원 4명, 최대 탑승 인원 무장병력 20명으로 편제된다.

강한 생존성을 바탕으로 고속 기동과 정밀사격, 병력 투입을 동시에 수행하며, 해안에 직접 접안해 전면 상륙 램프(투입구)로 병력을 신속 투입할 수 있다. 최고 속력은 40~50노트급, 실속은 50노트에 근접하는 고속정급 성능으로 알려져 있다.

고속전투주정은 강남조선에서 12월 11일 출고 행사를 시작으로 본격적으로 해병대에 전력 배치되며, 주로 김포 해병대 2사단과 해병 6여단에 해병대 전용 기동 · 상륙 전력으로 운용될 전망이다. 김포하구 일대 북한군 해상 · 수로 침투와 서해 상 중국 함정의 위협에 신속 대응하는 서북도서 방어 전력으로 운용되며, 정확한 총 도입 척수는 미공개지만 군 안팎에서는 서북도서 방어 임무에 투입될 10~20척 규모 전력화를 유력시하고 있다.

해병대는 애초 스웨덴 CB-90급 강습정 도입을 검토했으나 높은 도입 단가로 국내 개발로 선회했고, 강남조선이 요구 성능을 반영한 국산 고속전투주정 개발에 성공했다. 이로써 서북도서 기습 점령 · 해상침투에 대비한 '국산 CB-90급' 급강하 상륙 · 고속기동 플랫폼을 자체 전력으로 확보하게 됐다.

제원	
최고속력	45노트(시속 80㎞)
순항속력	35노트(시속 65㎞)
무장	원격사격 통제체계(RCWS)
제작사	강남조선

위그선

WIG craft

제원	
크기	12.7mm(전장)x14.5mm(전폭) x3.9mm(전고)
프로펠러	Hartzell 4엽 프로펠러
탑재중량	1,200kg(MAX)
항속거리	650km
순항속도	180~200km/h
엔진	PWC PT6A-34 750마력(터보프롭)
승선인원	최대 8명
최고속도	250km/h
최대 비행고도	150m 이내
선체재질	복합소재
이수거리	~900m₩
고도상승능력	4m/sec
제작사	아론비행선박산업

일명 '날아다니는 배'로 불리는 위그선은 몸체와 날개가 해수면에 가까울 때 공기가 갇히는 에어쿠션(Air Cushion) 현상을 이용해 비행하는 것이 특징이다. 고속선박보다 더 빠르게 이동할 수 있고 비행기보다 연료 소비가 적어 실용적이다. 군사적으로 위그선은 수면효과 활용 및 고속 장거리 항해로 기뢰, 암초 등 해상환경을 극복하며 고속상륙을 할 수 있다. 긴급보급품 수송이나 환자후송 등 작전을 지속적으로 지원하고, 무장 및 감시장비를 장착하면 상륙해안 주요표적을 타격하거나 감시 · 정찰의 임무를 수행할 수 있다.

MCD-7 다목적 전투 드론

MCD-7 Multirole Combat Drone

MCD-7 다목적 전투 드론은 상륙작전 시 상륙돌격장갑차(KAAV)에서 발진해 해안 방어체계의 대전차 진지 등 유개호에 대한 정밀 자폭타격을 통해 상륙여건을 조성한다. 일회성 사용으로 사용하며 재사용은 할 수 없다. 공격 임무 때는 적의 전차나 장갑차를 관통할 수 있는 EFP(폭발성형관통탄), 파편형 고폭탄, 투하공격모듈을 장착한다. 전투 지원이나 유도 임무를 할 때는 감시정찰과 조명, 통신 중계, 레이저 조사 등의 임무 장비를 탑재한다. MCD-7 다목적 전투드론은 중장갑 차량과 적 지휘소, 미사일 발사대, 밀집 병력 등 이동과 고정표적은 물론, 눈에 직접 보이지 않는 비가시선, 후사면 표적까지 광범위하게 공격한다.

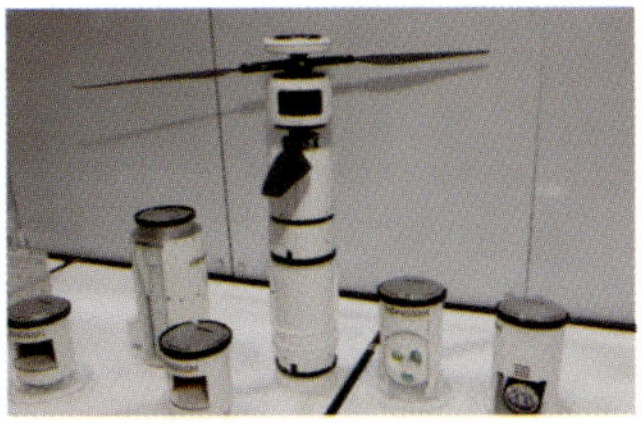

제원	
크기	110x700mm
탄약중량	3kg
이륙중량	7kg
살상반경	00m(탄두에 따라 다름)
비행시간	30분 이상
임무장비	투하폭탄, 가시장비, 조명 등
제작사	풍산

대테러용 다족보행로봇

Counterterrorism multipedal robots

대테러작전용 다족보행로봇은 4족 보행 로봇으로 위험한 작전에 사람을 대신해 투입돼 아군 인명을 보호할 수 있을다. 테러 상황을 비롯한 도시지역 작전 시에는 선두에 투입돼 사전에 적을 식별해 초기대응에 나설 수 있으며, 보병부대 작전에는 감시정찰 임무를 수행할 수도 있다. 체온측정장치를 부착하면 방역 작전에도 사용할 수 있다. 원격으로 조종할 수 있다. 목적에 따라 로봇팔, 원격무장통제장치, 섬광 · 폭음 탄 및 최루가스 살포기, 체온측정장치 등 다양한 임무 장비를 탈부착할 수 있다. 대테러작전용 다족로봇(HR–Q), 고기동 트랜스포머 로봇, 복합 임무형 다족 로봇 등이다.

제원	
무게	40kg 내외
크기	980cm(전장)x460cm(전폭)x730cm(전고)
운용시간	1.5hr 이상
기반하중	10kg 이하
보행속도	4km/h 이상
임무장비	권총 RCWS, 로봇팔, 섬광 · 폭음 탄, 최루가스 살포기 등
제작사	레인보우로보틱스

상륙형 120mm 박격포 체계

Amphibious 120mm Mortar System

상륙형 120mm 박격포 체계는 상륙작전 시 신속 · 정확하게 화력을 운용하게 하고 전투원의 피로와 부상을 방지한다. 이 120mm 박격포는 자동화 사격지휘 · 통제, 사격제원의 자동산출로, 사격 임무 수행 및 방열-조준-사격 시간을 단축하고 정밀하게 사격을 지원한다. 120mm 박격포는 사거리가 약 12km, 화력은 1.5배 증가했으며, 120mm(4.2인치) 박격포의 사거리는 약 5.65~6.8km다. SNT다이내믹스는 2024년 2월 6일 국방신속획득기술연구원과 소형전술차량 탑재형 120mm 신속공급 계약을 체결했다. 계약 규모는 216억8700만 원이며, 계약 기간은 오는 2026년 7월 31일까지다.

제원	
구동 방식	전기식
운용인원	3명
장전방식	반자동
전장/전폭/전고	6.3mx2.2x2.2m
사거리	HE 8km~RAP 13km
발사속도	통상 3발/분 최대속도 8발/부
탄약적재수량	18발 이상
회전반경	9.2m
중량	7,000kg
초탄발	1분 이내
항속거리	480km
최고속도	100km/h 이상
운용온도	-32도~43도
제작사	SNT다이내믹스

지능형 40mm 무인방공시스템

Intelligent 40mm Unmanned Air Defense System

지능형 40mm 무인방공시스템은 대공방어 주요 거점에 배치, 현재 운용 중인 기존 대공포의 소형 무인기 대응 제한사항을 극복할 수 있는 무기체계다. 이 무인방송시승템은 원격 · 무인화 기술로 정밀한 사격과 병력 절감효과를 발휘하는 지능형 무인방공시스템이다.

제원	
구경	40mm 쌍열
방사속도	000발/분
유효사거리	0km
탄휴대량	000발이상(ready탄 기준)
주요운용탄종	복합기능탄, 근접시관 고폭탄
제작사	한화에어로스페이스

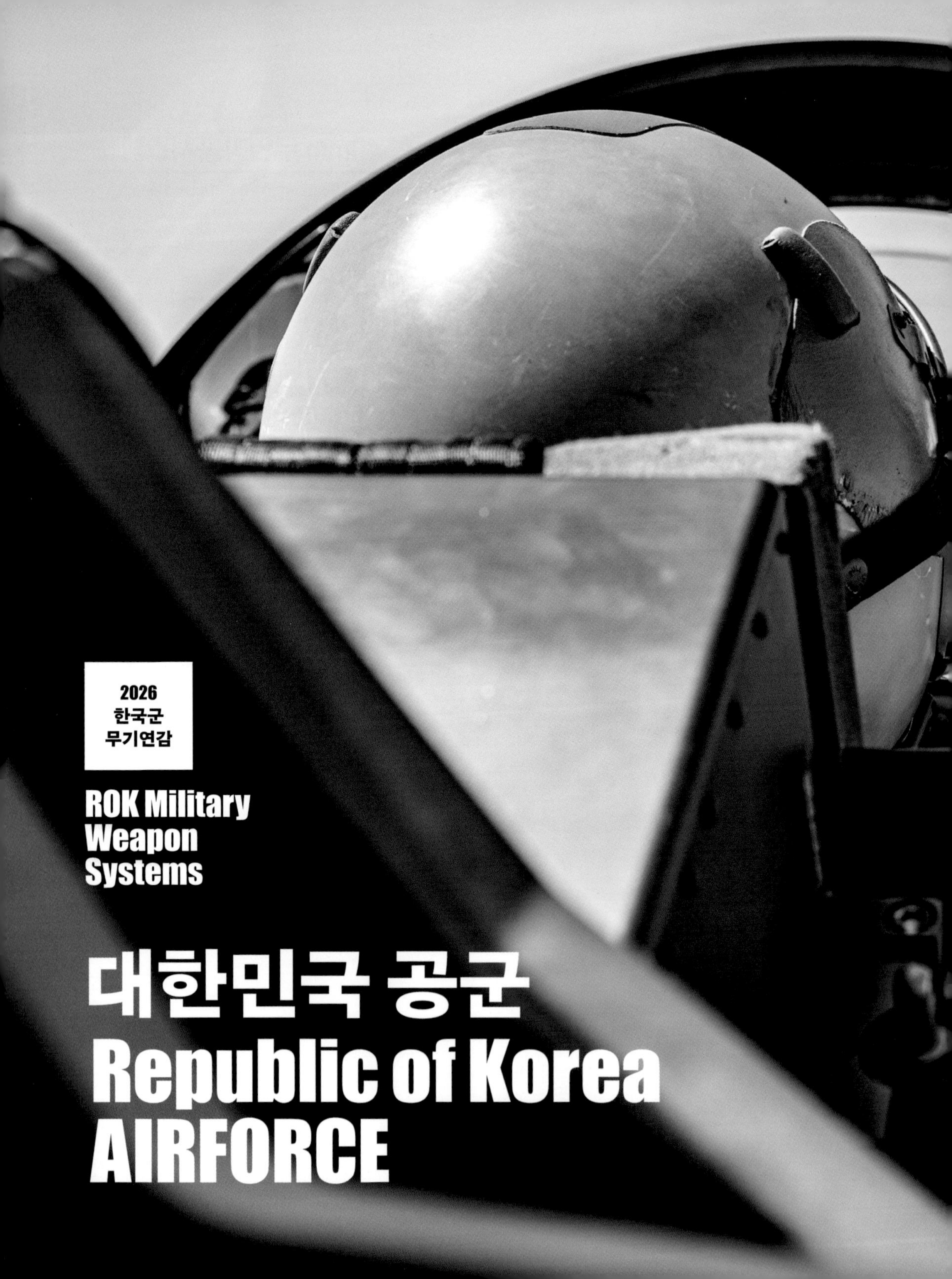

2026
한국군
무기연감

ROK Military
Weapon
Systems

대한민국 공군
Republic of Korea AIRFORCE

KF-21 보라매 전투기 실전배치하는 공군

공군은 공군본부와 공군작전사령부, 기타 지원부대로 편성돼 있다. 공군작전사령부는 항공작전을 전반적으로 통제하며 제공작전, 항공차단작전, 근접항공지원작전은 물론 핵·미사일·장사정포 위협에 효과적으로 대응하기 위한 작전을 수행한다.

공중전투사령부는 공군작전사령부의 통제 아래 부여된 전투 임무를 수행해 전투임무기의 전투력 발휘를 보장한다. 공중기동정찰사령부는 공중기동 및 공중급유, 감시정찰, 조기경보 및 항공통제, 특수임무 및 탐색·구조 임무를 수행해 공중기동 전력의 전투력 발휘를 뒷받침한다.

공군 미사일방어사령부는 전략·작전 차원의 공중 위협을 감시해 복합·광역·다층 미사일방어 및 지역방공 임무를 수행한다. 방공관제사령부는 한반도 전구 내 항공통제, 공중감시, 항공기 식별, 항공작전 지원 등의 임무를 맡고 있다.

공군은 2026년부터 KF-21 보라매 등 최신예 전투기를 2032년까지 지속적으로 120대 확보해 월등한 공중우세를 달성한다는 계획이다. 동시에 2026년부터 중고도 정찰용 무인항공기를 도입해 공중 감시·정찰 능력을 확대하고, 복합·광역·다층 미사일방어체계를 단계적으로 구축해 나갈 방침이다.

공군은 차기전투기 사업인 F-X 2차 사업을 통해 스텔스 전투기 F-35A 20대를 2027년부터 2028년까지 추가 도입할 예정이다. 이로써 공군은 F-35A 최종 59대를 보유하게 되며, 적의 각종 투·발사체 도발 원점을 선제 타격하는 '킬체인' 능력을 강화하는 등 한반도 전역에 대한 전천후 정밀타격 능력을 더욱 공고히 할 수 있게 된다.

공군은 또 다른 하이급 전투기 전력인 F-15K '슬램이글' 전투기 59대에 대해 전자주사식 레이더(AESA) 등을 장착하는 개량사업을 동시에 진행한다. 이를 통해 공군은 2028년 이후 한반도 유사시 제공권을 장악한 직후 남아 있는 주요 표적을 정밀타격할 수 있는 능력을 확보하게 된다. 하이급 F-35A, F-15K+ 전력은 현재 기준 118대로, 1988년 이후 목표로 내세운 고성능 하이급 전투기 120대 확보 목표에 사실상 근접한 수준이다.

미디엄급 전투기 전력은 이미 구축된 KF-16 전투기 132대가 주축이다. 성능 개량을 거친 KF-16U 전투기는 2040년대 말까지 공군의 '허리' 역할을 충실히 수행할 고성능 전투기로 평가받고 있다. F-16 시리즈 중 최초 도입형인 F-16 PBU 전투기 34대는, 한국형 미디엄급 4.5세대 전투기로 분류되는 KF-21 보라매 전력이 안정화 단계에 접어드는 2030년대 중반까지 병행 운용될 예정이다.

최초의 한국형 미디엄급 전투기 KF-21 보라매는 총 120대를 양산·배치해 2040년대 이후 퇴역하는 KF-16U 전투기를 1대 1 기체 단위로 대체하게 된다. KF-21 전투기는 2026년 9월 말부터 강릉 등 전방 비행단에 우선 배치돼 공대공 임무에 우선 투입될 계획이다. 향후 화력통제레이더 등 전자장비 개발과 병행해 공대공·공대지 무장 개발도 순차적으로 진행되고 있다.

노후 전투기 KF-5 전력은 2026년 말부터 KF-21 보라매 전투기 20대 양산에 맞춰 2027년에 20대를 우선 퇴역시킨다. KF-5 '제공호' 국산 조립분 나머지 기체는 2028년에 전량 퇴역시킬 계획이다. 이미 퇴역한 F-4E '팬텀' 전투기의 전력 공백은 F-35A 스텔스 추가 도입분으로 숫자상 보완하는 구조다. 경공격기 FA-50 '파이팅이글' 60대는 KF-16과 함께 비무장지대(DMZ) 대응 전력으로 투입되고 있다.

수송기 전력은 C-130J-30 '슈퍼 허큘리스' 4대와 1988~1990년 도입한 C-130H/30 12대를 포함해 모두 16대의 허큘리스 시리즈가 운용 중이다. 이 가운데 C-130H 시리즈 12대 중에는 MC-130K 특수전 침투 수송기 4대가 포함돼 있다. 차기 수송기 기종으로는 브라질 엠브라에르가 제작한 C-390 3대를 도입하며, 이 사업은 2026년 말 마무리될 예정이다. C-390은 공군이 최초로 보유하는 제트 수송기로, 다양한 전투 공수 임무는 물론 인도적 지원 활동 등 국내외 작전에서 활약이 기대된다.

중소형급으로 분류되는 CN-235 수송기 18대도 일선에서 활약 중이다. CN-235 수송기 1차분 12대는 스페인에서 직도입했고, 2차분 8대는 인도네시아제 기체를 도입했다. 인도네시아제 8대 중 2대는 VCN-235로 개조돼 정부 수송기로 사용되고 있다.

공중급유기 KC-330 4대는 수송기 전력으로 분류되며 평상시 중장거리 해외임무에서 큰 역할을 하고 있다. 향후 공중급유기 추가 도입을 통해 원거리 작전능력을 한층 끌어올릴 계획이다.

훈련기 전력 측면에선 T-50 고등훈련기의 수명연장 및 성능개량 사업을 준비하고 있다. 공군은 전술입문기 TA-50 블록2형 20대를 전력화하고 있으며, 이들 20대는 2026년까지 기체 인수를 마치고 부대 편제를 완성할 예정이다.

방공무기 체계는 중거리 지대공미사일 M-SAM 블록 II 에 이어 장거리 지대공미사일 L-SAM I을 2026년부터 배치하는 구상이 추진되고 있다. L-SAM은 2023년 5월 전투용 적합 판정을 받았고, 2024년 11월 29일 국방과학연구소(ADD)가 체계개발 완료 기념행사를 개최했다는 점에서 개발 단계는 사실상 마무리됐다. L-SAM은 2025년 말부터 본격 양산에 들어간 것으로 평가되며, 향후 M-SAM 블록 III 와 L-SAM II 개발도 순차 추진될 예정이다.

한편, 2023년 전력화된 'KAMD 작전센터'를 중심으로 '한국형 미사일방어체계(KAMD)'는 지속 확충될 계획이다.

한미공군은 2025년 4월 18일 광주기지에서
프리덤 플래그 훈련 미디어데이를 개최했다.
사진은 편대비행하고 있는 한미공군 전투기.

공군 전력 일람

고정익, 회전익 항공기 총 700여 대

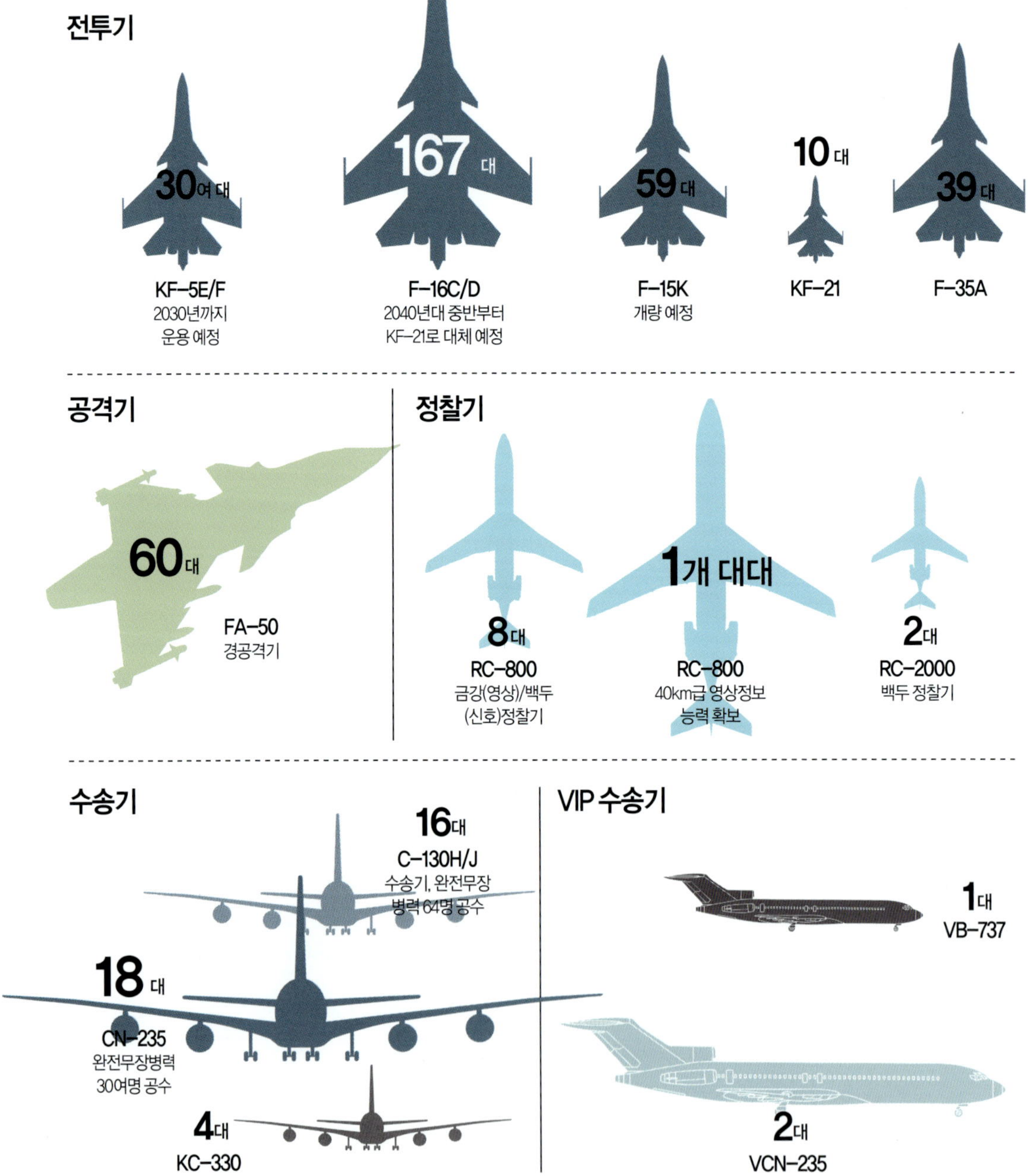

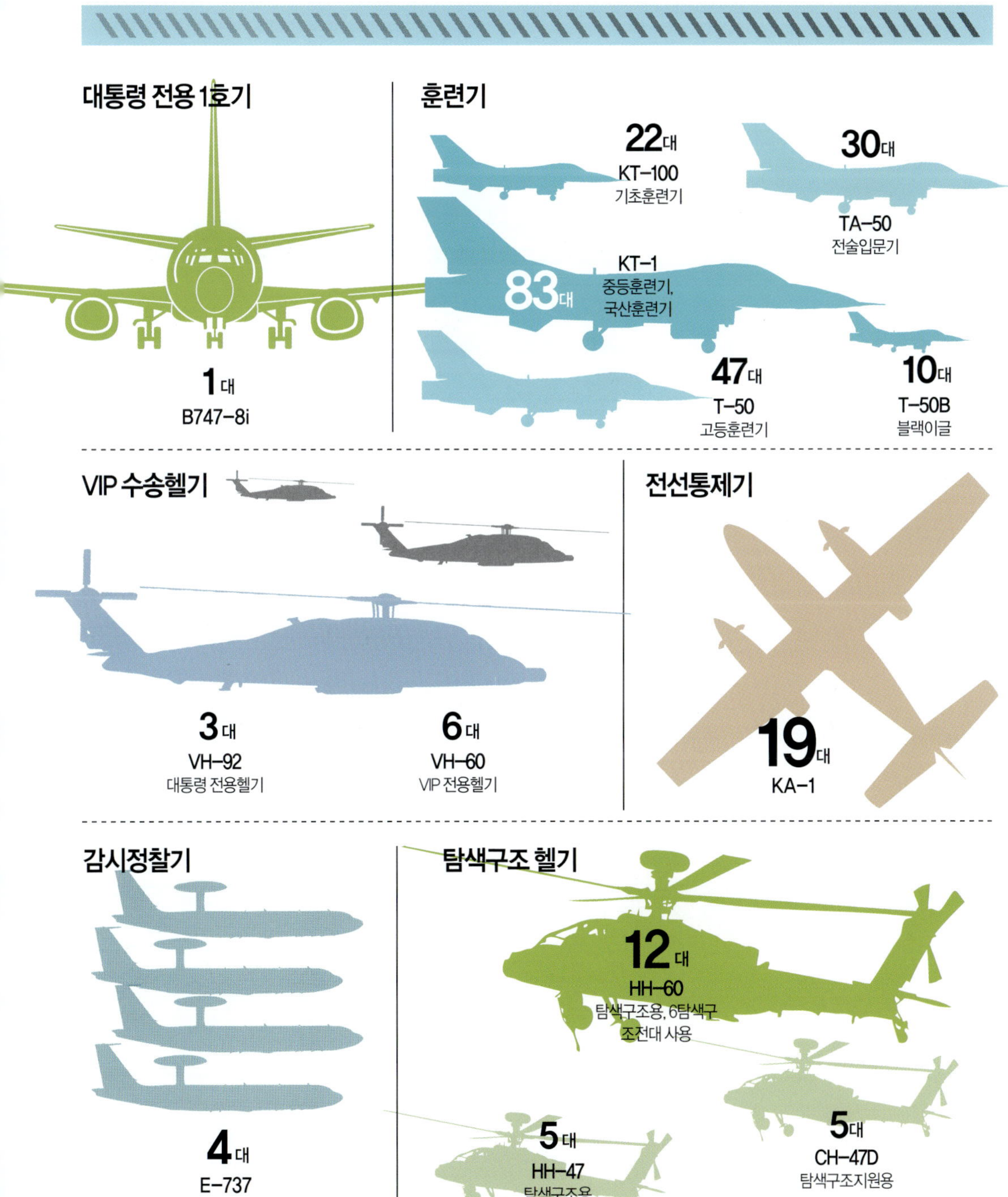

자료 : 『디펜스타임즈』 2025년 11월 30일 현재

독도상공비행하는 F-15K.

항공기

Military Air Craft

F-35A 라이트닝 II

F-35A Lightning II

공군은 2014년 3월 F-X 3차 사업 대상 기종으로 F-35A를 선정해 F-4E 대체기종으로 40대 도입을 결정했다. 2019년부터 제17전투비행단에서 F-35A를 운용한다. 공군이 도입할 F-35A는 Block 3F 프로그램에 해당하는 소프트웨어와 임무장비, 기동성이 도입된 항공기다. Block 3F의 통합 소프트웨어는 코딩을 완료했으며, 2018년에 초기작전운용(IOC) 인증을 획득한다. 공군의 F-35A 인수 조종사들은 루크(Luke) 공군기지의 F-35 조종사 양성 국제 공동 프로그램에 입과하며, F-35 운용부대의 정비사들은 에글린(Eglin) 공군기지의 F-35 정비사 교육과정을 이수하게 된다.

F-35의 통합임무계획 체계는 피탐영역 산출 알고리즘을 F-35의 핵심 통합방어 체계인 AN/ASQ-239 바라쿠다(Barracuda) 시스템의 2밴드 위상배열 ESM(Electronic Support Measure) 안테나 4기와 3밴드/4밴드 위상배열 ESM 안테나 6기와 연동해 RWR(Radar Warning Receiver)이 탐지한 적대 레이더에 F-35가 탐지될 수 있는 영역과 안전하게 작전할 수 있는 영역을 통합 LAD(Large Area Display)에 시현한다.

이를 이용해 추후 가상의 적대세력이 카운터 스텔스 체계를 배치하더라도 여전히 유력한 침투타격 체계로 운용할 수 있을 것이다. 또한 바라쿠다 시스템의 RWR로 탐지한 적대 레이더의 위치를 탐지, 추적할 수 있는 기능이 피탐영역 산출 기능과 통합적으로 운용돼 LAD에 적대 장거리 레이더로부터 안전하게 작전할 수 있는 영역과 적대 레이더 체계의 좌표가 함께 표시된다. 이를 이용해 적대 카운터 스텔스 체계를 타격하는 용도로 운용할 수 있다. 또한 이를 활용해 현재 부족한 SEAD(Supression of Enemy Air Defense) 작전능력을 크게 강화할 수 있을 것이다.

스텔스 전투기이기 때문에 저고도로 복잡한 비행경로로 침투해야 하는 4세대 전투기와 달리

고고도에서 단순한 비행경로로 침투가 가능하다. 이 때문에 동일한 무장을 탑재하고 동일한 임무를 수행할 때 F-35의 실질적인 행동반경은 4세대 하이엔드 전투기들의 그것보다 더욱 길다. 이 때문에 한국 공군에서는 2019년부터 인수하는 F-35A를 F-15K와 함께 하이엔드 전투기로 운용한다.

AESA 레이더(AN/APG-81)와 바라쿠다 시스템, AN/AAQ-40 EOTS(Electro-Optical Targeting System), VHF 대역부터 Ka 대역까지 커버하는 MADL(Multifunctional Advanced Datalink) 데이터 링크, 그리고 스텔스 성능을 보유함으로써 강력한 BVR 교전능력을 보유한다. 특히 각종 첨단의 센서와 통합된 센서 융합엔진과 MADL 지향성 저피탐 데이터링크(6개의 능동위상배열 안테나와 3개의 안테나 인터페이스 유닛으로 구성)를 기반으로 하는 네트워크 중심작전 능력 덕분에 폭넓은 상황인식 능력을 보유한다.

360도 전 영역을 커버하는 AN/AAQ-37 EODAS(Electro-Optical Distributed Aperture System), 디지털 인터페이스를 통해 EODAS와 연동되는 HMDS(Helmet Mounted Display System), AIM-9X Block 2 등을 이용한 전술을 구사함으로써 근접 공대공전투 측면에서도 현용 전투기들을 앞서게 될 전망이다.

F-35의 기동성능에 대해서 비판적인 여론이 비등한 적이 있지만, 실제로는 깊은 비행 임계영역과 우수한 저속 가속성능을 보유함으로써 기동성능도 우수하다. 특히 저속에서 임계영역에 가까운 비행조건에서도 첨단 비행제어 체계 덕분에 안정성이 떨어지지 않고 정밀하고 안정적인 제어가 가능하다.

제원	
전장	15.67m(50.5ft)
익폭	10.7m(35ft)
익면적	42.7m²(460ft²)
전고	4.33m(14.2ft)
공허중량	13,199kg(29,098lb)
내부연료탑재량	8,382kg(18,498lb)
최대이륙중량	31,800kg(70,000lb)
엔진	F135-P&W-100(Mil-Power : 28,000lbs. A/B : 43,000lbs)
최대하중배수	9G
최대속도	마하 1.6
제조사	록히드마틴

F-15K/F-15K+ 슬램이글

F-15K/F-15K+ Slam Eagle

F-15K는 1차 차세대전투기 도입사업(F-X)을 통해 2005년부터 2008년까지 40대가 도입됐다. 1차 F-X 사업 당시 공군의 작전요구 성능(ROC)에 부합하기 위해 새로운 임무장비들이 통합됐다. 이 때문에 기존의 F-15E와 다소 차이가 있다. 가장 중요한 변화는 APG-70 레이더 대신 APG-63(V)1 레이더가 통합됐다는 점이다. 이 시스템은 기존의 APG-70 레이더보다 신호처리, 데이터처리 기능이 3배 이상 향상됐다. 이에 따라 추적 가능한 표적 숫자도 APG-70보다 더 늘어났다. APG-70보다 탐지거리는 증가하고 대전자전(ECCM) 성능이 향상된 것도 APG-63(V)1의 특징이다.

APG-63(V)1은 기술의 발전으로 APG-70보다 더욱 콤팩트한 시스템으로 탄생했다. 이 때문에 F-15K 1차 도입분은 F110-GE-129A 엔진을 탑재하고, AAS-42 IRST 등 새로운 임무장비가 통합됐다.

APG-63(V)1의 신호 · 데이터 처리속도가 APG-70보다 3배 이상 증가했기 때문에 레이더와 인터페이스를 하는 임무 컴퓨터의 연산능력도 기존의 F-15E의 그것보다 3배 이상 더 증가해야 했다. 이에 F-15E에 탑재된 CC(Central Computer)와 MPDP(Multi Purpose Display Processor) 대신 ADCP(Advanced Display Core Processor)가 도입됐다.

이 시스템은 VME/Power PC를 기반으로 하는 시스템으로, F-15C의 구형 임무 컴퓨터보다 10배가량 연산속도가 빠르고, F-15E의 임무 컴퓨터와 비교하면 3배 이상 속도가 빠르다. 임무 컴퓨터에 통합된 PACS(Programmable Armamment Control Set)에 JHMCS(Joint Helmet Mounted Cueing System · 헬멧장착 조준장치)가 통합된다.

JHMCS와 AIM-9X의 도입으로 F-15K는 F-15E 계열 항공기 중에서 이스라엘의 F-15I에 이어 두 번째로 HOBS(High Off Boresight) 요격능력을 갖추게 됐다. 특히 AIM-9X는 발사 전에 JHMCS를 사용하지 않고 F-15K 자체 센서로만 연동되었을 때의 HOBS 범위만 하더라도 북한이 보유한 R-73 초기형의 최대 HOBS 범위보다 더욱 크다. IRCM(Infra Red Counter Measure)도 우수한 고성능 공대공미사일이다.

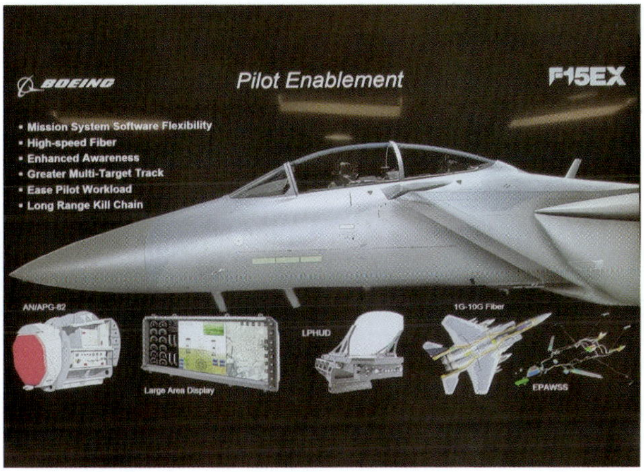

제원	
공허중량	F-15K 1차 : 33,070파운드(15t) F-15K 2차 : 32,480파운드(14.732t)
컨포멀 탱크 1기 공허중량	2,193파운드
내부연료탑재량	1만2,915파운드
컨포멀 탱크 1기 연료 탑재량	4,676파운드
최대연료탑재량	30,197파운드
최대이륙중량	8만1,000파운드(36.7t)
엔진추력 (Mil 추력/최대 추력)	F110-GE-129 (F-15K 1차) : 2 X 18,10 파운드(2 X 8.2t) / 2 X 29,500 파운드(2 X 13.4t) F100-PW-229 (F-15K 2차) : 2 X 17,400파운드 (2 X 7.9t) / 2 X 29,100파운드(2 X 13.2t)
전장	19.43 m
날개면적	56.5 m²
최대속도	마하 2.35
최대 상승고도	18,200 m
제작사	보잉

F-15K의 엔진은 F-15E 계열 전투기로는 처음으로 F110-GE-129A 엔진을 채용했다. 이후 싱가포르 공군의 F-15SG와 사우디아라비아 공군의 F-15SA에도 같은 엔진이 도입됐다. 이 엔진은 엔진 자체의 중량 대 추력비는 F100-P&W-229 엔진보다 낮지만, 최대 추력은 F100-P&W-229을 약간 상회한다. 또한 중저속에서 연비가 우수하고, 저고도에서 높은 추력을 확보할 때 유리한 엔진이다.

F-14D에도 탑재됐던 AN/AAS-42 IRST(Infrared Search and Track · 탐색추적장치) 또한 F-15E 계열 전투기 중 처음으로 F-15K에 도입됐다. 1차 F-X 사업 당시에 IRST를 필수 장비로 요구하면서 이 시스템이 F-15K에 장착됐다. 이 장비는 러시아제 전투기에 통합된 IRST보다 좀 더 파장이 긴 적외선 신호를 탐지, 추적하기 때문에 탐지거리가 더욱 길다. 레이더보다 더욱 정밀한 분해능의 표적정보를 획득할 수 있고, 레이더와 달리 적의 역탐 장비에 노출되지 않는 것이 장점이다. 다만 레이저 거리측정기(LRF)가 없기 때문에 거리정보는 획득할 수 없다.

F-15K(2차 F-X) 1차 F-X 사업에서는 결국 당초 계획보다 크게 축소된 40대의 F-15K만을 도입했기 때문에 2차 F-X 사업이 시작됐다. 총 21대의 F-15K가 2차 F-X 사업을 통해 도입됐다.

F-15K 2차 도입 사업부터 AN/AAQ-33 스나이퍼(Sniper) XR 타기팅 포드가 함께 도입됐다. 이 시스템은 KF-16에 탑재되는 타기팅 포드인 AAQ-14뿐만 아니라 F-15K 1차 도입사업 당시 획득한 타이거 아이(Tiger Eye) 시스템보다 더욱 해상도가 향상된 시스템이다. 타이거 아이의 최대 표적획득 고도는 4만 피트지만, 스나이퍼 시스템은 최대 5만 피트 고도에서 표적획득이 가능하다. 이는 동일한 고도에서 NFOV(Narrow Field Of View) 모드를 선택했을 때 더욱 정밀한 표적획득이 가능함을 의미한다.

F-15K 1차 도입 항공기와 비교할 때 가장 큰 변화는 역시 엔진이다. 1차 도입 항공기에 F110-GE-129A 엔진을 탑재한 것과 달리, 2차 도입 항공기는 미 공군 F-15E와 마찬가지로 F100-P&W-229 엔진을 탑재했다. 즉, F100-P&W-229 엔진의 후기형인 F100-P&W-229 EEP(Enhanced Engine Package)가 도입됐다.

공군 F-35A · KF-16 편대가 공격편대군 비행훈련 및 타격 훈련을 실시하고 있다. KF-16 전투기들이 스나이퍼 타겟팅 포드를 기본으로 장착하여, 정밀한 지상타격을 할 수 있다.

F-16 PBU 전투기

F-16 PBU

공군은 F-16 피스 브릿지 업그레이드(PBU · Peace Bridge Upgrade) 프로그램을 통해 F-16C 블록 32 30대와 F-16D 블록 32 10대를 도입했다. 2005년 3월 제210차 합동참모회의에서 F-16 PB 항공기 35대에 대한 성능개량 사업 소요가 결정됐다. F-16 PB 35대 중 시제 개조기 2대(단좌기 1대, 복좌기 1대)를 선정해 2012년 5월부터 같은 해 12월까지 시제기 개조작업을 수행했다. 35대의 F-16 PB 전부에 대한 개조작업이 완료된 시기는 2016년 12월이다. 성능 개량된 F-16 PB는 F-16 PBU로 형식명이 개정됐다. 이 중 1대를 손실해 현재 34대의 F-16 PBU가 운용되고 있다.

기존의 F-16 PB는 임무 컴퓨터가 기능별로 분산돼 있었다. 화력통제를 담당하는 EEFCC(Expanded Enhanced Fire Control Computer)와 외부 탑재물 관리와 탈착을 담당하는 SMS(Storage Management System)인 ACIU(Advanced Central Interface Unit), 그리고 디스플레이 프로세서로 제각각 분산돼 있었다. 이들을 제거하고 통합형 임무 컴퓨터인 MMC-7000이 통합됨으로써 기존에 F-16 PB에서 각개의 컴퓨터가 담당하던 기능들을 하나의 통합임무 컴퓨터가 담당할 수 있다. 모듈식 통합임무 컴퓨터의 도입으로 F-16 PBU의 주요 기능 관제가 F-16 PB의 그것보다 더욱 신속하고 효율적으로 이뤄지게 됐다. 그리고 임무 컴퓨터가 차지하는 체적과 무게, 소요 전력이 더욱 감소했다. 임무 컴퓨터의 교체와 함께 인터페이스도 대폭 개선돼 CCMFD(Common Color Multi-Functional Display)가 도입됐으며, 기존의 F-16 PB의 기계식 아날로그 HSI(Horizontal Situation Indicator)가 전자식 디지털 EHSI로 교체됐다.

F-16 PBU의 MMC-7000 임무 컴퓨터에 새롭게 통합된 항전장비 중 대표적인 것은 AN/APG-68(V)7 레이더와 AN/APX-113 AIFF, Link 16 단말기(MIDS LVT-6), LN-260 EGI 등이다.

APG-68(V)2 레이더를 APG-68(V)7 레이더로 업그레이드를 하면서 레이더의 데이터 처리성능과 메모리가 증가했으며, 레이더의 주요 시계외(BVR) 교전 모드들이 하나의 단일 모드(CRM 모드)로 통합되고 SAM(Situational Awareness Mode)이 추가됐다.

새롭게 통합된 AN/APX-113 피아식별장비(AIFF)는 레이더의 모드에 따라 스캔 패턴에 동조해 심문 신호를 송출한다. 아울러 공대공 피아식별뿐 아니라 공대지, 공대함 피아식별도 가능하다. AIFF를 통해 생성한 피아식별 정보는 임무 컴퓨터를 통해 F-16 PBU에 통합된 MIDS(LVT-6)와 공유해 Link 16의 PPLI(Precise Participants Location and Identification) 메시지에 포함된다.

GPS 유도무기인 JDAM 운용을 위해 JMPS(Joint Mission Planning System)와 GPS가 새롭게 통합된 것도 PBU 프로그램의 특징이다. GPS는 관성항법장치와 별개로 통합돼 있는 것이 아니라 관성항법장치와 통합항법체계를 구성하는 EGI로 통합돼 있다. F-16 PBU의 EGI는 LN-260으로서 기존의 기계식 관성항법장치인 LN-39를 대체했다. LN-260의 관성항법장치는 광섬유 자이로를 사용하는 체계로, F-16 PB에 통합돼 있던 구형 LN-39 기계식 관성항법장치뿐 아니라 KF-16의 LN-93 링레이저 자이로와 비교해도 더욱 진보한 시스템이다. LN-260이 통합된 F-16 PBU는 LN-39를 보유하고 있던 F-16 PB보다 항법 정밀도가 크게 개선돼 KF-16의 그것보다 더욱 우수한 항법 정밀도를 갖게 됐다. F-16 PBU가 Link 16의 네트워크를 통해 항법 데이터를 보정하는 것까지 가능하다는 점까지 더해지면서 F-16 PBU는 공군이 보유한 전술기 중 항법 정밀도가 가장 높은 전술기가 됐다.

제원	
최대이륙중량	약 19t
최대속도	마하 2.0
상승한도	약 15km
엔진	F-100-PW-220
제작사	록히드 마틴

제원	
공허중량	F-16 PB : 18,238파운드(8.27t) KF-16 : 18,700파운드(8.48t)
내부연료탑재량	7,162파운드(3.25t)
최대이륙중량	42,300파운드(19.18t)
엔진 추력 (Mil 추력/최대 추력)	F100-PW-220(F-16PB) : 14,590파운드(6.62t) / 23,770파운드(10.78t) F100-PW-229(KF-16) : 17,400파운드(7.9t) / 29,100파운드(13.2t)
전장	15.6 m
날개면적	27.87 m²
최대속도	마하 2.0
최대 상승고도	15,240 m
제작사	록히드마틴

KF-16 전투기

KF-16

F-16 PB(Peace Bridge)는 1981년 도입이 결정됐다. 이에 따라 공군은 미국 외의 국가 중 최초로 F-16C/D Block 32를 도입하게 됐다. 1988년에 추가로 4대를 더 발주해 1992년까지 총 40대를 도입했다. 이 중 손실분을 제외하고 총 34대가 현재 충주 기지에서 운용되고 있다.

해면 고도에서 최대추력 2만4000파운드에 육박하는 F100-P&W-220 엔진을 탑재해 높은 중량 대 추력비를 갖는 것이 특징이다. 해당 엔진의 최대추력은 F100-P&W-100/200 엔진보다 작지만, DEEC(Digital Electronic Engine Control) 도입으로 선회를 위해 받음각이 높아진 상태에서는 오히려 이들보다 더욱 높은 추력을 얻을 수 있다. 이외에도 BWB(Blended Wing Body), LERX(Leading Edge Root Extension)가 형상설계에 도입됐으며, AR(Aspect Ratio)에 3.5가 넘는 날개가 적용돼 기동성이 우수하다.

이 전투기와 AIM-9L의 도입으로 공군의 근접 공대공 전투능력이 대폭 향상됐다. KF-16 전투기 업그레이드와 별개로 F-16 PB의 업그레이드가 이뤄졌다. APG-68(V)7 레이더로 교체하고 AIM-120 운용능력을 부여하면서 F-16 PB의 문제점으로 제기됐던 BVR 교전능력 부재 문제를 해결하게 된 것이다. 또한 Link 16이 통합돼 E-737, F-15K, KF-16 업그레이드 항공기와 네트워크 연계작전이 가능하게 됐다.

KF-16(1차 KFP 사업)은 F/A-18과 경합 끝에 1992년 제너럴다이내믹스(GD)의 F-16C/D Block 52D 도입이 결정됐다. 12대를 미국에서 직도입하고 36대는 미국에서 조립 키트를 도입해 조립 생산했다. 나머지 72대는 국산화한 부품을 조립 생산하는 방식으로 모두 120대를 도입했다.

엔진은 F-16 PB에 탑재된 F100-P&W-220 엔진보다 해면고도 최대추력이 6000파운드 가까이 증가한 F100-P&W-229 엔진을 탑재했다. 이 엔진 또한 국내에서 면허 생산됐다. 레이더의 경우, 기본 운용모드는 F-16 PB에 탑재된 것과 큰 차이는 없으나, 탐지거리가 더욱 늘어나는 등 성능향상이 이루어진 AN/APG-68(V)5 레이더를 탑재했다.

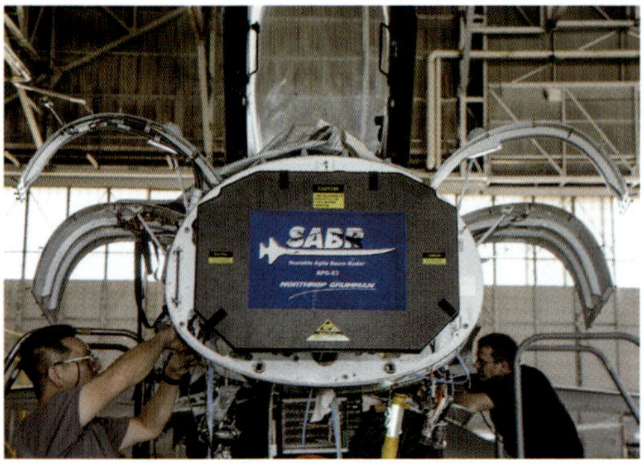

KF-16U 전투기

KF-16(U)

1994년 12월부터 2004년까지 직도입 및 면허생산으로 제작한 134대의 KF-16 전투기를 360도 감시 기능을 갖춘 첨단 다기능 위상배열(AESA) 레이더를 중심으로 개량하는 사업이다. 2018년 9월부터 시제기 제작을 시작해 완료한 뒤 매월 2대씩 2025년까지 개조를 진행해 일선에 재배치한다. AESA 레이더는 노스롭 그루먼이 개발한 F-16 전투기 탑재형 APG-83 맞춤형 고속 빔 레이더(SABR)를 채택했다.
미 공군은 AESA 레이더로 개량한 KF-16 전투기를 제식명칭으로 F-16V라고 부른다. F-16V는 AESA 레이더를 장착하면서 임무컴퓨터 등 전자장비가 최신형으로 일신됐으며, 무장도 함께 최신형을 사용할 수 있다. 2018년 2월 현재 F-16V 사양으로의 개량을 결정한 사용국으로는 대만과 싱가포르가 있으며, 향후 더 많은 사용국들이 동참할 것으로 예상된다.
경쟁 과정에서 레이시온사의 능동전자주사식 위상배열 레이더 RACR(Raytheon Advanced Combat Radar) 사양으로 개량하는 사용국은 아직 없다. 개량사업 주체는 미국의 록히드 마틴이며 국내에서는 공군 82정비창이 직접 수행한다. 2025년까지 연차적으로 개량을 마치면 KF-16V를 2040년까지 사용할 수 있을 것으로 예상된다.

제원	
개발사	제너럴 다이내믹스/록히드마틴
승무원	1명, 2명
전장	15.06m
전폭	9.96m
전고	4.88m
익형	NACA 64A 204
익면적	27.87m²
익면하중	431kg/m²
공허중량	8,570kg
탑재중량	12,000kg
최대이륙중량	19,200kg
내부연료탑재량	3,200kg
엔진	Pratt & Whitney F100-PW-229 EEP 터보팬 엔진 x1기
엔진출력	최대추력 14,590lbf, 재연소(AB) 23,770lbf)
최대속력	마하 2.02
전투행동반경	550km
페리항속거리	4,220km
분당상승률	50,000ft/min (254m/s)
실용상승한도	15,240+ m
추력대비중량비	1.095
최대중력하중계수	+9/-3G
제작사	삼성항공/KAI

항전장비	
레이더	AN/APG-83(V) SABR AESA 레이더 (KF-16U)
ECM	ALQ-88/200K ECM 포드 RWR AN/ALR-69
목표추적장비	LANTIRN AN/AAQ-28(V)4 LITENING 타겟팅 포드
경보 / 대응장비	SUU-42A/A 채프/플레어 사출기 AN/ALE-40(V) CDF
하드포인트	총 11개소 (주익 끝 2기, 주익 하부 6기, 동체 하부 3기) 총 7,700kg의 무장 탑재

무장	
고정	20 mm M61A1 6열 기관포 x1기 512발 탑재
로켓	LAU-61 19발 or LAU-68 or 7발 런처 x4기 Hydra 70 70mm 무유도 로켓 or APKWS II 유도 로켓 탑재 LAU-5003 19발 or LAU-10 4발 런처 x4기 CRV7 70 70mm 무유도 로켓 탑재
폭탄	일반 항공폭탄,GBU-39 SDB,레이저 유도 폭탄 JDAM,CBU-105 WCMD,스파이스 2000
공대공미사일	AIM-9 사이드와인더,AIM-7 스패로우,AIM-120 암람
공대지/함 미사일	AGM-65 매버릭,AGM-88 HARM,AGM-84 하푼
기타 외부 무장	동체 하부 하드포인트 3기에 외부 연료 탱크 3기 DB-110 EO/IR 포드

KF-21 보라매 전투기

KF-21 Boramae fighter

KF-21 보라매는 대한민국의 차세대 초음속 스텔스 전투기로, 공군의 노후 F-4/F-5를 대체하기 위해 2015년부터 약 8조 8천억 원의 예산이 투입되어 독자 개발되고 있다. 최신 풍동실험과 시스템 최적화를 거쳐 진화한 C109 형상이 적용되고, 2024년부터 본격 양산에 돌입해 첫 양산기는 2025년 하반기 공군에 인도된다. 2028년까지 40대, 2032년까지 총 120대의 전력화 계획이 수립되어 있다.

KF-21은 미티어(Meteor), AIM-120 AMRAAM, AIM-9X, IRIS-T 등 최첨단 공대공 미사일과 타우러스(KASOM) 순항미사일, JDAM, KGGB, GBU-12, GBU-31, 국산 '천룡' 등 정밀유도무기를 탑재한다. 최대 7.7톤까지 무장할 수 있으며, 항전장비는 모두 국내 기술로 설계됐고 IRST, EO TGP, EW 등 첨단 장비가 포함된다. Block-II는 2027년 전반기부터 실전 배치가 시작되어, '천룡' 장거리 공대지미사일과 JDAM, KGGB 등 10여 종의 정밀유도폭탄 등 다양한 첨단 무장이 통합된다. 이를 통해 공대지 임무 능력이 대폭 향상되고, 2029~2032년까지 추가 80대의 배치가 예정되어 있다. 이어 Block-III는 2032년경부터 내장형 무장창, 스텔스 성능 극대화, 차세대 항전장비 등 5세대 전투기급 업그레이드를 시작한다. Block-III 완성과 전력화는 2040년대 초가 목표다.

KF-21 보라매 사업은 인도네시아와 공동개발하는 프로그램이다. 분담금 협상 재정비 끝에 인니는 6,000억 원 분담금에 합의했고, IF-X 수출형 전력화(48기) 계획도 가속화 중이다. 최근 UAE, 사우디 등 중동 국가도 대규모 구매 · 공동개발 의향을 공식화했으며, 동유럽과 동남아 각국도 면허 생산 및 현지 조립 협상을 진행 중이다.

손석락 공군참모총장이 2025년 11월 5일 사천기지에서 KF-21 전투기에 탑승해 시험비행을 실시했다.
사진은 KF-21이 플레어를 발사하는 모습.

제원	
전장	16.9m (55.4ft)
전폭	11.2m (36.7ft)
전고	4.7m (15.3ft)
날개면적	46.5㎡ (500ft²)
자체중량	12,000kg (26,000lb)
최대이륙중량	25,600kg (56,400lb)
내부연료탑재량	6,000kg (13,227lb)
엔진	제너럴 일렉트릭 F414-GE-400K6 2기
최대추력	14,770lbf (65.7kN) x 2
재연소추력	22,000lbf (97.9kN) x 2
최대속력	2,253km/h (마하 1.82)
항속거리	2,900km
제작사	한국항공우주산업

항전장비	
레이더	한화시스템 AESA 레이더
IRST	한화시스템 IRST
자기보호 체계	LIG넥스원 내장형 통합 DECM
통신	MIDS-JTRS Link-16 터미널 (Link-K(완성형)) AN/APX-126 IFF CIT BAE Sytems ARC-232A U/VHF SDR[L]
타게팅 포드	한화시스템 EO TGP(HTS)
기타	
엘빗 시스템즈 JHMCS-II HMD	
BAE 시스템스 LiteHUD	
하드포인트	
총 12개소	
주익 하부 6개소	
동체 반매립 4개소	
동체 하부 2개소	
총무장 7,700kg (17,000lb) 탑재	

무장	
고정	M61A2 20mm 6열 기관포, 480발
폭탄	일반 항공폭탄 KGGB,JDAM,GBU-39/B SDB I GBU-54/56 LJDAM,GBU-12 페이브웨이 II CBU-105 WCMD
미사일	
대공	Diehl IRIS-T,MBDA 미티어,AIM-9X,AIM-120
대지	KEPD 350,AGM-65 천룡 공대지 미사일
대함	AGM-84
기타	
외부 탑재물	370 갤런 보조연료탱크 480 갤런 보조연료탱크

KF-21 전투기 4대 시스템

The KF-21 fighter's four core systems

2015년 4월 미국은 KF-21 개발에 필요한 능동 전자주사식 위상배열(AESA) 레이더, 적외선 탐색 · 추적 장비(IRST), 전자광학 표적 획득 · 추적장비(EO TGP), 전자파 방해장비(RF재머) 등 4개 핵심 장비의 기술이전 불가 방침을 통보했다. 국방부와 방위사업청은 4개 핵심 장비의 체계 통합과 관련된 기술을 국내 개발로 하기로 결정한다.

KF-21 전투기의 AESA 레이더와 IRST는 한화시스템의 시제품이 시제 1호기에 탑재됐다. RF 재머를 포함한 통합 전자전 체계(EW Suite)는 LIG 넥스원이 시제품을 납품했다. 광학 영상과 레이저로 표적을 탐지 추척하는 EO TGP는 공대지 탐지 추적 장비로 2026년 7월부터 2028년까지 진행하는 공대지 전투 능력을 위한 블록2 추가 무장시험에 반영된다.

KF-21 EO TGP

KF-21 EO TGP(전자 광학 표적추적 장비)는 KF-21 전투기 하부에 탑재되어 체계로부터 지정받은 표적에 대해 주야간으로 표적 좌표 지향, 표적 탐지 · 추적, 레이저 조사, 무장 정밀유도, 표적식별 지원 및 임무 확인 등 조종사의 임무 수행을 지원하는 장비다. 주요 구성품으로는 국내 유일의 다중파장 대역 공통 광학 기술을 활용한 FLIR(전방적 외선 감시, Forward Looking Infrared), TV, 레이저 조사기 · 추적기 등의 센서와 외란 방지 및 시선 유지를 위한 안정화 장치, 신호처리 및 체계연동용 전방 · 후방 전자 유닛, 데이터 송수신용 데이터링크, 온도제어용 환경제어장치가 있다.

제원	
광학계	공통 광학계
영상센서	EO/IR 카메라
레이저	레이저 지시기, 레이저 추적
시선 안정화	15urad
추적	중심/상관
냉각시스템	공랭식
크기 및 무게	30(높이)cm×250(길이) 200kg

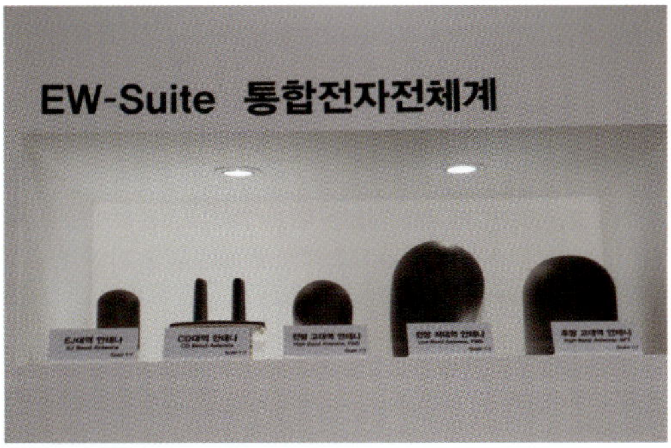

통합전자전체계(EW-suite)

LIG넥스원는 KF-21을 보호하기 위한 통합전자전체계인 EW-suite를 개발했다. 이 시스템은 적의 레이다를 탐지 · 식별해 조종사에게 알려주는 RWR(radar warning receiver), 적 미사일의 접근을 감지하여 알려주는 MWR(missile warning receiver), 적 미사일이 근접했을 때 이를 교란하기 위한 채프(chaff)탄이나 플레어(flare)탄을 발사하는 CMDS(counter measure dispenser system), RF 재머 신호를 발사하는 ALQ-200K, 이들을 통합하는 EWC(electronic warfare computer)로 구성된다. 채프는 알루미늄이나 유리섬유 등 전파를 산란시키는 물질들을 공중에 뿌리는 형태로 운영되며, 플레어는 적외선 유도를 피하려고 마그네슘과 나트륨 혼합물을 공중에서 태워서 열을 발생시킨다.

AESA 레이다

국방과학연구소(ADD)가 주관하고 한화시스템이 시제업체로 참여해 순수 국내 기술로 개발한 AESA 레이다는 ▲다수의 공중 · 지상 · 해상 표적에 대한 탐지 및 추적 ▲영상 형성 ▲근접 교전 수행 지원 등 다양한 임무를 수행하는 미래 전투기의 핵심 장비다.

한화시스템은 국방과학연구소를 지원해 KF-21의 최초 비행시험을 성공적으로 완료시키기 위해 ▲하드웨어 입증 시제를 통한 성능 검증 ▲시제기 탑재 전 시험 항공기 비행시험을 수행해 짧은 개발 기간 내에 단계적으로 성능 · 기능을 검증하며 완성도를 높여왔다. 이를 바탕으로 KF-21 시제기에 탑재해 2023년 4월 추가 비행시험을 성공적으로 완료했다.

제원	
탐지/추적 거리	약 200여Km/180여km(추정)
동시 추적	약 800~1000개(추정)
운용 모드	공대공/공대지/공대공

IRST

IRST(infrared search and track)은 표적에서 방출되는 열, 적외선 파장의 전자기파를 탐지하는 센서다. 레이더는 전파를 쏜 후 반사파를 분석하는 것이라면, IRST는 원거리에서 미약한 열원(熱源)을 수동적으로 감지한다. 그러나 하늘에는 태양이라는 강력한 열원이 있기에 이렇게 자연에 존재하는 적외선 신호를 분리해서 표적을 탐지한다. KF-21 전투기 전방 동체 우측 상단에 장착해 광대역 탐색을 한다. 이를 통해 대공표적으로부터 방사되는 적외선 에너지를 탐지해 다중표적 추적, 단일표적 정밀 추적, 표적 추적 정보를 항공기 체계에 제공해 전투기 생존확률을 향상시킨다.

KF-5E/F 제공호 전투기

KF-5E/F Jegong-Ho fighter

1974년, 공군은 북한 공군의 미그 전투기(MiG-19, MiG-21 등) 도입과 수적 우위를 저지하기 위해 '하이-로우 믹스' 전략의 일환으로 미 노스럽 F-5E/F 타이거 II 전투기를 전격 도입했다. 이미 F-4D 도입을 진행 중이었고, 1977년에는 F-4E 추가 도입이 결정돼 고성능 전투기와 실전 접근성이 뛰어난 경전투기가 함께 운용되는 구조였다. 실제로 1974년 8월 27일 4기를 시작으로, 1977년까지 총 72기, 1980년까지 60기를 추가 도입하는 등 물량 확보에 박차를 가했다.

F-5E/F는 AN/APQ-153(I밴드, 8~10GHz) 레이더를 탑재해 근접 공중전을 대비했다. 복좌형 F-5F에는 APQ-157 레이더가 적용됐으며, 두 레이더 모두 4개 모드(20mm 기총 사격, 근거리 거리 측정, 기축선 사격 등)만 제공해 단순성과 신속 대응이 강점이었다. 당시 미국과 소련 간 냉전의 최전선에서, 신속 출격 · 방공 요격이 중요한 대한민국 입장에선 탁월한 선택이었다. 실제로 당시 공군 지휘부는 현대 전투기 대비 전자 · 항법장비 세팅이 최소화돼 스크램블(긴급 출격) 능력이 뛰어난 F-5E/F의 강점을 주목했다.

국산화의 상징인 KF-5E/F, 일명 '제공호'는 1982년~1986년 대한항공이 직접 조립 생산해 총 68기(단좌형 48대, 복좌형 20대)가 실전에 투입됐다. 이들 제공호에는 기존 AN/APQ-153이 아닌, 플래나 배열 안테나의 AN/APQ-159(J밴드, 10~12.5GHz)가 탑재되며, 분해능 증가 및 탐지거리(최대 약 60㎞)가 비약적으로 향상됐다. 생존성도 대폭 강화돼 기체에는 RWR(레이더경보수신장치), 채프 · 플레어 디스펜서 등이 신규 장착됐다. 실제 제공호는 대한항공이 기체와 조립, 삼성정밀(현 한화에어로스페이스)이 엔진을 각각 생산해 국내 방산의 도약을 이끌었다.

초기 F-5E/F와 KF-5E/F 모두 정밀유도무기(PGM) 운용이 어려웠으나, 최근 한국형 GPS 유도폭탄(KGGB) 장착이 확인되면서 공대지 정밀타격 능력이 크게 향상됐다. KGGB는 Mk.82 폭탄을 기계식 개조 없이 탑재할 수 있어, FA-50 같은 신형은 물론 KF-5, F-4 등 구형 전투기까지 운용이 확대됐다. 2025년 하반기, FA-50의 KGGB 장착 본격화와 함께 제공호 등 퇴역이 임박한 기체에도 유지 전력화가 이뤄지고 있다.

하지만 지속적인 노후화와 추락사고, 그리고 차세대 KF-21 보라매 도입 본격화에 발맞춰 제공호의 퇴역이 순차적으로 진행되고 있다. KF-5F(제공호) 1호기(594번기)가 2025년 6월 공식 퇴역했다. 이는 공군이 50여년 영공을 지킨 중추 전력이 명예롭게 전력 재편에 나섰음을 보여준다. 제공호의 잔여 기체들은 2028년까지 순차적으로 KF-21, FA-50로 대체될 예정이다.

제원	
공허중량	9,558파운드(4.35t)
최대이륙중량	24,772파운드(11.2t)
엔진추력 (Mil 추력/최대 추력)	J85-GE-21 : 2 x 3,500파운드(2 x 1.6t) /2 x 5,000파운드(2 x 2.27t)
날개면적	17.28m²
전장	14.45m
전고	4.08m
최대속도	마하 1.5
최대상승고도	1만3,500m
제작사	노스롭그루먼

KF-21 6호기가 시범비행을 하고 있다.

제원	
전장	13.14m
익폭	9.45m
전고	4.94m
익면적	23.69m²
공허중량	6,454kg
내부연료탑재량	2,500Kg
최대이륙중량	13,500Kg
엔진	F404-GE-102(Mil-Power : 12,000lb. A/B : 17,700lb)
최대하중배수	8.3G
최대속도	마하 1.5
최대상승률	11,500m/min
제작사	KAI

FA-50 파이팅이글

FA-50 Fighting Eagle

FA-50은 공군의 주력 경전투기로, T-50 골든이글 고등훈련기를 바탕으로 개발된 다목적 전투기이다. 본 기체는 소형이면서도 첨단 항공전자 장비와 강력한 무장 능력을 겸비해, 전방위 임무 수행이 가능한 플랫폼으로 각광받고 있다. 운용 부대는 원주 공군기지 제8전투비행단(2개 대대)과 예천 공군기지 제16전투비행단(1개 대대)으로, 수도권 및 휴전선 인근을 전담한다는 점에서 전략적 비중이 높다.

기체 임무는 A-FAC(공중전방항공통제) 가운데 고속항공통제(Fast FAC)에 중점을 두고 있으며, CAS(근접항공지원), X-ATK(대화력전), BAI(전장항공차단) 등 다양한 공격 임무뿐 아니라, 북한군 미그기 대응 근접 공대공 전투임무도 담당한다. FA-50의 근접 공대공 전투능력은 대체로 우수한 편으로 평가받는다. 이는 북한 공군이 장거리 교전능력(BVR)이 취약하다는 점과 FA-50이 F-16 계열 전투기와 유사한 인터페이스 및 운용 모드를 갖추고 있기 때문으로 분석된다.

기동성은 우수한 공역학적 설계와 F404GE-102 엔진에 기반한다. 해당 엔진은 메인, 예비채널 이중 제어 및 예비 점화장치가 도입돼, 단발 전투기의 안전성과 운용 효율성을 크게 높였다. 엔진 제어는 FADEC(Fully Authorized Digital Engine Control)을 적용해, 다양한 비행 조건에서 안정적이고 빠른 반응성을 보장한다. 최근에는 엔진 동력 성능 자동 모니터링 시스템까지 도입돼 정비 유연성이 강화됐다는 평가도 있다.

탑재된 EL/M-2032 레이더는 높은 대전파방해능력(ECCM)과 다중 모드 운용이 가능해, 고정밀 공대지 타격 및 항법 체계 구성이 뛰어나다. FA-50에는 Link 16 데이터링크(AN/USQ-140 LVT)가 통합, 실시간 데이터 교환과 항법 정보 보정이 가능해 네트워크 중심 전장에도 최적화됐다.

주요 무장은 MK.82 500파운드 범용 폭탄, AGM-65 매버릭 공대지 미사일, GBU-38 JDAM 등이 대표적이며, 최근에는 고정밀 유도폭탄 및 자체 개발 한국 GPS 유도폭탄(KGGB) 실전배치가 확대되고 있다. 또한, 레이저 및 GPS 유도폭탄 계열 무기를 점진적으로 추가 도입하려는 계획도 갖고 있다.

FA-50 블록20 전투기

FA-50 Block20 Fighter

한국항공우주산업(KAI)은 FA-50의 항속거리를 늘리고 무장을 확대하기 위해 성능 개량을 준비하고 있다. 이미 2019년 FA-50에 주야간 표적식별 장비인 스나이퍼(Sniper) ATP(Advanced Targeting Pod)를 장착하는 적합성 시험을 끝냈고, 기체 통합도 완료됐다.

FA-50의 항속거리를 늘리기 위해 공격기 뒷좌석을 개조하고, 후방 동체에 연료 탱크를 추가하는 방안을 연구하고 있다. 또 기체 외부에 장착되는 150갤런 보조 연료탱크보다 탑재 용량이 큰 300갤런 보조 연료탱크를 장착하고, 공중 급유 기능을 추가하는 방안이 검토되고 있다.

항공 전자장비 성능 개량도 검토하고 있다. 항공 전자 장비 성능 개량으로 개별 장비의 부품 단종 문제를 해결하려는 것이다. KAI는 임무 컴퓨터 교체를 시작으로 FA-50의 체계적인 성능 개선을 추진할 계획이다. 기존 FA-50의 조종석은 각종 계기나 패널류가 20여 종에 달한다. 대화면 시현기(LAD · Large Area Display) 장착과 보조 시스템들을 개량하면 정비가 수월해지고, 예산을 절감할 수 있고, 조종 효율성이 늘어나면서 군수지원의 효율성이 높아진다.

TA-50 BLOCK II 전술입문기

TA-50 BLOCK II CONVERSION TRAINER

한국항공우주산업(KAI)은 2020년 6월 방위사업청과 TA-50 전술입문용 훈련기 2차(Block II) 양산 계약을 체결했다. KAI는 2년간의 개발 기간을 거쳐 한층 업그레이드된 TA-50 Block II를 양산해 납품할 예정이다. TA-50 Block II 전술입문기는 FA-50 경공격기를 기본 형상으로 개발한다. 기존 Block I 전술입문기에서 운영한 기총, 공대공 및 공대지 무장을 기본으로 탑재하며, 나아가 FA-50에 장착된 통합정밀직격탄(JDAM)과 같은 정밀유도무기를 운용할 수 있는 것이 특징이다.

제원	
최대속도	마하 1.5
최대이륙중량	2만6,947 파운드(lbs)
엔진 추력	1만7,700 파운드(lbs)
무장 능력	20mm 기관포 훈련용 공대공 및 공대지 무장
탑승 인원	2명
제작사	한국항공우주산업

KA-1 전술통제기

Korean Attack-1(Low Speed Controller)

전술통제기 KA-1은 중등훈련기 KT-1을 기본형상으로 개발한 전술항공통제기다. 전술통제기는 공중에서 전장을 통제해 주고, 목표지정이나 탄착확인 임무를 수행하는 항공기다. KA-1은 1999년부터 2003년까지 개발이 진행됐고, 2005년 양산 1호기가 나왔다. KA-1은 노후화한 전술통제기인 O-2A 대체기종으로 2006년까지 20대를 생산했다.

KA-1은 전술항공통제 임무를 위해 KT-1과 달리 LAU-131 런처에 2.75인치 로켓탄을 중심으로 건포드, 범용폭탄 등을 탑재할 수 있다. 게다가 체공시간을 늘리기 위해 파일런에 외부 연료탱크까지 장착할 수 있다.

이를 위해 동체를 복합재 덮개문, 주륜휠 등으로 강화했고, 임무 컴퓨터를 사용한 사격통제장치·무장제어장치, U/VHF 동시통화 기능의 통신장비를 새로 도입했다. 조종석에도 HUD/ MFD/WCP/AVTR 디지털 계기판을 도입했다. GPS/INS 항법과 야간작전을 위한 전자장비(NVIS: 야시계기용 외부등, NVIS: 야시계기판)도 장착했다.

제원	
승무원	2명
전폭	10.9m
전장	10.3m
전고	3.7m
제작사	KAI
엔진	PT6A-62
출력	1,150shp
형식	터보 프롭
제작사	캐나다 플랫휘트니

성능	
최대전비중량	3.3t
최대속도	649km/h
실용상승한도	9.1km
항속거리	1,700km

무장	
기관포	HMP 250 12.7mmX2
미사일	Mk81/82 폭탄, LAU-3A/LAU-131A 로켓탄 포드 등

하피 무인기

Harpy UAV

하피(Harpy) 무인기는 이스라엘의 아이에이아이(IAI)가 생산하는 무인항공기(UAV)로서 방공망 공격용 무기체계다. 적의 지대공 미사일과 대공레이더 체계, 그리고 지상요격관제소(GCI) 레이더 시스템을 자폭 공격하기 위해 개발했다. 탄두중량은 32kg으로 크지 않지만, 500km 밖에 있는 20km 범위의 목표물 15개를 기억한 뒤 해당 지역을 최대 4시간 동안 체공하다가 적의 대공레이더가 작동하면 자폭하기 위해 돌입한다. 공군은 북한의 휴전선 일대 야전 대공망을 체계적으로 마비시키기 위해 수백 기의 하피와 지원장비를 도입했다. 1대의 트럭은 18대의 하피를 운반한다. 하피는 무인기라기보다 적의 방공망을 공격하는 지능형 SSEAD(Signifies Suppression of Enemy Air Defenses)용 순항미사일에 가깝다.

제원	
전장	2.3m
전폭	2.0m
중량	120kg
탄두중량	32kg
제작사	IAI
제작사	이스라엘 항공우주산업(IAI)

성능	
비행속도	250km/h
상승고도	3.3km
비행반경	500km
체공비행시간	최대 5시간

C-130J-30 슈퍼 허큘리스 수송기

C-130-30 Super Hercules Transporter

C-130J 수송기는 2004년 미 공군 리틀록(Little Rock) 공군기지에 처음으로 배치됐고, 2006년 최초작전능력(IOC · Initial Operational Capability)을 획득했다. 공군은 4대의 C-130J-30을 도입했다.

C-130J는 C-130H에 탑재된 것보다 추력이 향상된 엔진(롤스로이스 AE 2100D3 터보프롭 엔진)과 좀 더 공기역학적으로 효율적인 형상으로 재설계한 복합소재 프로펠러를 도입했다. 최대 이륙중량은 2만 파운드가량 증가했고, 항속거리는 40% 확대됐다. 또한 신소재의 적극적인 활용으로 공허중량이 감소한 반면, 엔진추력이 증가함에 따라 가속성능이 향상돼 단거리 이륙성능이 더욱 개선됐다. C-130J는 많은 부분을 디지털화했다. 조종석에 HUD(Head Up Display)와 각종 디지털 MFD(MultiFunction Dispaly)를 도입했으며, 조종사와 항공기의 인터페이스를 대폭 현대화했다.

특히 통합전자전 시스템의 도입으로 전체 위협정보를 일사불란하게 파악할 수 있다. 다수의 복잡한 위협에 효과적으로 대응할 수 있게 돼 야전에서 생존성을 크게 강화했다. 해당 통합 전자전 체계에는 E밴드부터 K밴드까지 광범위하게 커버하는 AN/ALR-56M RWR을 통합했다.

AN/AAR-47 미사일 경보장치도 통합돼 C-130J를

제원	
공허중량	75,562파운드(34.3t)
최대이륙중량	175,000파운드(79.4t)
병력수송	96명
화물수송	42,000파운드(20t)
전장	34.46m
전고	11.84m
날개면적	162.1 m²
최대속도	671 km/h
순항속도	643 km/h
제작사	록히드마틴

성능	
최대전비중량	69.7t
최대속도	시속 556km
항속거리	4,002km 편도 비행

제원	
승무원	4명
전폭	40.4m
전장	29.8m
전고	11.4m
제작사	록히드마틴
엔진	T56-A-15
출력	4,300shpX4
형식	터보프롭
제작사	롤스로이스

향해 접근하는 미사일의 접근율, 접근방향, 거리 등을 자체 방어체계 디스플레이에 함께 시현한다. 이들에 대응하기 위해 네메시스(NEMESIS)를 기반으로 하는 고지향성 적외선방해책(IRCM · infrared countermeasures)인 적외선전자방해장비(LAIRCM)와 다양한 대역의 IR 신호를 사용해 다수의 IR 유도 미사일을 교란할 수 있는 AN/ALQ-157을 자체 방어장비로 통합했다.

항법체계로는 INS와 GPS뿐만 아니라 일종의 피아식별장치(IFF)에 포함되는 충돌경보장치(E-TCAS)도 통합하고 있다. 이 시스템은 IFF와 같은 심문 주파수 (1030MHz)와 응답 주파수(1090MHz)를 사용하며, 상호 심문과 응답을 통해 충돌 위험을 파악하고 경보하는 장비다. 이외에도 지형지물에 대한 충돌을 피하기 위해 AN/APN-243 SKE2000도 항법체계의 일부로 통합하고 있다. 내부 화물탑재 공간 용적은 약 127.4㎥이며, 3만7000파운드가 넘는 화물 또는 인원을 적재할 수 있다.

C-130H-30 / C-130H 허큘리스 수송기

C-130H-30/C-130H Hercules Transporter

C-130H-30 허큘리스 수송기는 완전무장 병력 64명, 4만3000파운드의 화물을 실을 수 있다.주야간 · 전천후 전술 공수작전이 가능한 전천후 수송기다. 공군은 1990년 3월까지 총 8대를 도입했다. 특히 후기에 도입한 4대의 C-130H-30은 동체를 연장시킨 기체로서, 공군 공수전력의 주력 기종으로 활약하고 있다. 공군은 C-130H-30 허큘리스 수송기를 도입해 1990년 말 걸프전, 2000년 동티모르 파병 등 실전에 투입해 상당한 전술 수송 능력을 키웠다.

CN-235M 다목적 전술수송기

CN-235M Multipurpose Tactical Transporter

'슈퍼트루퍼'로 불린 CN-235M은 스페인 카사(CASA)사가 제작한 동급 최고 성능의 다목적 전술수송기다. 공군은 1994년 1월부터 12대를 도입했다. 이후 2001년 인도네시아에 KT-1 12대를 판매하는 대신, 절충교역(off-set)으로 8대를 추가로 도입해 현재 20대를 운용 중이다. 인도네시아제 8대 가운데 2대는 대통령 전용기 2, 3호기로 개조해 사용하고, 나머지 6대는 일선에서 수송임무를 담당하고 있다.

CN-235M은 탄약, 장비, 인원을 기상조건에 관계없이 주야간 목표지점에 실어 나를 수 있는 중형 수송기다. CN-235M은 2001년 남해안에 출몰한 북한 간첩선 추적 작전에 투입돼 조명탄을 투하, 간첩선의 퇴로를 차단하는 등 대간첩 작전에서도 우수한 성능을 입증했다. 민간 여객기를 기본틀로 해서 개발했기 때문에 소음과 진동이 동급의 다른 수송기에 비해 적어 탑승감이 우수하다.

제원	
승무원	4명
전폭	25.8m
전장	21.4m
전고	8.2m
제작사	에어버스카사
엔진	CT7-9CX2
출력	1,750shpX2
형식	터보프롭
제작사	제너럴일렉트릭

성능	
최대전비중량	15.7t
최대속도	452km/h
항속거리	1,528km

MC-130K 침투수송기

MC-130K Penetration Transporter

MC-130K 침투수송기는 대북 공중침투 능력을 확보하기 위해 기존 C-130H 수송기 12대 중 4대를 개조해 한국형 MC-130K 침투수송기로 도입하고 있다. 개조 수행은 이스라엘 엘빗사의 기술지원으로 한국항공우주산업(KAI)이 하며 2021년 12월 현재 4대의 개조를 완료했다. 개조 기체는 단동체형인 C-130H에 다기능레이더(MMR), 지향성 적외선 방어장비(DIRCM), 전방감시 적외선 장비(FLIR), 위성통신장비(SATCOM), 저고도 고속 투하장비(HSLLADS)를 장착해 특수전 부대를 침투시키는 임무를 수행한다.

C-390 수송기

C-390 Transport Aircraft

공군이 사용할 대형수송기 2차 사업 기종으로 브라질 엠브라에르의 C-390이 선정됐다. 한국군에 브라질제 군용기를 도입하는 것은 이번이 처음이다. 방위사업청은 2023년 12월 4일 제157회 방위사업추진위원회(방추위)에서 브라질 엠브라에르사의 C-390을 대형수송기 2차 사업 기종으로 하는 기종 결정안을 심의·의결했다. 대형수송기 2차 사업은 2014년 도입을 완료한 C-130J-30 슈퍼 허큘리스 수송기 4대에 이어 후속 사업으로 진행되었으며 2026년까지 진행되며 3대 도입을 위해 총사업비는 약 7,100억 원이다.
2차 사업에서 엠브라에르사는 성능·가격·절충교역·국내 기업과의 협력 컨소시엄에서 높은 점수를 받은 것으로 전해졌다. 엠브라에르사는 1968년에 EMB 100 터보프롭 10인승 리저널 수송기를 시제기를 시작으로 출발하여 브라질 공군용으로 EMB 110 경수송기를 제작·납품했다. EMB 110은 C/E/K/P 시리즈로 발전해 경수송기 분야에서 각인이 됐다. 이후 해상초계기 EMB-111을 제작해 군용기 분야 진출에 성공한다.
엠브라에르는 1970년대 EMB 120/121 터보프롭 경수송기를 시작으로, 1980년대까지 틈새시장에 성공한 이후 또 다른 분야로 비즈니스 제트기와 동체를 키운 리저널 제트여객기 제작에 진출한다. 1995년 최초의 ERJ 시리즈 개발에 성공해 1997년 실용 항공기 판매를 시작한다. 37인승 ERJ-135, 44인승 ERJ-140, 50인승 ERJ-145를 출시하여 또다시 틈새시장에서 인기를 끈다. 2002년 50~100인승 사이의 여객기 시장 진

브라질 엠브라에르가 2026년 2월 한국 공군용 첫 C-390 기체의 최종 조립을 마치고 출고 행사를 진행했다.
2026년 말부터 공군에 인도될 것으로 전망된다. [사진=엠브라에르 제공]

제원	
초도비행	2015년 2월 3일
생산시기	2019년 ~ 현재
전장:동체	33.5 m
카고내부(바닥기준)	12.7 m
전폭	날개폭 : 33.9 m / 카고내부(바닥기준) : 3.35 m
전고	동체 : 11.4 m / 카고내부 : 2.95 m
승무원	2명
수송능력	병력 80명 또는 74개 들것 및 의료인력 8명 또는 463L 파렛트 7개
적재중량	26,000kg
연료탑재량	23,000kg
최대이륙중량	86,999kg
엔진	IAE V2500-E5 × 2, 139.4kN (31,330 lbf)
순항속도	870 km/h
최고속도	988 km/h
항속거리	14톤 적재시 5,820km
공중량	6,130km
외부연료탱크 사용시	8,500km
최대고도	11,000 m
이륙거리	공허시 914 m / 23톤 적재시 1,524 m
제작사	엠브라에르(Embraer)

출을 위해 엠브라에르는 E시리즈 출시를 시작한다. 70-80인승 E170, 78~88명의 E175, 90~114인승 E190, 106~122인승 E195 등 100인승 전후의 여객기 시장을 장악하는 데 성공한다.

이처럼 엠브라에르사는 소형 터보프롭기 시장에서 출발하여 리즈날 여객기의 선두주자였던 캐나다 봄바르디어사와 어깨를 나란히 하는 경쟁자에 올라선 직후인 2007년 드디어 군용 수송기 개발을 선언한다. 2009년 브라질 공군과 손을 잡고 자국 공군 수요를 기반으로 전술 수송기 개발을 시작한다. 이것이 바로 KC-390 밀레니엄 제트수송기로 공중급유 장치를 제거한 기본 버전은 C-390이다.

C-390은 최대이륙중량 74톤으로 미국 록히드 마틴사의 C-130H 허큘리스 전술 수송기급으로 만들어졌다. C-130H 수송기는 최대 인원 92명, 최대속도 609km, 항속거리 3,797km이다. C-390은 84명을 탑승시킬 수 있으며 최대속도 마하 0.8, 최대 항속거리 6,000km다. C-390 밀레니엄 제트수송기가 구형 C-130 대체 시장을 목표로 했음을 알 수 있다. C-390은 2015년 2월 3일에 최초 비행에 성공했으며, 2018년부터 양산 기체를 만들기 시작했다. 최대 84명의 인원을 탑승시킬 수 있으며 화물의 경우 23.6톤까지 탑재하면 항속거리는 4,815km를 날아간다. 브라질 공군이 19대 발주했고, 포르투갈 5대, 헝가리 2대, 네덜란드 5대, 오스트리아 4대, 대한민국이 3대를 발주했다.

대통령 전용기

B747-8i Air Force One

대통령 전용기 1호기는 현재 2022년 1월부터 대한항공에서 임차한 보잉 747-8B5(747-8i) 기종이며, 군 일련번호는 22001, 민간 등록기호는 HL7643이다. 747-8i는 747 시리즈의 마지막 기종으로, 기존 747-400 대비 기체 길이가 약 6m가량 늘어나 체적은 더욱 커졌고, 항속거리는 약 1만4,815~1만5,000km, 최대 체공시간은 14시간에 달한다.

이번 기종 교체는 전 세계적으로 747-400이 구형으로 분류돼 퇴역·화물기로 전환되는 추세와 맞물려 대통령 전용기에 특별 목적 기종이 도입된 것으로 해석된다. 엔진 4기를 신형으로 교체하여 크루즈 속도가 음속의 0.86배로 향상됐고, 생존 방어 장비와 암호화 통신시스템 등 최첨단 설비를 추가 탑재했다.

이번 747-8i 도입은 임차 사업의 3차례 교체이며, 임차 기간은 2021년부터 2026년까지로 계약됐다. 세부 임차금액은 약 3,002억9,000만원으로 5년간 운용한다. 대한항공이 기체와 승무원, 정비 인력, 운영 지원을 패키지로 제공하는 방식이다. 외형상 747-400과 구별이 쉽지 않으나, 조종석 후방 상부 공간 연장, 최신 엔진, 동체 연장 등 구조적 변경으로 구분된다.

대통령 전용기 2호기(B737-300)는 1985년 배속 이후 2010년대 초 노후화 구조체 문제로 교체 필요성이 제기됨에 따라, 2025년부터 보잉 737-8(MAX) 기종으로 대체 운항될 예정이

며 2026년 1분기 내 신규 기체 인수 계획이 잡혀 있다. 새 전용기는 대한항공에서 임차하며, 캐나다에서 VIP 도색과 개조를 마치고 시험비행 중임이 최근 확인됐다. 기존 737-300은 박물관 기증을 추진 중이다.

한편, 공군 최고참 VIP 프로펠러 항공기 BAe 748(HS-748)은 1974년 영국 도입 후 2024년 말 공식 퇴역했으며, 올해 10월 서울 ADEX 2025에서 실물 기내가 VIP 사양으로 일반에 공개됐다. 2005년 VIP로 개조된 상태였으며, 12 · 3 비상계엄 등으로 퇴역식은 비공개로 진행되어 관련 정보는 현장 공개 시 처음 확인됐다.

제원	
동체	길이 76.3m
동체	폭 68.4m
동체	높이 19.4m
연료탑재량	243,120리터
최대이륙중량	447,700kg
엔진	엔진 GE GEnx-2B67X4
엔진 최대추력	120,660kg
최대 순항속도	음속의 0.86(시속 1,050km)
항속거리	약 14,800km
최대 탑승인원(여객기 기준)	410명
최초 비행일	2011년 3월 20일
제작사	보잉

KT-1 제원	
승무원	2명
전폭	10.6m
전장	10.3m
전고	3.7m
제작사	KAI
엔진	PT6A-62
출력	1,150shp
형식	터보프롭
제작사	플랫휘트니

KT-1 성능	
최대전비중량	2.54t
최대속도	649km/h
실용상승한도	9.1km
항속거리	1,770km

KT-1 웅비 기본훈련기

KT-1 Woongbi Basic Training Aircraft

정부는 고유의 최초 군용기로 개발 난이도가 낮은 저속의 훈련 · 지원기를 개발하기로 하고, 1986년부터 개발을 위한 검토작업을 시작했다. 1988년 2월 정부는 독자개발을 결정했고, 그 당시 결정된 기체가 KT-1 웅비(雄飛)다. 공군의 중등훈련기인 T-37C의 대체용으로 국내 개발, 획득사업으로 진행했다.

1991년 8월에는 시제기 조립을 완료해 12월에는 처녀비행까지 마쳤고, 1992년 2월에 2호기가 비행에 성공했다. KT-1의 시제 1호기와 2호기의 시험결과에 따라 개수가 실시된 3호기는 선행 양산형의 표준기체가 됐고, 각종 비행시험을 1998년까지 마쳤다. 5대의 선행 양산형은 1998년 6월 첫선을 보였다. 외관상 스위스의 PC-9과 브라질의 EMB-312의 장점을 합친 듯한 기체로 탄생했다.

1995년 공군은 한국형 훈련기에 정식으로 웅비란 이름을 붙였다. 웅비는 2000년부터 공군에 인도되기 시작했다. 편대비행, 야간비행, 계기비행, 저 · 중고도 항법비행, 기동비행 훈련을 실시했다. 비록 개발과정에서 어려움을 겪었지만, 엔진은 플랫앤휘트니(P&W)사의 CPT6A-62로 결정했고, 1150shp(축마력 · 軸馬力)를 풀파워로 사용할 수 있다. 프로펠러는 당초 3엽에서 4엽 블레이드로 변경했으며, 가변피치 방식을 채택했다.

계기판은 동급 훈련기에서 일반적으로 사용하는 아날로그 방식을 채용했다. 주익은 후퇴각이 없는 직선익이고, 각 주익에 225L의 탱크와 80L의 인테크럴 탱크를 설치해 모두 640L의 연료를 탑재한다. 조종석은 경쟁기처럼 탠덤 복좌형식이며, 뒤쪽의 교관석을 한층 높게 설치해 시야를 확보했다.

중등훈련기 버전 85대와 전선항공통제기 KA-1 20대를 포함해 105대를 양산했고, 2002년부터 2007년 사이 인도네시아에 12대를 수출한 것을 비롯해 터키에 수출했다. 인도네시아 수출용은 KT-1B 이름으로 상용 항전장비를 장착했다. 터키 수출용은 KT-1T 버전으로, 2007년부터 2013년까지 40대를 수출했다.

초계비행 중인 FA-50 편대

T–50 골든이글 고등훈련기

T-50 Golden Eagle Advanced Training Aircraft

제원	
승무원	2명
전폭	9.2m
전장	13.14m
전고	4.94m
기체중량	6.4t
엔진	GE F404–GE–102
추력	1만7,700파운드(8t)
형식	터보팬 엔진
제작사	KAI

성능	
최대속도	마하 1.5
실용상승한도	14.8km
항속거리	1,512km

T–50 초음속 고등훈련기 '골든이글'은 고등비행 또는 전환훈련용으로 개발된 기체다. T–50 고등훈련기 사업명칭은 공군 고등훈련기와 경공격용 제트기 체계개발 사업이었다. 1992년 12월 국방과학연구소(ADD)가 탐색개발에 착수하고, 1997년 10월부터 2006년 1월까지 한국항공우주산업(KAI)이 록히드마틴과 함께 체계개발을 했다.

고등훈련기를 개발하는 사업이었지만, 장래 한국의 독자적인 항공기 개발을 위한 초석을 다지고, KAI가 세계 10대 항공업체로 도약하는 계기로 삼을 만한 사업이었다. KAI는 미국 록히드마틴사와 T–50을 공동개발함으로써 생산기술 90%, 시험평가기술 80%, 설계개발기술 70% 수준까지 도달했다고 한다.

T–50은 F–5와 F–16의 중간급 기체로서, 훈련기에서 시작해 전술입문형과 경공격기로 발전하는 항공기가 됐다. 초기 양산계획은 총 94대 가운데 훈련형인 T–50을 50대 생산하고, 22대는 전술입문 훈련기, 그리고 60대는 경공격기 FA–50으로 완성했고, 블랙이글스(에어쇼 팀) 전용 기체 10대가 추가됐다.

고등훈련기 T–50은 레이더와 고정무장을 장착하지 않은 상태로 생산됐다. 전환훈련형(전술입문형)인 TA–50은 레이더를 장착하고, 무장훈련을 위한 기관포와 사이드와인더, 공대지 무장을 장착했다. 경공격형인 FA–50은 생존성과 야간공격 능력을 강화했다.

KAI는 2005년 10월 T–50을 공군에 처음으로 인도했고, 2008년 3월 1차 납품을 마쳤다. 2008년 4월부터 2009년 10월까지 2차 납품을 완료했고, 2010년 5월 공군은 T–50 50대의 전력화를 완성했다. T–50B 블랙이글스 항공기는 2010년 12월까지 10대가 인수됐고, 2011년부터 원주의 239특수비행대대에서 운용한다.

TA-50 전술입문기

TA-50 Conversion Trainer

TA-50은 전술입문기(LIFT) 기종이다. 화력제어 레이더(EL/M-2032)를 탑재하며, 조종석 좌측에 발칸포 1문을 장착한다. TA-50은 외부무장을 장착할 수 있는 하드포인트(external hardpoints · 기체를 지지하기 위해 구조가 강화된 부분)를 모두 7개 갖추고 있다.

공대공 미사일 2발과 각종 공대지 무장을 최대 약 4.5t까지 장착할 수 있다. 최대속도 마하 1.5로 TA-50에 장착된 항공전자 장비는 기존의 공군이 보유한 전투기의 장비와 비교해 185배 빠른 연산능력과 64배에 달하는 메모리 용량을 갖는다. 따라서 공군의 자료처리 속도나 저장능력 요구를 만족시키고 있다. 데이터링크시스템의 적용도 가능하다.

제원	
승무원	2명
전폭	9.78m
전장	13.1m
전고	4.9m
엔진	F404-GE-102
추력	1만7,700파운드
형식	터보 팬
제작사	KAI

성능	
최대전비중량	13.5t
최대속도	마하 1.5
실용상승한도	14.6km
항속거리	1,512km

무장	
기관포	20mm M197 개틀링 건
미사일	AIM-9M 공대공 미사일, AGM-65G 공대지 미사일 등 2.8t

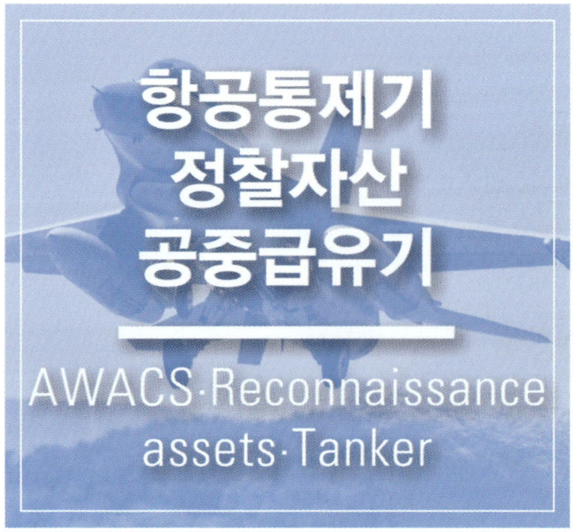

E-737 항공통제기

E-737 Peace Eye Air-control Plane

우리 군은 2011년부터 4대(2011년 1대, 2012년 3대 도입)의 공중조기경보통제기를 도입해 실전에 배치하고 있다. 공중조기경보통제기는 에이웍스(AWACS · Airborne Warning and Control System)라고 부른다. 조기경보통제기 도입 목적은 지상의 조기경보 레이더 시스템이 적의 공격으로 파괴됐을 경우, 이에 영향을 받지 않고 조기경보망을 운용할 수 있을 뿐만 아니라, 평시에도 주변국을 감시할 수 있는 능력을 갖추고 있기 때문이다.

또한 AWACS가 실전에서 적 전투기의 위치를 파악해 아군 전투기를 유도할 수 있는 이점은 걸프전에서 그 위력을 발휘했다. 이 밖에도 AWACS는 순항미사일 방어, 무인정찰기 통제, 동맹군과의 연합작전, 해상 교통로 방어, 미사일 방어(MD) 등 활용범위가 넓다.

뿐만 아니라 AWACS는 우리나라의 경우, 북한군이 대량으로 보유하고 있는 AN-2 저고도 침투기에 대한 핵심 경계장비로 활용할 수 있다. 일반적으로 AWACS를 보유하게 되면 적은 대수의 항공기로도 그 이상의 전투효과를 거둘 수 있기 때문에 해당 국가의 공군력을 3배 이상 증대시키는 효과가 있다고 한다. 정부는 2002년 4월 조기경보통제기 사업을 공식적으로 발표하고 최대 총 1조6000억 원의 예산을 배정했다.

공군은 기본적인 요구사항으로 ▲6시간 이상의 임무수행 능력 ▲최고속도 300노트 이상 ▲고도 2만6500피트 이상의 비행임무 수행 성능 ▲16대의 공격기와 12대의 제공기를 포함해 40~60대 규모의 편대 통제 ▲측면으로 최소 레이더 탐지범위 200해리 ▲전방과 후방으로 최소 레이더 탐지범위 180해리 ▲11/16 데이터 링크 탑재 ▲적외선 방해 장비인 DIRCM(Directional Infrared Counter Measures · 능동적외선 방해체계)을 포함한 기체방어 시스템 탑재 ▲최소 30% 한국산 부품 사용과 30%의 절충교역 거래 ▲3차원 PAR방식의 위상배열레이더(phased array radar · AESA 레이더 · AN/APG-63(v)2 등)와 전자전 센서에 대한 기술이전 및 군수지원 체계 등을 제시했다.

제원	
승무원	조종사2명+레이더 담당 관제사 10명
전폭	35.71m
전장	33.63m
전고	12.55m
중량	77.5t
엔진	CFMI CFM56-7B27A
최대추력	120knX2
최대속도	마하 0.78
순항속도	410kt
제작사	보잉

성능	
실용 상승고도 한계	13km
통상 운용고도 한계	9.1~12km
항속거리	5,400km
비행시간	최대 9시간

항공통제기 2차 사업

Bombardier Global 6500 Airborne Early Warning and Control(AEW&C)

항공통제기 2차 사업은 최근 방위사업청이 미국 L3해리스(L3Harris)가 제안한 '글로벌 6500(Global 6500)' 4대를 2032년까지 도입하는 방향으로 최종 확정한, 총 사업비 약 3조975억원 규모의 대형 프로젝트다. 이는 기존 공군 항공통제력 강화의 일환으로, 국방력 전반에 미치는 기술 · 운영적 파장과 산업적 의미가 매우 크다.

방위사업청의 제171회 방위사업추진위원회에서 '글로벌 6500'이 최종 선정된 배경에는 운용 적합성과 유지비, 국내 방산 기여도 등 정량적 평가에서 L3해리스가 압도적인 점수를 기록한 것이 결정적으로 작용했다. 사브의 '글로벌아이', 보잉의 경쟁 기종도 경합했으나, 단가 · 성능 · 계약조건 평가점수에서 L3해리스가 우위를 보였다. 실제 장비 성능은 후보 모두 큰 차이가 없다는 분석이다.

사업은 봄바디어(Bombardier)사의 '글로벌 6500' 제트기 4대를 기반으로, 1 · 2호기는 대한항공이 해외 협력사(이스라엘 IAI ELTA 등)와 공동개조, 3 · 4호기는 국내서 항공전자 통합 방식으로 완성된다. 대한항공은 국내 파트너로서 플랫폼 구매와 개조 과정을 직접 맡게 되며, 향후 한국형 전자전기 사업에도 동일 기종이 플랫폼으로 활용될 전망이다.

'글로벌 6500'은 기존 E-737 '피스아이(Peace Eye)'보다 한층 강화된 항공통제 능력을 제공한다. 최신 AESA 레이더와 통합 임무 시스템을 탑재해 북한 및 주변국의 공중 위협에 대응하는 24시간 연속 감시 · 정보 제공 · 공중지휘통제 임무 수행이 가능하다. 특히, 고온 · 고고도 성능 및 항속거리 면에서 기존 장비 대비 뛰어난 특성을 갖췄다(최대 5,700~6,600해리 항속, 객실 소음 2~4dB 감소 등). 이는 앞선 기술 적용 효과와도 이어진다. 이번 사업을 통해 국내 항공산업의 특수임무기 개조 · 통합 및 국방기술 역량이 크게 강화될 것으로 기대된다. 실제, 대한항공은 최신 임무기술 확보의 기회로 삼아 대형 항공산업 기반 조성에 박차를 가하고 있다고 강조한다. L3해리스-IAI-대한항공 컨소시엄은 단순 공급을 넘어 정비 · 운영까지 국내에서 통합하는 모델을 정착시켜, 향후 추가 물량(전자전 특화 등) 도입 가능성도 거론된다.

제원	
기체	Bombardier Global 6500
엔진	Rolls-Royce Pearl 15 2기
최대 항속거리	6,600해리(12,223km)
최대 속도	마하 0.90(약 1,111km/h)
운항 고도	5만1,000피트(15,545m)
내구 시간	11시간 이상 (작전시간 기준)
최대 승객 (작전승무)	17명 (표준 기체 기준)
최대이륙중량	4만5,132kg
최대연료중량	2만434kg
최대페이로드	2,617kg
제작사	L3해리스

전자전기(Block-I) 체계개발 사업

Electronic Warfare Aircraft (Block-I) System Development Project

공군 전자전기 사업은 2030년대 중반까지 '한국형 그라울러'급 전력 4대를 배치해 북한 · 중국 방공망을 전파로 무력화하겠다는 계획으로, 약 2조 원 규모 예산이 투입되는 공중 전자전 전력화 프로젝트다. 외국 완제품 도입이 아닌 민항기 기반 국산 플랫폼과 국내 전자전 장비를 결합해 전자전 항공기 기술자립과 동북아 전자기 스펙트럼 주도권 확보를 노린다는 계획이다.

정식 사업 명칭이 '전자전기(Block-I) 체계개발' 사업으로, 전자전기 사업은 EA-18G 등 미국 기체 도입 좌초 이후 독자 개발 방향으로 틀면서 본격화됐다. 2017년 장기 소요 결정 · 2020년대 사업추진기본전략 수립을 거쳐 2025년 체계개발 단계에 진입했다. 군은 적 통합 방공체계 · 지휘통신망을 원거리에서 재밍해 '레이더를 장님으로 만드는' 능력을 갖추는 것을 목표로, 한반도 유사시 제공권 · 타격 작전의 전제조건으로 전자전을 격상시켰다.

플랫폼은 중형 민항기를 기반으로 동체 · 기수 · 날개에 대형 AESA 재머와 정밀 신호정보(ELINT) 안테나를 분산 탑재하는 스탠드오프 재머(SOJ) 개념이며, LIG넥스원 · 한화시스템 등이 KF-21 통합전자전체계와 ALQ-200K 계열에서 축적한 기술이 항공 전자전기용으로 확장되는 구조다. 목표 성능은 EA-18G급으로, 북한 방공망을 안전거리 밖에서 재밍할 수 있는 고고도 · 장시간 체공 · 광대역 재밍 능력과 디지털 재밍 · 적응형 빔 조향 기능 등이 핵심으로 거론된다.

체계개발 사업 규모는 약 1조8000억~1조9200억 원이며, 시제 · 시험을 거쳐 2034년 전력화를 목표로 4대(블록1 · 블록2) 분할 개발이 추진된다. 사업자는 LIG넥스원 - 대한항공 컨소시엄으로 최종 결정됐으며, 대한항공이 기체 개조 · 체계통합, LIG넥스원이 재머 · 전자전체계 개발을 맡아 민항기 기반 '한국형 원거리 전자전기' 개발을 주도하게 됐다.

실전배치 시 전자전기는 조기경보통제기 · 백두 · 금강 정찰기 · KF-21과 연계해 방공망 무력화 - 정밀타격 - 정보 수집을 하나의 전자기 작전 루프로 묶는 '한국형 전자기전 네트워크'의 허브 역할을 하게 된다. 장기적으로는 KF-21 전자전형, 유 · 무인 복합 전자전기 개념과 연계해 스탠드오프 재머에 더해 에스코트 재머(ESJ)까지 확보하는 방향으로 진화할 수 있다. 이 과정에서 AESA 재머 · 전자전 소프트웨어 · 전파 위협 라이브러리 등 고부가 기술 생태계와 수출형 'K-전자전기' 플랫폼이 함께 성장할 여지가 크다.

방위사업청이 2032년까지 도입을 확정한 차세대 항공통제기 '글로벌 6500'. 미 L3해리스(L3Harris)와 이스라엘 IAI, 대한항공이 공동 개발 · 개조에 참여하며 총사업비는 약 3조975억 원 규모다. 동 기종은 봄바디어 '글로벌 6500'을 기반으로, 최신 AESA 레이더와 통합 임무 시스템을 탑재해 기존 E-737 피스아이 대비 장거리 감시 · 지휘통제 능력을 크게 높였다.
사진=L3해리스 제공

제원	
공허중량	275,000lbs(125,000kg)
유효탑재중량	99,000lbs(45,000kg)
최대이륙중량	514,000lbs(233,000kg)
전장	58.80m
익폭	60.3m
전고	17.4m
익면적	362m²
최대속도	880km/시간
순항속도	860km/시간
페리항속거리	14,800km
최대상승고도	13,000m
엔진	2X Rolls-Royce Trent 772B (2 X 72,000lbs)
제작사	에어버스

KC-330 시그너스 공중급유기

KC-330 Cygnus Tanker

에어버스의 A330 MRTT는 2015년 6월 30일 공군 공중급유기사업(KC-X) 대상 기종으로 선정됐다. A330 MRTT는 영국과 호주, UAE, 사우디아라비아에서 운용 중이며, 프랑스와 싱가포르, 네덜란드(NATO의 MMRTTF 프로그램에 의해 네덜란드, 폴란드, 벨기에, 독일, 노르웨이 공군이 공동으로 운용 예정) 등이 발주한 공중급유기다.

따라서 이미 넓게 시장이 확보된 상태여서 안정적인 장기 운용유지와 업그레이드 프로그램 소요 창출이 가능한 기반이 마련돼 있다. 특히 사우디아라비아 공군에서 A330 MRTT 공중급유기로 F-15S와 F-15SA에 공중급유를 제공함으로써 A330 MRTT가 우리 공군의 주력 전투기인 F-15K에 안정적으로 공중급유를 할 수 있는 급유기라는 것이 확인됐다.

호주 공군은 A330 MRTT 공중급유기인 KC-30 공중급유기로 F-35A에 대한 공중급유 테스트를 성공적으로 수행했으며, 호주 공군의 E-737 조기경보통제기에도 공중급유를 함으로써 우리 공군 역시 A330 MRTT를 운용하면서 F-35A는 물론 E-737기까지 공중급유를 할 수 있다는 것이 확인됐다.

게다가 첨단 디지털 공중급유 관제체계, 대량의 연료 탑재량, 높은 화물수송 능력 등 A330 MRTT 공중급유기의 장점이 더해져 향후 A330 MRTT 공중급유기의 판로가 더욱 확대될 전망이다. 이미 호주 공군 등 A330 MRTT 공중급유기를 도입하여 운용하고 있는 국가들이 추가 도입을 검토하고 있다.

2023년 12월 2일 새벽(한국 시각) 미국 캘리포니아주 반덴버그 우주군 기지에 우리 군 최초의 군사정찰위성 1호기를 탑재한 '팰컨9' 로켓이 성공적으로 발사됐다.
© SpaceX

우리 군의 정찰위성 5호기가 2025년 11월 2일(한국 시각) 미국 플로리다주 케이프 커내버럴 우주군 기지에서 발사되고 있다.
© SpaceX

425 정찰위성

425 Reconnaissance Satellite

425 정찰위성 사업은 대한민국이 한국형 3축 방위체계, 즉 킬체인(Kill Chain), 한국형 미사일방어체계(KAMD), 한국형 대량응징보복(KMPR) 조기 구축을 위해 2017년 문재인 정부 국방계획에 따라 시작한 위성 개발 사업이다. 2018년 방위력개선비는 3축 체계 구축에 집중됐으며, 해당 분야에 2조2735억 원이 배정되어 전년 대비 약 6.4% 증가했다.

주계약은 LIG넥스원이 담당했으며, 고성능 센서와 데이터 체계를 갖췄다. 전체 사업비는 1조 원 이상으로 추정된다. 425 사업은 명칭부터 독특하다. '425'는 전천후 관측영상 레이더(SAR)의 한글 발음 '사', 전자광학(EO)의 한글 발음 '이오'를 합친 것으로, SAR 위성 4기와 EO/IR 위성 1기, 총 5기를 국내에서 연구 개발하는 계획이었다.

1호기는 2023년 12월 2일(EO/IR 탑재), 2호기는 2024년 4월 8일(SAR 탑재), 3호기는 2024년 12월 21일(SAR 탑재), 4호기는 2025년 4월 22일(SAR 탑재)에 순차적으로 발사됐다. 2025년 11월 2일 425 사업 마지막 5호 SAR 위성이 성공적으로 발사되면서 사업은 예정대로 종료됐다.

이로써 현재 한반도 상공을 2시간마다 촘촘히 감시하는 국내 독자 감시 체계가 완성된 상태이다. 북부 지역 감시 능력이 강화되면서 배치 전의 한계였던 '관측 사각지대'가 해소되고, 군 정찰 · 미사일 대응능력에 실질적 진전이 이뤄졌다. 종전에는 미국 등 동맹국의 위성을 활용해 간접 감시하던 단계를 벗어나, 우리 군이 자체 정찰망을 구축함으로써 북한 전역에 상시 감시망을 두게 됐다.

RQ-4 글로벌호크

RQ-4 Global Hawk

RQ-4 글로벌호크는 작전지역 지휘관들에게 광범위한 지역에 걸쳐 실시간으로 종합적인 정보 수집과 감시 및 정찰(ISR) 능력 제공을 목적으로 설계된 고고도, 장기 체공(HALE) 무인항공기 시스템(UAS)이다. 미군은 민감할 수 있는 평화유지 작전에서부터 전면 전투까지 다양한 종류의 작전에서 글로벌호크 시스템을 사용하고 있다.

2011년 이라크, 아프가니스탄, 리비아 내 작전을 지원하기 위해 Block 10을 대체하며 도입한 글로벌호크 Block 30은 고성능의 영상 및 전자 시그널 센서를 장착하고 있으며 32시간이 넘는 임무수행이 가능하다. 성능향상형 통합센서장치(EISS)와 공중신호정보탑재체(ASIP)를 장착할 수 있도록 설계했다. 덕분에 광범위한 지역에 걸친 상황인식과 정보수집에 매우 능하다.

정찰 영상은 통합내장감지부(EISS · Enhanced Integrated Sensor Suite)를 통해 수집한다.

전천후 합성개구레이더/이동목표지시장치(SAR/MTI), 고해상도 전자광학(EO) 디지털 카메라 및 제3세대 적외선(IR) 센서가 EISS에 포함돼 있다. 이 모든 기기는 공동의 신호처리 장치를 통해 작동되며 이는 항공용 슈퍼컴퓨터와 유사하다.

지상 작전지대의 지휘관들은 통합적으로 설계된 센서 패키지를 이용해 합성개구레이더(SAR · Synthetic Aperture Radar)나 이동목표지시장치(MTI · moving target indicator)를 사용하는 동시에 레이더와 가시광 혹은 적외선 정보를 선택 취득할 수 있다. 또한 그 정보를 실시간으로 전투원들에게 전달할 수 있다.

글로벌호크는 EISS를 이용해 광범위한 지역을 정밀하게 감시하는 것이 가능하다. 전 세계 절반 이상을 감시할 수 있는 고도의 기술 센서와 장시간 임무비행을 할 수 있는 능력을 통합 · 제공한다. 고해상도 화질의 영상을 통해 다양한 차량, 항공기, 인력, 미사일 등을 날씨와 시간에 구애받지 않고 구분할 수 있다. 글로벌호크 시스템은 이러한 고도의 기능들을 토대로 전투상황에서 요구되는 즉각적인 정찰임무를 지원할 뿐만 아니라 전장의 전투원들에게 필수적인 정보를 제공함으로써 정보우위를 선점할 수 있도록 한다.

제원	
날개길이	39.9m (130.9feet)
전장	14.5m (47.6feet)
높이	4.7m (15.4feet)
총 이륙중량	1만4,628kg(3만2,250lbs)
최대고도	18.3 km(6만feet)
탑재량	1,360 kg(3,000lbs)
페리항속거리	2만2,780km(1만2,300nm)
로이터속도	310 knots TAS(True Air Speed) 1,200nm거리에서의 체공시간 24 시간
체공시간	32 시간
제작사	노드럽그루먼

MUAV 중고도 무인정찰기

MUAV Medium-Altitude Unmanned Reconnaissance

한국형 중고도무인기 MUAV는 국방과학연구소(ADD) 주관하에 대한항공이 개발 중이다. 공군에서 운용하며 RQ-4 글로벌호크를 보완하는 무인정찰기 체계이다. 일명 MUAV로 지칭되는 한국형 중고도 무인정찰기는 2011년 최초로 비행을 했으며, 전자광학 및 적외선(EO/IR)을 기본 정찰장비로 채택했다. 합성개구레이더(SAR)를 추가로 장착하며 길이 13m, 폭 25m, 높이 3m의 크기이다. 엔진은 1200마력을 채택했으며, 체공고도 4만5000ft, 최대 운용시간은 24시간을 목표로 개발하고 있다. RQ-4 글로벌호크는 후방기지에 배치해 운용하는 무인정찰기라면 MUAV는 비교적 수도권에 가까운 지역에 배치해 즉응력을 갖추고 정찰을 할 예정이다.

제원	
체계 개발시기	2013~2017
전력화 예정시기	2020년
탐색개발 비용	1,600억원
운행고도	10~12km
레이더 탐지거리	100여km
체공시간	24시간
주요 탑재 장비	국내 개발 전자광학·적외선 영상장비(EO/IR), 전천후 영상레이더(SAR)
제작사	대한항공(체계개발 및 양산), 한화시스템(전자광학 및 적외선 카메라 개발), LIG넥스원(SAR 개발)

팰컨 2000 피신트

RC-2000 Reconnaissance Plane

2009년부터 701사업으로 알려진 백두2차 정찰기 도입 사업은 프랑스 닷소사제 팰컨2000 비즈 제트기 2대를 개조한 항공기를 도입하는 사업이다. 항공기 개조 및 장비 장착은 2016년 안에 완료해 비행을 하고 있다.
북한의 핵실험과 각종 미사일 시험을 탐지할 수 있는 신호정보수집 장비를 탑재한다. 기존 백두 정찰기는 북한군의 전자정보와 통신정보를 도 · 감청하는 정찰기이며, 신형 백두2차 정찰기는 피신트(Fishint)라고 부르는 계기정보를 포착하는 임무를 수행한다.
계기정보는 북한군 핵관련 시설과 장비, 미사일 기지 사이의 전자장비의 신호교환을 포착, 추적하는 기능을 말한다. 북한군이 각종 전자장비의 버튼을 누를 때 발생하는 망 사이의 계기신호 정보를 포착하는 것이다. 탐지가능 거리는 약 370km로 평양에서 동창리, 영변 핵시설 등이 포함된다.
플랫폼인 팰컨2000 항공기의 비행고도는 약 12km이며 체공시간은 6시간이다. 미국이 신호정보수집 시스템을 판매하지 않아 국방과학연구소(ADD) 감독하에 LIG넥스원과 한화시스템이 공동으로 개발했다. 원래 2015년 전시작전권 전환에 맞춰 도입할 예정이었으나 개발에 어려움이 있었고, 전시작전권 전환도 연기됨에 따라 2018년부터 팰컨2000 정찰기를 초기 운용한다. 항공기 개조는 미국 L3사의 기술지원하에 대한항공이 수행했다. 항공기 획득비용은 3000억 원가량이다.

RC-800 금강/백두 정찰기

RC-800 KUMGANG BAEKDU Reconnaissance Plane

RC-800은 미국 호커 800XP 소형 비즈니스 제트기를 전술정찰용으로 개수한 기체다. RC-800 첩보기는 공군 최초의 시긴트(SIGINT · signal-intelligence · 통신정보) 작전기인 EC-47Q의 퇴역 이후 독자적인 대북감시 시스템 확보 필요에 따라 1990년부터 극비리에 추진한 전자 · 정보수집 정찰기다.

사업 암호인 '백두 · 금강사업'이라는 명칭이 언론에 처음 알려진 것은 1993년 말 무렵이다. 그 이후 한 차례의 후보기종 논란을 겪은 뒤 1996년 6월 사업의 목적과 선정기종이 일반에 공개됐다. 백두와 금강이란 이름은 백두산까지 감청 가능한 전자정보전기와 금강산까지 탐지가 가능한 영상정보 수집기를 도입한다는 의미로 붙여졌다.

백두의 내부 제식명칭은 RC-800SIG, 금강의 내부 제식명칭은 RC-800RA이다. 각각 4대씩을 도입해 운영 중이다. 백두에는 RCSS(원격조종감시체계)를 탑재하고, 금강에는 합성개구레이더(SAR)를 장착하고 있다.

백두사업은 1996년부터 2001년 사이에 전천후 통신 · 전자정보 수집장비를 획득해 공중정보 수집 대대를 보유하는 사업이다. 항공기와 항공기 탑재장비, 지상처리장비 등을 도입했다. 대북정보 감시태세 워치콘3를 기준으로 할 때, 매월 40~45소티(sortie · 출격)를 소화한다. 미 공군의 군수지원하에서 데이터링크를 주축으로 운용한다. 한반도 내부의 음성통신과 신호정보를 탐지해 이를 지상기지의 종합처리장비로 전송하는 이 항공기는 미국에서도 운용된 사례가 없어 제작사의 긴밀한 군수지원이 필수적이다.

금강사업은 해상도 0.3m 수준의 영상레이더 체계(LAIRS-2)를 이용, 평양 이남의 물체를 레이더로 탐지 · 식별해 영상화하는 임무를 담당하는 사업이다. 2001년 4월 공군은 금강정찰기를 도입했다. 금강정찰기는 월 40소티를 비행한다. 비행목적은 대북 전천후 영상정보 수집장비 확보와 영상정보 부대의 창설에 따른 정보수집 능력을 키우는 것이다.

그러나 민간 영상정보 수집 위성의 발달에 따라 금강정찰기의 장비가 점차 진부화하고, 주요 부품의 조기 단종과 지속적인 성능개량에 따른 비효율적인 운용 · 유지비가 큰 부담으로 작용하고 있다. 금강 · 백두 시스템의 활용은 미국 정부의 통제를 받고 있을 뿐만 아니라, 기술이전도 쉽지 않다. 게다가 유지비용도 상당해 어려움을 겪고 있다.

애당초 공군은 금강 · 백두 사업을 추진하면서 레이더 탐지 면적을 줄이기 위해 작은 기체를 요구하면서도 한편으로는 기체의 성능에 무리한 수준의 장비를 요구했었다. 이로 인해 작전요구성능(ROC)에 크게 못 미치고, 100% 단독운영이 불가능한 '반쪽 기체'로 전락한 상태다. 백두체계는 '스리세븐 부대'로 알려진 국방부 정보본부 예하 5679 부대에서 관할하며, 금강체계는 정보사령부에서 담당한다. 항공기 정비유지와 관리는 공군에서 맡고 있다.

RF-16 전술정찰기

RF-16 Tactical Reconnaissance Plane

공군은 RF-16 전술정찰기를 RF-4C 대체용으로 도입했다. 전자광학영상장비(EO-X) 사업으로, 이스라엘에서 콘도르(Condor) 2 영상정찰 포드를 도입해 RF-16에서 운용 중이다. 이 시스템과 유사한 아키텍처를 갖는 국산 TAC EO/IR 영상정찰 포드도 운용한다. 콘도르 2는 원거리 영상정보획득 장비다. 이 때문에 주로 휴전선이나 북방한계선(NLL) 인근 공역에서 북한군에 대한 영상정보를 획득해 실시간으로 전송한다.

TAC EO/IR 장비의 작전비행계획(OFP · Operational Flight Program)은 RF-16 내부의 임무 컴퓨터에 통합되지만, 신호처리와 저장, 영상정보 비화와 전송은 포드 내부의 통제 모듈에 있는 API 등에 의해 이뤄진다. 시스템 개발을 위해 이스라엘 기술을 도입했으며, 기본구조는 콘도르 2와 유사하다. 하지만 좀 더 근거리에서 영상정보를 획득하기 위한 시스템이다. 따라서 전략적인 목적으로 운용되는 콘도르 2와는 달리 근접항공지원작전(CAS)을 위한 사전정찰이나 폭격 후의 피해평가 등 전술적인 목적 위주로 사용한다.

이외에도 국산 전자정찰(ELINT) 포드인 ARD 300K도 탑재해 전자정찰 임무를 수행한다. 이 시스템은 E밴드부터 K밴드까지 비교적 넓은 대역을 커버하는 시스템이다. 따라서 정밀한 방향탐지와 신호원의 거리측정, 다수 신호의 식별을 위한 알고리즘을 도입했다.

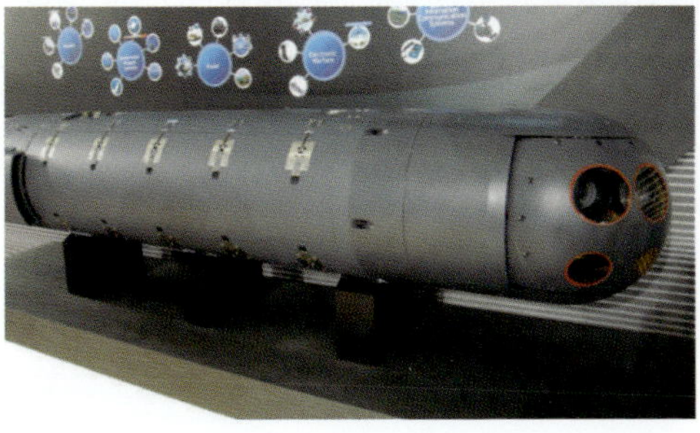

제원	
내부연료탑재량	7,162파운드(3.25t)
최대이륙중량	42,300파운드(19.18t)
엔진추력 (Mil 추력/최대 추력)	F100-PW-229(KF-16) : 17,400파운드(7.9t)/29,100파운드(13.2t)
전장	15.6m
날개면적	27.87 m²
최대속도	마하 2.0
탑재정찰장비	Condor-2(EO/IR 영상) TAC EO/IR(EO/IR 영상) ARD-300K(ELINT)
제작사	록히드마틴

주요 전술기의 전자전 장비

Electronic Warfare Equipment of Major Tactical Aircraft

F-15EX 이글의 능동/수동형 경고 및 생존성체계(EPAWSS)

한국 공군 F-15K 개량사업의 중심에는 미국 보잉 · BAE시스템스가 공동 개발한 AN/ALQ-250 EPAWSS(Eagle Passive/Active Warning and Survivability System)가 있다. EPAWSS는 AN/APG-82(V)1 AESA 레이더와 통합 운용되도록 설계된 일체형 전자전체계로, F-15EX에 적용된 기술을 그대로 가져온다. 미국 공군이 이미 체계 통합을 검증했기 때문에 별도의 시험 절차가 필요 없다.

EPAWSS는 기존 F-15K의 하드웨어 기반 ECM보다 30% 이상 경량화됐으며, 신호처리 속도와 위협 식별능력이 2배가량 향상된 것으로 알려졌다. 핵심 기능은 광대역 신호 감지 · 재밍으로, 최신 AESA 레이더의 '탐지 회피(LPI)' 전파까지 탐지 · 분석할 수 있다. 또한 DRFM(디지털 전파기억) 기반 능동 대응체계와 연동되어 전자공격도 수행한다.

EPAWSS는 BAE시스템스의 CMWS(Common Missile Warning System)과도 데이터 연동이 가능하다. CMWS는 한국 육군의 AH-64E 아파치, 해군의 MH-60R 시호크에 이미 탑재돼 있어 육 · 해 · 공 통합 방어 체계로 확장될 여지가 있다.

미 공군은 F-15E · F-15EX 개량 프로그램에 EPAWSS를 도입했고, 일본 항공자위대도 F-15J 4개 비행대대 개량 사업에 해당 체계를 적용 중이다. 3국의 운용기로 총 약 250여 대 규모의 공용 부품 · 소프트웨어 시장이 형성되면서, 장기 군수지원과 업그레이드 면에서 한국에 유리한 구조가 만들어졌다는 평가가 나온다. 전문가들은 "EPAWSS와 APG-82 조합은 단순 개량이 아니라 F-15K를 서방 전자전 표준 플랫폼으로 재편하는 전환점으로 보고 있다.

F-15K 노스롭그루먼 AN/ALQ-135M

공군 F-15K의 통합전자전체계(ITEWS · Integrated Tactical Electronic Warfare System)는 기존 F-15E보다 고성능 · 경량화된 차세대 전자전 코어를 갖췄다. 핵심 구성품인 ICS(Internal Countermeasure Set)는 미 공군의 TEWS(AN/ALQ-128 EWWS 포함)를 완전히 대체하는 통합형 구조로, 별도 보조장비 없이 전자전 대응이 가능하다.

F-15K의 ITEWS는 PowerPC(Enhanced RISC) 프로세서를 기반으로, AN/ALR-56C(V)1 레이더경보수신기(RWR) 수신 신호를 디지털 처리해 ALQ-135M이 자동으로 최적 교란 신호를 계산 · 송출한다. 이 설계로 체계는 단순화되고 반응 속도는 크게 향상됐다.

초기 ALQ-135는 E/F · G/H 대역만 지원했으나, 이후 I/J 밴드 대응형 ALQ-135(V) 계열로 진화했다. F-15K형 ALQ-135M은 최신형 Suite 4의 개량 버전으로, 마이크로 파워 모듈 기술을 적용해 출력이 강화되고 중량이 감축됐다. 향상된 연산능력과 메모리 용량 덕분에 대응 속도와 신뢰성도 높아졌다.

항전장비 경량화로 F110-GE-129A 엔진형 F-15K는 F-15E 대비 중량 증가가 거의 없으며, 일부 기체는 오히려 경량화됐다. F-15K의 ALQ-135M 기반 ITEWS는 단순 교체가 아닌, F-15 전자전체계의 세대교체 모델이라는 평가를 받는다.

ALQ-88K를 탑재한 F-16PBU

F-16 PBU 노스롭그루먼 AN/ALQ-165

현재 F-16 PBU와 F-4E의 외장형 ECM 포드로 운용되고 있다. 국방과학연구소(ADD)는 1980년대부터 F-4D/E 등의 생존성 강화를 위해 ALQ-88K 전자전 포드를 개발했다. 1992년에 이를 개량한 것이 ALQ-87AK 포드다. ALQ-88AK 포드는 기본적으로 대응 가능한 대역 범위가 ALQ-200K 포드의 그것과 동일하다. 다만 신호송출과 수신체계에 현대적인 전자전 체계에 널리 도입되고 있는 기술들이 도입된 ALQ-200K와 비교하면 신호수신 감도와 방탐 정밀도, 대응기법 종류, 컴퓨팅 파워, 안테나 이득, 다수표적 전자교전 능력 등은 더욱 떨어진다.

F-16PBU LIG넥스원 ALQ-88AK

현재 F-16PBU와 F-4E의 외장형 ECM 포드로 운용되고 있다. 국방과학연구소(ADD)는 1980년대부터 F-4D/E 등의 생존성 강화를 위해 ALQ-88K 전자전 포드를 개발했다. 1992년에 이를 개량한 것이 ALQ-87AK 포드다. ALQ-88AK 포드는 기본적으로 대응 가능한 대역 범위가 ALQ-200K 포드의 그것과 동일하다. 다만 신호송출과 수신체계에 현대적인 전자전 체계에서 널리 도입되고 있는 기술들이 도입된 ALQ-200K와 비교하면 신호수신 감도와 방탐정밀도, 대응기법 종류, 컴퓨팅 파워, 안테나 이득, 다수 표적 전자교전능력 등은 더욱 떨어진다.

2025년 6월 6일 호국보훈의달을 맞아 공군 F-15K 편대가 기념비행을 하고 있다.

KF-16 LIG넥스원 ALQ-200K

공군이 운용 중인 KF-16D 전투기 44대에는 LIG넥스원이 개발한 ALQ-200K 전자전 포드가 장착돼 있다. 2005년부터 전력화된 ALQ-200K는 KF-16D에 ASPJ(AN/ALQ-165)를 내장할 공간이 부족했던 한계를 보완하기 위해 개발된 국산 외장형 전자전 체계다.

KF-16D는 단좌형 C형과 달리 야간 공대공 및 공대지 작전에도 투입되기 때문에, 자체 생존성을 확보할 전자전 능력이 중요하다.

ALQ-200K는 SLQ-200K 소나타 함정용 전자전 시스템의 기술을 계승해 개발됐다. 핵심은 고속 디지털 신호처리, DRFM 메모리, 그리고 위상배열 신호 송출 기술이다.

포드는 3개 채널에서 수신한 전파의 위상을 대조 · 분석해 방위를 정밀 탐지하고, 탐지된 방향으로 강력한 교란 신호를 집중 송출할 수 있다. 로트만 렌즈 위상배열 안테나를 채택해 표적 전환 속도가 빠르고, 주파수 도약에도 민첩하게 대응한다.

이 포드는 진폭 노이즈 교란(AM Noise Jamming)을 비롯해 레이더 거리 · 속도를 속이는 RGPI · GPI 기법을 운용할 수 있다. 특히 재프로그래밍 기능을 통해 북한 등 주변국의 신규 전자신호 위협 정보를 반영, 실시간으로 대응 알고리즘을 갱신할 수 있다는 점이 강점이다. 공군이 '기존 ASPJ가 없는 기종의 생존성 확보에 실질적 성과를 거둔 장비'로 평가하는 이유도 여기에 있다.

ALQ-200K는 비록 외장형이지만, 탐지 · 방향 탐지 · 교란을 통합한 디지털 전자전 플랫폼으로 KF-16D의 전자전 공백을 완전히 메웠다는 평가다.

해군특수전 전단 해난구조전대는 2022년 2월 7일 진해 군항 인근 해상에서
공군 제6탐색구조비행전대(이하 6전대)와 합동 항공구조훈련을 실시했다.

HH-47D 탐색구조 헬기

HH-47D Chinook Search and Rescue Helicopter

공군은 HH-47D 시누크(Chinook) 헬기를 공군기지 간 신속한 보급, 레이더 사이트 기지에 대한 중장비 공수능력 확보, 공군의 특수전 수행을 위해 도입했다. 공군 특수전 부대인 제6항공 탐색구조전대의 주력 장비로 투입하고 있다.

전시에는 적진 후방을 침투 비행해 아군 조종사를 구출한다. 평시에는 해상 조난사고 선박의 승조원을 구조하기도 하지만, 재해 때는 민간인을 구조하는 임무에도 투입한다. 공군기지 행사에서 귀빈이나 민간인을 수송하는 VIP 수송임무도 담당한다.

특수전 작전요구를 충족시키기 위해 항법용 레이더와 통신장비를 개량했다. 육군의 CH-47D LR과 같이 야간비행 임무를 위해 전방감시적외선(forward looking infrared: FLIR) 회전 터렛(turret · 회전원판)을 추가로 장착했다.

공군은 최신형 레이더 경보 수신기와 대공미사일 대응 재머 등을 추가로 장착하려 하고 있다. HH-47D는 안정성이 높은 기체이면서 최대이륙중량이 많아 추가개량이 손쉬운 점이 특징이다. 공군 제6항공탐색구조전대에서 운용 중이다. 2014년에 주한미군용 중고 기체 4대를 인수해 현재 11대를 운용하고 있다.

제원	
수송인원	승무원 제외 최대 33명
최대이륙중량	21t
최대순항속도	314km/h
평균순항속도	257km/h
최대행동반경	약 861km
최대비행거리	약 1,200km
제작사	보잉

HH–60P / VH–60 탐색구조 헬기

HH-60P/VH-60 Search and Rescue Helicopter

HH–60P 블랙호크(Black Hawk) 헬기는 미 공군의 탐색 · 구조 헬기인 M(H)H–60G 나이트 호크 헬기 전력의 영향을 받아 제작했다. HH–60P는 항속거리를 늘리기 위해 기체 밖에 변형된 스터브 윙을 달아 보조 연료탱크를 장착했다. 덕분에 서울에서 부산까지 재급유 없이 왕복이 가능하다.

공군의 탐색 · 구조 헬기 HH–60P는 미 공군의 M(H)H–60G와 비교할 수는 없으나, 장거리 비행을 위한 항법장비를 추가해 다양한 임무수행이 가능하다. 2005년부터 2007년 사이에 레이더 등 전자장비 개량을 통해 성능 강화형을 운용 중이다. 중형 탐색 · 구조 헬기 HH–47D와는 다른 작전개념을 갖고 운용하고 있으나, 적진에 추락하거나 격추된 아군 조종사를 구출하는 전투탐색 · 구조 임무 수행은 같다.

VIP 수송 전용기체인 VH–60P는 UH–60L형의 기내 좌석배치를 VIP용으로 교체한 사양이다. 현재 3대가 도입돼 제296대대에서 운용하고 있다.

성능	
최대전비중량	9.1t
항속거리	1078km
속도	286km/h

무장	
기관포	7.62mmX2

제원	
승무원	승무원 제외 최대 9명
전고	5.1m
제작사	시콜스키–대한항공 면허생산
엔진	T700–GE–701CX2
출력	1,800shpX2
형식	터보 샤프트
제작사	제너럴일렉트릭

UH/HH-60 성능개량사업

UH/HH-60 Helicopter Upgrade Project

UH/HH-60 성능개량사업은 대한민국 육군과 공군이 운용 중인 블랙호크 계열(UH-60, HH-60) 헬기를 미래 전장에 효과적으로 대응할 수 있도록 전면적으로 업그레이드하는 대규모 개량사업이다.

이 사업은 1990년대 도입된 노후 기체 36대를 대상으로 하며, 총 9,943억 원의 예산이 투입된다. 주된 목적은 노후화된 아날로그 조종실 및 항공전자 시스템을 전자지도, 다기능시현기 등 최신 디지털 항전장비로 교체하고, 레이더 경보수신기와 같은 생존관리 시스템, 통합 생존관리 컴퓨터 등 신형 생존장비 및 신뢰성 높은 통신 · 항법 장비를 탑재하는 것이다.

대한항공 · 방위사업청 발표 자료에서도 이번 개량사업 주요 내용 중 하나로 '엔진 성능 향상'이 명기된 것으로 미뤄, 엔진의 구체적인 모델명(예: GE T700-GE-701D 등)이나 상세 성능 수치(마력, 내구, 연비 등)는 공개되지 않았으나, 엔진 업그레이드가 포함된 것은 사실로 보인다.

이번 성능개량을 통해 특수작전 상황에서의 신속한 공중침투, 탐색구조 임무수행능력이 크게 향상될 전망이다. 특히, HH-60 계열은 전투탐색구조용 장비가 대폭 추가되어 구출 임무 등에 최적화된다. 사업 범위에는 기체 및 엔진 개조 · 보강, 구조물 내구성 증대, 최신 항전장비 및 생존 장비 적용 등 전방위적 개조가 포함되어 있다. 이 사업은 국내 주도 연구개발(R&D) 사업으로, 50종 이상의 핵심 구성품을 국산화해 항공 기술자립 기반을 확립하는 데도 큰 의미가 있다. 사업 기간은 계약 체결 후 7년이며, 빠르면 2029년부터 개량 기체가 실전 배치될 예정이다.

2025년 9월, 본격 체계개발에 착수한 본 사업은 대한항공이 주관기업으로 선정돼 국방기술품질원, 육군, 공군과 협력 체제를 구축했다. 국내 독자적인 헬기 업그레이드 역량을 쌓고, 안정적인 군수지원 체계를 마련하는 계기가 될 것으로 평가된다.

미국 록히드마틴 자회사인 시코르스키의 S-92A+ 헬기.

VH 92 대통령 전용헬기

VH 92 Presidential Helicopter

공군이 2007년부터 운용 중인 VVIP 수송헬기는 미국 시코르스키(Sikorsky)사가 제작한 중형 쌍발 회전익기로, 현재 총 3대가 배치되어 있다. 이 헬기는 군 최고 통수권자와 고위급 인사 전용으로, 항공기의 내부는 최대 18명까지 탑승 가능한 VVIP 인테리어와 맞춤형 편의장치가 특화되어 있다. 주요 장비로는 지휘용 각종 첨단 통신 시스템과 미사일 공격에 대비한 레이더 경보수신기(RWR), 적외선 감소 장치, 채프/플레어 발사기 등 항공전자방어장비가 장착되어 있어, 작전 중 탑승자 보호와 임무 수행 안정성을 극대화했다는 평가다.

차세대 대통령 전용헬기 교체 계획인 '지휘헬기-II' 사업은 2031년까지, 총 8,735억 원 규모로 추진된다. 올해 예산 3억8,500만 원이 이미 집행되어, 방위사업청에서는 이 사업을 'VIP 이동작전의 생존성과 통신 · 지휘능력의 대폭 강화'가 핵심이라고 밝혔다. 입찰 경쟁에는 미국의 시코르스키(록히드마틴), 유럽의 에어버스(Airbus), 이탈리아의 레오나르도(Leonardo) 등 3개 업체가 참여 중이다.

이번 교체사업의 가장 유력한 후보는 시코르스키의 S-92A+ 모델로, 이는 미국 대통령 전용헬기 '마린 원(Marine One)'의 기반 플랫폼이다. S-92A+는 항속거리 800km, 최대이륙중량 12톤을 자랑하는 중형 쌍발 헬기로서, 복합재 동체와 첨단 결빙방지 시스템(anti-icing)이 적용되어 환경 적응력과 운항 안전성이 뛰어나며, 대당 가격은 약 3,200만 달러(한화 약 460억 원)로 추산된다. 기체 구성 및 부품 신뢰성, 운용 중 정비 효율성 면에서 해외 VVIP 수송 및 군용 전용으로 높은 평가를 받고 있다.

제원	
길이	17.10m
폭	3.89m
높이	4.32m
무게	7t
이륙중량	11t
엔진	GE CT7-8 X 2
최대속도	시속 306km
순항속도	시속 250km
항속거리	880km
운용시간	3시간
제작사	시콜스키

유도무기

Guided Weapon System

지대공미사일

Surface to Air Missile

장거리지대공미사일(L-SAM) 요격미사일이 발사되는 모습.
ADD 제공

L-SAM-Ⅰ/Ⅱ 장거리지대공미사일 시스템

L-SAM-Ⅰ/Ⅱ Long Range Air Defense Missile System

L-SAM은 현재 우리 군에서 운용 중인 천궁 Ⅱ(M-SAM Block-Ⅱ) 대비 높은 고도에서 적 탄도탄을 요격하기 위한 무기체계다. 국방과학연구소(ADD)는 독자개발 중인 L-SAM(장거리 지대공 유도무기)의 탄도탄 요격 시험에 성공했다고 2023년 6월 1일 발표했다. 2023년 5월 30일 충남 태안 ADD 안흥종합시험센터에서 4번째 요격 시험이 실시됐다. 이날 시험은 L-SAM의 요격 미사일이 날아오는 표적 미사일을 교전 목표지점에서 요격하는 방식으로 진행됐다. L-SAM 요격 미사일은 계획된 목표 고도에서 표적 미사일에 명중해 무력화하는 데 성공했다.

국과연은 그간 비행 성능 확인 등 L-SAM 유도탄의 기본 능력을 여러 차례 검증했다. 2022년 11월 탄도탄 요격 시험에 최초 성공한 이래 여러 번의 시험을 거쳐 이번 시험평가 전 탄도탄 요격 성능의 기술적 성숙도를 최종 확인했다.

국방부는 고도화된 북한의 핵·미사일 위협에 맞서 한국형 3축 체계 능력 확보에 관련기관의 역량을 집중해 왔다. 한국형 3축 체계란 선제타격 체계인 킬체인(Kill Chain), 한국형 미사일 방어(KAMD), 압도적 대량 응징보복 능력(KMPR)을 말한다. KAMD에 속한 L-SAM은 앞으로 시험평가를 마쳐 오는 2024년 개발을 완료한 후 2025년 양산에 착수, 전력화 계획에 따라 2020년대 후반쯤 군에 배치된다. 국방과학연구소는 L-SAM 연구개발에 그치지 않고 L-SAM Ⅱ, M-SAM Block-Ⅲ 개발도 조기에 착수해 수직·수평적 다층 미사일 방어체계를 신속히 구축할 계획이다. 군은 L-SAM에 이어 요격 고도가 더 높아 방어 범위가 L-SAM 대비 3~4배 넓은 L-SAM-Ⅱ 개발도 진행 중이다. L-SAM-Ⅱ는 일반 탄도미사일뿐 아니라 탄도 궤적보다 낮은 고도로 활공하는 미사일을 요격하는 기능까지 갖출 예정이다.

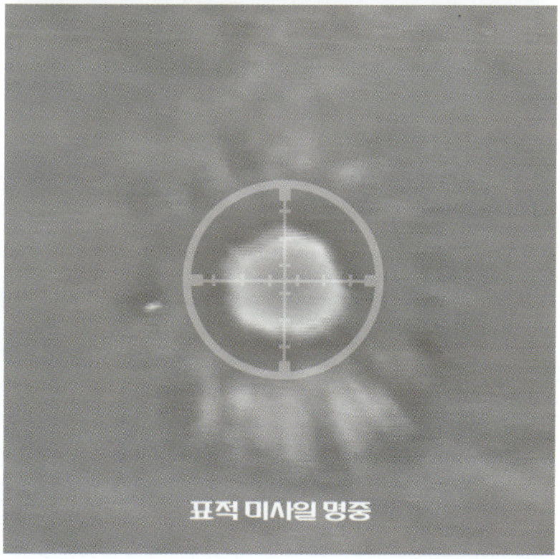

천궁 Ⅰ, Ⅱ 중거리 지대공 미사일

Korean Medium Range Surface to Air Missile(KMSAM) Block1/2

천궁(KM-SAM) 중거리 지대공 미사일은 대한민국의 차세대 방공 체계를 대표하는 첨단 무기다. 국방과학연구소(ADD)가 개발한 '철매-2'는 사업 명칭 M-SAM, 업체명 천궁으로 불리며, 기존 호크(Hawk) 미사일 체계의 노후화로 인한 대체 사업에서 출발했다. 북한과 중국의 탄도탄 위협이 고도화되면서 단순 항공기 요격용 무기에서, 탄도탄 요격까지 가능한 복합 방공미사일 체계로 진화했다. 최근, 성능개량형(블록2/3) 천궁이 초도 배치되며 한국 방공망의 중추 역할을 담당하고 있다.

천궁(M-SAM)은 위상배열 레이더 차량, 지휘 · 통제차량, 그리고 미사일 발사차량으로 체계가 구성된다. 발사차량 당 8기의 미사일이 탑재되며, 4대의 발사차량이 1개 포대를 구성해 총 32발의 유도탄 운영이 가능하다. 미사일은 사정거리 약 50km, 비행 속도 마하 4, 요격고도 10~25km의 성능을 지닌다. 위상배열 레이더와 다기능 레이더는 동시에 다수의 목표물을 추적 · 교전할 수 있어, 기존 호크 대비 전투 능력이 혁신적으로 강화됐다.

북한의 탄도탄 위협 심화에 맞춰 2009년 11월, 성능개량 필요성과 추가 소요가 공식 결정되었다. 2012년 체계개발 기본계획이 승인된 후, 2012년 9월 ~ 2017년 8월까지 통합 시험평가를 거쳐 성능을 입증했다(탄도탄 3회 직격, 항공기 1회 요격). 2018년 양산 결정에 이어, 2019년 초도배치가 시작되어 2020년대 한국군 방공망의 핵심 미사일로 자리매김했다. 개발비 1,100억 원, 2022년까지 양산배치에 8,900억 원이 투입될 것으로 알려졌다.

성능개량형(M-SAM PIP)은 기존 천궁의 교전통제소 및 다기능 레이더에 작전통제소가 더해져, 보다 정교한 통합방공 작전이 가능하다. 미사일 탑재량은 기존과 동일(포대당 32발)하며, 통제소와 레이더 차량에는 발전차량이 추가된다. 최근에는 L-SAM(장거리 요격체계), 그리고 천궁-Ⅲ(차세대 K-방공망 요격미사일) 개발이 병행되면서 대한민국은 팩트3(Patriot PAC-3) 이상급의 첨단방공망을 구축 중이다.

천궁-Ⅱ(M-SAM)는 2022년 아랍에미리트(UAE)에 약 4조1,500억 원(35억 달러) 규모 수출 계약을 성사시키며 단일 방산 무기 사상 최대 수출 기록을 세웠고, 이어 2023년 사우디아라비아에 약 4조 2,528억 원(32억 달러) 규모, 2024년 이라크에 3조7,135억 원(28억 달러) 규모의 연속 대형 수출계약을 체결해, 현재까지 중동 3개국(아랍에미리트, 사우디아라비아, 이라크)에서 천궁-Ⅱ가 핵심 방공 전력으로 운용되고 있다.

제원

항목	천궁(M-SAM)	천궁 블록2(PIP)
사거리	약 50km	약 50km
비행속도	마하 4	마하 4
요격고도	10~25km	10~25km
발사차량당 미사일	8기	8기
포대당 미사일	32기	32기
개발기관	ADD	ADD
생산업체	LIG넥스원 등	LIG넥스원 등
운용시작	2015년~	2019년~

천궁Ⅲ 중거리 지대공미사일

Korean Medium Range Surface to Air Missile(KMSAM) Block3

천궁Ⅲ(M-SAM Block-Ⅲ)는 대한민국이 독자적으로 개발하는 차세대 중거리 지대공 유도무기체계다. 2025년 9월 공식 개발착수와 함께 '한국형 패트리엇'으로 불리며, 북한의 핵 · 미사일, 고속활공무기(HGV) 등 다양한 최신 위협에 대응하기 위해 기존 천궁-Ⅱ 대비 성능 면에서 혁신적 도약을 꾀하고 있다.

천궁Ⅲ의 가장 두드러진 변화는 요격 고도의 비약적 상승이다. 기존 천궁-Ⅱ가 주로 15~20km의 하층에서 방어했다면, 천궁Ⅲ는 요격 고도를 30km 이상으로 크게 높여 중고도에서의 탄도미사일 및 항공기 요격을 목표로 한다. 이에 따라 방어 면적이 4배 이상 확대되고, 동시다발적 미사일 공격에 대한 대응력도 5배 이상 향상될 것으로 예측된다.

한화시스템이 개발을 맡은 차세대 질화갈륨(GaN) 기반 능동위상배열(AESA) 다기능레이더(MFR)는 최대 300km 거리에서 표적을 탐지하며, LIG넥스원이 체계종합 및 유도탄 개발 전체를 주도한다. 천궁Ⅲ는 '한국형 미사일방어체계(KAMD)'의 중핵 전력으로, 하층 천궁-Ⅱ와 고고도 L-SAM의 틈새를 메워 빈틈없는 다층방어망을 완성한다는 전략적 의미를 지닌다.

2030년대 실전 배치를 목표로 약 2조 8,300억 원이 투입되는 이 프로젝트는, 성능 면에서 미국의 패트리엇(PAC-3)급을 지향한다는 평가를 받고 있다. 천궁Ⅲ의 실전 배치가 완료되면, 대한민국 방공 전략의 무게중심이 한층 더 견고해질 전망이다.

제원	
요격고도	15~50km 이상(추정)
사거리	최대 150km(추정)
속도	최대 마하 4 이상
미사일 직경	약 275mm
미사일 중량	약 400kg
탄두	지향성 폭발탄두
추진방식	고체 로켓, 자세 제어용 측추력기
교전능력	기존 천궁Ⅱ의 5배, 방어 면적 4배 확대
포대구성	다기능 레이더, 통제센터, 발사대(8~12발 장착)
제작사	한화시스템, LIG넥스원

PAC-3 CRI 패트리엇

PAC-3 CRI Patriot

공군은 2013년에 보유한 패트리엇의 발사대에서 발사 가능한 탄인 GEM-T 110여 기의 도입을 결정한다. 이 시기는 공군의 패트리엇이 비로소 PAC-3 Configuration 2에 근접한 작전 능력을 갖게 된 시기와 일치한다. GEM-T는 형상은 기존의 PAC-2의 것과 같은 탄이지만, 탄도미사일 요격목적으로 개발한 탄이다.

2014년에는 GEM-T와는 별개로 PAC-3 도입을 결정했다. 이에 따라 공군은 PAC-3 미사일 130여 기를 보유하게 된다. PAC-3 도입을 완료하면 이미 보유한 PAC-3 Configuration 2에서 발사되는 탄은 과거의 나이키 허큘리스를 대체하는 장거리 SAM으로 역할을 하는 반면, PAC-3는 탄도탄 요격임무에 특화해 집중 운용할 것이다. 총 130여 기가 도입되는 PAC-3 탄이 MSE(Missile Segment Enhancement)가 아닌 CRI(Cost Reduction Initiative)다.

PAC-3로 대응해야 하는 현재의 위협, 그리고 고고도미사일방어체계(THAAD)와 같은 체계 없이 PAC-3에 탄도탄 방어를 전적으로 의존해야 하는 현실을 감안하면 적절한 선택이라고 하기 어렵다. 노동미사일과 스커드-ER의 경우에는 공군이 아직 THAAD와 같은 무기체계가 없기 때문에 Loft 모드로 운용할 경우 치명적인 무기체계가 된다.

이는 전적으로 PAC-3로 커버할 수 있는 고도에서 요격을 시작해 1~2 차례 정도로 제한되는 요격기회를, Loft 모드에서의 높은 돌입속도와 돌입각도를 더욱 위축시키기 때문이다. 따라서 이에 대응하기 위해서는 PAC-3 체계에서 발사 가능한 탄 중에서 요격고도가 상대적으로 높은 탄을 필요로 한다.

북한이 시리아를 통해 입수한 SS-21 단거리 지대지 미사일을 기반으로 개발한 KN-02 독사 지대지 미사일의 경우에는 그와 반대로 주로 완만한 각도로 발사될 것이다. 이는 Loft 발사와 마찬가지로 미사일의 사거리를 크게 감소시킨다는 단점이 있다. 그러나 상대적으로 낮은 비행궤도(궤도 정점 고도가 30km 내외)에서는 Loft 모드와 최대사거리 모드와 달리 비행궤도가 좀 더 가변적이기 때문에 추적해 요격하는 것이 쉽지 않다. 따라서 스커드-ER과 같은 미사일에 대응하기 위해서는 PAC-3와 같은 종말 요격체계에서 발사하는 미사일의 기동성과 위상배열 레이더의 빔 포밍 성능 개선이 필요하다.

PAC-3 MSE 패트리엇

PAC-3 MSE Patriot

우리 군은 2013년 PAC-2 GEM-T 패트리엇 지대공 미사일 110여 기 도입을 결정했다. 이 시기는 우리 공군이 레이더 등의 시스템이 PAC-3 Config2 패트리엇 미사일에 근접한 작전능력을 갖게 된 시기와 일치한다. PAC-2 GEM-T 패트리엇의 형상은 구형 PAC-2 패트리엇과 같은 탄이지만 탄도 미사일 요격 목적으로 개발된 탄이다.

우리 군은 2014년 PAC-2 GEM-T 패트리엇 미사일과는 별개로 PAC-3 CRI 패트리엇 미사일도입을 결정했다. 이에 따라 PAC-3 CRI 패트리엇 미사일 130여 기가 우리 공군에 배치된다. PAC-3 패트리엇 미사일 1차분 총 130여 기가 도입되는 PAC-3 패트리엇의 탄은 CRI(Cost Reduction Initiative)이다.

노동 미사일과 스커드-ER의 경우에는 우리 공군이 아직 고고도미사일방어체계(THAAD)와 같은 무기체계가 없기 때문에 PAC-3 CRI 패트리엇 지대공 미사일을 Loft 모드로 운용할 경우 치명적인 무기가 된다. PAC-3 CRI 패트리엇 미사일로 커버할 수 있는 고도에서 요격을 시작해 한두 차례 정도로 제한되는 요격 기회를, 로프트(Loft) 모드에서의 높은 돌입 속도와 돌입 각도가 더욱 위축시키기 때문이다. 따라서 이에 대응하기 위해서는 PAC-3 체계에서 발사 가능한 탄 중에서 요격 고도가 상대적으로 높은 탄을 필요로 한다.

이 때문에 PAC-3 CRI 패트리엇 미사일보다 PAC-3 MSE 패트리엇 미사일이 현존하는 위협과 미래의 위협에 좀 더 적합하다. 이에 따라 우리 군은 PAC-3 패트리엇 미사일의 2차분에 개량형 MSE 탄을 도입한다.

개량형 MSE탄을 장착한 PAC-3 MSE 패트리엇 미사일은 우선 요격고도가 CRI보다 훨씬 증가했다. CRI의 요격고도 대비 50% 이상 증가했다. 이는 CRI보다 더욱 개선된 로켓 모터의 도입으로 추력이 강화되고, 핀(Fin)의 면적이 증가하면서 미사일의 비행 포위선(Flight Envelope)이 크게 증가했기 때문이다.

이에 따라 종말요격 단계에서 고속으로 돌입하는 탄도 미사일에 대해 요격 기회를 한 차례 이상 더 확보할 수 있게 된다. 요격 기회가 1회만 증가해도 요격 가능한 탄도 미사일의 숫자와 요격 가능성은 크게 늘어난다. 이와 같은 성능 개선으로 향후 PAC-3 MSE 패트리엇 미사일의 로프트(Loft) 모드 탄도 미사일에 대한 대응 능력은 더욱 향상될 전망이다.

강화된 로켓 모터와 면적이 증가한 핀의 도입은 고도의 증가뿐만 아니라 미사일의 기동성을 증대시킴으로써 KN-02와 같은 북한의 미사일에 대한 대응 능력을 향상시켰다. 기존의 CRI가 기동이 어려운 고도에서도 MSE는 15G 이상 기동하며 표적에 돌입할 수 있다. 또 동일한 고도, 동일한 하중배수에서 CRI보다 더욱 낮은 속도로 선회할 수 있다. 이는 낮은 고도에서 불규칙한 비행궤도로 돌입하는 전술 탄도 미사일에 대한 대응 성능이 CRI탄보다 향상됐음을 의미한다.

PAC-2 GEM+ 패트리엇

PAC-2 GEM+ Patriot

패트리엇 미사일은 우리 군이 차기대공미사일(SAM-X) 사업의 기종으로 선정해 도입한 장비다. 나이키 미사일을 대체하기 위한 장거리 · 고고도 방공미사일 사업이다. SAM-X 사업은 1985년 최초로 소요가 제기돼 1992년 전력화할 예정이었다. 하지만 1994년에 소요에서 삭제되는 등 우여곡절을 겪다가 1997년 다시 규모를 축소해 도입을 결정했다.

하지만 IMF 외환위기 사태와 레이시온의 높은 가격 요구 등으로 다시 좌절됐다. 그러던 중 독일이 군축으로 감축한 잔여분 가운데 8개 포대 판매를 우리 측에 제안해 왔다. 정부는 독일의 제안을 받아들였고, 레이시온에서는 독일에서 판매하지 않는 대대통제 장비만을 도입하기로 했다.

우리 군이 도입한 패트리엇의 장비 자체는 PAC-3/ CONFIG-2형으로 알려져 있으며, PAC-3/ CONFIG-3으로의 개량을 검토하고 있다. 한편, 미사일은 PAC-1 계열 SOJC탄과 PAC-2 계열 ATM탄(근접 신관탄)및 GEMT탄을 도입했다. 1983년 실전에 배치된 패트리엇은 미국이 운용하던 기존의 중 · 고고도용의 나이키, 중 · 저고도용의 호크를 하나의 시스템으로 통합한 새로운 개념의 미사일이다.

따라서 패트리엇은 60m의 저고도에서 1만3000m의 고고도까지 대응이 가능하다. 탄두는 중량 70~80kg, 장약이 32kg인 근접신관을 가진 파편형이다. 처음에는 항공기의 요격만을 염두에 두었으나, 이후 전술탄도탄의 발달로 이를 요격할 수 있는 개량형인 PAC-2, 탄두와 소프트웨어를 개량한 PAC-2 GEM, 그리고 대륙간탄도탄 요격능력을 가진 PAC-3까지 등장했다.

패트리엇 시스템은 AN/MPQ-53 위상배열 레이더를 갖추고, 90~120개의 개별목표를 추적해 9개의 목표물에 동시에 미사일을 발사해 유도할 수 있다. 탄도탄 요격을 위해 1개의 목표에 2발을 동시에 유도할 수 있다. 미사일의 발사통제는 완전 컴퓨터화돼 있어 최소 3명의 인원으로 가능하다.

경우에 따라서 완전 자동으로 발사통제를 할 수 있다. 이러한 전자동 시스템으로 목표탐지부터 발사까지 수 초 내지 수십 초 안에 목표에 발사할 수 있는 신속한 반응시간을 갖고 있다. 패트리엇 시스템의 기본 구성단위는 포대라고 불리는 중대다. 교전통제소, 다기능 레이더, 전원 공급용 발전기, 6기의 미사일 발사대(미사일 4발이 발사대 1기를 구성)로 구성된다.

제원	
미사일중량	906kg
탄두중량	75kg
요격고도	15km
사정거리	160km
제작사	레이시온

공대지미사일

Air to Ground Missile/
Guided Bomb

타우러스 원거리 정밀타격 공대지미사일

Taurus KEPD 350K

타우러스(TAURAS)는 독일과 스페인 등이 운용하는 공대지 순항미사일이다. 우리 공군도 F-15K에 탑재할 스탠드-오프 무기체계로 170여기를 도입 중이다. F-16에도 탑재 가능한 SLAM-ER 공대지 미사일과 달리(터키 공군은 F-16에 AGM-84K SLAM-ER 탑재), 타우러스 미사일은 중량이 3000파운드(lb)를 상회하기 때문에 공군이 보유한 전술기 중 F-15K에만 탑재 가능하다. 2018년 현재 F-16과 FA-50에도 탑재 가능한 KEPD 350-2 타우러스 라이트도 공군에 제안되고 있다.

타우러스 KEPD 350K-2

Taurus KEPD 350K-2

타우러스사는 한국 공군의 F-15K에서 운용 중인 표준형인 TAURUS KEPD 350K 장거리 공대지 유도 미사일의 차세대 버전을 개발 중이다. 차세대 버전은 무게와 길이를 줄여 F-16이나 경공격기인 F/A-50 등 로우급 전투기에도 장착해 운용이 가능한 'TAURUS KEPD 350K-2'를 LIG넥스원과 공동으로 개발한다. 기존 타우러스 미사일과 공유해 개발·도입·운용 비용 절감이 가능하다. KEPD 350K-2는 구상 초기부터 F/A-50과 같은 소형 기체에 적합하도록 미사일 동체의 크기를 줄였다. 동시에 KEPD 350K의 성능 요소를 대부분 유지하는 것이 개발 목표다. 사거리와 순항속도도 KEPD 350K와 유사하도록 개발 중이다. KEPD 350K-2의 사거리는 줄어든 동체 길이와 관계없이 기존 모델과 유사하다.

제원	
전장	4,500mm
폭	1,080mm
무게	약 907kg
사거리	500km+
속도	마하 0.6~0.95
항법장치	GPS/IBN/TRN
제작사	타우러스, LIG넥스원

타우러스 미사일은 INS/GPS, IBN(Image Based Navigation), TRN(Terrain Reference Navigation) 3가지 항법을 동시에 사용해 비행한다. 이를 트라이테크(Tri-Tec) 항법, 적외선 영상 기반 운항시스템(IBN)이라고 한다. 이와 같은 항법은 GPS를 전혀 사용할 수 없는 상황에서도 정밀한 항법과 유도가 가능하다는 장점이 있다. 또한 3가지 항법을 동시에 사용하기 때문에 정밀한 보정이 가능하다.

이는 종말단계에서 적외선 영상 카메라를 이용한 표적획득과 대조를 통한 ATR(Automatic Target Recognition) 기능과 결합해 타우러스가 정밀하게 표적에 유도할 수 있게 해 준다. 재즘(JASSM)과 비교해 타우러스가 갖는 또 다른 독보적인 장점은 바로 메피스토(Mephisto · Multi-Effect Penetrator, High Sophisticated and Target Optimised) 탄두라고 할 수 있다.

임무계획 수립 시에 표적의 건축정보 등을 바탕으로 타우러스의 탄두가 기폭해야 하는 층을 미리 입력하면, 1000파운드(lb)급 탄두인 메피스토 탄두의 PIMPF(Programmable Intelligent Multi-Purpose Fuze) 디지털 신관이 탄두의 충격량과 강하속도 변화 등을 센서로 획득, 이를 디지털 처리해 탄두가 통과한 층을 카운트해 계획된 층에 도달하면 기폭한다.

국산 장거리 공대지 순항미사일 천룡

Cheonryong long-range air-to-ground cruise missile

장거리 공대지 미사일 2차사업은 KF-21 등 최신 전투기에 장착할 국산 장거리 공대지 순항미사일(천룡)을 개발하는 국가 방위력 증강 프로젝트다. 독일제 타우러스를 F-15K에 올렸던 1차 사업에 이어, 2차 사업은 한국 독자 기술로 동급 이상의 성능을 확보해 전시 초반 적 후방의 지휘소 · 방공레이더 · 미사일 지휘통제시설 등 핵심 전략표적을 수백 km 밖에서 정밀 타격하는 것을 목표로 한다.

장거리 공대지 미사일 천룡은 KF-21 보라매 블록2 이후 형상에 탑재되는 핵심 전략 타격무기다. KF-21은 블록1에서 주로 공대공 중심, 블록2에서 공대지 · 공대함 능력을 본격 확보하는 단계적 구성을 취하고 있는데, 이 천룡 미사일이 들어가야 비로소 '전략 타격 플랫폼'으로서 위상이 완성된다는 평가가 군 안팎에서 나온다.

천룡 개발은 방위사업청 · ADD 주도로 진행되며 LIG넥스원이 체계종합을 맡아, 2010년대 후반 탐색개발을 거쳐 2020년대 초반부터 본격 체계개발 단계에 들어갔다. 미사일은 터보엔진을 사용하는 저고도 순항미사일 형상으로, 사거리 500km급 이상을 목표로 하면서 저피탐(스텔스) 형상과 레이더 반사면적 저감 설계를 적용해 적 방공망을 피해 침투할 수 있는 것으로 알려져 있다. 관성항법(INS), 위성항법, 영상 · 지형 대조 등 복합항법과 항재밍 기술을 결합해 전파 교란 하에서도 높은 명중률을 유지하도록 설계됐고, 강화 콘크리트 · 지하시설 파괴를 노린 관통탄두 계열 탑재가 유력하다.

2025년 6월 국내에서 처음 실시된 비행 안전성 검증 시험에서 천룡 장거리 공대지 미사일은 모기인 FA-50에서 분리된 뒤 안정적으로 설계된 궤적을 따라 비행해 추진 · 자세제어 · 유도계통의 기본 성능을 입증했다. 이로써 가장 큰 기술 리스크 구간을 넘겼다는 평가가 나왔고, 이후 KF-21과의 통합 시험과 다양한 고도 · 속도 조건에서의 추가 비행시험, 실사격 검증이 이어질 예정이다. 군과 업계에서는 KF-21 블록2 전력화 시기와 맞물려 2020년대 후반부터 단계적 운용이 가능할 것으로 보며, 공대지 능력 조기 확보로 2027년 전후 초기 운용능력을 달성할 가능성도 거론한다.

개발현황	
연구기간	2021년~2028년
연구 주관기관	국방과학연구소
참여 시작품 업체	LIG넥스원, 한화에어로스페이스, 한국항공우주산업 등
제작사	LIG넥스원

AGM-88 함 대레이더 미사일

AGM-88 High speed Anti Radiation Missile

AGM-88 함(HARM) 대레이더 미사일은 적의 방공레이더와 지상 또는 해상의 레이더 유도 지대공 미사일을 제압함으로써 공중우세 확보와 아군 작전기의 손실을 줄이기 위한 대레이더 미사일이다. 기존의 AGM-45와 AGM-78에 비해 감지능력과 광역대 주파수 탐지능력이 강화됐다. AGM-88 함 미사일은 모든 전투기 또는 폭격기에 장착이 가능하다. 1989년부터 소프트웨어의 성능을 개량한 Block-3형이 실전배치됐다. 1992년부터는 주파수 변경이 가능하며, 광역주파수 밴드를 보유한 AGM-88C형을 생산하고 있다. AGM-88의 특징은 자동, 임기목표, 사전준비 등 각 모드에 대응해 사용 가능하다. 전용 와일드 위즐기(SEAD 작전 전용 전투기)가 아니라도 운용이 가능하다. KF-16 전투기가 AGM-88을 장착할 수 있지만, HTS(Harm Targeting System) 포드를 함께 사용할 경우, AGM-88C형도 운용이 가능해 적 방공망 제압(SEAD) 임무에 투입할 수 있다.

SLAM-ER 공대지 미사일

Standoff Land Attack Missile-Expanded Response

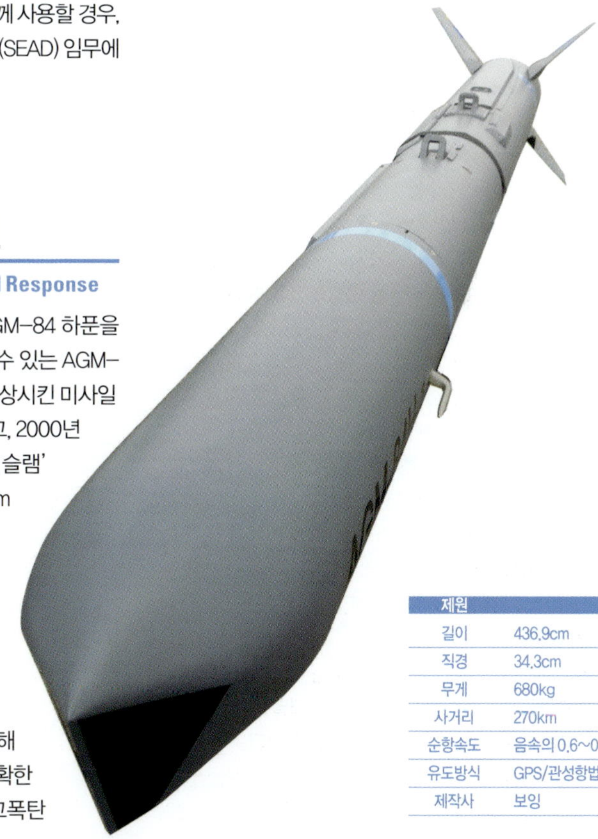

슬램-ER(SLAM-ER)은 공대함 미사일인 AGM-84 하푼을 개량한 미사일이다. 하푼의 공대지형이라 할 수 있는 AGM-84E SLAM의 사정거리를 늘리고, 정확도를 향상시킨 미사일이다. 1995년부터 미사일 개량작업을 실시했고, 2000년 3월 실전 테스트와 평가를 완료했다. '그랜드 슬램'이라는 애칭으로도 불린다. 사정거리는 270km로 적 대공화기의 사정거리 밖에서 전략목표를 정밀타격할 수 있다. 관통력을 높이기 위해 티타늄 탄두를 도입했다. 미군은 기존의 SLAM 미사일을 모두 SLAM-ER 미사일로 개조했으며, 우리 공군도 F-15K의 도입과 함께 패키지로 SLAM-ER을 도입했다. SLAM-ER은 발사 후 항공기와의 데이터 링크를 이용해 원격조작을 할 수 있고, 따라서 목표에 대한 정확한 공격이 가능하다. 탄두는 500파운드급으로 고폭탄(HE · High Explosive) 폭풍탄두를 장착한다.

제원	
길이	436.9cm
직경	34.3cm
무게	680kg
사거리	270km
순항속도	음속의 0.6~0.84
유도방식	GPS/관성항법
제작사	보잉

AGM-65 매버릭

AGM-65 Maverick

AGM-65A '매버릭(Maverick)'은 전차 · 지상표적을 정밀 타격하기 위해 개발된 전술 공대지 유도미사일로, 한국 공군에서는 KF-16, F-15K, FA-50, TA-50 등에 탑재해 운용 중이다. 베트남전 말기부터 걸프전, 이란-이라크전, 아프가니스탄전에 이르기까지 실전에서 검증된 서방권 대표 공대지 미사일이다.

매버릭은 TV 영상유도 A/B형, 적외선 영상(IIR) D/G형, 레이저유도 E형 등 다양한 파생형이 있으며, 한국 공군은 A · B형 도입으로 전차 · 장갑차 등 소형 표적을 정밀 타격하는 능력을 먼저 확보했다. 이후 기상 · 가시성 제약을 줄이기 위해 적외선 시커를 장착한 D형과, KF-16 전력화와 함께 대형 표적용 G형을 도입해 야간 · 악천후 작전능력을 크게 높였다. 조종사는 시커 영상으로 목표를 록온한 뒤 곧바로 회피 기동에 들어갈 수 있어, 발사 후 이탈에 가까운 운용이 가능하다.

AGM-65는 미국 기준으로 A-10, F-15E, F-16 등 다수 전술기에서 운용되며, 기체당 여러 발을 탑재해 한 번 출격으로 여러 지상표적을 연속 타격할 수 있다. 한국 공군도 KF-16과 F-15K '슬램 이글', FA-50, TA-50 등 여러 플랫폼에 매버릭을 통합해 전선 · 후방 항공전력 전반에 공통 공대지 무장을 배치하는 구조를 갖췄다. 대전차용 소형 성형작약탄두형과 벙커 · 교량용 관통탄두형을 병행 운용해 전차 행렬부터 지휘소, 레이더 기지까지 하나의 미사일 계열로 커버하는 운용 개념이 확립돼 있다.

매버릭은 베트남전 후반, 욤키푸르 전쟁, 이란-이라크전, 1991년 걸프전, 이후 이라크 · 아프가니스탄 전쟁에 이르기까지 서방 공군의 대표적인 실전 공대지 무장으로 쓰였다. 걸프전에서는 미 공군 F-16 · A-10과 미 해병대 AV-8B 등이 이라크군 지상전력을 집중 타격하는 데 매버릭을 대량 사용했고, 이란 공군도 이란-이라크전에서 F-4 팬텀에 매버릭을 탑재해 이라크 지상 병력과 장비를 공격하는 데 활용하는 등, 이후 다수 국가 공군이 F-4 · F-16 · JAS-39 · A-4 등에 통합해 사실상 서방권 공대지 기본 옵션으로 자리 잡았다.

제원	
길이	249cm
직경	30.5cm
무게	306kg
사거리	22km
정확도	1m
유도방식	적외선 영상 유도방식
제작사	레이시온

극초음속 공대지 미사일

Hypersonic Air-to-Surface Missile

한국형 경공격기 FA-50에서 발사해 원거리 표적을 초음속으로 정밀타격하는 순항미사일이 개발중이다. 현재 국방과학연구소(ADD) 주관으로 선행 핵심과제 수행 중인 이 미사일은 한국형 경공격기에 탑재가 가능하도록 경량 체계설계가 적용됐다. 덕티드 램제트 추진기관을 이용하여 초음속 순항 비행이 가능하다. 고고도와 저고도 초음속 비행이 가능한 신개념 무기체계다. 시험항공기는 FA-50 경공격기다.

개발현황	
연구기간	2022년~2026년
연구 주관기관	국방과학연구소
참여 시제품 업체	한화에어로스페이스, 한국항공우주산업 등

AGM-84H 하푼 공대함 미사일

AGM-84H Harpoon Missile

AGM-84 '하푼(Harpoon)'은 공군이 보유한 유일한 공대함 미사일이다. KF-16 전투기에 탑재돼 일본 해상자위대 · 중국 해군의 대공미사일 장착 함정을 원거리에서 저지하는 전력의 핵심 축이다. 원래 미 해군의 F/A-18 호넷 등 해군 공격기용으로 개발된 전천후 대함미사일이며, 미 공군 F-16에는 사실상 채택되지 않았지만, 한국은 KF-16용으로 별도 도입해 공군 · 해군 항공사령부(P-3C)를 묶는 '공중 대함 타격망'을 구축했다.

하푼은 AGM-84D, AGM-84L 등 형식으로 공군 KF-16과 해군 P-3C 대잠초계기에 장착돼 한반도 주변 해역으로 진입하는 적 함대를 장거리에서 타격할 수 있게 한다. 해군이 보유한 RGM-84(함정 발사형)와 함께 운용될 경우, 해군 수상함 · 잠수함 · 해군항공사령부 · 공군 전투기가 동일 계열 미사일로 적 수상함정을 동시 압박하는 '다축 대함 타격 능력'을 확보하는 효과가 있다.

하푼은 관성항법으로 목표 해역까지 비행한 뒤, 단거리에서 능동 레이더 호밍 시커를 작동해 목표를 탐지 · 추적하는 방식으로 운용된다. 저고도 해면 스키밍(Sea-skimming)으로 레이더 탐지를 최소화하며 접근한 후, 최종 단계에서 고도를 급상승했다가 상부에서 강습하는 '팝업(pop-up) 공격' 모드나, 끝까지 저고도로 파고드는 시스키밍 모드 중에서 택일해 공격할 수 있다. 약 220km 안팎(AGM-84D 기준)의 사거리와 220kg급 WDU-18/B 고폭탄두를 결합해, 적 구축함 · 호위함의 상부 구조물을 관통 · 폭발시키는 것이 기본 개념이다.

공군과 해군 항공사령부가 보유한 AGM-84D형은 하푼 블록 1C 계열로, JP-10 연료 채택과 향상된 전자전 대응능력(ECCM)을 바탕으로 기존형보다 사거리와 생존성이 개선된 버전이다. 이후 F-15K '슬램 이글' 도입과 함께 GPS 유도 · 정밀 타격 능력이 강화된 AGM-84L형(일명 블록 II)이 추가 도입되면서, 공군은 원거리 해상 표적뿐 아니라 연안 · 항만 인근 표적까지 동시에 노릴 수 있는 고정밀 대함 · 대지 겸용 옵션을 확보했다.

하푼 계열은 1980년대 이후 미 해군 및 동맹국에 의해 페르시아만, 리비아 연안 등 여러 해역에서 실전 발사된 기록이 있으며, 1986년 리비아에 대한 미 해군의 '엘도라도 캐니언' 작전, 걸프전 이후 중동 해역의 소규모 교전에서 적 함정과 고속정을 격파하는 데 사용된 것으로 알려져 있다. 최근에도 우크라이나군이 미 · 서방 지원 하푼을 흑해에서 러시아 해군 함정을 타격하는 데 활용한 사례가 보도되면서, 하푼은 '냉전형 구식 미사일'이 아니라 여전히 서방 해상전에서 유효한 실전 대함 플랫폼으로 평가되고 있다.

제원	
길이	383cm
직경	34cm
무게	518kg
최대사거리	205km
추진체	터보 제트엔진
유도방식	GPS/관성항법
제작사	보잉

발사기 후방으로 냉매와 배터리가 합쳐진 BCU를 장착해야 사격을 할 수 있다.

AIM-92 스팅어 미사일

AIM-92 Stinger Missile

AIM-92 스팅어 미사일은 견착 발사식인 FIM-92 스팅어 미사일의 공대공 버전이며 미사일 자체는 견착발사 지대공 스팅어와 동일하다. 육군은 AH-64E 아파치 가디언 공격헬기의 AN-2기 또는 무인기 대응용으로 AIM-92 스팅어 미사일을 도입했다. AH-64E에는 4발을 장착할 수 있고, 별도의 무장 파일런을 설치해야 운용이 가능하다.

헬파이어 공대지(대전차)미사일

AGM-114R Hell Fire II Romeo

AGM-114 '헬파이어(Hellfire)'는 세계에서 10만 발 이상이 생산 · 납품된 대표적 베스트셀러 공대지 · 대전차 미사일이다. 육군은 AH-64E 아파치 가디언 전력화와 함께 최신형 다목적 버전 AGM-114R1을 400기 규모로 도입했다. 400발의 실탄과 함께 ATM-114Q 연습탄 100기, M36E8 공중훈련탄 12기도 패키지로 확보해, 단순 전력 과시가 아닌 실사격 · 훈련까지 고려한 '풀 세트' 대전차 화력 체계를 갖춘 것이 특징이다.

육군은 첫 FMS 계약으로 AGM-114R1 288기를 들여온 이후, 세 차례에 걸쳐 총 400기의 실탄을 순차 도입하는 구조를 택했다. 이 패키지에는 실탄 외에도 ATM-114Q 연습탄과 M36E8 캡티브 에어 트레이닝 미사일이 포함되어, 실전 사격 전 단계별 반복 훈련과 전술 교리 숙달이 가능하도록 설계돼 있다. AH-64E 한 대당 최대 16발까지 장착 가능한 헬파이어와 30mm 기관포를 조합하면, 한 편대만으로도 기갑 · 기계화 부대를 전면 차단할 수준의 화력을 집중할 수 있다.

AGM-114R1은 반능동 레이저(SAL) 유도 방식을 쓰는 다목적형 헬파이어 II로, 구형 K · M · N · P형 기능을 통합한 '올인원' 플랫폼이다. 한국 육군의 AH-64E는 M-TADS(Modernised Target Acquisition Designation Sight)를 통해 목표를 탐지 · 지정하고, 동반 헬기 · 지상

제원	
용도	공대지 · 지대지 대전차/대장갑 미사일 (전차 · 경장갑차 · 벙커 · 건물 · 선박 타격)
길이	약 1.63 m(AGM-114A/K형 기준, 일부 형식은 최대 약 1.8 m)
직경	약 0.178 m(7인치)
중량	약 45 – 49 kg(탄두 포함)
탄두	8 – 9 kg급 성형작약(HEAT) 또는 다목적 탄두(파편 · 열압력 등, 형식에 따라 상이)
사거리	대략 7 – 11 km(대표형 K · L형 등은 약 8 km)
속도	약 마하 1.3 (대략 1,600 km/h 수준)
유도 방식	반능동 레이저 유도(SALH) / AGM-114L '롱보우 헬파이어'는 밀리미터파 능동 레이더 시커 기반 파이어 앤 포겟 방식
제작사	록히드마틴

JTAC의 레이저 표적지시도 받아 원거리에서 표적을 정밀 타격할 수 있다. 이 조합은 야간 · 악천후에도 움직이는 전차 · 장갑차, 건물 · 호안포 진지 등 다양한 표적을 8~11km 거리에서 선제 제거하는 것을 목표로 한다.

헬파이어는 AH-64 아파치, AH-1, MQ-1 · MQ-9 무인기, 해군 · 지상 플랫폼 등 20여 개국 이상에서 채택된 단거리 전술 미사일로, 미군과 동맹국이 선택한 사실상의 표준 대전차 · 공대지 무장이다. 제조사와 미 국방부 자료 기준 누적 생산 · 인도 수량이 10만 발을 넘는 것으로 공개되면서, 가격 · 성능 · 플랫폼 호환성 측면에서 "전 세계에서 가장 많이 쓰이는 100파운드급 정밀 타격 미사일"로 평가된다.

헬파이어는 1991년 걸프전에서 미 육군 AH-64 아파치와 OH-58D가 이라크 전차 · 자주포 · 지휘소를 대량 파괴하면서 '게임 체인저'로 부상했고, 이후 이라크전 · 아프가니스탄전 등에서 미 · 영군이 탈레반 · 알카에다 진지와 차량을 제거하는 데 핵심 화력으로 사용했다. MQ-9 리퍼 드론이 발사한 헬파이어는 알카에다 지도자 아이만 알자와히리, 이란 혁명수비대 쿠드스군 사령관 가셈 솔레이마니 등 고가치표적(HVT)을 제거하는 데도 쓰이면서, 현대 '표적 제거 작전'의 상징 무기로 자리 잡았다.

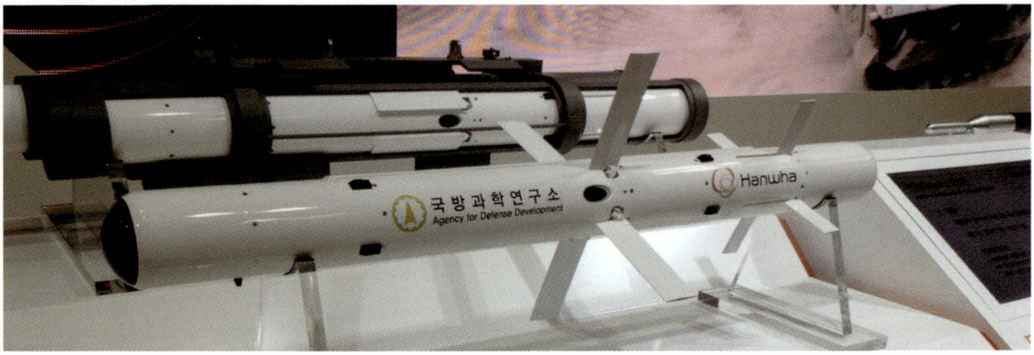

천검 공대지 미사일

Chungum Air-to-Ground Missile

천검 공대지 미사일은 장차 한국형 경공격헬기(LAH, Light Armed Helicopter)의 주력 무기다. 2022년 말까지 시스템 개발을 완료할 것으로 보이며 LAH가 실전배치되는 시기인 2023년부터 양산 배치에 들어갈 예정이다. 확정된 제원은 아니지만, 1.7m의 길이에 150mm의 직경, 그리고 35kg의 무게를 가지고 있으며, 2연장 발사관에서 운용이 가능하고 사거리는 약 8km 정도로 추산된다. 탄두는 풍산에서 개발한 폭발반응장갑 격파용 이중탄두를 채용했으며, LIG 넥스원에서 개발한 CCD TVD와 IIR시커를 갖춰 FOF 방식의 채용이 가능하다. 광섬유를 이용한 데이터 링크를 활용해 발사 후 목표를 바꿀 수도 있으며, AH-64E 아파치 가디언과 연계하여 교전을 할 수도 있다.

일부의 인식과 달리 천검 공대지 미사일은 이스라엘제 스파이크(Spike)-ER 미사일을 기반으로 개발된 것이 아니라는 것이다.

그럼에도 불구하고 한국형 스파이크-ER로 알려진 이유는 사거리(8km)와 광섬유 유도 방식 때문이다. 사거리 등의 제원은 군에서 천검 미사일의 요구 성능(ROC)을 만들 때 스파이크-ER을 참고했기 때문이다. 광섬유 유도 방식 또한 마찬가지다.

천검의 기본적인 요구 성능과 운용 방식은 소요군에서 스파이크-ER을 참고해 결정한 것이 사실이다. 그러나 이를 구현하기 위한 미사일의 공력 특성, 알고리즘, 내부 구성품 등은 한국에서 완전히 독자적으로 개발된 것들이다. 특히 알고리즘 등은 특별한 기밀이기 때문에 아무런 기술제휴가 없던 라파엘의 스파이크-ER을 전혀 참고할 수가 없었다.

따라서 국방과학연구소(ADD)에서 독자적인 표적 식별 알고리즘을 설계할 수밖에 없었다. 표적 대조(매칭), 패턴 인식 등의 알고리즘은 전혀 도입되지 않았다. 표적탐지장치(TADS)는 발사 전에 표적 영상정보를 획득하기 위한 것이 아니라 발사 전에 표적을 획득하고 사격제원 산출을 위해 필요한 장비다. TADS가 획득한 영상이 디지털 처리돼 천검에 입력되는 것은 아니다.

천검은 사전에 TADS로 획득한 표적으로 유도되다 비행거리가 2~3km 정도 남았을 때 열영상 시커가 개방된다. 시커가 개방된 후에는 TADS가 획득한 표적의 방위 근처에서 표적을 잡아 광섬유 데이터 링크로 LAH 경공격헬기의 조종사에게 전송한다. 이때 사용하는 알고리즘은 확률을 이용하는 알고리즘이다.

제원	
용도	헬기 발사 공대지 대전차 유도탄, LAH · MAH 주무장
길이	약 1.7 m
직경	150 mm
발사 중량	약 35 kg
사거리	약 8 km
최대 속도	약 200 m/s (대략 720 km/h 수준)
탄두	탠덤 성형작약(HEAT), 약 1 m 두께 장갑 관통 가능
유도 방식	INS+광섬유 데이터링크 중간유도, 말단은 적외선/가시광 이중모드 영상 탐색기 기반
제작사	한화에어로스페이스

JDAM 합동직격탄

Joint Direct Attack Munition

GPS 유도폭탄은 일명 JDAM(합동정밀직격탄)으로 불리며, 1999년 유고 공습작전에 미 공군이 처음으로 실전에 사용했다. 2003년 이라크 작전에서 대량 사용해 정밀 유도병기의 가격 저렴화를 가져온 획기적 폭탄이다. GPS 유도폭탄이 등장하기 이전, 정밀유도 병기로 사용되던 레이저 유도폭탄은 레이저파를 따라 유도되기 때문에 구름과 같은 물방울을 지날 때 에너지가 손실되는 등 악천후에서 사용이 어렵다는 단점을 갖고 있었다. 더욱이 가격이 비싸 대량 사용이 어렵다는 것도 단점이었다.

이를 극복하기 위해 등장한 것이 GPS 유도폭탄이다. 일반 폭탄에 간단한 유도키트를 장착하면 순식간에 정밀유도폭탄으로 변신할 수 있다. 이 폭탄은 투하하기 전에 미리 목표물의 위치와 투하방법을 입력해 두면, 투하한 뒤에 GPS 항법장치의 신호를 수신해 현재 위치를 폭탄 스스로 판단하고, 관성항법장치의 유도에 의해 목표물에 명중한다.

현재 사용되는 GPS 유도폭탄은 사정거리 약 10km, 명중오차 13m 정도지만, 실전에서는 목표물의 3m 이내에 명중했다. GPS는 미군 제식명칭으로는 500파운드급이 GBU-30, 1000파운드급이 GBU-31, 2000파운드급이 GBU-32이다.

GPS 유도폭탄은 기존의 레이저 유도폭탄에 비해 가격이 절반 이하로 정밀유도병기의 확산에 크게 기여했다. 하지만 인공위성으로 수집한 정보를 사전에 입력해야 하는 폭탄이므로, 여러 발을 한꺼번에 떨어뜨려도 목표물에 유도되는 장점이 있는 반면, 현장에서 조종사의 판단이 요구되는 작전에는 적합하지 않아 레이저 유도폭탄과 상호 보완적으로 사용할 필요가 있다.

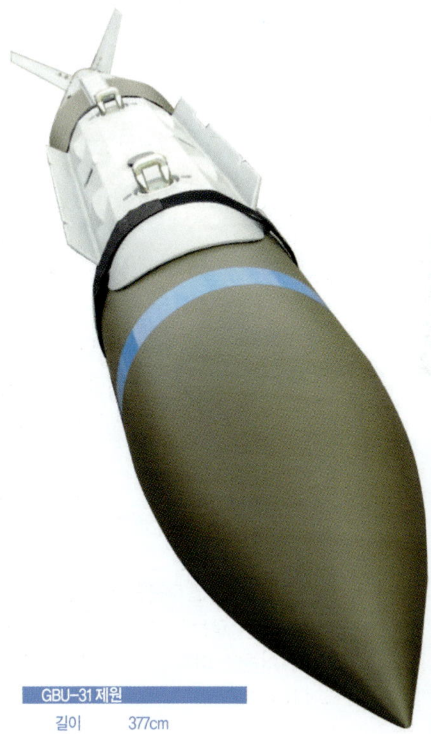

미군은 GPS 유도폭탄을 JDAM(Joint Direct Attack Munition)이라 부르는데, 이를 통합정밀직격탄, 합동직격탄 등으로 부르는 것은 잘못이다. Joint라는 말은 미군의 육·해·공 3군 공통으로 사용한다는 뜻이고, 직접공격(Direct Attack)은 미군의 21세기 군사교리가 변경돼 가능한 한 적 대공화기의 사거리 밖(stand-off)에서 공격하는 것을 원칙으로 한다. 이에 비해 GPS 유도폭탄은 목표물 상공에서 떨어뜨려야 하므로 굳이 직접공격이란 용어를 쓴 것이다. 따라서 다른 나라 공군과는 관련이 적은 용어라고 볼 수 있다. 공군은 'GPS 유도폭탄'이나 '위성유도폭탄'으로 번역하는 것이 타당하다. GPS 유도폭탄은 최초 F-15K만이 운용 가능했으나, 현재 KF-16도 개량을 통해 GPS 유도폭탄 운용 능력을 보유했다.

GBU-31 제원	
길이	377cm
직경	45.7cm
무게	925kg
사거리	24km
정확도	3m
유도방식	GPS/관성항법
제작사	보잉

공군18전투비행단 무장장착 요원들이 F-5 전투기에 국산 첨단 정밀 유도폭탄인 KGGB를 장착하고 있다. 사진=이경원 국방일보 기자

KGGB 유도폭탄

Korean GPS Guided Bomb

국방과학연구소(ADD)가 개발한 '한국형 GPS 유도폭탄(KGGB)' 1200여 발이 실전에 배치됐다. KGGB는 우리 군이 보유한 재래식폭탄(MK-82)에 중거리 GPS유도키트(GPS 유도장치와 글라이더 날개 등)를 장착해 정밀유도가 가능한 스마트 폭탄으로 개발한 무기체계다. 한국형 GPS 유도폭탄은 2012년 12월 국방과학연구소(ADD) 주관으로 최초로 우리 군이 독자 개발했으나, 개발 당시에는 미국 정부가 군사용 GPS의 대외판매를 승인하지 않아 상용 GPS를 적용해 개발했다. 방위사업청은 KGGB 1200여 발을 2018년까지 우리 군에 작전 배치하기로 했다.

KGGB(Korean GPS Guided Bomb)로 불리는 한국형 GPS 유도폭탄은 GPS 유도 장치와 글라이더 날개 등을 장착한 정밀유도무기다. 전투기에서 투하되면 입력된 표적으로 활공 비행하지만, 상황에 따라 자율적으로 비행 도중목표물을 변경하거나 선회해 공격하는 능력을 보유하고 있다. 언덕이나 산, 터널, 갱도 등에 은폐된 북한군 장사정포 등 목표물을 원거리 또는 뒤쪽에서 정밀 타격할 수 있다.

제원	
종류	GPS 유도폭탄
사거리	100km
유도	GPS 유도
발사플랫폼	F-5, FA-50, F-16, F-15K
제작사	LIG넥스원

스파이스 2000 정밀유도폭탄

SPICE-2000 precision-guided bomb

공군은 스파이스(SPICE) 2000을 도입해 KF-16의 정밀유도 항공탄 중의 하나로 운용하고 있다. 이스라엘의 라파엘(Rafael)사의 스파이스 시리즈 중 스파이스 250은 2016년에 필리핀 마닐라에서 개최됐던 ADAS 2016에서 FA-50의 정밀유도무기로 제안되기도 했다.

스파이스(SPICE)는 'Smart Precise Impact and Cost Effectiveness'의 약자이다. 무유도 범용탄에 결합해 가격대비 효용이 우수하고 정밀한 탄착이 가능한 정밀유도무기로 만드는 모듈식 유도 키트라는 것을 의미한다. 얼핏 들으면 JDAM의 그것과 같은 결합식 유도 키트, 즉 이스라엘형 JDAM이라고 생각하기 쉽다.

그러나 GPS/INS에 의한 유도가 전부인 JDAM과 달리 스파이스 키트에는 GPS/INS에 의한 유도체계뿐만 아니라 종말 정밀유도를 위한 듀얼 시커까지 포함돼 있다. 그리고 활공비행을 위한 날개가 도입돼 60km 바깥의 표적을 정밀 타격할 수 있는 스탠드 오프 무기로 운용된다.

우리 공군이 도입한 SPICE 2000 키트는 60km 사거리에 GPS/INS를 활용한 중간유도와 데이터 링크 포드를 통한 TVM 인터페이스로 종말유도가 가능하며, 50도가 넘는 돌입 각도로 표적에 돌입할 수 있다는 점에서 프랑스의 SAGEM에서 개발한 AASM과 비교할 수 있는 무기체계이다.

AASM의 유도 키트 중에는 스파이스 2000과 마찬가지로 EO/IR 영상 종말유도를 위한 키트가 있으며(레이저 유도 키트와 EO/IR 키트 중 하나를 선택하여 결합), 종말돌입 각도가 50도 이상으로 높은 편이다. 그리고 사거리 역시 50~60km로 스파이스 2000의 그것과 흡사하다. AASM 역시 F-16에서 운용할 수 있도록 인증(verification)을 획득했다.

스파이스 2000과 AASM은 서로 고유의 장점을 가지고 있다. AASM은 키트에 로켓모터가 포함되어 있기 때문에 높은 관통 에너지와 고각 돌입을 위해 고고도로 상승하기 전에 로켓모터로 가속하여 에너지를 확보하게 된다.

GBU-56 LJDAM 정밀유도폭탄

GBU-56 Laser Joint Direct Attack Munition (LJDAM)

GBU-56 LJDAM은 2천파운드급 JDAM에 레이저 시커를 더한 복합유도 폭탄으로, GPS/INS로 고정 표적을, 레이저 유도로 이동 표적까지 동시에 커버하는 '두 얼굴의 스마트 폭탄'이다. 한 발 장착으로 날씨 · 표적 유형 변화에 유연하게 대응할 수 있어, 현대 전장에서 대표적인 중량급 정밀유도탄 옵션으로 꼽힌다.

GBU-56은 2천파운드 JDAM(GBU-31) 플랫폼에 LJDAM용 레이저 유도 세트를 결합해 Mk-84 범용탄이나 BLU-109 관통탄두를 정밀유도탄으로 바꾸는 방식이다. JDAM의 GPS/INS 기반 정밀도에 DSU-38/42 계열 레이저 시커를 추가해, 움직이는 차량 · 포대 · 고속정 같은 이동 표적을 종말 단계에서 '레이저로 잡아타는' 것이 핵심이다.

투하 조건에 따라 약 24km 안팎까지 활공해 표적을 노릴 수 있으며, GPS 교란 상황에서는 INS로 기본 명중률을 유지한다. 종말 구간에서 레이저 유도와 GPS/INS 모드를 전환 · 병행할 수 있어, 레이저가 끊겨도 근접 폭발을 노릴 수 있는 이중 안전 구조를 갖췄다.

공군은 KF-16과 F-15K에 JDAM 계열을 통합하며 북한 장사정포 · 지휘소 · 지하시설 타격 능력을 키워왔고, 이 과정에서 축적한 통합 · 소프트웨어 경험을 토대로 LJDAM 계열(GBU-56 포함) 운용 시 임무컴퓨터 연동 · 전술데이터 처리를 상당 부분 자체 소화할 수 있는 기반을 확보했다. 한미 연합 사격 훈련에서는 F-15K가 LJDAM 계열 폭탄으로 표적을 정밀 타격하는 장면이 공개돼, 장사정포 진지 · 지휘소를 단시간에 '외과수술식' 제거하는 시나리오를 점검했다.

LJDAM 계열은 이라크전 · 아프가니스탄전 등에서 소형 GBU-54가 먼저 실전 검증을 거쳤고, GBU-56은 같은 개념을 2천파운드급 중량탄두로 확장한 모델로, 갱도 · 지하화된 표적과 장사정포 진지가 뒤섞인 한반도 지형에서 공군의 전략 표적 타격 옵션을 넓혀주는 '카드'로 평가된다.

제원	
길이	3.9m
직경	0.6m
중량	962kg
정확도	3m
최대사거리	24km
유도방식	INS/GPS, 반능동 레이저
제작사	보잉

GBU-10/12/24 레이저 유도폭탄

GBU-10·12·24 Laser-Guided Bomb

레이저 유도폭탄은 1960년대 후반 베트남전에서 처음으로 사용됐다. 미군은 정밀 유도병기의 주역으로 30년 이상 사용하고 있고, 우리 공군도 F-4 팬텀과 F-16, KF-16, F-15K 전투기 등이 레이저 유도폭탄을 사용한다.

레이저 유도폭탄은 500파운드급의 Mk82, 1000파운드급의 Mk83, 2000파운드급의 Mk84 범용폭탄의 앞뒤에 유도 키트를 장착해 개조한 병기다. 목표물에 레이저파를 조사하고 폭탄을 투하하면, 폭탄은 레이저파를 따라 유도되는 방식이다. 폭탄의 탄두부에는 레이저파를 감지하는 시커(seeker)가 있고, 꼬리 부분에는 유도 날개를 장착한다. 자체 추진은 안 되지만 비행진로를 수정하면서 목표물로 활공한다.

목표물에 명중할 때까지 레이저파를 쏘아 주어야 한다는 점, 가격이 비싸다는 점이 단점이다. 미군이 사용하는 레이저 유도폭탄은 크기와 유도장치에 따라 10여 가지 종류가 있다. 베트남전에서 처음 등장한 것이 유도 키트 페이브웨이1을 장착한 GBU-10A(2000파운드), GBU-12A(500파운드) 등이다.

1977년 등장해 사정거리가 연장된 페이브웨이2는 GBU-10D(2000파운드), GBU-16A(1000파운드), GBU-12C(500파운드) 등으로 현재 사용 중이다. 미 공군이 주력으로 사용하고 있는 페이브웨이3 시리즈는 사정거리가 연장되고 유도장치가 개량돼 사정거리가 20km에 달한다. 명중오차는 약 8m이지만, 미군은 약 3m 이내로 줄이려 하고 있다. 페이브웨이3는 GBU-24(2000파운드), GBU-22(500파운드), GBU-24A, 27A(2000파운드, 관통탄두) 등이 있으며, 현재 공군이 운용하고 있는 전투기 가운데서 F-15K에는 5발, KF-16에는 4발 운용이 가능하다.

GBU-10 제원	
길이	427cm
직경	46cm
무게	962kg
발사거리	12.9km
정확도	8m
유도방식	레이저 유도
제작사	레이시온

GBU-12 제원	
길이	333cm
직경	28cm
무게	275kg
발사거리	12.9km
정확도	8m
유도방식	레이저 유도
제작사	레이시온

GBU-24 제원	
길이	431cm
직경	45.7cm
무게	1,077kg
발사거리	20km
정확도	3m
유도방식	레이저 유도
제작사	레이시온

제원	
길이	7.6m
직경	36cm
무게	4,700파운드(2.13t)
탄두중량	630파운드(0.29t)
탄두종류	AFX-757
사거리	10km
관통력	6m (강화 콘크리트 기준)
제작사	레이시온

GBU-28 레이저 유도폭탄

GBU-28 Laser-Guided Bomb

GBU-28 레이저 유도폭탄은 2009년 5월 북한이 핵실험을 한 직후, 공군의 요청으로 미국 의회의 승인을 받아 도입한 5000파운드급 벙커 버스터다. BLU-109에 레이저 탐지 시커와 공력핀을 제어하기 위한 제어 섹션, 그리고 이것을 통제하는 소형 컴퓨터 등이 결합해 있다. 유도방법은 일반적인 레이저 유도폭탄과 동일하다. 통상 관통력은 30m 이상으로 콘크리트로 강화된 표적은 6m를 관통한다. 강화된 표적을 관통하기 위해 GBU-28은 돌입 시에 로켓을 이용해 가속함으로써 높은 운동에너지를 보유한 상태에서 착탄하게 된다.

GBU-39/53 정밀유도폭탄

GBU-39/53 Small Diameter Bomb

GBU-39/53 SDB(Small Diameter Bomb)는 250파운드급 소형 유도폭탄이다. 이스라엘 공군의 가자 지구 공습작전(Operation cast lead)에서 하마스의 지하 터널 파괴에 사용됐고, 한국에서도 연평도 포격 사건 이후 GBU-39 도입을 결정했다. SDB는 주로 적의 연료저장 탱크나 지하터널, 벙커 등을 관통 타격하기 위해 개발했다. 250파운드 정도의 경량 소형 폭탄이기 때문에 항공기에 대량으로 탑재할 수 있어 특정 표적에 동시에 여러 발의 SDB를 발사해 파괴할 수 있다.

JDAM처럼 GPS와 관성항법장치(INS)를 탑재하지만 GPS에 의존하는 JDAM과 달리 INS가 주력 유도 시스템이며, GPS는 INS의 비행 누적오차를 보정하기 위한 보조적인 시스템으로 탑재된다. JDAM에 탑재된 것보다 더욱 정밀해진 디지털 GPS를 탑재했기 때문에 동일한 발사 후 망각(Fire and Forget) 유도폭탄이라 해도 정밀도는 더욱 높아 원형공산오차(CEP · circular error probability)는 약 5m 정도다.

탄두는 AFX-757 고폭탄으로 중량이 40파운드 정도에 불과하다. 하지만 길이에 비해 전면의 단면적이 극도로 좁아져 항력이 작기 때문에 전투기에서 표적을 지향해 고속으로 비행하면서 발사할 경우 높은 속도를 얻을 수 있다. 따라서 높은 에너지로 표적에 돌입할 수 있으며, 표적에 가장 먼저 접촉하는 첨단 부분이 뾰족해 이 부분에 에너지가 집중되기 때문에 강력한 관통능력을 자랑한다. 실제로 2000파운드급 관통탄인 BLU-109와 비교해도 결코 뒤떨어지지 않는 수준의 관통력을 갖는다. BLU-109가 GBU-39와 비교할 때 10배가량 더 무거운 폭탄임에도 표적충돌 시 에너지가 동일하다는 것은 GBU-39가 어느 정도 고속으로 표적에 돌입할 수 있는지를 짐작하게 한다.

또한 GBU-39/53 SDB는 항력이 작고 투하 시에 펼쳐지는 날개가 면적에 비해 폭이 상당히 크다. 때문에 비행거리가 길어 자체 추진력이 없는 폭탄임에도 불구하고 비행거리가 110km에 달한다. 최대사거리를 갖는 스탠드오프 무기다. 2006년부터는 다이아몬드 백과 같은 새로운 날개를 채용해 보다 원거리 공격능력을 갖는 GBU-53/B를 개발하고 있다.

이 시스템에는 적외선 영상 시커도 통합되기 때문에 종말유도 시에 표적을 영상으로 인식할 수 있다. 한편, 미 국무부는 2025년 12월 5일 한국에 GBU-39 SDB 624발과 관련 장비 · 부품 등을 포함한 약 1억1180만 달러(약 1650억 원) 규모의 대외무기판매(FMS)를 승인했다.

제원	
중량	295파운드(0.13t)
탄두중량	206파운드(0.09t)
탄두종류	AFX-757
관통력	0.91m(철근강화 콘크리트 기준)
사거리	120km
원형공산오차	5m
제작사	보잉

CBU–105 확산탄

CBU-105 Cluster Bomb Unit

CBU–105 확산탄은 내부에 탑재하는 자탄(Bomblet)과 자탄을 담고 있는 용기(Canister)에 따라 다양한 조합이 가능하다. 확산탄의 무게가 통상 1000파운드(454kg) 정도임을 감안 할 때, 전투기는 통상 2발에서 15발까지 탑재가 가능하다. 따라서 전투기 한 대가 확산탄을 탑재하면 한 번 출격으로 최소 축구장 2개에서 450개 이상의 면적까지 제압할 만큼 가공할 위력을 지닌다.

그러나 제2차 세계대전 이후 코소보, 아프가니스탄, 이라크 등 분쟁지역에서 사용된 확산탄은 군인과 민간인을 가리지 않고 살상했다. 불발탄은 지뢰처럼 뒤늦게 폭발해 어린이가 피해를 입는 사례가 빈번해 비인도적인 무기로 지탄을 받아 왔다. 때문에 미군은 2001년 아프가니스탄전과 2003년 이라크전에서 정밀유도가 가능한 CBU–105 확산탄을 사용해 이목을 끌었다. CBU–105는 흔히 바람수정 확산탄 또는 WCMD(Wind Corrected Munition Dispenser)로 알려진 확산탄이다.

WCMD는 중고도 · 고고도에서 투하해도 정밀한 공격이 가능하도록 GPS · INS 유도장비와 유도용 날개가 확산탄 용기 뒷부분에 장착된다. CBU–105에는 기존의 일반자탄과 다른 센서신관 무기 또는 SFW(Sensor Fused Weapon)라고 불리는 유명한 자탄이 들어간다. 이 자탄은 용기에서 분리돼 자유 낙하하는 것이 아니라 자탄에서 분리된 탄두가 차량이나 전차 등의 열원을 감지하고, 열원을 향해 폭발하는 능력을 갖추고 있다.

이때 열원을 감지하기 위해 적외선 센서를 부착하고 독립적으로 표적에 돌입하는 탄두를 스키트(Skeet) 탄두라고 한다. CBU–105 SFW는 65파운드급 BLU–108/B 자탄 120개가 내장돼 있다. BLU–108/B 자탄 1개에 총 4개의 스키트 탄두가 탑재되며, 따라서 SFW 디스펜서 1기당 총 10기의 스키트탄이 들어간다. 스키트 탄두에는 적외선 영상센서가 탑재돼 있다. 따라서 이를 이용해서 표적을 찾아간다.

허위 표적이나 IR 교란에 취약하기 때문에 능동센서인 레이저 시커가 함께 탑재돼 있다. SFW탄은 1000파운드급 무장이기 때문에 F–15K의 CFT 인보드 파일런뿐만 아니라 BRU–46/A와 결합해 CFT의 아웃보드 파일런에도 탑재가 가능하다. 이 때문에 보조 연료탱크를 모두 탑재한 상태에서도 12기를 실 을 수 있다. FA–50 경공격기의 주력 무장으로 운용중이다.

BLU–109B 관통폭탄

BLU-109B Through Bomb

1994년 북한의 지하 핵시설 건설 이후 도입한 BLU–109B 관통폭탄은 2.4m 두께의 철근콘크리트로 만들어진 지하 구조물과 요새를 파괴할 수 있는 고성능 폭탄이다. 미군은 BLU–109B 관통폭탄을 걸프전에서 대량으로 사용해 이라크의 주요 시설물들을 관통해 처참한 몰골로 만들었다. 이 폭탄을 기본으로 레이저 유도폭탄인 GBU–24A와 GBU–27A 페이브웨이3을 제작했다.

CBU-58 클러스터 폭탄

CBU-58 Cluster Bomb

CBU-58 클러스터 폭탄(cluster bomb)은 디스펜서 안에 소형 폭탄을 넣은 집속폭탄(集束爆彈)이다. 클러스터 폭탄은 베트남전에서 대량으로 사용됐다. 클러스터 폭탄이란 항공기 등에서 투하된 하나의 폭탄에서 테니스공이나 라이터 크기 정도의 자탄 수백 개가 뿌려져 광범위한 지역을 초토화하는 비인도적 살상무기다. 2008년 오슬로조약으로 알려진 클러스터 폭탄 금지조약(Convention on Cluster Munition)은 지금까지 107개국이 서명하고 37개국이 비준했다. 그러나 정작 클러스터 폭탄을 제조 · 보유하고 있는 중국, 러시아, 미국, 이스라엘은 서명하지 않았다.

현재까지 40종 이상이 개발됐고, SUU-30 디스펜서를 사용하는 클러스터 폭탄으로는 CBU-52, 58, 71의 3종류가 있다. CBU-58을 국산화시킨 KCBU는 인마살상용 폭탄으로 개량된 650개의 자탄을 내장하고 있다. 제1세대 분산형 폭탄으로, 비교적 구형 장비에 속하지만 그 위력은 북한의 공격을 저지하기에 전혀 문제가 없다. 한편, SUU-64, 65 디스펜서를 사용하는 신형 클러스터 폭탄인 CBU-87/89/97도 F-16의 무장으로 실린다. CBU-87은 대인 · 대장갑 복합탄, CBU-89는 대전차지뢰와 대인지뢰 내장형, CBU-97은 4탄두 연결식의 BLU-108 대장갑탄 10발을 수납한 형식이다.

제원	
길이	231cm
직경	42cm
무게	381kg
충진화약	사이클로톨
자탄수량	650개
신관	M907, FMU-56
제작사	한화

Mk 20 로크아이2 클러스터 폭탄

Mk 20 Rockey2 Cluster Bomb

제원	
길이	229cm
직경	33cm
무게	221kg
내장자탄	Mk118
자탄수량	247개
외피용기	Mk7형
제작사	하니웰

Mk20 로크아이2 클러스터 폭탄은 1968년부터 미군에 배치됐던 대전차용 폭탄이다. 1991년 걸프전에서 대량 사용해 위력을 발휘했다. 전장 2.34m, 직경 34cm의 Mk7 디스펜서에 중량 600g의 Mk118 대전차용 소형 성형 작약탄 247발을 내장하고 있다. F-16을 비롯한 대부분의 전술기에 장착이 가능하며, 지상의 장비 · 병력 · 항공기에 탁월한 효과를 보인다. 특히 불특정 다수의 목표를 타격할 수 있어, 비인도적 무기로 분류된다. 휴전선 일대에 집중 배치된 북한군 기계화 병력을 저지하기 위해 Mk20 로크아이2 클러스터 폭탄은 중요한 무기다.

Mk82/83/84 범용폭탄

Mk 82/83/84 General-purpose Bomb

제원	
길이	227cm
직경	27.4cm
무게	228kg
충진화약	트리토널
폭약무게	87kg
신관	M904, M905
제작사	한화

미군과 한국 공군의 전술기가 사용하는 범용폭탄은 Mk81~84의 4종류다. 각각 250, 500, 1000, 2000파운드 폭탄이다. 현재 250파운드급은 거의 사용하지 않고, 소형으로 Mk82, 대형으로 Mk84를 가장 많이 사용한다. 범용폭탄은 전체 크기에 비해 작약량이 가장 많고, 목표에 명중했을 때의 위력은 정밀유도 병기와 동일하다. 따라서 현대전에서도 가장 중요한 기본 병기다. 특히 Mk82는 필요에 따라 날개 결합부를 제거하고, 제동날개를 결합하면 스네이크아이1, 또는 Mk36 고저항 폭탄으로 변형할 수 있는 등 활용범위가 넓다.

로켓탄 포드

Rocket Bomb Pod

로켓탄은 근접항공지원에서 빼놓을 수 없는 병기다. 전선항공통제미션에서는 연막 로켓탄이 필수적으로 사용된다. 로켓탄은 기본적으로 비유도 병기지만, 인명공격용 탄두뿐만 아니라 대장갑 탄두 등 다양한 형태의 탄두를 사용할 수 있다. 한 번에 대량으로 발사할 수도 있어 포병 화력보다 더 위력이 크다.
로켓탄은 5인치 또는 2.75인치 탄을 주로 사용하고, 항공기에 장착하는 경우 5인치 로켓탄 4발용의 LAU-10 포드나 7발용 LAU-68 포드를 사용한다. 공격헬기의 경우는 2.75인치 로켓탄을 19발 내장한 포드를 사용한다.

제원	
길이	200cm
직경	39cm
무게	224kg
발사대	장전 19발
발사속도	초당 60m
유효사거리	1.5km
제작사	발사대 DUARM / 로켓 한화

K-610 조명탄

K610 Flare

K-610 조명탄은 정찰, 폭격, 야간 비상착륙, 수색작전 시의 야간조명이다. CN-235 수송기에서 투하한다. 수명연한은 개봉 전 무한대, 개봉 후는 5년이다.

제원	
광도	181만 촉광 (촛불 181만개)
연소시간	238초
중량	13.1kg
길이	91.4cm
단가	89만원
제작사	삼양화학

공군과 방위사업청은 2017년 9월 12일 장거리 공대지 유도미사일 타우러스(TAURUS) 최초 실사격을 성공적으로 완수했다. 이날 F-15K 전투기에서 발사된 미사일은 약 400km를 자체항법으로 비행한 후 직도사격장의 표적을 정확하게 명중함으로써 적 도발에 대한 강력한 대응능력은 물론, 적의 핵심시설과 전략목표에 대한 원거리 정밀타격능력을 대내외에 과시했다. 큰 사진은 F-15K 전투기가 타우러스 미사일을 발사하고 있는 장면이다. 작은 사진 왼쪽부터 공군 제11전투비행단에서 정비요원들이 장거리 공대지 유도미사일 타우러스(TAURUS)를 F-15K 전투기에 장착하고 있는 모습, F-15K 전투기에서 발사된 타우러스 미사일이 자체항법으로 고속 순항 비행해 목표물로 향하는 모습, 타우러스 미사일이 직도사격장에 설치된 목표물을 정확히 명중하여 관통하고 있다.

AIM-9 사이드와인더

AIM-9 Sidewinder Missile

AIM-9 사이드와인더 공대공 미사일은는 단거리 미사일이다. AIM-9는 후방공격뿐 아니라 전방위 공격이 가능하다. 발사가능 영역을 확대한 AIM-9P-4형을 F-5/4/16 전투기에 장착해 운용하고 있다. 신형 신관과 탄두를 개량하고 적외선 탐지기의 감지능력을 개선한 9L형과 M형을 KF-16용으로 사용하고 있다. 미군은 AIM-9를 완전히 재설계해 추력편향 노즐을 채용함으로써 신기원을 연 AIM-9X 슈퍼 사이드와인더를 도입해 실전에 배치하고 있다. 우리 공군도 F-15K의 도입과 함께 AIM-9X 미사일을 도입했다. 한편, 현재 KF-16은 AIM-9X를 운용할 수 없으나, 개량사업을 통해 AIM-9X의 운용능력을 부여할 예정이다.

AIM-9P 제원	
길이	307cm
직경	12.7cm
무게	81kg
사거리	4.5km
기동성	13G
발사방식	적외선 추적
제작사	레이시온

AIM-9M 제원	
길이	287cm
직경	12.7cm
무게	87kg
사거리	7.1km
기동성	31G
공격형태	전 방향 360도
제작사	레이시온

AIM-9X 제원	
길이	302cm
직경	12.7cm
무게	84.6kg
사거리	22km
기동성	50G
탄두중량	9.36kg
제작사	레이시온

미티어 장거리 공대공 미사일 제원	
무게	185kg(407lbs)
길이	3.65m(12ft)
직경	178mm
사거리	약 200km
속도	Mach 4+
추진체	덕티드 로켓(램제트)
Seeker	능동 무선 탐지기(Active RF)
항법 & 유도	Bank-to-turn 과 Bank-while-turn 기동, 데이터 링크를 통한 관성 미드 코스, 첨단 비례 항법을 활용한 자동 종말 유도
탄두	파편 폭발형
제작사	MBDA

성능
램제트 추진 시스템
중거리공대공미사일(MRAAM)의 서너 배에 달하는 회피불능구역(NEZ)
고밀도 전자전 환경에서 효율적 운용
데이터링크를 통한 네트웍 작전 성능
유럽 6개국의 산업 파트너들을 통한 첨단 테크놀로지
레일(Rail), 사출(Ejection) 발사 성능
F-35 Lightning II에 장착 예정

미티어 공대공 미사일

Meteor Air-to-Air Missile

미티어(Meteor) 공대공 미사일은 유럽 6개국이 2000년대 초 대규모 예산을 투입해 개발한 램제트 기반 중·장거리 BVRAAM으로, 200km급 이상 사거리와 마하 4급 속도, 넓은 '노 이스케이프 존(No Escape Zone)'을 앞세워 AIM-120 계열과 함께 세계 공대공 미사일 판도를 양분하는 '게임 체인저'로 자리 잡았다. KF-21에 통합되면서 공군은 동북아에서 유일한 램제트 BVRAAM 운용국 지위를 확보해, 중국 PL-15·러시아 R-37M과 맞서는 BVR(가시거리 밖) 공중전 억제력을 크게 끌어올렸다는 분석이 뒤따른다.

미티어는 영국·프랑스·독일·이탈리아·스페인·스웨덴이 MBDA를 중심으로 추진한 공동 개발 사업으로, 1990년대 말 러시아 장거리 미사일·미국 AIM-120D에 대응할 유럽 독자 BVRAAM 확보를 목표로 했다. 영국 단독 분담분만 10억 파운드(약 1조원) 이상으로 추산되고, F-35 통합·중기 개량까지 포함하면 수십억 유로급 장기 프로그램으로 평가된다.

길이 약 3.7m, 직경 178mm, 중량 185~190kg인 미티어는 AIM-120과 체급은 비슷하지만, 가변 추력 덕티드 로켓(VFDR) 램제트 채택으로 전 비행 구간에서 고에너지 비행을 유지하는 것이 핵심이다. 공식 사거리는 120km+ 급, 비공식적으로는 200km 이상으로 평가되며, 노 이스케이프 존만 60km 이상으로 제시될 정도로 종말 단계 에너지 유지와 고기동 표적 추격 능력이 강점으로 꼽힌다.

미티어는 현재 영국·프랑스·독일·이탈리아·스페인·스웨덴 등 유럽 6개국과 한국·브라질·카타르 등이 운용 또는 도입을 진행 중이며, 유로파이터 타이푼·라팔·그리펜 E/F·F-35(통합 중)·KF-21 등 주요 전투기에 통합되고 있다. 최근 독일 추가 도입 사례를 기준으로 1발당 약 190만 유로(약 200만 달러 이상) 수준으로 추산돼, 고가지만 AIM-120D 대비 사거리·NEZ 측면에서 유리하다는 평가 속에 '가격 대비 성능' 논쟁도 이어지는 상황이다.

한국은 KF-21 초도 물량에 맞춰 미티어 약 100발 수준 도입을 추진해, 기존 F-16·F-15K의 AIM-120 계열과 병행 운용하는 '이중 체계'를 구축하고 있다. 1발당 수백만 달러에 육박하는 고가 탄종말유도 BVR 자산인 만큼, 전시 초기 핵심 표적용으로 선별 운용하는 동시에, 향후 국산 장거리 공대공 미사일 개발·미티어 중기 개량 사업 참여 여부가 공군 공중전 개념과 전력 구조 재편의 분기점이 될 것으로 보인다.

AIM-120 암람(AMRAAM)

Advanced Medium Range Air to Air Missile

AIM-120B 제원	
길이	358cm
직경	18cm
무게	156kg
사거리	63km
기동성	35G
최대속도	음속 4.4배
제작사	레이시온

AIM-120C 제원	
길이	356cm
직경	18cm
무게	161kg
사거리	68km
기동성	35G
공격형태	전 방향 360도
제작사	레이시온

AIM-120 '암람(AMRAAM)'은 공군 F-15K · KF-16 · F-35A가 운용하는 주력 중거리 공대공 미사일로, 전천후 · 장거리 교전에서 제공권을 좌우하는 대표 BVR(시계 외) 무장이다. 능동 레이더 유도와 높은 속도 · 전자전 대응능력 덕분에 '쏘고 잊는' 방식으로 다수 표적을 동시에 상대할 수 있다는 점이 강점으로 꼽힌다.

암람은 AIM-7 스패로를 대체하기 위해 개발된 차세대 중거리 공대공 미사일로, 자체 능동레이더 시커와 관성항법 장치, 마이크로컴퓨터를 결합해 발사 후 자력 추적이 가능하다. 발사 초기에는 모기(母機)의 레이더 · 데이터링크로 유도되다 종말 단계에서 미사일 시커가 스스로 목표를 추적하는 구조라, 조종사는 일정 거리 이후 레이더 빔을 유지하지 않고도 회피기동 · 재교전이 가능하다. C · D형 계열은 기밀인 속도 · 사거리 수치를 제외하고도 '마하 4급, 최대 100km 이상(BVR 교전용)'급으로 평가되며, 저고도 표적 · 전자전 환경에서도 교전 지속 능력을 강화하도록 계속 개량되고 있다. 최신 AIM-120D형은 GPS 보조 항법과 향상된 전자방호(ECCM) 기능, 비행 궤적 최적화로 장거리 · 고기동 표적에 대한 교전 성능을 크게 높인 것이 특징이다.

공군은 KF-16 성능개량(PBU)과 F-15K 전력화 과정에서 AIM-120C-7급 암람을 통합해, 중고도 BVR 교전을 기본 전술로 삼는 제공전 교리를 구축했다. 미국의 대외군사판매(FMS)를 통해 C-7 · C-8형 등을 최대 120발 규모로 추가 도입 승인받는 등, F-15K · KF-16 · F-35A, 향후 KF-21 보라매까지 암람 계열을 공통 주력 중거리 미사일로 운용하는 방향을 세워두고 있다. 이 덕분에 한미 연합공군은 동일 미사일 · 공통 전술데이터를 쓰며 다국적 편대 수준에서 BVR 전술을 표준화할 수 있는 기반을 갖췄다.

암람은 미 공군 · 해군 F-15 · F-16 · F/A-18 · F-22 · F-35는 물론, 유로파이터 · 그리펜 등 나토 주력기까지 40여 개국, 10만 발 이상이 생산 · 계약된 '글로벌 스탠더드' BVR 미사일이다. 발사 신호가 '폭스 3(Fox Three)'로 통일돼 있을 정도로, 서방 전투기 조종사에게는 사실상의 기본 공대공 탄종으로 자리 잡았다. 더불어 노르웨이 · 미국이 운용하는 NASAMS 지대공 방공체계에도 탑재돼, 동일 미사일이 공대공 · 지대공 양쪽에서 활용되는 점도 확장성이 큰 무장으로 평가받는 이유다.

암람은 걸프전 이후 보스니아 · 코소보, 이라크 · 시리아, 예멘 내전 등 다수 분쟁에서 실전 사용되며 '전투 검증'을 반복해 왔다. 2020년에는 터키 공군 F-16이 AIM-120C-7으로 시리아 공군 Su-24와 L-39를 격추했는데, 이 중 약 45km 거리에서 이뤄진 격추는 알려진 바 최장거리 실전 피격 사례로 기록돼 있다. 최근에는 NASAMS 체계와 함께 우크라이나에 제공되어 순항미사일 · 드론 요격에 사용되고 있으며, 향후 우크라이나 공군 F-16에도 통합될 예정이어서, 공대공 · 지대공 양측에서 러시아 공중 위협을 억제하는 핵심 미사일로 주목받고 있다.

IRIS-T 유도 미사일

IRIS-T Guided Missile

IRIS-T 유도 미사일은 독일 주도 유럽 6개국이 1990년대 중반부터 약 10억 유로 규모로 개발한 차세대 단거리 공대공 미사일이다. AIM-9 사이드와인더를 대체하는 서방 표준 근접 공중전 무장으로 자리 잡았다는 평가다. 이후 같은 기술을 확장한 지대공형 IRIS-T SL · SLM · SLX가 등장해, 우크라이나 전장에서 드론 · 순항미사일 요격 전적을 쌓으면서 유럽 통합 방공망의 핵심 체계로 부상했다.

IRIS-T는 ASRAAM 공동 개발에서 이탈한 독일이 '고기동 · 고각 교전'에 초점을 맞춰 별도 노선을 택한 사업으로, 1995년 독일이 본격 개발을 선언한 뒤 그리스 · 이탈리아 · 노르웨이 · 스웨덴 등이 참여했다. 독일은 개발비의 약 절반을 부담하는 대신, 주도권을 확보했고, 참가국 합산 4,000발 규모 공동 조달 계약으로 10억 유로 안팎의 사업 틀을 짰다.

공대공형 IRIS-T는 길이 약 2.9m, 직경 127mm, 중량 90kg 안팎의 단거리 미사일이다. 고체연료 로켓과 추력 편향 조종(TVC)을 결합해 60G 이상 고기동과 '오버 더 숄더'(발사기 뒤편 표적 교전) 능력을 구현했다. 사거리는 약 25km, 속도는 마하 3급이며, 헬멧 장착 조준장치(HMD)와 연동되는 적외선 영상 시커로 플레어 · 전자전에 강하고, LOBL · LOAL 모두 지원하는 근접 기동전 특화 무장이다.

IRIS-T SL/SLM은 공대공형을 기반으로 사거리 최대 40km, 요격 고도 20km급까지 확장한 지대공 체계로, 항공기 · 헬기 · 순항미사일 · 드론을 담당하는 중거리 방공레이어를 맡는다. 우크라이나는 10개 포대 · 500발 수준까지 포함하는 수십억 유로 규모 계약을 통해 IRIS-T SLM을 도입했으며, 스웨덴 등은 유럽 스카이 실드 이니셔티브(ESSI) 아래 대규모 구매를 추진해 유럽형 방공망의 표준 옵션으로 부상하는 흐름이다.

공대공형 IRIS-T는 개당 약 수십만 유로로, PAC-3급 고가 요격탄보다 훨씬 저렴해 대량 소모가 불가피한 현대 방공전에 적합한 가격대로 평가된다. 독일은 IRIS-T 블록 II 개량과 SLX(사거리 80km급) 개발을 병행하며, 향후 FCAS 등 차세대 전투기 · 유럽 통합 방공망과 연동되는 '다목적 단 · 중거리 요격 플랫폼'으로 진화시키겠다는 구상을 내놓고 있다.

제원	
중량	87.4kg
전장	2.9m
속도	마하 3
탄두	고폭약 / 파편탄두
직경	127mm
날개폭	47mm
사정거리	25km
유도방식	적외선 유도
격발방식	레이더 근접신관 / 충격신관
제작사	Diehl Defence

한국형 단거리 공대공 미사일

Korean short-range air-to-air guided missile

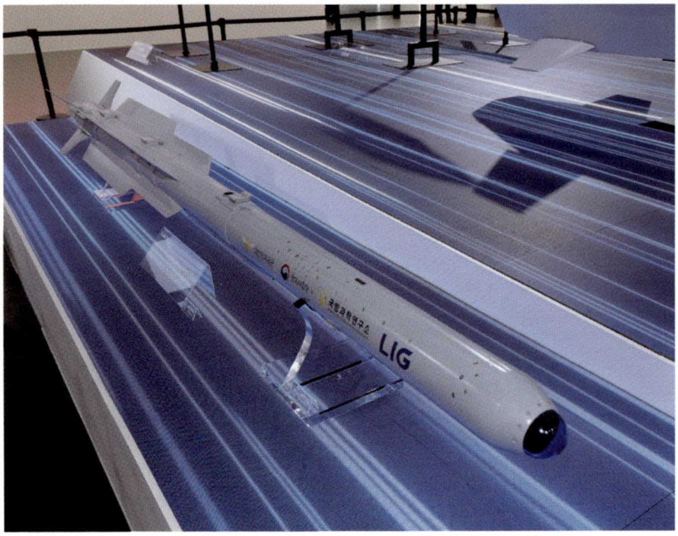

제원	
길이	약 2.9~3.0m(추정)
직경	약 127mm 내외 (추정, AIM-9X/IRIS-T와 유사)
무게	약 90~100kg(목표치, IRIS-T급)
유도방식	적외선 영상(IIR) 시커 + 데이터링크
기동성	50G 이상 초고기동
속도	마하 2 이상
최대 사거리	약 30km 내외 (수출 목표로 25~35km 추정)
파괴력	근접신관 및 파편형 탄두
주요 센서	국내산 640×512 픽셀급 MW/LW 듀얼 밴드 적외선 검출기
기타	이중대역 시커, 2단 스트레이크(기동 보조), 강화형 꼬리날개, WDL(양방향 데이터링크, 일부 초기형 미적용), 스털링 냉각장치, NATO 표준 호환 라인/마운트
제작사	LIG넥스원

한국형 단거리 공대공 미사일은 KF-21 보라매 전투기와 연동해 본격적으로 개발되고 있는 차세대 유도무기다. 첨단 적외선 이중대역 검출기와 '2단 스트레이크' 등 최신 기술이 대거 적용된 점이 특징이다. 이 미사일은 독일제 AIM-2000을 대체하는 국산 공대공 무장으로, 2032년까지 체계 개발을 마치고 2035년부터 KF-21 전투기에 통합 · 전력화될 예정이다.

개발의 주축은 LIG넥스원과 아이쓰리시스템 등으로, 약 6,600억 원의 예산이 투입되어 대한민국 전투기 자주국방의 핵심 축으로 자리잡을 전망이다.

가장 큰 강점은 AIM-9X 블록Ⅲ급 이상의 성능을 지향하는 기동성과 센서다. 센서 분야에서는 640×512 픽셀급 적외선 영상 검출기와 스털링 냉각장치가 결합되어, 기존 AIM-2000 대비 20배 높은 픽셀 밀도를 확보했다. 이를 바탕으로 스텔스 항공기를 비롯한 다양한 표적에 대응할 수 있다. 특히, 이중대역(MW/LW) 적외선 검출기와 고해상도 추적 기술 덕분에 적외선 플레어나 전자전 환경에서도 목표를 정밀하게 포착하는 동시에, 50G 이상의 초고기동을 실현했다.

공력 성능 역시 '2단 스트레이크' 기술을 채택, 해궁 미사일 등에서 파생된 에어로다이내믹스 혁신덕분에 미사일의 크기는 작지만 양력과 기동성이 극대화됐다. 표적 데이터를 항시 갱신하는 전투기-미사일 데이터링크(WDL)는 현재 양방향 데이터 전송(RF-통신) 기반으로 연구 · 실증되고 있으나, 실전형 양방향 WDL은 아직 초기 적용 단계로 평가된다.

국산 단거리 공대공 미사일은 주변국의 스텔스기(F-35, J-20 등)와 전자전 상황에까지 대응 가능한 센서와 소프트웨어 기반의 추적 시스템을 자랑한다. IRCCM(적외선 유도 방해 대응능력)이 대폭 강화되어 미사일 역량을 극대화할 전망이다. LIG넥스원은 향후 단방향이 아닌 완전한 양방향 데이터링크까지 적용해, 미사일 상태 감시와 표적추적을 전투기에서 실시간으로 피드백받는 체계를 도입한다는 방침이다.

2025년 ADEX에서 공개된 자료에 따르면, 국산 단거리 공대공 미사일은 기존과 달리 IRIS-T 미사일과 유사한 부품을 사용해 생산성 · 정비성을 높이고, 본격적인 실전형 데이터링크 적용을 두고 연구가 진척 중이다. 실제 전투능력을 극대화하려면 데이터링크 등 핵심 소프트웨어 완성도가 관건이라는 게 업계 시각이다.

한국형 중거리 공대공 미사일

Korean Medium-range Air-to-Air Missile(KAAM)

한국형 중거리 공대공 미사일(KAAM, 개발 예정)은 대한민국이 차세대 국산 전투기 KF-21 보라매의 핵심 무장으로 삼기 위해 추진 중인 차세대 유도무기 사업이다. 현재 KF-21 등 국산 기체에는 미티어(Meteor), AIM-2000(IRIS-T) 등 외산 미사일이 장착되고 있으나, 향후 국산화와 무기체계 독립성이 국가 전략 목표로 명확히 설정됐다.

한국형 중거리 공대공 미사일(LRAAM/KAMRAAM) 개발은 2025년 공식 착수됐다. 사업은 국방과학연구소(ADD)와 LIG넥스원, 현대로템, 한화에어로스페이스, 한화시스템 등 국내 방산업체가 협력하는 대형 사업으로, 총사업비는 1조5,700억 원에 이른다. 양산 및 실전배치 목표는 2035년경으로 잡혀 있으며, 사업기간이 당초 계획보다 4년가량 단축되어 본격화됐다. 내년에는 시제품 개발과 구성품(엔진, 시커, 데이터링크 등) 체계 통합이 시작되고, 2030년대 초중반 KF-21 블록3(EX) 실전 및 수출 옵션 모듈 개발까지 이어질 예정이다.

한국형 중거리 공대공 미사일은 미티어와 같은 덕티드 램제트 엔진을 도입해 5.5세대 이상 무기체계를 표방한다. 사거리는 공개된 바 150~300km급으로, 미티어나 AIM-260, 중국 PL-15 등 세계 최상급 미사일을 능가하거나 동급으로 설계된다. 한국형 미사일은 탐색기(시커), 데이터링크, 내부 탑재(스텔스 적합) 구조까지 모두 국산화 대상이다.

최근 한화시스템이 시커(미사일 전자유도 부품) 시제품 사업 우선협상자로 선정되면서, 본격적인 체계 개발이 가동됐다. 시제품에 수십억 원의 예산이 투입됐으며, 2026년부터 본격 양산 개발도 협상 중이다. 방위사업청, KAI, ADD 등은 국산 미사일 개발이 KF-21의 수출 경쟁력과 무기체계 독립성을 동시에 높일 것으로 예측한다. 외산 장비에 의존하던 구조를 탈피하는 한편, 기술 수출국 진입과 미래 항공전력의 주도권을 잡는 절호의 기회가 될 것으로 보인다.

제원	
길이	약 2.9~3.0m(추정)
직경	약 127mm 내외 (추정, AIM-9X/IRIS-T와 유사)
무게	약 90~100kg(목표치, IRIS-T급)
유도방식	적외선 영상(IIR) 시커 + 데이터링크
기동성	50G 이상 초고기동
속도	마하 2 이상
최대 사거리	약 30km 내외 (수출 목표로 25~35km 추정)
파괴력	근접신관 및 파편형 탄두
주요 센서	국내산 640×512 픽셀급 MW/LW 듀얼 밴드 적외선 검출기
기타	이중대역 시커, 2단 스트레이크(기동 보조), 강화형 꼬리날개, WDL(양방향 데이터링크, 일부 초기형 미적용), 스털링 냉각장치, NATO 표준 호환 라인/마운트
제작사	LIG넥스원

2024년 11월 29일 KF-21 시제 4호기가 남해 상공을 성공적으로 비행하며 1000번째 소티를 달성했다.
KF-21 시제 4호기 날개에 달린 공대공 무장이 IRIS-T 단거리 공대공 미사일이다.

RESCUE
KAI

EL/M-2080S 슈퍼 그린파인 레이더 블록 A/B

EL/M - 2080S Super Green Pine Radar

이스라엘 IAI사의 EL/M-2080S 슈퍼 그린파인(Super Greenpine) 레이더는 EL/M-2080 그린파인 대탄도탄 조기경보 레이더의 발전형이다. 공군은 2014년에 슈퍼 그린파인 레이더 2기를 도입해 운용하고 있으며, 2017년 4월 2기를 추가 도입하기로 결정했다.

그린파인 레이더는 탄도미사일을 조기에 탐지 · 추적하기 위한 L밴드(1GHz~2GHz) 능동위상배열 레이더다. 적대 세력이 발사한 탄도탄 위협을 조기에 경보하고, 아군 대탄도탄 교전체계의 화력통제 레이더 등을 지향해야 하는 구역을 지정하며, 적대 탄도미사일 발사 원점을 역추적할 수 있는 시스템이다.

공군이 도입한 EL/M-2080S 슈퍼 그린파인 레이더는 그린파인 레이더보다 탐지거리와 대전자전(ECCM) 성능, 동시 추적 표적 숫자, 안테나 이득, 추적 정밀도, 탄착점과 발사 원점 산출 정확도 등이 더욱 개선된 시스템이다.

북한이 탄도미사일을 발사할 때마다 이를 가장 먼저 탐지해 추적한 체계가 세종대왕급 구축함의 AN/SPY-1D(V) 레이더와 공군의 EL/M-2080S 슈퍼 그린파인 레이더였다. 특히 슈퍼 그린파인 레이더는 높은 송출 출력과 함께 군이 보유한 탄도탄 탐지체계 중 가장 긴 파장을 사용하기 때문에 전리층 감쇄가 적어 탄도미사일을 추적할 수 있는 고도가 가장 높다.

이와 같은 신뢰성 때문에 정부는 추가로 2기의 슈퍼 그린파인 레이더를 도입하기로 결정했다. 슈퍼 그린파인 레이더는 탄도탄의 탐지와 조기경보를 담당하기 때문에 KAMD와 킬체인의 핵심적 요소라고 할 수 있다.

AN/APG-82(v)1 AESA 레이더

AN/APG-82(v)1 AESA Radar

제원	
제식명	AN/APG-82(v)1
종류	AESA 레이더
레이더 탐지거리	180km~최대 280km
모듈	T/R 1,500개 소자
동시추적	10개 이상 동시추적 가능
제작사	RTX

AN/APG-82(v)1 AESA 레이더는 APG-79 및 APG-63(V)3 레이더의 탁월한 성능과 전술적 이점을 활용한 레이더다. APG-82(V)1 레이더는 F-15 이글 전투기에 차세대 기능을 탑재해 경쟁 환경에서도 효율적인 전투를 수행할 수 있도록 한다. APG-82(V)1은 F-15를 현대화하기 위한 저위험, 비용대비 효율적인 솔루션이다. 낮은 유지보수 비용과 효율적인 운용으로 미래의 작전 능력을 추가하기 위해 쉽게 업그레이드할 수 있다. AN/APG-82(V)1 AESA 레이더를 탑재한 전투기는 이전보다 더 먼 거리에서 다수의 공중 및 지상 표적을 동시에 탐지 · 식별 · 추적할 수 있다. 대기 범위가 길어져 표적을 지속해서 관찰할 수 있고, 정보를 공유하며 정보에 입각한 의사 결정을 내릴 수 있다. 이러한 뛰어난 전장 인식 능력은 전술적 임무 수행 능력을 향상해 전투기-조종사의 효율성과 생존 가능성을 크게 높였다. F-15K 전투기 59대를 F-15K+로 업그레이드할 때 장착할 예정이다. 미 공군 최신예 F-15 EX 이글-II 전투기에 기본으로 탑재할 계획이다. 일본 항공자위대도 F-15J를 개량한 F-5JSI에 탑재한다.

ESR-500A AESA 레이다

ESR-500A AESA Radar

ESR-500A AESA 레이다는 LIG넥스원이 국내 최초로 전 장비 공기냉각 방식의 항공기용 AESA 레이다로 개발했다. ESR-500A AESA 레이다는 공중 · 지상 · 해상의 다중 표적을 동시에 탐지 · 추적하는 등 경전투기(LCA)의 성능과 생존 가능성을 향상할 수 있다. 경전투기에 탑재된 엘타사제 기계식 EL/M-2032 레이다를 대체하는 공랭식 X-Band AESA 레이다인 것이다. ESR-500A는 약 500개의 송수신(T/R) 채널이 배열된 (500A) 전자주사식 레이다(E-Scan Radar)다. 국내 최초로 소형 · 경량화된 공랭식 안테나와 확장 가능한 확장 · 축소하여도 난조가 생기지 않는 스케일러블(Scalable) 설계를 적용하고 있다.

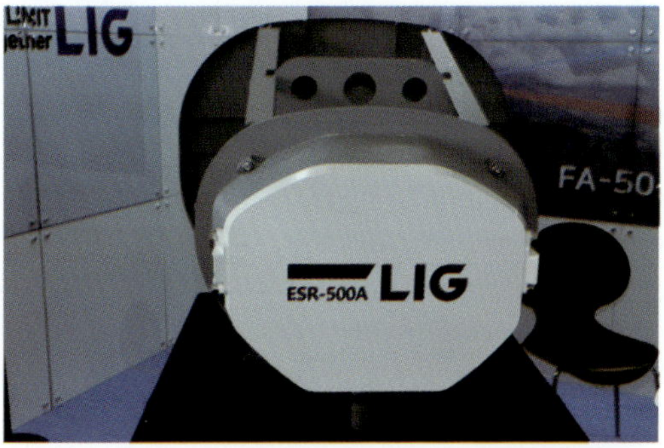

제원	
TR모듈 배열숫자	500개
TR모듈	GaN(질화칼륨) 소자
제작사	LIG넥스원

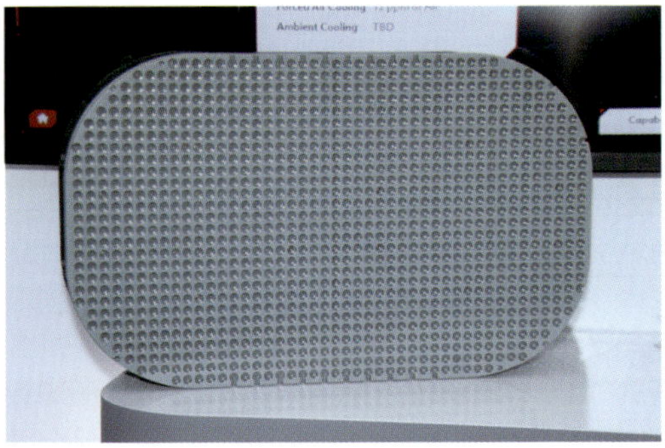

팬텀 스트라이크 레이더

Phantom Strike Radar

레이시온 테크놀로지스의 차세대 AESA 레이더, 팬텀 스트라이크(Phantom Strike)가 한국항공우주산업(KAI)이 개발한 FA-50 경공격기에 탑재된다. 팬텀 스트라이크는 장거리 위협 탐지, 추적 및 목표물 표적화가 가능한 완전 공랭식 사격통제 레이더다. 미국 정부의 승인 아래 레이시온이 KAI에 직접 상업 판매(DCS)를 했다.

팬텀 스트라이크 레이더는 질화갈륨(GaN) 소재의 배열 및 CHIRP 송수신 장치/프로세서와 같은 레이시온만의 핵심 기술력을 활용해 제작됐다. 디지털 빔 형성 및 조향(Digital Beam Forming and Steering), 다중모드 기능, 공대공 및 공대지 동시 운용 모드 등 첨단 레이더에 필요한 고급 기능들이 탑재돼 있다. 팬텀 스트라이크 레이더는 열에 강한 GaN 소자와 소형 통합 수신기/엑시터 프로세서(CHIRP)가 통합된 레이더로서 공랭식 냉각방식이다. 무게는 기존 AESA 레이더의 3분의 1에 해당하는 약 60kg 정도다.

EL/M-2032 레이더

ELM-2032 Radar

이스라엘 엘타의 EL/M-2032 레이더는 이스라엘 공군이 F-16 전투기에 탑재할 목적으로 개발했다. 이 시스템은 전통적으로 이스라엘 방산업체들의 주고객 중 하나인 칠레 공군의 F-5 전투기 업그레이드와 싱가포르 공군의 F-5 업그레이드 프로그램에 채용됐다. 루마니아 공군의 MiG-21 전투기 업그레이드 프로그램에도 이 시스템이 핵심 시스템으로 들어갔으며, 우리 공군도 TA/FA-50에 탑재했다.

이처럼 전세계 국가들이 EL/M-2032 레이더를 채택해 다양한 플랫폼에 탑재할 수 있었던 것은 이 시스템이 다양한 발주국의 요구를 폭넓게 수용할 수 있도록 설계했기 때문이다. 이를 위해 엘타사는 EL/M-2032 레이더의 하드웨어 아키텍처를 모듈형으로 설계했다. 일례로 이 시스템의 LRU(Linear Replaceable Unit) 구성 시스템 중 안테나 부분의 경우, 다양한 사이즈의 옵션이 존재하기 때문에 전투기마다 서로 다른 레이돔의 체적에 맞는 안테나를 선택할 수 있다. 안테나의 송출기 역시 선택한 안테나에 맞춰 채택할 수 있도록 출력별로 옵션이 존재한다. 프로세서 또한 발주국의 요구에 따라 새로운 시스템 또는 항공무장을 폭넓게 수용할 수 있도록 비교적 큰 예비 메모리와 컴퓨팅 파워 여유분을 갖고 있다.

AN/APG-81 레이더

AN/APG-81 Radar

AN/APG-81는 미국이 개발한 항공 레이다다. 전자주사식 AESA 레이다며, 5세대 전투기인 F-35 전투기에 탑재된다. APG-81은 액티브 위상 어레이 안테나를 채용하고 있으며, F-22 용 AN/APG-77을 참고하고, F-16E/F용 AN/APG-80의 대지 공격 능력과 함께 전자전 기능을 추가 한 것이다. APG-81은 직경 약 70cm의 안테나에 1,000 개 이상의 송수신 모듈을 갖추고 있어 APG-77의 공대공 모드 외에 APG-77(v)1과 동일한 지상 이동목표 수색모드와, 또한 최대 90nm까지 탐지 거리를 가지고 라팔 등의 RCS가 1㎡ 정도의 전투기에도 약 150km에서 탐지가 가능하다.

AN/APG-83 레이더

AN/APG-83 Radar

AN/APG-83 레이더는 노스롭 그루먼(Northorop Grumman)사의 전자주사식 AESA 레이더다. AN/APG-83 레이더는 F-22와 F-35와 유사한 5세대 레이다 기능을 제공한다. AN/APG-83 레이더의 목표 탐지거리는 APG-68 기계식 레이더의 70km보다 훨씬 연장된 130km이다. 동시 표적추적 숫자는 기계식 레이더는 10개인 반면, AESA 레이더는 20개 이상이며, 6개 표적을 동시에 집중 추적할 수 있다. (K)F-16 개량사업은 2009년 선행 연구를 시작으로 2011년 사업 공고 이후 2016년 130여대가 계약됐다. 대당 가격은 157억 원, 총 2조 1천억여 원의 예산이 집행됐다. 현재 개량된 KF-16 전투기는 KF-16U로 통칭되고 있다.

ALQ-88AK 전자전 포드

ALQ-88AK Electronic Warfare Pod

ALQ-88AK는 최초의 한국형 항공 전자전 포드다. KF-16에 내장된 ASPJ 시스템 이후 등장했다. 광대역 주파수 범위에 대한 지대공 위협에 대응하는 체계다. ALQ-88AK 이후에 개발된 ALQ-200K형은 국방과학연구소(ADD)가 개발하고 LIG넥스원이 양산하는 최신형 전자전 포드다. 2000~2004년 개발 기간을 거쳐 KF-16 전투기에 장착하고 있다.

스나이퍼 시스템

Sniper System

스나이퍼(SNIPER) 시스템은 미국 록히드마틴, 영국 BAE 시스템즈, 그리고 셀렉스 갈릴레오의 국제 합작으로 개발된 최신 정밀 타겟팅 포드다. 전투기의 타겟팅 포드(targeting pod)는 주 · 야간 표적을 탐지 · 추적하고, 고출력 레이저를 사용해 유도폭탄이나 미사일을 정밀 타격할 수 있도록 지원하는 전자광학 장비다. 조종사는 타겟팅 포드를 통해 지상 및 공중의 목표물을 식별하고, 실시간 영상과 표적좌표 정보를 받아 초정밀 공격 임무를 수행한다.

공군은 F-X 2차 사업을 통해 F-15K 전투기 21대 도입 시 함께 운용하기 시작했으며, 이후 KF-16 전투기용으로도 추가 도입을 진행해 작전 범위를 확장했다. 스나이퍼 ATP는 항공기의 기동 성능을 저해하지 않도록 항력 최소화에 초점을 맞춘 유선형 설계가 적용되었으며, 기존 랜턴(LANTIRN) 시스템 대비 대폭 경량화됐다. 이에 따라 장착 시 항공기의 기동성 저하 현상이 현저히 완화됐고, 임무 수행 능력이 강화됐다. 특히 최신 디지털 영상 데이터 프로세싱 기술이 도입되어 해상도가 기존 랜턴 포드보다 약 2배 향상됐으며, 표적 식별 · 획득이 가능한 최대 고도 또한 기존 랜턴보다 약 3배, 즉 1만 피트(약 3,300m) 이상 더 높아졌다. 기술 발전에 따라 최근 업그레이드된 모델에서는 표적 추적 및 자동 분류 기능, 이미징 정확도가 한층 개선되고 있어 최신 작전 요구 사항에 부응하고 있다.

록히드마틴사가 개발한 고성능 3세대 타겟팅 포드인 스나이퍼 포드(Sniper Pod)는 타이거아이(Tiger Eye)와 랜턴

(LANTIRN)과 비교해도 탑재 항공기의 표적화 가능 고도가 대폭 상승해 스탠드오프 공격력이 강화됐다. 탑재기 소음 노출 영역이 줄어 적의 저고도 · 중고도 방공망으로부터 생존성과 공격 성공률이 대폭 향상된 것이 확인된다. 해상도 증대와 정밀 측정 기술 덕분에 고고도에서의 정밀 타격이 가능하며, 실제로 스나이퍼 ATP를 랜턴의 최대 타기팅 고도인 2만5,000피트에서 사용할 경우, 정밀도가 기존 랜턴 대비 약 10배 높다는 실전 평가 결과가 있다.

2025년 기준, 스나이퍼 포드는 자동 표적 식별, 적외선 영상 고도화 등 소프트웨어 업그레이드가 지속적으로 이뤄지고 있다. 미 공군뿐 아니라 나토(NATO) 주요국에서도 운용을 확대 중이며, 공군 역시 최신 패치 버전을 도입해 대북 정찰 · 타격 임무에 활용하고 있다. KF-21 시제기 등 향후 실전 배치 예정 기종에도 적합성 연구가 진행 중이다.

타이거아이 열영상 감시장비

Tiger Eye Thermal Imaging Equipment

타이거아이(Tiger Eye)는 랜턴(LANTIRN)을 기반으로 개발한 시스템이다. F-X 사업으로 F-15K를 도입하면서 확보한 시스템이다. 1차 사업으로 도입한 F-15K에 탑재했다. 시스템을 구성하는 요소는 기본적으로 랜턴과 유사하지만, F-14D에 탑재되는 AN/AAS-42 IRST와 전자광학 센서인 CCDTV 카메라가 추가로 통합돼 있다. 8~12미크론 대역의 3세대 중주파 FLIR이 통합돼 해상도가 높아졌다.

또한 다이오드 펌핑 레이저를 좀 더 미세하게 주사할 수 있기 때문에 랜턴보다 조준 시의 분해능이 향상돼 보다 작은 크기의 표적도 인식해 조준할 수 있다. 이에 따라 표적을 식별, 획득할 수 있는 최대 고도가 랜턴보다 50%가량 증가한 4만 피트(약 12km)에 이른다. 따라서 기존의 랜턴 시스템보다 스탠드오프 공격능력이 향상됐다. 중요 표적을 방어하는 저고도 방공무기에 대해 랜턴보다 더욱 향상된 생존성을 제공하게 된다. 이러한 해상도의 증가로 인해 폭격한 표적에 대한 피해분석을 위한 영상 데이터 획득능력과 타기팅 포드를 이용한 영상정찰 기능 등이 향상됐다.

Tiger eye 제원 (Specification)	
최대 운용고도	40,000ft
IR 대역	8㎛~12㎛
탑재 항공기	F-15K(F-X 1차 도입 항공기)
제작사	록히드마틴

AN/FPS-117 레이더

AN/FPS-117 Radar

AN/FPS-117 레이더는 미국 록히드마틴 (Lockheed Martin)사에서 개발한 3차원 장거리 대 공 감시용 위상배열 레이더다. 총 20개국에서 운용 중인 시스템으로, 한국은 노후화한 AN/FPS-20 레이더 시스템을 대체하기 위해 FPS117K(FPS-77) 시스템을 도입했다. 1999년부터 2003년까지 FPS-117E1 레이더 4기를 추가 도입해 운용하고 있다.

사용 주파수 대역은 1215MHz에서 1400MHz 사이로 L 밴드에 해당된다. 이를 총 20개 채널로 분할해 전시에 사용하는 주파수 대역과 평시에 사용하는 주파수 대역을 나눔으로써 북한이나 주변국이 평시에 FPS-117에 대해서 수집한 전자전 정보를 바탕으로 전시에 교란하는 것을 방지하고 있다.

이와 같은 저주파 대역의 레이더는 원거리를 탐지하는 데 적합하다. 대기 중의 수증기 입자 등에 의한 산란이나 감쇄가 적기 때문에 바다를 끼고 있는 지역에 배치돼 원거리 대공감시, 조기경보 목적으로 운용하는 데 적합하다. 이 때문에 공군에서도 울릉도 등의 공군 레이더기지에 배치해 운용하고 있다. 탐지거리는 9~400km로 거리 분해능은 0.45km 정도다.

이 시스템은 전자주사 방식과 기계주사 방식이 통합된 빔주사 방식을 사용한다. 수직스캔은 위상 차이 등을 이용한 전자주사 방식으로 3.3km 고도까지 커버한다. 수평스캔은 레이더 안테나 밑에 위치한 구동모터로 안테나를 회전시켜 360도를 감시하며 각 분해능은 0.18도이다. FPS-117 시스템은 송·수신 그룹과 프로세싱·제어그룹, 그리고 작동제어그룹으로 구성돼 있다. 이 중 송·수신 시스템은 24인치×24인치 안테나와 안테나 위에 위치한 IFF 시스템, 구동기기 등으로 구성한다.

피아식별장치(IFF)는 군용기에 대한 피아식별을 위해 서방

AN/TPS-77 조기경보 레이더

AN/TPS-77 Early Warning Radar(EWR)

TPS-77은 조기경보 레이더인 AN/FPS-117 레이더의 이동형이다. 무게는 AN/FPS-117의 절 반 수준이다. 주파수 범위는 1~2GHz로 L밴드 레이더에 해당한다. 가용 주파수는 20개 채널로 분할돼 있고, 이 중 평시 주파수와 전시 주파수가 나뉜다. 안테나는 레이더 안테나와 피아식별장치(IFF)로 구성돼 있다. 이 시스템은 수직방향으로 전자적인 신호편향이 가능한 레이더다. 따라서 레이더 안테나를 수직방향으로 구동할 필요가 없다. 수평방향으로만 회전해 표적의 갱신율이 높으며, 최대 1000기의 표적을 추적할 수 있다. 표적의 수직방향 성분에 대해 위상변조를 이용한 빔 샤프닝도 가능하다.

제원	
무게	3만7천 파운드(lbs)
최대송출출력	24.75 킬로와트(kw)
탐지거리	9~400km
탐지고도	3.3km
MTBF(고장 간 평균 시간 간격)	1,076 시간
제작사	록히드마틴

측에서 항공기 전용의 Mode.4에 해당하는 시스템과 민간항공기 통제를 위한 Mode. S로 구성된다. Mode. 4는 Mode.1/2/3와 달리 비화된 심문신호 생성을 위한 코드를 비화 컴퓨터에 통합돼 있는 코드 입력기가 자동으로 코드를 입력하기 때문에 일정 시간 단위로 코드가 변경된다. 피아식별 과정에서 심문주파수인 1030MHz와 응답주파수인 1090MHz가 서로 일치하는지 여부를 확인하게 된다.

프로세싱·제어 그룹에는 이동표적지시(MTI)/펄스압축 시스템, 도플러 타깃 프로세서, 데이터 프로세서, 직류 전원 공급기 등이 포함돼 있다. 이 중 MTI 기능은 복잡한 지형이나 파도가 심한 해상에서 발생하는 클러터 속에 섞여 있는 신호를 구별하기 위한 기능으로, 클러터를 필터링해 표적신호를 식별하게 된다.

합동우주자산

425 사업

정찰위성 5기(합성개구레이더 위성 4기, 전자광학위성 1기)를 2024년에 확보하는 사업이다. 사업 명칭이 425 사업인 이유는 합성개구레이더 위성, 즉 SAR(Synthetic Aperture Radar) 위성과 전자광학위성, 즉 EO(Electro-Optical) 위성을 확보하는 사업이기 때문에 'SAR-EO 사업'이라고 하는 것을 발음 그대로 숫자로 옮겨 4(SAR), 25(EO) 사업이라고 이름을 붙인 것이다. 425 사업의 합성개구레이더 위성의 레이더 영상 분해능은 0.5 미터이며 전자광학위성의 적외선 영상 분해능은 0.3 미터이다.

핵심 임무장비인 합성개구레이더 위성 체계는 한화시스템(한화에어로스페이스에 합병)이 탈레스(Thales) 계열 업체인 알레니아(Alenia)와 공동으로 개발하고 있다. 425 사업 정찰위성 5기 중 합성개구레이더(SAR: Synthetic Aperture Radar) 위성 4기는 경사궤도에 배치되며, 전자광학위성 1기는 극궤도에 배치될 예정이다. 그리고 425 사업의 후속 정찰위성 개발 사업도 진행 중이다.

초소형 SAR 위성

지면으로부터 500~600km 고도의 LEO(Low Earth Orbit)에 배치되는 425 위성은 한반도와 주변국에 대한 재방문 주기 때문에 정찰 대상 스캔 시간 간격이 발생한다. 지구는 다른 행성과 마찬가지로 자전을 하기 때문에 정찰 위성 5기가 순서대로 동일한 지역을 스캔하는 시간 간격 동안 같은 지역에서도 정찰위성이 스캔하는 위치가 변할 수밖에 없다. 그러므로 동일한 구역을 위성이 스캔하는 시간 간격인 '재방문 주기'를 북한과 주변국이 계산하여 위성을 기만할 수 있다. 실제로 인도가 1998년 라자스탄 사막의 포크란(Pokhran)에서 핵실험을 하기 직전에 미국의 정찰위성 재방문 주기를 계산하여 위성을 기만하는 방법으로 핵실험장을 은폐한 바 있다.

다시 말해 정찰위성의 문제점은 실시간 영상 기반 감시, 즉응적인 대응이 어렵다는 점이다. 이 문제를 해소하기 위해서 정찰위성을 보완할 수 있는 실시간 감시 시스템으로 초소형 SAR 위성을 도입하려는 것이다. 초소형 SAR 위성 사업은 425 사업 정찰위성이 배치되는 고도보다 더욱 낮은 고도에 배치돼 425 사업 정찰위성보다 더욱 공전 속도가 빠르고, 재방문 주기가 더욱 짧은 위성 50여기를 동시에 운용함으로써 정찰 대상에 대한 실시간 위성기반 감시 체계를 구축하려는 것이다.

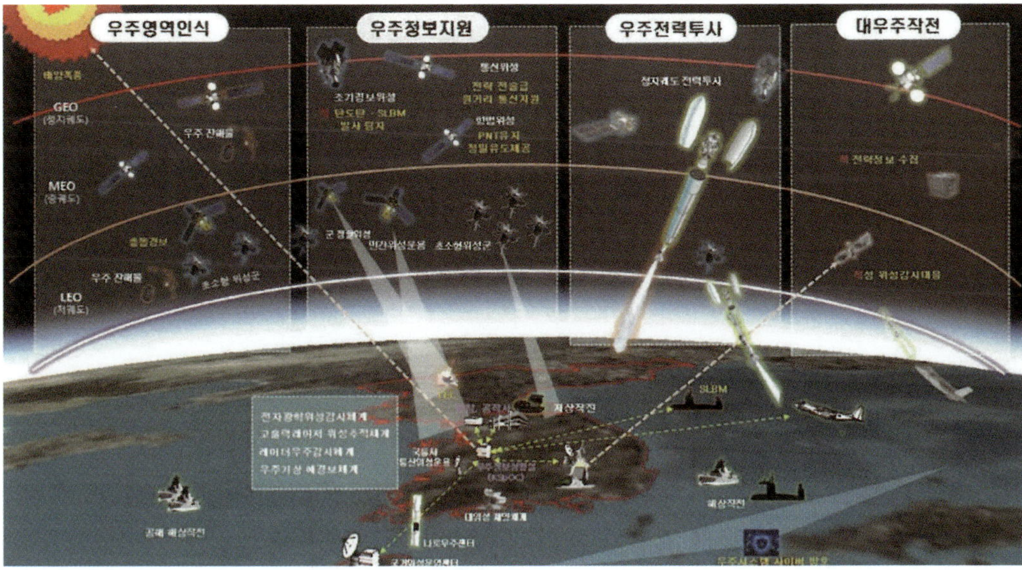

특히 북한 전역을 실시간으로 감시해 위협적인 탄도 미사일 발사대 등을 실시간으로 탐지, 식별하고 즉각 타격하기 위한 킬 체인(kill chain)에서 초소형 SAR 위성 군집 구축과 인공지능(AI: Artificial Intelligence) 기반 영상 판독 기술은 필수적이다. 이 때문에 지난 'DX Korea 2022' 당시 인공지능을 활용한 위성 영상 판독 솔루션을 제공하는 업체들도 참여한 바 있다.

이와 같은 초소형 위성군은 실시간 감시체계를 구축할 수 있다는 장점이 있지만, 대신 위성의 수명주기가 짧다는 점이 단점이다. 그리고 전시에는 적대 세력의 ASAT(Anti-Satellite) 요격무기에 격추당할 가능성도 염두에 두어야 한다.

이 때문에 수명이 다한 위성, ASAT에 요격당한 초소형 위성의 대체 초소형 위성들을 자주 발사해 초소형 SAR 위성 군집 기반 실시간 감시체계를 유지하는 것이 중요하다. 그러므로 초소형 SAR 위성은 다수의 초소형 위성을 동시에 발사할 수 있는 고체연료 발사체, 재사용 발사체 확보 사업과 긴밀하게 연계돼 있다. 현재 다수의 부처가 공동 사업(민군 공동 사용)으로 진행 중인 초소형 SAR 위성 사업은 2022년부터 시작돼 2030년에 완료될 예정이다. 제작은 한화에어로스페이스가 담당할 예정이다.

KPS 위성

한국군은 주로 미국의 GPS를 사용하고 있다. 그러나 육군의 유도탄사령부가 운용하는 현무 계열 탄도 미사일의 경우, MTCR(Missile Technology Control Regime)과 현무 미사일의 보안 문제(전략무기인 현무 미사일에 대한 정보를 군용 GPS 통합 승인을 득하기 위해 미국에 제공할 수 없음) 때문에 상용 GPS가 통합돼 있다. 재밍에 취약한 상용 GPS를 재밍으로부터 보호하기 위해 한화에서 제작하는 각종 항재밍 솔루션이 상용 GPS와 함께 현무 계열 탄도미사일에 통합돼 있다.

이 문제를 해소하기 위해서 독자적으로 암호화된 위성 기반 PNT(Positioning, Navigation, Time) 정보를 생산할 수 있는 한국형 위성항법체계인 KPS(Korean Positioning System)을 구축할 예정이다. 이 사업은 제3차 우주개발진흥계획에 따라서 추진되는 사업으로서 2035년에 완료될 예정이다.

KPS 체계는 GPS, 글로나스(GLONASS), 북두항법, 갈릴레오(Galileo) 체계 등과 달리 전지구적인 PNT 정보 제공이 아니라 일본의 QNSS(Quasi-Zenith Satellite System)와 같이 지역급의 정밀 PNT 정보를 제공하는 시스템으로 기획됐다. KPS 체계는 합동우주자산이지만 주요 사용 소요가 현무 계열 탄도미사일과 각종 드론이 될 것이기 때문에 육군에서 주로 수요가

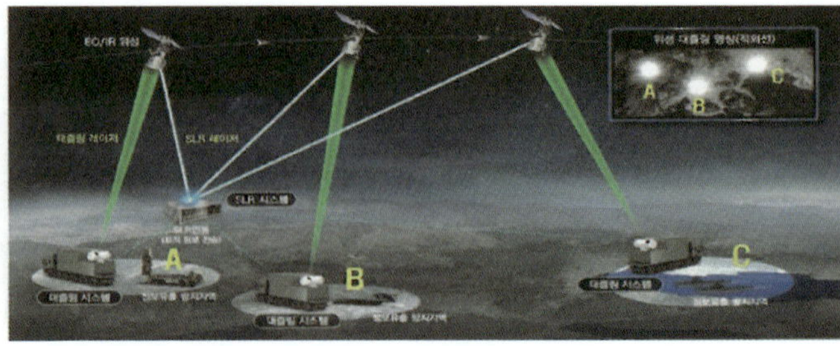

발생할 것이다. 다시 말해서 KPS 사업은 합동우주자산이면서 동시에 육군의 우주군사력 건설 프로젝트인 페가수스 프로젝트(Pegasus Project)와 밀접한 관련이 있다.

공군의 우주 자산

조기경보위성

현재 KTMO-cell을 중심으로 하는 KAMD(Korea Air and Missile Defense)는 북한 탄도미사일이 대형 위상배열레이더(그린파인 레이더, AN/SPY-1D(V) 레이더)의 최저 탐지고도(레이더로부터 이격거리에 따라 다름) 이상 상승해야 최초 탐지를 할 수 있다. 중국군의 탄도미사일은 더욱 깊은 종심에서 발사되기 때문에 KAMD가 최초 탐지할 수 있는 시점과 발사 시점의 시간 간격이 더욱 크다. 이 문제를 해결하기 위해 항공우주작전본부에 한국의 KTMO-cell과 함께 체계통합되어 있는 미군의 TMO-cell이 위성 기반으로 발사 직후부터 탄도미사일을 탐지해 추적하면서 생성한 탄도탄 추적 데이터를 KTMO-cell과 전략데이터 통신으로 공유하고 있다.

2035년을 목표로 독자적인 탄도탄 조기경보위성을 개발해 KTMO-cell과 연동된 독자적인 탄도미사일 조기경보체계로 운용할 예정이다. 미국의 SBIRS(SBIRS: Space-Based Infrared System)와 달리 한국형 조기경보위성은 북한과 중국의 탄도미사일만 조기에 탐지, 식별해 추적하면 되기 때문에 상시 북한과 중국을 감시할 수 있는 위치에 고정 배치되는 정지궤도 위성으로 설계될 것이다. 이 시스템은 IR 센서를 기반으로 탄도탄 항적을 탐지 · 식별하고, 발사 원점 좌표 산출과 탄도탄 항적 형성, 예상 탄착좌표 산출 등을 할 수 있도록 개발될 예정이다.

우주물체감시

공군은 우주 공역 감시도 담당하고 있다. 이를 위해서 공군은 전자광학 위성감시체계(EOSS: Electro Optical Satellite surveilance System)를 이미 2022년 1월 전력화해 우주 공역 감시를 이미 시작했다. 이 체계는 2015년에 개발이 시작돼 2019년에 전력화 인증 테스트를 거친 후에 2022년 1월에 전력화됐다.

공군은 EOSS 체계를 활용해 전자광학(EO) 영상과 적외선 영상(IR)을 기반으로 700km 이하 고도에서 서울을 기준으로 반경 2,000km 이내의 우주 공역으로 진입하는 저궤도(LEO) 위성을 포함한 각종 우주 물체를 식별하고 추적해 미 데이터 베이스를 구축하는 작업을 하고 있다. 이미 궤도 정보가 확보돼 있는 인공위성들은 식별과 추적을 통해 궤도 정보를 갱신하고, 사전 정보가 없는 우주물체는 식별과 추적을 통해 궤도 정보를 새롭게 생성하는 것이 공군의 EOSS 운용과 연동된 우주물체 데이터 베이스 작업의 핵심이다.

EOSS 체계는 탐색용 EO/IR 망원경과 식별용 EO/IR 망원경으로 구성돼 있다. 총 3기의 탐색용 망원경이 EOSS의 통제체계에 통합돼 우주 물체의 탐지와 추적에 사용되며(우주 물체 탐색망원경이 레이저 사용), 식별용 망원경은 영상을 기반으로 추적 중인 우주 물체를 식별하기 위해 사용된다. 이와 같은 체계 개발에 광시야각 망원경 제작 기술, 고속 추적 기술과 정밀 마운트 기술(일종의 센서 안정화 기술), 레이저 발생 기술과 영상 처리기술, 궤도 분석 기술 등이 도입됐다.

공군은 우주 공역 감시 체계로 EOSS를 운용하면서 나아가서는 우주 감시용 레이더와 고출력 레이저 기반 위성추적체계도 도입하려 하고 있다. 장래에 우주 감시용 레이더와 고출력 레이저 기반 위성추적체계도 전력화가 되면, 공군은 대형 AESA 레이더인 우주 감시용 레이더가 다수의 빔을 제어해 넓은 우

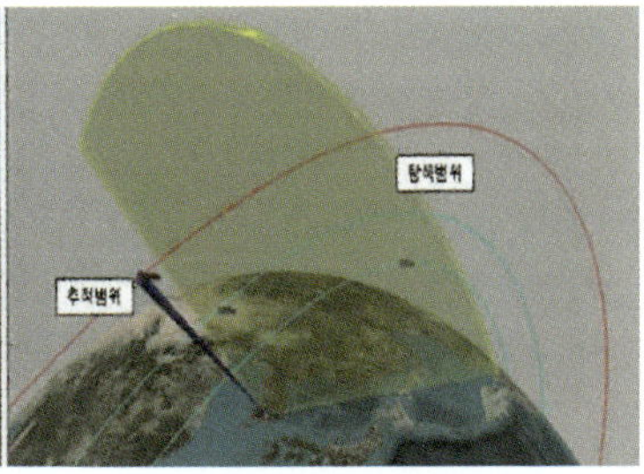

주 공역을 감시하면서 탐지한 우주 물체를 현재 공군이 운용하고 있는 EOSS를 활용해 식별하며, 우주 감시용 레이더보다 추적 정밀도가 더욱 우수한 고출력 레이저 기반 위성추적체계를 사용해 추적하는 능력을 갖추게 될 것이다.

고출력 레이저 기반 위성추적체계는 추적 분해능이 대형 AESA 레이더인 우주 감시용 레이더의 그것보다 우수하기 때문에 인공위성 등의 우주물체 정밀 추적에 활용되며, 동시에 주변국의 전자광학 위성의 영상 센서(EO/IR 영상 센서)를 교란하는 시스템으로도 활용될 수 있다. 이 시스템의 개발에는 고정밀 레이저 발생 기술과 초고속 샘플러 기술, 극초단 펄스 레이저 기술, 고정밀 궤도결정 기술, 레이저를 사용한 EO/IR 영상 센서 교란 기술 등이 반영된다.

레이저를 사용한 전자광학 첩보위성 교란 체계는 공군의 고출력 레이저 기반 위성추적체계뿐만 아니라 육군의 우주 군사력 구축 프로젝트에 반영이 되어 있는 지상기반 위성대응체계에도 반영이 돼 있다. 다시 말해 공군과 육군이 모두 독자적인 인공위성 교란체계를 확보하려는 것이다. 이에 대해 육군의 독자적인 위성교란체계를 소개한다.

육군의 우주 자산

성층권 무인기

육군의 지상작전사령부 예하 군단의 작전 종심 공간의 정찰은 군단의 ATCIS(Army Tactical Combat Information System), ASOC(Air Support Operations Center)와 연동돼 있는 차기 군단급 UAV의 영상 센서(EO/IR 영상 센서, 합성개구레이더)를 활용해 정찰을 하며, 군단급 전자전(주로 광대역 COMINT) 체계 역시 군단급 작전 공간의 가장 깊은 종심에서 발생하는 통신에 대한 감청 능력 확보를 위해서 군단급 드론을 기반으로 운용될 것이다. 최전방 FEBA(Forward Edge of Battle Area)의 FLOT(Forward Line of Troops)으로부터 지상작전사령부 작전 공간의 가장 깊은 종심까지 정찰하기 위해, 차기 군단급 UAV보다 더욱 작전 고도가 높은 UAV도 도입할 계획이다.

육군의 우주 군사력 구축 프로젝트인 '페가수스 프로젝트'에는 성층권 무인기가 우주 무기체계로 반영돼 있다. 이미 국내에서 한국항공우주연구원(KARI: Korea Aerospace Research Institute)이 개발한 태양광 성층권 무인기가 2020년 8월 중순에 53시간 연속비행이라는 최장시간비행을 달성했으며, 8월 말에는 고고 22km에서 비행하면서 최대 고도 비행을 달성한 바 있다. 이는 한국 공군이 보유한 글로벌 호크 고고도 무인정찰기의 작전 고도보다 4km 가량 더욱 높은 것이다.

성층권 비행선

육군의 페가수스 프로젝트에서 성층권 비행선은 지면으로부터 고도 11km 이상의 성층권 공역에 체공(실제 체공고도는 20km)하는 무인 비행선(일종의 우주 드론)을 활용해 육군이 사용하는 각종 통신 프로토콜의 장거리 중계 노드와 장거리 지상감시정찰체계 등으로 기획되어 있다. 성층권 비행선은 성층권 공역에서 최소 6개월 이상 장기간 체공함으로써 이와 같은 전장 장거리 통신연결노드와 지상조기경보체계가 상시 준비되어 있는 것과 같은 효과를 확보할 수 있다.

저궤도 전술정찰위성 군집

육군의 발전 계획을 보면 데프콘(DEFCON)이 3단계 이상 격상된 시점부터 한국 전구에서 지상 작전의 핵심을 담당하는 지상작전사령부(전시에 지상작전사령관이 한미연합사령부의 지상구성군사령관을 역임)가 군단급 작전공간보다 더욱 규모가 큰 지상작전사령부의 작전 공간에서 가장 깊은 종심의 표적까지 독자적으로 탐지, 획득해(다만 군단급 작전공간 대부분이 이미 화력지원협조선 바깥에 있기 때문에 지상작전사령부 작전 종심에서 획득한 표적들의 공격은 공군과 협의 대상이 됨) 지상작전사령부 자체 장거리 타격수단(주로 화력여단에 편성되어 있는 단거리 전술탄도미사일)으로 타격을 하고, 이를 위해서 독자적으로 공역 통제를 할 수 있는 능력까지 갖추는 것이 포함돼 있다.

이와 같은 능력을 구비하려면 지상작전사령부의 대규모 작전공간 전체를 실시간으로 감시할 수 있는 능력을 갖춰야만 한다. 이를 위해서 육군의 페가수스 프로젝트에 위성 기반 감시정찰체계로 통합돼 있는 것이 바로 '저궤도 전술정찰위성 군집'이다.

정찰위성은 지구의 자전과 위성들의 스캔 교대 주기 등이 반영된 재방문 주기가 있기 때문에 실시간 감시 정찰이 어렵다는 문제점이 있다. 이 문제를 해소하기 위해서 육군은 정찰위성이 배치되는 LEO에서도 낮은 궤도에 배치되어 재방문 주기가 매우 짧은 소형 정찰위성들을 대규모로 배치하고 이들을 통합 운용함으로써 지상작전사령부의 작전 공간 전체를 실시간으로 감시할 수 있게 된다. 재방문 주기가 짧은 초소형 정찰위성들을 대규모 운용할 경우 위성들의 스캔 교대가 촘촘하게 밀도 높게 작동하면서 대규모 공간을 신속하게 실시간으로 스캔하여 영상을 생성할 수 있기 때문이다.

대규모 정찰 공간을 신속하게 스캔해 실시간으로 영상을 생성할 수 있는 체계를 구축하면서 동시에 영상에서 다수의 표적을 추출하는 작업에 소요되는 시간이 짧아야 표적 획득에서 결심을 거쳐 타격에 이르기까지 주기를 대폭 단축시킬 수 있다. 이는 특히 지상작전사령부의 작전 종심에서 합동화력구역(JFEA: Joint Fire Employment Area)과 BMOA(Ballistic Missile Operation Area)등에서 돌출한 TCT(Time Critical Target), 그리고 전시에 FLOT에서 국지적으로 위험한 공간으로 기동하는 적의 기동 제대 등을 신속하게 탐지해 타격하기 위해 반드시 필요한 능력이다.

이를 위해서 저궤도 전술정찰위성 군집과 함께 인공지능이 도입된 위성영상판독체계가 도입될 것이다. 아울러 저궤도 전술정찰위성 군집을 운용함으로써 작전 공간에서 집중적으로 감시해야 하는 공간의 24시간 동안의 변화를 매일 추적할 수 있는 역량도 구비하게 될 것이다.

이와 같은 저궤도 군집 위성은 위성의 수명주기가 짧기 때문에 자주 대체 위성을 발사해야 한다. 이는 육군 자체 우주 작전 소요를 충족하기 위한 저궤도 위성발사체가 있어야 한다는 것을 의미한다. 마침 육군은 미사일전략사령부에서 현무 계열 탄도미사일을 운용하면서 고체연료 발사체 운용 노하우를 확보하고 있기 때문에 독자적인 저궤도 위성발사체(고체연료 발사체) 운용에 적합하다고 할 수 있다. 육군이 우주 부서들을 신설하면서 전략미사일사령부에도 우주 인력 교육 목적으로 우주/레이저 교육과를 신설한 것은 이런 이유 때문인 것이다.

저궤도 초연결 위성

저궤도 초연결 위성 군집은 육군이 사용하는 다양한 프로토콜의 통신, 드론 인터페이스 등의 통합적인 위성 기반 장거리 연결 노드 시스템으로 기획돼 있다. 육군은 다양한 통신체계를 사용한다. 다양한 공지작전용 무전기가 소프트웨어적으로 통합되는 SDR(Software Defined Radio)인 TMMR(Tactical Multiband Multirole Radio)에는 총 7가지(음성통신 4 종류, 데이터 통신 3종류) 파형을 사용하며, 이 중에서 주로 해군이 사용하는 HF 대역 AM(Amplitude Modulation) 무전기를 제외한 나머지를 육군이 사용한다. 특히 미군의 188-220호 군사표준에 해당되는 무전기는 미군의 6017호 군사표준의 인터페이스 포맷을 기반으로 설계된 국산 데이터 통신 포맷을 사용하는 단말기와 연동해 사용되기도 한다.

이와 같은 애드 혹(ad-hoc) 데이터 통신뿐만 아니라 육군 항공과 군단급 ASOC 6곳, 그리고 유도탄 사령부 예하 대대의 통제체계 등에 통합돼 있는 국산 전술데이터링크 체계인 Link K도 육군의 대표적인 전술데이터통신 시스템이다. 육군 항공작전사령부 예하 4개 항공대대 중 2개 대대에 편성되어 있는 36대의 AH-64E 공격헬기 개량 사업에 Link 16 통합이 포함되면서 Link 16도 육군이 사용하는 데이터 통신 프로토콜 목록에 신규 통합될 예정이다.

당연히 이와 같은 다양한 데이터 통신 체계를 운용하는 육군의 전투체계, 작전체계들을 지휘통제중추와 장거리 연결하기 위한 육군 전용 고고도 체공 장거리 연결 노드가 필요한 것은 필연적인 것이다. 그나마 Link-16과 Link-K는 3군 합동자산으로서 연결 노드들이 이미 구축되어 있지만, VHF 대역 데이터 통신체계의 경우에는 VHF 대역 FM(Frequency Modulation) 데이터 통신 무전기에 통신 연결용 무인기를 유선 연결해서 사용하는 등 장거리 연결 노드가 제대로 구축이 되어 있지 않은 실정이다.

전술데이터통신체계뿐만 아니라 육군이 보유한 다양한 드론의 조종 통제 인터페이스와 센서 연동 인터페이스의 통달거리를 확대하기 위한 연결 노드도 절실하다. 특히 사단급 이하 드론은 체공 고도가 낮아서 통달거리가 짧기 때문에 다수의 무인기 기반 연결 노드를 필요로 하며, 전시에 적지 종심 깊이 작전공간이 확대되면 통달 거리 확보가 문제가 될 수 있다.

이와 같은 요구를 모두 수용할 수 있는 시스템으로 육군은 다양한 통신 프로토콜과 인터페이스 포맷을 모두 수용하는 위성기반 장거리 초연결 노드를 페가수스 프로젝트에 포함시킨 것이다. 이미 Link K의 경우에는 사용하는 연결 노드 중 하나가 UHF 대역 통신 위성이다.

다만 Link-K의 연결 노드로 사용하는 UHF 대역 통신 위성과 같은 정지궤도 위성은 상시 노드가 보장이 되어 있지만, 육군의 초연결 노드에 통합해야 하는 웨이브폼 중에서 차기 군단급 UAV의 센서 연동 인터페이스에 사용되는 CDL(Common Data Link)와 같이 PRT(Pulse Repetition Time)이 짧은 파형에는 부적합하다는 문제가 있다. 이 때문에 육군의 페가수스 프로젝트에 포함되어 있는 초연결 위성은 정지궤도 위성이 아니라 육군이 갖고자 하는 저궤도위성발사체에 탑재되어 발사되는 저궤도 위성으로 계획됐다. 정찰위성이 배치되는 궤도보다 더욱 고도가 낮은 궤도에 배치되는 위성은 공전 주기가 짧기 때문에 통신 연결 위성이 상시 작전 지원 상태가 아닐 수 있다는 문제점이 있다. 이 문제를 해결하기 위해서 대량의 저궤도 통신연결위성을 배치하고, 수명이 다한 위성들을 대체하기 위해서 다수의 대체 초연결 위성들을 육군이 갖고자 하는 고체연료 발사체(재활용 가능 발사체)로 발사하는 방식으로 운용하려 하고 있다. 스타링크(Starlink)를 생각하면 이해가 쉬울 것이다. 실제로 육군에서 이해를 돕기 위한 예시로 스타링크를 제시하고 있다.

위성교란시스템

위성교란 시스템은 국방과학연구소(ADD)에서 전자전 컨퍼런스에서도 소개한 바 있는 시스템이다. 현재 국방과학연구소에서 개념 연구를 하고 있는 위성교란 시스템은 2023년에 중기계획에 반영될 예정이다. 위성 교란 체계는 주로 위성이 생성한 디지털 영상 데이터를 암호화하여 다운 링크하는 시스템에 대한 일종의 통신 재밍, SAR 위성에 통합된 X 밴드 지상스캔 레이더(합성개구레이더 구현에 사용되는 지상스캔레이더. 주로 X밴드를 사용하지만 L밴드를 사용하는 체계도 있다)에 대한 ECM, 그리고 전자광학 정찰위성의 적외선(IR) 영상 센서에 대한 교란 체계 등이 있다.

공군은 우주공역 관리에 사용하기 위한 우주물체 탐지와 추적 체계로 활용하기 위해서 고출력 레이저 기반 위성추적체계를 도입할 예정이다. 해당 체계는 대형 우주 감시 레이더가 탐지하여 추적하는 우주 물체를 정밀 추적 하는 기능뿐만 아니라 주변국의 전자광학 위성을 추적하면서 동시에 고출력 레이저로 교란하는 기능도 동시에 갖추게 된다.

육군도 주로 인공위성의 암호화된 OFDM(Orthogonal Frequency Division Multiplexing) 기반 영상 다운 링크 체계에 대한 통신 교란 체계와 합성개구레이더에 대한 ECM, 그리고 고출력 레이저를 활용한 전자광학 위성 센서 교란체계를 모두 갖추려 하고 있다. 육군이 공개한 페가수스 프로젝트 청사진을 보면 육군의 위성교란체계는 주로 차량에 탑재되어 운용될 것으로 보인다.

➤ 우주작전대('19.9월) → 우주작전대대('22.12월) → 우주작전전대('25년)

[우주감시반/정비반]

[+ 우주작전상황실/위성관제반]

➤우주전력 전력화 시기

20년대			30년대	
초반	중반	후반	초반	중반
전자광학위성감시체계	우주기상예경보체계	초소형위성체계	레이더위성감시체계	한국형위성항법체계
	군정찰위성(부체계)	고출력레이저위성추적체계	조기경보위성체계	초소형위성공중발사체
			대위성재밍체계	

040
055
014
010

한미 공군 대대급 연합공중훈련인 '쌍매훈련'(Buddy Squadron)에 참가한 한·미 항공기들이 2025년 1월 22일 훈련을 위해 공역으로 이동하고 있다. 공군 제8전투비행단 FA-50 전투기, KA-1 공중통제공격기와 미 공군 제51전투비행단 A-10 공격기 등이 참가했다. 선두에 포진한 A-10기는 오산기지에 주둔하다 2025년 9월 주한 미 공군에서 퇴역했다.

2025년 3월 31일 펼쳐진 공중 전술훈련에서 FA-50 전투기,
KA-1 공중통제공격기가 공중시범을 펼치고 있다.

안승범

1962년 서울에서 태어났고, 1989년 4월 군사전문지의 효시인 《월간 평화》를 창간했다. 1998년 1월 《월간 평화》를 《월간 컴뱃암즈》와 합병해 (주)군사정보사를 설립했다. 이곳에서 《밀리터리 월드》, 《해군전력》, 《한국군 매거진》 등 군사 전문지를 잇달아 발행하며 국내 방산 전문저널리즘의 기반을 넓혔다. 2002년 5월부터는 월간 《디펜스타임즈》 대표로 활동하고 있다. 30여 년간 군사 무기체계 분석과 전력 평가 분야를 다뤄온 그는 현재 방송 및 유튜브를 통해 무기·전력 분야 해설자로 활발히 활동 중이다. 저서로는 《F-16 파이팅 팰컨》, 《세계의 공격헬기》(공저), 《한국군 장비연감 2000》(공저)-2002, 《군용기 연감》(공저), 《F-15K 슬램이글》(공저) 등이 있다.

오동룡

1965년 경기도 파주에서 태어나 연세대학교 국문학과를 졸업했다. 국방대학교에서 안보정책 석사(2011)와 군사전략학 박사(2015) 학위를 받았으며, 박사 논문은 '일본의 비군사화 규범 형성과 변천 과정에서 경단련 방위생산위원회의 영향력 연구'다. 2005년 일본 외무성 산하 일한국제교류기금(재팬파운데이션) 초청으로 시즈오카현립대학 객원연구원으로 근무했으며, 한국 기자 최초로 일본 자위대를 현지 취재했다. 이 경험을 토대로 2008년 《일본인도 모르는 일본 자위대》를 출간했다. 월간조선 군사전문기자를 거쳐 현재 뉴스핌에서 국방부 출입 군사방산전문기자로 활동 중이다. 한국국가전략연구원(KRINS) 군사방산센터장을 겸임하며, 2020년부터 국방FM '국방광장'에서 주요 국방·방산 이슈를 해설하고 있다. 주요 저서로는 《일본인도 모르는 일본 자위대》, 《부활하는 제국군대의 화신-일본 자위대》, 《독일의 DMZ를 가다》, 《사진으로 읽는 군인 백선엽》이 있다.

2026
한국군
무기연감

ROK Military Weapon Systems

초판 발행 | 2010년 12월 1일
개정9판 발행 | 2025년 12월 15일
개정9판 2쇄 발행 | 2026년 3월 5일

펴낸이 | 안승범
지은이 | 오동룡·안승범
펴낸곳 | 도서출판 디펜스타임즈
주소 | 서울 강서구 마곡중앙6로 11 314-11
등록 | 2005년 6월 14일 제 315-2010-000015호
전화 | 02) 547-6988
이메일 | defensetimes@naver.com
디자인 | 라이크디스
사진 | 이승준
가격 | 39,500원
ISBN 978-89-98155-08-7